新城新貌

1	2	9	10
3	4	11	10
5	6	12	13
7	8	14	15

1、2、3、4、5
阳光村(Port Sunlight)
6、7、8
哈罗(Harlow)
9、10、11
斯上文乃奇(Stevenage)
12、13、14、15
伦康(Runcorn)

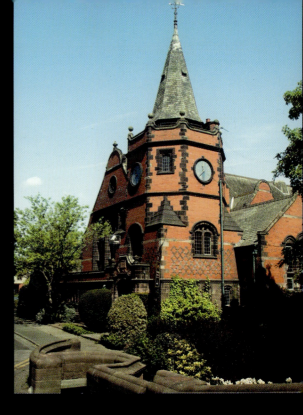

大学城

剑桥 —— 城在校中

牛津 —— 校在城中

城市设计概念分析

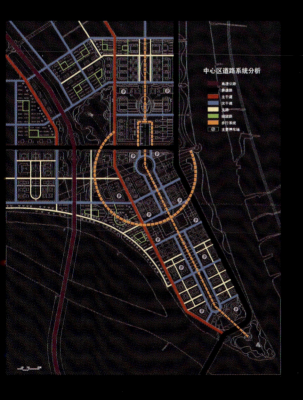

中心区道路系统分析

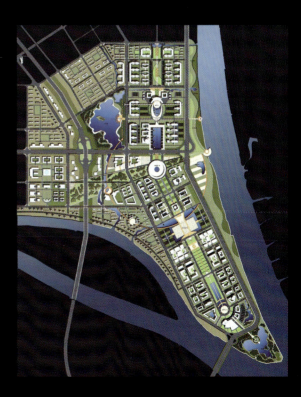

现代城市规划丛书

新城规划的理论与实践
——田园城市思想的世纪演绎

张 捷 赵 民 编著

中国建筑工业出版社

图书在版编目(CIP)数据

新城规划的理论与实践——田园城市思想的世纪演绎/张捷,赵民编著. —北京:中国建筑工业出版社,2004
(现代城市规划丛书)
ISBN 978-7-112-07063-3

Ⅰ.新... Ⅱ.①张...②赵... Ⅲ.城市规划 Ⅳ.TU984

中国版本图书馆CIP数据核字(2004)第127898号

现代城市规划丛书
新城规划的理论与实践
——田园城市思想的世纪演绎
张　捷　赵　民　编著

*

中国建筑工业出版社出版、发行(北京西郊百万庄)
各地新华书店、建筑书店经销
北京嘉泰利德公司制作
北京佳信达艺术印刷有限公司印刷

*

开本:787×1092毫米　1/16　印张:20　插页:4　字数:490千字
2005年4月第一版　2007年12月第二次印刷
印数:3001—4500册　　定价:86.00元
ISBN 978-7-112-07063-3
(13017)

版权所有　翻印必究
如有印装质量问题,可寄本社退换
(邮政编码　100037)

本书是基于多年的理论学习、规划实践以及在对国外的专题考察的基础上编写的。书中详细阐述了自"田园城市"到"新城"的理念演变与实践发展,总结了国内外新城建设的经验,介绍了若干国内的新城规划案例。本书对我国21世纪的大都市空间发展及新城建设具有现实的指导性意义。

本书上篇主要介绍乌托邦、理想城市、田园城市、卫星城等早期规划的思想和实践,并介绍了二战前的规划发展及大规模新城开发的实践。中篇主要是对二战后欧美及亚洲若干国家和地区的新城建设状况加以比较,归纳主要经验。下篇先回顾了我国建国以来的卫星城建设,讨论了近年来的"新城"规划和开发中的若干问题。在此基础上,阐述了新城的概念和定义,并提出了我国新城建设的若干原则。

本书可供城市和区域规划、城市建设、经济社会发展领域的研究人员阅读,也可作为城市规划、城市管理等学科的教学参考用书。

* * *

责任编辑:吴宇江
责任设计:郑秋菊
责任校对:李志瑛　赵明霞

目　录

绪言 1

上篇　新城思想和新城运动的早期发展

第一章　新城思想的历史追溯 4

第一节　乌托邦设想 4
一、托马斯·莫尔的乌托邦 5
二、托马斯·康帕内拉的太阳城 5
三、乌托邦小说 6

第二节　空想社会主义 7
一、公社 7
二、工作社区和新协和村 8
三、工业村/公司城 10

第三节　田园城市 13
一、田园城市的诠释 14
二、城乡一体化原则 16
三、田园城市的影响和实践 17

第四节　卫星城 20
一、卫星城的概念 20
二、卫星城的发展阶段 20

第五节　其他相关的城市设想 22
一、线型城市 22
二、现代城市 24
三、广亩城市 25

第六节　相关的理论发展 26
一、"有机疏散"理论 26
二、盖迪斯的区域学说 29
三、城市—区域规划理论和实践 31

第二章　早期的相关规划实践 33

第一节　一战前后的英国城市建设 34
一、城市建设的概况 35
二、城市规划的立法 36
三、区域规划的进步 37

四、住宅建设的发展 ………………………………………………………… 39
　第二节　二战中的英国城市规划动态 ………………………………………… 39
　　一、二战结束前的3份国家研究报告 ………………………………………… 39
　　二、城市规划机构的改革 ……………………………………………………… 41
　　三、大伦敦规划 ………………………………………………………………… 41
　第三节　二战前的美国新城发展 ……………………………………………… 43
　　一、地区规划协会及规划理论 ………………………………………………… 43
　　二、雷德朋体系 ………………………………………………………………… 44
　　三、绿带城 ……………………………………………………………………… 46

中篇　战后新城理论和新城规划的发展

第三章　战后的城市发展趋势 …………………………………………………… 52
　第一节　规划观念的演变 ……………………………………………………… 52
　　一、社会经济因素的融入 ……………………………………………………… 52
　　二、城市结构的新认识 ………………………………………………………… 53
　　三、城市环境保护的新内容 …………………………………………………… 53
　　四、城市规划性质与方法论的演变 …………………………………………… 53
　第二节　大城市地区的城镇化和新城发展趋势 ……………………………… 54
　　一、集聚和分散 ………………………………………………………………… 55
　　二、双向城市化的"中和"现象 ……………………………………………… 55
　　三、新城和城镇郊区化 ………………………………………………………… 55

第四章　英国的新城建设 ………………………………………………………… 57
　第一节　新城建设的背景和推进 ……………………………………………… 57
　　一、战后发展的谋划 …………………………………………………………… 57
　　二、战后的城市规划立法 ……………………………………………………… 58
　　三、战后新城建设的阶段性特征 ……………………………………………… 59
　第二节　新城建设的政策目标 ………………………………………………… 61
　　一、主要目标 …………………………………………………………………… 61
　　二、主要原则 …………………………………………………………………… 62
　　三、建设规模 …………………………………………………………………… 62
　第三节　新城开发的运作机制 ………………………………………………… 62
　　一、中央政府的管辖 …………………………………………………………… 62
　　二、新城开发公司 ……………………………………………………………… 63
　　三、新城委员会 ………………………………………………………………… 64
　　四、建设资金 …………………………………………………………………… 64
　第四节　新城的住房和就业 …………………………………………………… 65
　　一、住房供应 …………………………………………………………………… 65

  二、就业安排 ……………………………………………………………… 66
  三、产业发展 ……………………………………………………………… 67
 第五节　新城的公共设施和社会生活 ……………………………………… 67
  一、服务设施 ……………………………………………………………… 67
  二、教育设施 ……………………………………………………………… 67
  三、环境保护 ……………………………………………………………… 68
  四、医疗保健 ……………………………………………………………… 68
  五、社会活动 ……………………………………………………………… 68
 第六节　新城的交通规划和管理 …………………………………………… 69
  一、私人交通 ……………………………………………………………… 69
  二、公共交通 ……………………………………………………………… 70
  三、步行交通 ……………………………………………………………… 70
  四、用地布局和交通的关系 ……………………………………………… 71
 第七节　新城的城市设计 …………………………………………………… 72
  一、住区设计 ……………………………………………………………… 72
  二、城市中心 ……………………………………………………………… 72
  三、景观设计 ……………………………………………………………… 73
 第八节　新城规划思想的演进 ……………………………………………… 75
  一、第一代新城 …………………………………………………………… 75
  二、第二代新城 …………………………………………………………… 77
  三、第三代新城 …………………………………………………………… 78
  四、新城建设的发展趋势 ………………………………………………… 79
  五、新城建设的经验和启示 ……………………………………………… 80
 第九节　英国新城的发展和未来 …………………………………………… 82
  一、新城发展的重点 ……………………………………………………… 82
  二、斯蒂文乃奇新城的开发建设及其未来发展 ………………………… 83
  附：斯蒂文乃奇新城中心区更新计划 …………………………………… 87
  三、哈尔顿(包括伦康新城)的开发建设及其未来发展 ………………… 98
  附：哈尔顿中心区复兴战略规划 ………………………………………… 100
  四、密尔顿·凯恩斯的开发建设及其未来发展 ………………………… 106
  附：密尔顿·凯恩斯地方规划 …………………………………………… 110

第五章　法国巴黎地区的新城建设 ……………………………………… 116

 第一节　新城建设计划的形成 ……………………………………………… 116
  一、新城建设的背景 ……………………………………………………… 116
  二、新城建设计划的提出 ………………………………………………… 117
  三、新城选址和建设的原则 ……………………………………………… 121
 第二节　新城的规划布局 …………………………………………………… 122
  一、总体规划结构 ………………………………………………………… 122

二、中心区布局 …………………………………………………… 123
　　三、道路交通系统 …………………………………………………… 124
　　四、居住用地 ………………………………………………………… 125
　　五、绿化景观 ………………………………………………………… 126
　第三节　新城建设的政策 ………………………………………………… 126
　　一、国家五年计划 …………………………………………………… 126
　　二、城市发展引导规划 ……………………………………………… 126
　　三、新城建设的机构 ………………………………………………… 127
　　四、新城建设的得失 ………………………………………………… 127
　　五、当前的"中心多极化"规划 …………………………………… 129
　第四节　法国与英国的新城建设比较 …………………………………… 130

第六章　美国的新城建设 …………………………………………………… 132
　第一节　大都市区结构演变与郊区化 …………………………………… 133
　　一、大都市区空间结构演变 ………………………………………… 133
　　二、城市郊区化发展 ………………………………………………… 134
　　三、郊区化过度发展带来的问题 …………………………………… 138
　第二节　新城建设 ………………………………………………………… 140
　　一、新城政策的产生 ………………………………………………… 140
　　二、新城的发展阶段 ………………………………………………… 142
　　三、新城建设的看法 ………………………………………………… 142
　第三节　"新城市主义" ………………………………………………… 143
　　一、基本概念和原则 ………………………………………………… 143
　　二、设计理念 ………………………………………………………… 143
　　三、公共交通导向的邻里区开发(TOD) …………………………… 144
　　四、传统的邻里区开发(TND) ……………………………………… 145
　　五、实践中的困难 …………………………………………………… 145
　第四节　新城建设的案例 ………………………………………………… 146
　　一、哥伦比亚新城 …………………………………………………… 146
　　二、威灵顿新镇 ……………………………………………………… 148

第七章　日本的新镇建设 …………………………………………………… 152
　第一节　国土综合开发规划 ……………………………………………… 152
　第二节　新镇建设 ………………………………………………………… 153
　　一、概况 ……………………………………………………………… 153
　　二、新镇的立法 ……………………………………………………… 154
　　三、新镇的开发机构 ………………………………………………… 154
　　四、新镇开发的推进 ………………………………………………… 154
　　五、新镇建设的特点 ………………………………………………… 155

六、私营铁路与新镇开发 ……………………………………………… 157

　第三节　东京都的发展及新镇开发 …………………………………… 157

　　一、东京都的城市发展 ………………………………………………… 157

　　二、多摩新镇开发实例 ………………………………………………… 160

第八章　中国香港地区的新市镇建设 ……………………………… 168

　第一节　新市镇发展的背景 …………………………………………… 169

　　一、城市功能 …………………………………………………………… 169

　　二、城市发展的沿革 …………………………………………………… 170

　　三、新市镇建设 ………………………………………………………… 172

　第二节　新市镇的发展阶段 …………………………………………… 173

　　一、第一代新市镇 ……………………………………………………… 173

　　二、第二代新市镇 ……………………………………………………… 174

　　三、第三代新市镇 ……………………………………………………… 174

　　附：香港新市镇开发简介 ……………………………………………… 175

　　附：香港市区大型新拓展区简介 ……………………………………… 180

　第三节　新市镇的建设成就及面临的问题 …………………………… 181

　　一、对人口的吸纳作用 ………………………………………………… 181

　　二、为市民提供住房 …………………………………………………… 181

　　三、推动经济发展 ……………………………………………………… 182

　　四、改变城市空间格局 ………………………………………………… 182

　　五、新市镇发展面临的问题 …………………………………………… 183

　　六、小结 ………………………………………………………………… 183

　第四节　新市镇建设的经验 …………………………………………… 184

　　一、新市镇开发运作的特点 …………………………………………… 184

　　二、新市镇成功开发的条件 …………………………………………… 185

第九章　新城建设实践的国际比较 ………………………………… 190

　第一节　新城建设的缘起 ……………………………………………… 190

　　一、英国 ………………………………………………………………… 190

　　二、法国 ………………………………………………………………… 190

　　三、美国 ………………………………………………………………… 191

　　四、日本 ………………………………………………………………… 191

　　五、中国香港 …………………………………………………………… 192

　第二节　新城的规模 …………………………………………………… 192

　第三节　新城的住宅建设 ……………………………………………… 194

　　一、英国 ………………………………………………………………… 194

　　二、法国 ………………………………………………………………… 194

　　三、美国 ………………………………………………………………… 194

四、日本 ………………………………………………………………………… 194
　　五、中国香港 …………………………………………………………………… 195
第四节　新城的投融资 …………………………………………………………… 195
　　一、英国 ………………………………………………………………………… 195
　　二、法国 ………………………………………………………………………… 195
　　三、美国 ………………………………………………………………………… 195
　　四、日本 ………………………………………………………………………… 196
　　五、中国香港 …………………………………………………………………… 196
　　六、小结 ………………………………………………………………………… 197
第五节　新城的开发管理机制 …………………………………………………… 197
　　一、伦敦模式——政府主导，开发公司独立运作 …………………………… 197
　　二、东京模式——以民间开发为主，政府给予政策支持 …………………… 197
　　三、香港模式——政府主导，公私合作投资建设 …………………………… 198
第六节　新城建设的经验归纳 …………………………………………………… 198
　　一、在区域规划的指导下建设新城，优化大城市区域的空间结构 ………… 198
　　二、确定新城合理的开发规模 ………………………………………………… 199
　　三、新城建设有法律保障和政策指引 ………………………………………… 199
　　四、公共建设先行，提升新城品质 …………………………………………… 200
　　五、以大容量轨道为支撑架构区域交通网络，提倡公共交通优先 ………… 200
　　六、创新理念，注重设计的人性化 …………………………………………… 201

下篇　我国的新城规划和建设

第十章　从卫星城建设到新城建设 …………………………………………… 204
第一节　国内城市发展的社会经济背景 ………………………………………… 204
　　一、社会经济转型 ……………………………………………………………… 204
　　二、城市发展 …………………………………………………………………… 205
第二节　北京的实践——从卫星城建设到新城规划 …………………………… 206
　　一、规划沿革 …………………………………………………………………… 206
　　二、建设概况 …………………………………………………………………… 207
　　三、发展原因 …………………………………………………………………… 208
　　四、存在的问题及原因 ………………………………………………………… 209
　　五、发展趋势 …………………………………………………………………… 210
　　六、新城规划 …………………………………………………………………… 211
第三节　上海的实践——从卫星城到新城建设 ………………………………… 213
　　一、发展过程 …………………………………………………………………… 213
　　二、历史经验的总结 …………………………………………………………… 215
　　三、小结 ………………………………………………………………………… 218
　　四、新一轮的新城建设 ………………………………………………………… 219

第四节　广州郊区"居住城"的开发 ··· 223
　　一、居住郊区化与新都市主义 ··· 223
　　二、开发模式 ··· 224
　　三、促成原因 ··· 230
　　四、存在问题 ··· 232
　　五、处理好政府、开发商和市民之间的关系 ···························· 234

第十一章　现阶段新城建设的总结与评价 ································ 235

第一节　新城建设的动因和类型 ··· 236
　　一、内城改造和城市发展战略升级相互联动形成的"新城" ········· 236
　　二、城市结构调整中形成的组团级"新城" ····························· 238
　　三、城市向郊区拓展形成的郊区"新城" ································ 240
　　四、以一大型项目为中心的特定"新城" ································ 241
　　五、以传统小城镇为基础发展而成的"新城" ························· 242

第二节　国内外新城建设的比较 ··· 244
　　一、我国新城建设的阶段特征 ··· 244
　　二、中外新城建设的差异 ·· 244

第三节　未来最有可能影响我国大城市空间及新城建设的若干因素 ·· 245
　　一、社会性的影响因素 ··· 245
　　二、交通条件的变化 ··· 246
　　三、控制城市蔓延的措施和作用 ··· 252

第十二章　我国新城建设的对策 ·· 253

第一节　新城的定义和分类 ··· 253
　　一、新城的定义 ··· 253
　　二、新城的分类 ··· 253
　　三、不同新城类型的比较 ·· 254

第二节　国际大都市新城建设经验的借鉴 ·································· 256
　　一、新城开发是大城市整体结构调整的有机组成部分 ··············· 256
　　二、新城开发要有合适的规模 ·· 257
　　三、保持新城建设区外围的生态缓冲地带 ····························· 257
　　四、营造优美而富有特色的人居环境和新城形象 ···················· 257
　　五、新城是规划创新的试验田 ·· 258

第三节　我国新城建设的若干原则 ·· 258
　　一、强化中心城市，完善城镇体系 ······································ 258
　　二、促进城市化，统筹和协调区域发展 ································ 259
　　三、创造良好的政策环境 ··· 259
　　四、政府主导，市场化运作 ·· 259
　　五、择优选址，交通工程先行 ··· 260

六、合理控制建设指标，推行可持续发展战略 …………………………………… 261
　　七、均衡社会结构，保持社会健全 ………………………………………………… 261
　　八、尊重历史，弘扬和充实文化内涵 ……………………………………………… 262

案例1：厦门城市发展战略——新市镇空间拓展模式的研究 …………………………… 263
　　一、城市发展概况 …………………………………………………………………… 263
　　二、新市镇发展社会经济背景 ……………………………………………………… 263
　　三、影响城市空间拓展的动因分析 ………………………………………………… 264
　　四、未来城市空间拓展的趋势分析 ………………………………………………… 270
　　五、未来城市空间拓展的对策建议 ………………………………………………… 271
　　六、未来城市空间拓展的总体格局 ………………………………………………… 274
　　七、海湾新市镇开发的策略 ………………………………………………………… 275

案例2：广州新城概念规划 ……………………………………………………………… 277
　　一、新城的功能定位 ………………………………………………………………… 277
　　二、新城的城市性质 ………………………………………………………………… 279
　　三、新城开发模式及策略 …………………………………………………………… 281
　　四、新城人口规模 …………………………………………………………………… 282
　　五、新城中心区规划 ………………………………………………………………… 283

案例3：上海临港新城概念规划——配套上海国际航运中心建设的临港新城 ………… 288
　　一、规划背景 ………………………………………………………………………… 288
　　二、地理位置和现状 ………………………………………………………………… 290
　　三、规划分析 ………………………………………………………………………… 290
　　四、规划定位和功能 ………………………………………………………………… 291
　　五、规划特征 ………………………………………………………………………… 292
　　六、规划和管理 ……………………………………………………………………… 293
　　七、交通规划 ………………………………………………………………………… 294
　　八、信息化发展 ……………………………………………………………………… 295

附：上海国际航运中心临港新城规划方案 …………………………………………… 296
　　一、德国 GMP & HPC 方案 ………………………………………………………… 296
　　二、上海地方方案 …………………………………………………………………… 300

参考文献 ………………………………………………………………………………… 304

网站资源 ………………………………………………………………………………… 307

后记 ……………………………………………………………………………………… 309

绪　言

18世纪中期起源于欧洲的工业革命带来了生产力的大解放，与工业化相伴随的是人类历史上空前的经济增长和城市化发展。工业革命以后的城市功能及城市运行与植根于中世纪社会的城市结构的矛盾日益尖锐，城市中的病态与丑陋现象丛生，使人们几乎陷于束手无策的境地。在这种背景下，一些具有社会改革思想的先驱者们提出了种种"理想城市"的概念。他们在揭露"城市病"和批判现状城市发展模式的同时，纷纷试图勾画出新型的理想城市模式。

最早期的"理想城市"提议往往具有很大的空想成分。曾出现了诸如罗伯特·欧文（Robert Owen，1771—1858年）在新拉纳克（New Lanark）的实验，以及在美国印第安纳州的"新协和村"（Village New Harmony）事业。然而"乌托邦"（Utopia）式的尝试难免失败，其失败的主要原因之一在于以"平均、平等、自给自足"为主要内容的社会改革，在早期的资本主义条件下是不切实际的。到了19世纪末，霍华德（Ebenezer Howard，1850—1928年）汲取了"空想社会主义"（Utopian Socialism）及"理想城市"的一些理念，结合他自己的观察和信念，提出了"田园城市"（Garden City）的一整套新概念和新模式，并付诸于实践。

霍华德倡导的"田园城市"，后又被称之为"社会城市"（Sociable City），试图克服工业革命以后出现的城乡对立及城市中的非人性化弊端，基于城市和农村相协调的理念、人工环境融入自然环境的规划手法，以人性化的方法来处理城市的各项功能要素，从而创造出一种新型的城市。"田园城市"的人口规模适中，以低层、低密度的建筑为特征，公园和绿地紧邻住宅；在城市周边布置工业；城市外围设有永久性绿地，只供农业使用。

20世纪初期，霍华德身体力行在英国建起了两座田园城市，即莱奇沃思（Letchworth）和韦尔温（Welwyn）。

人们丝毫不能低估这一产生于19世纪末到20世纪初的"田园城市"的影响力。作为城市社会和规划发展史上的一次伟大的启蒙和探索运动，"田园城市"为人类提供了一种新型的、城乡融合的城市结构和发展模式，其核心理念在于把人与自然、城市和乡村结合起来考虑，走和谐发展之路。虽然"田园城市"的追求具有相当的理想主义色彩，但是它对其后一个世纪的城市发展和规划有着深刻的启迪作用。

第二次世界大战后英国的大规模新城建设运动，与英国的"田园城市"传统有着渊源关系。其他西方国家的郊外城市建设也深受"田园城市"思想的影响。二战后城市发展的新动向，实质上反映了一种摒弃旧的城市发展模式，追求理想的城市生活及崇尚自然的社会呼声。

进一步的考察可以发现，"田园城市"的传播是世界性的，许多国家的城市发展曾借鉴过"田园城市"的规划理念。在亚洲的日本、新加坡及我国香港地区都有过大规模的新城①建设；我国大陆的一些大城市曾在1950年代建设了一批工业卫星城，以及我国一度出现的"不搞集中

---

① 英文都为New Town，在香港习惯称"新市镇"，在日本习惯称"新镇"。

城市"和企图"消灭城乡差别"的思潮等，在一定程度上也与"田园城市"的思想有着内在联系。

在"田园城市"诞生和发展了一个世纪后的今天，我国的城市化进入了快速发展阶段。名目繁多的各类园区建设、如火如荼的楼盘开发、遍地开花的大学城等各种城市建设活动席卷全国各地，"新城"这一概念似乎一夜之间成为很多开发项目的代名词，小到不足一公顷的商业广场，大到数平方公里的楼盘开发。这些大大小小的城市建设项目确实促进了城市的繁荣，推动了经济的发展，加快了郊区的城市化步伐。但冷静观察及思考之后，人们不难发现其中的弊端和隐患，概念的正确和理念的无误传递已是刻不容缓。

时至今日，欧美发达国家的外延城市化进程早已完成，新城建设也已基本成为历史；而我国是一个发展中的人口大国，经济和社会的发展水平还很低，城市化的道路还很长，还有几亿人口将从农村转向城市。在城市化的进程中，大中小城市都还要得到发展，其中，新城建设将是大都市地区优化空间结构的重要手段。新城建设在我国还是一个较新的事物，还有待深入研究和积累实践经验。在这个过程中，学习和借鉴发达国家和地区的经验是很有必要的。

无论是有意或无意，一切物质性建设都是有着社会意义和社会影响的，因而物质性与社会性是分不开的因素，而合乎逻辑的需求是，在物质性的建设事业中要有社会责任感及正确的规划理念。"田园城市"和新城建设的百年实践，为我们提供了前车之鉴和宝贵的精神财富。本书旨在总结和传递前人及当代实践者对"理想城市"及和谐发展的探索经验。

上篇阐述了乌托邦思想、空想社会主义的"理想城市"构想、霍华德的"田园城市"思想，以及"有机疏散"、"邻里单位"、"雷德朋体系"、"区域规划"等的规划方法和理论发展，并介绍了西方国家早期城市规划实践中的"卧城"、"卫星城"、"绿带城"等新城的雏形。这部分内容的介绍旨在表明，"理想城市"及人与自然的和谐共生，是人类长期以来的孜孜追求，也是城市规划的价值指向。

中篇主要叙述了二战后的英国、法国、美国、日本等国家及中国香港地区的新城建设。二战后，新城作为相对独立完善的城市单元，为大城市区域的整体协调发展及在疏解中心城市的人口和产业等方面发挥了实质性的作用。通过横向比较各个国家的新城建设的运作实践，包括新城建设缘起、政策和立法、规划方法、财政及开发管理机制、基础设施建设等，以获得对世界范围内的新城建设的较深入的了解。由于各个国家或地区的发展历史、政治背景、经济实力、自然条件、文化传统等都不尽相同，新城建设的状况也是各不相同的，既有较为共性的若干经验，也有不少特定的做法和结果。因而，对国外经验的借鉴要联系到具体的条件，注重对其内在"精髓"的学习和把握。

下篇介绍和讨论我国解放后至今的卫星城建设和新城规划及开发的问题。在分析我国国情的基础上，提出我国当前的新城建设的定义，此外还就"类新城"的现象、概念及与"新城"的比较作了阐述。企望通过总结历史的经验教训，借鉴国际经验，从而找到我国新城建设的理性之路。

上 篇
新城思想和新城运动的早期发展

英国于1750年前后开始的工业革命（Industrial Revolution），标志着英国第一个从工场手工业占统治地位的国家变成了机器大工业占统治地位的国家，并使英国成为当时最先进的资本主义国家，在世界工业和世界贸易中取得了主导地位，号称"世界工厂"。

工业革命对城市经济的影响至少反映在两个方面。第一，由于需要建造大量的厂房和提供大量的工人住房来保证突飞猛进的工业发展，城市开发成为一项资本积累的必需过程。第二，建筑业相应成为了英国主要的经济支柱。另一方面，经济的进一步发展也为城市扩展创造了条件，如国家有能力大量投入资金建造城市交通设施和公用事业设施等。这样，国家的经济发展和城市开拓相辅相成，互动推进。

在这样一种经济社会气候下，英国的城市化有了长足的发展。因为新的经济活动大多集中在城市内进行，城市人口不再按原来的自然增长率增长，城市更多地是通过吸收农业地区的人口而增长。农民涌进城市寻找工作，从事工业生产或商业活动。这一来，一方面由于城市必须为进城的农民提供住所，因而促进了城市建筑业的发展；另一方面，经济快速发展，使得国家有能力在城市提供一定的基础设施条件，从而更进一步吸引了大量的农民迁移到城市。

虽然工业革命导致的大规模城市化对城市的经济发展有着积极的推动作用，但是也不可避免地带来了一系列的城市问题及社会问题。这些问题，起初并没有引起官方的重视，因为政府关注的是如何以更快的速度发展产业经济。

19世纪中期后，大范围的城市化所引发的城市问题及社会问题变得日益突出，如工业生产造成了严重的环境污染，人口密度过高及卫生条件日趋低劣，致使瘟疫流行、火灾频发。

随着城市规模越来越大，城市布局越来越混乱。城市环境与城市面貌日益遭到破坏，城市绿化与公共设施、市政设施日显不足，城市处于失序状态。城市发展与原有城市结构的矛盾日益尖锐，人们一时陷于束手无策的境地，不但引起了工人阶级的强烈不满，也开始危及到了统治阶级的自身利益。工业革命时期产生的欧美资本主义城市的种种矛盾，激发了社会矛盾。在这种背景下，为缓和社会矛盾，一些具有社会改革思想的先驱者纷纷尝试提出新的"理想城市"设想。诸如，乌托邦（Utopia）、新协和村（Village New Harmony）、田园城市（Garden City）等等。

与此同时，政府为此也不得不采取强硬措施，以控制城市的开发密度、日照间距及公共卫生设施的配置标准等，并限制人口大量迁入城市，尤其是迁入大城市。这样一项涉及全国所有的城市控制管理的工作，需要立法的授权及相应的机构来执行。

英国1909年的《住宅、城市规划法》（The Housing Town Planning, Etc Act, 1909年）的出台，标志着英国城市规划建制的正式创立。由此，城市规划作为一项政府工作纳入了制度化的轨道。

第一章 新城思想的历史追溯

1845年，恩格斯（Friedrich Engels，1820—1895年）的名著《工人阶级的状况》（The Condition Of working Class in England，1845）出版，该书在今天的城市社会学中仍然被视为具开创性意义的经典著作。这部文献不管是内容还是研究方法都影响了几代城市问题研究的学者，其科学的光辉映照至今。恩格斯对当时曼彻斯特（Manchester）工人生活状况的触目惊心的描述和深刻的分析，是导致当时社会主义思潮迅猛发展的一个直接原因，成为后来"田园城市"等一系列城市社会改良方案的思想基础。对于城市规划的研究来说，这部文献直接揭示了规划价值取向的核心理论问题。

现代城市规划的思想根源，还可以追溯到托马斯·莫尔（Thomas More，1478—1535年）、亨利·圣西门（Henri Saint-Simon，1760—1852年）、罗伯特·欧文（Robert Owen，1771—1858年）、查里斯·傅立叶（Charles Fourier，1772—1837年）等乌托邦（Utopia）、空想社会主义（Utopian Socialism）和社会平等（Social Equality）等更早期的思想。

第一节 乌托邦设想

"乌托邦的伟大使命就在于：它为可能性开拓了地盘，以反对当前现实事态的消极默认。正是符号思维克服了人的自然惰性，并赋予人以一种新的能力，一种善于不断更新人类世界的能力。"

——恩斯特·卡西尔(1874—1945年) 德国著名哲学家和哲学史家

"乌托邦"首先是一个由托马斯·莫尔虚构出来的岛国的名称，然后它才发展成一个越来越复杂的概念。"乌托邦"本身就是一个有特定含义的合成词，Utopia是由"u"和"topia"两部分组成的，"u"来自希腊文"ou"，表示普遍否定，"topia"来自希腊文的"topos"，意思是地方或地区，两部分合起来意指：不存在的地方，相当于英文里的"Nowhere"。同时，"u"也可以和希腊文中的"eu"联系起来，"eu"有好、完美的意思，于是"Utopia"也可以理解为"Eutopia"——美好的地方，这就是西方所谓的"白云布谷乡"，中国所谓的"桃花源"。由于"乌托邦"本身就有一定的概念内容，这使得它很容易从一个虚构的岛屿名称变成一个流行的概念名词。在西方日常语言中，"乌托邦"一词通常具有"好虽好，但目前没法实现，或根本不可能实现"的含义，也有"空想"、"不实际"等衍生含义。它上升为一个专门的术语，主要是20世纪的事情[①]。

---

① 陈岸瑛.关于"乌托邦"内涵及其概念演变的考证.北京大学学报，2000—01

一、托马斯·莫尔的乌托邦

如上所述,"乌托邦"首先是一个由托马斯·莫尔虚构出来的岛国的名称,然后它才发展成一个越来越复杂的概念。为讨论此问题,不妨追溯到莫尔的《乌托邦》(Utopia,1516年)。

"乌托邦"在拉丁文中的含义是"一个美好的,但子虚乌有的地方",是中国近代著名的翻译家严复将其翻译成中文的,全意即为"子虚乌有、无所寄托的邦国"。当时的欧洲,正值开辟东方新航路、发现美洲大陆以及环球航行成功的时候,在英国流行着一本名为《地理大发现》的游记。这是因为英国大法官托马斯·莫尔受到游记的启发,于1516年用拉丁文写了一部寓意小说——《关于最完美的国家制度和乌托邦新岛的有益又有趣的金书》。此书通过留在南美的24人中的一人回欧洲后讲述所见所闻的故事,描述了一个莫尔自己创造的根本不存在的理想邦国。《乌托邦》里的航海家则偶然闯入了海外的乌托邦岛,小说由"我"与航海家的对话构成,最后由"我"点出了整个叙述的虚构性质:"乌托邦国家有非常多的特征,我虽然愿意我们的这些国家也具有,但毕竟难以希望看到这种特征能够实现"。

然而就是这个子虚乌有的无所寄托的邦国,偏偏寄托了千千万万人的理想,在邦中有54个小城市,互相间相距不太远,城市间是农田,市民每户有一半务农,每两年轮换一次工作。莫尔的创意,唤起了一代又一代的先哲智士去设计更具体的城邦模式,探索更现实的道路及描绘更完美的蓝图。

莫尔的海外旅行见闻的文学形式和古希腊后期的游记体裁的小说很相近。但重要的是,莫尔身处15至16世纪的地理大发现时期,同时代的《宇宙秩序论》(Cosmographia Introductio,1507)、《四航海》(Quatuor Navigationes,1504? Or 1505?)和《新世界》(Mondus Novus,1503)等书都对他产生过影响。此外,柏拉图(Plato,B.C 427—B.C 347)的《理想国》(The Republic of Plato,BC.360~BC.347)、耶稣的福音和训诫、原始基督教团财产共有的组织形式等,都是莫尔写作《乌托邦》时供参考的原型。莫尔所设想的乌托邦岛人的生活,其最大的特点是财产公有,这使他成为了近代世俗社会主义的鼻祖。

莫尔不仅是世俗社会主义的鼻祖,而且还预见到社会主义社会可能会有的弊端。莫尔借小说人物之口对公有制提出的疑问是:"一切东西共有共享,人生就没有乐趣了。如果大家都不从事生产劳动,他就好逸恶劳,只指望别人辛苦操作"。[①]

但是这种疑问在"乌托邦岛"是不成立的。在"乌托邦岛",人人都劳动,主要是务农,其次是从事手工艺劳动,每天工作6小时,其余时间用于休息、娱乐或做学术探讨,由于没有不劳而获的社会蛀虫,每天6小时的劳动可生产出足够的产品,人们按需分配,黄金贱如粪土。不过,莫尔提出的这个疑问并没有真正得到解答,实际上,这个疑问困扰着以后所有严肃的社会主义者们,这一疑问是:在公有制条件下,人们的劳动热情从何而来?在未来理想社会中,维持高水准生产力的动力机制何在?[②]

二、托马斯·康帕内拉的太阳城

在英国的托马斯·莫尔去世30多年之后,意大利又出现了一个托马斯。这个名叫托马斯·

[①] 托马斯·莫尔的乌托邦.[M]戴镏龄译.北京:商务印书馆,1996
[②] 陈岸瑛.关于"乌托邦"内涵及其概念演变的考证.北京大学学报,2000—01

康帕内拉（Thomas Campanella，1568～1639年）的人使乌托邦式的梦想继续梦想下去。

"这是个阳光明媚的美丽的地方。在这里，没有富人，也没有穷人，财富属于每一个人；这里没有暴力，没有罪恶，人们过着和平安详的生活——这就是太阳城。"意大利思想家、作家康帕内拉的名著《太阳城》（City of the Sun，1623年），是在监狱中写成的。在《太阳城》这部作品中，康帕内拉假借一个游历者的见闻，用对话录的体裁，描绘了一个消灭了私有制和剥削的大同世界。同时，他也对意大利的现实社会制度进行了有力的批判。

三、乌托邦小说

在西方，从文学的角度去理解乌托邦，把关于理想社会的小说或其他文体称之为"乌托邦小说（或故事）"，这类小说在某种程度上都是模仿莫尔的《乌托邦》，幻想和描绘海外、未来、过去的某个理想社会。从莫尔那个时代一直到20世纪上半叶，西方出现了大量的各种类型的乌托邦小说，从带有社会主义倾向的乌托邦小说，一直到只与科学技术有关的科幻小说。确实，现代城市的问题也是文人们感兴趣的问题，他们试图设想出未来城市的理想模样，在想像中寄托他们的希望，也表达了他们对现状的忧虑。各种关于"乌托邦"的提法，都把"乌托邦"与某种变革社会的企图或某种社会理想联系在一起。

英国的威廉·莫里斯（William Morris，1834～1896年）的《乌有乡消息》（News from Nowhere，1890年）就是一部典型的乌托邦小说，小说的主人公在梦中发现自己进入了未来的英国，在那里共产主义已经实现了，人的整个生活方式和思想观念都发生了翻天覆地的变化。小说与社会理论相区别的特点在于：它是一种自觉的虚构，也就是说作者自己知道自己在虚构，通过虚构，作者寄托自己的理想、情操以及对现世的不满和批判。有《桃花源记》里的渔人偶然在山谷里发现了一个"不知有汉，无论魏晋"的乐土，第二次去却再也找不着了，这篇散文余音袅袅地结束在怅惘的情绪中[1]。

理想社会的设想往往只是纸上谈兵。19世纪的前半个世纪里，特别是从1820到1850年间的那些岁月里，一些乌托邦主义的建设者们，力图将它们付诸实施。这些情节可以从乌托邦文学的传统框架中看出来，但后人的任务是将这些人从中区别出来，因为他们是一种思想和行动路线的创始人。即使这些建设者们仅仅采用的是象征性的、主观的方式，却最终导致了自觉改造城市和乡村的运动。

美国学者刘易斯·芒福德（Lewis Mumford，1895—1990年）对"乌托邦系谱"做了一个经典性归纳，并在其所著的《乌托邦系谱》（The Story of Utopias，1922年）一书中，从柏拉图的《理想国》到托马斯·莫尔的《乌托邦》，以至于20世纪初的乌托邦文学，搜寻出24个乌托邦的系谱，考察了人类近几百年来对"理想的城市是什么样子"这一问题的思考，发现无论是科学家还是文学家，他们对未来理想的城市设想都有着共同的理念——"把田园的宽裕带给城市，把城市的活力带给田园"（芒福德 语），目标是以城市和农村相协调，融合为一体[2]。

---

[1] 陈岸瑛.关于"乌托邦"内涵及其概念演变的考证.北京大学学报，2000—01

[2] 叶南客（江苏省社科院社会学所所长、研究员）、李芸（江苏省社科院经济学所副研究员），现代城市管理理论的诞生与演进，2003-01-16。

第二节 空想社会主义

空想社会主义（Utopian Socialism）是企图从某种抽象原则出发来建立一个完善的社会体系。在科学社会主义以前，在英国产业革命的影响下，空想社会主义者看到了近代社会所具有的日趋强大的生产力，认为已经有削除贫富差距的实际可能。从严格的意义上来说，欧文（Robert Owen）、圣西门（Henri Saint-Simon）、傅立叶（Charles Fourier）的著作不能算作"乌托邦小说"，他们的著作主要是阐述他们的"科学发现"，以及详细描述他们的社会改造方案。

一、公社

早在18世纪下半期，在法国的书刊中就出现了一系列组织"公社（Commune）"的方案，据说"生活在公社中的一切人都比单独经营的人富裕得多"[①]。至于公社（Commune）这个名称，原出于欧洲中世纪，是指当时西欧实行自治的城镇，其特点是：其公民或市民宣誓互相保护或帮助。

圣西门、欧文、傅立叶的想法主要是建立生产消费公社，其实这种想法在当时大工业生产不发达的情况下并不完全是空想，只要拥有足够的基金，穷人为什么不能组织起来自己生产、自己消费呢？

傅立叶出生于法国一个商人家庭，聪明善良，具有正义感和同情心，往往为穷人和弱者抱不平。中学毕业后学商，曾当过会计、出纳、发行员、文牍员、推销员和交易所的经纪人。他酷爱读书，阅读了大量报刊、杂志、书籍，是一位自学成才者。1800年开始提出他的"世界运动规律"的理论，研究"复杂的协作社"；1802年提出用"和谐制度"代替现存的社会制度，用组织"法郎吉（Phalanstery）"（大型的生产消费合作社，把社会改组为各有1600人和5000英亩土地的小的合作团体即"法郎吉"）的试验方法建立新的社会制度。他把"法郎吉"的理想人数规定为1620人，一个也不多，一个也不少，据他自己说，这是按照人类性格的2倍计算出来的，傅立叶喜欢在书中引用数字，以显得"科学"[②]。在"法郎吉"中没有工农差别，没有城乡差别，劳动将成为一种享受，每个人将根据劳动得到公正的分配。傅立叶力图从历史本身说明社会发展的规律性，证明社会是一个从低级到高级的辩证发展过程，"文明制度"必然为"协调制度"所取代，生产发展水平和妇女解放的程度是社会不同发展阶段的标志。傅立叶认识到法国革命是一场严重的阶级斗争，是"穷人反对富人的战争"。他对资本主义制度进行了全面的批判，揭露了资本主义商业的种种罪行。但傅立叶并不主张废除私有制，在实现社会主义的途径上，反对阶级斗争，反对暴力革命，把全部精力放在宣传和实验上，他的学说最终完全变成了空想。他的主要著作有：《四种运动论》（*Théorie des Quatre Mouvements*, 2nd ed., 1841）、《宇宙统一论》（*Théorie de l'Unité Universelle*, 2nd ed., 1838）、《新世界》（*Le Nouveau Monde Industriel et Sociétaire*, 3rd ed., 1848）、《虚伪的工业》（*La Fausse Industrie*, 1835～36）、《论商业》（*Manuscrits de Fourier*, 1851）等。

[①] 恩格斯.共产主义原理.1847年10月
[②] [苏] 阿·鲁·约安尼相.傅立叶传.汪裕荪译.商务印书馆.1961年

伟大的空想社会主义者罗伯特·欧文是第一个也是最重要的乌托邦改革家,他是位个性非凡的人物,曾生活在"艰难时世"的极端时期,他自学成才,当过店员和商人,最后成为成功的实业家和政治家。19世纪的英国政治是受苏格兰籍经济学家和哲学家亚当·斯密(Adam Smith,1723~1790年)在1776年发表的著作中的思想支配的,那个时代的政治家都把亚当·斯密的理论作为必不可少的行为准则①。然而欧文却遵从了一条极为不同的思想路线,由于与别人的行径相差太大,他曾被看成是一位危险的鼓动家。起初他是店员,后来他成为雇主,工厂的经营使他产生了一整套与他那个时代格格不入的思想。他认为,一个由组织控制而运营的工业企业,不仅必须考虑内部工作,而且要注意与市场需求有关的企业外部限制。以这种观点来看,正确的平衡绝不是自动的,不是由内部力量的作用达到的,而是来自内部因素和自觉的外部行动之间的和谐,这种和谐控制了发展的方式和限度。

在爱尔兰的新拉纳克(New Lanark)工厂当经理期间,欧文为工人的福利做了许多工作,即使在经济危机期间,工厂不开工,工人照样可以领工资。由于提高了工人的积极性,工厂的股东获得的利润不仅没有因此减少,反而增多了。欧文通过这个例子来说明实现合理的劳动制度的好处,并向国会建议建立劳动公社以解决失业问题。欧文的公社是由2000人到3000人组成的工、农、商、学相结合的生产和消费单位。在公社内部,纯粹个人日用品以外的一切东西都变为公有财产。产品按需分配,每个人可在公社仓库领取必需的物品。不幸的是,工业革命所启动的现代化潮流并没有像欧文他们设想的那样发展,自给自足的生产方式决不可能长期维持。市场运作起来并向全世界扩张,离开了市场,社会化大生产就会停滞不前。

二、工作社区和新协和村

欧文体察到工人在拥挤不堪的城市贫民窟中生活,并在恶劣的工厂环境下的劳作辛苦。欧文相信,环境对人的性格和心情有重要的影响,并且相信,改善环境对工人会产生积极的作用,转而会提高生产力。为实现他的社会和环境理想,欧文于1813年与原合作伙伴分手,并独立成立了公司。除了改善工厂管理以外,他主张成立占有一定土地面积的工作社区(Working Community),并将规模控制在一定的范围之内,这一思想比霍华德(Ebenezer Howard)倡导的田园城市运动设想早了近一个世纪。

在19世纪最初的年代里,新拉纳克工厂变得举世闻名,世界各地的参观者络绎不绝。1813年,欧文去伦敦寻找新的合作者,开始与重要的政治家们接触,并拓宽了他的社会活动领域。他是劳动法、合作运动和工会的创始人之一。

---

① 1776年3月9日出版的《国富论》(The Wealth Of Nations),全名为《国民财富的性质和原因的研究》(An Inquiry Into The Nature And Causes Of The Wealth Of Nations)奠定了经济学的基础。这部书代表了亚当·斯密的哲学和经济学理论,认为国家财富来源于劳动。该书今天被认为是古典自由政治经济学的第一部理论著作。亚当·斯密认为经济学有两个目的:为人民带来丰厚的收入或实物,或者为人民自己获得丰厚的收入或者物质创造条件;为国家或者社会共同体带来足够的收入以创造公共产品。正确的使用经济学的原则可以同时使君主和人民增加财富。这部著作对英国的经济学产生了根本的影响。乔治三世时任英国首相的威谦·佩蒂(William Pitt le Jeune)曾把他的理论应用到与法国签订1786年的条约和拟定财政预算。斯密第一次把科学调查的方法应用在"经济学"上,或者第一次把经济学建立成一门完整的科学的尝试。这本书取代了法国重商主义和重农学派在经济学上的主导地位,他的作者被认为是"经济学之父"。这一著作给经济学带来了长足的发展,但是也造成了在随后的100年中经济学停滞不前的局面,因为人们都过分纠缠于"劳动的细分"上。

虽然欧文是一位成功的企业家，但他认为，当代工业生产基本上是错误的。他确信，工业和农业不应分家并委托给不同集团，农业应当是英国人民的主要职业，而"工业作为一种附属"。为了实践这个主张，在19世纪第二个10年里，欧文为构建一个理想的居住区制定了一个方案：在一个人数有限的村子里，人们集体种田做工，自给自足，具备一切必需的基本舒适条件。

这个计划于1817年首次在给扶贫委员会(the Committee for the Relief of the Manufacturing Poor)的报告中提出，得到了各家报纸的赞同。他的设想在1820年对拉纳克（Lanark）当局所作的报告中得到了更充分的发展。欧文列举了以下几点①：

（1）居民人数：他觉得"这一点对他将来的一切行动都要有实质性的影响，这是政治经济学中最困难的问题之一"。他认为，理想的人数介于300到2000之间（最好在800到1200人之间）。

（2）耕地面积：一人一英亩或稍多一点。这样，用锄而不必用犁就可以耕种800到1500英亩土地。他是一位细耕农业的热心支持者，从经济角度看，这是他的最重要的局限性之一。

（3）建筑和一般性组织：欧文认为"庭院胡同和大街小巷带来许多不必要的麻烦，有害于健康，并且破坏了几乎所有人类生活的自然舒适条件。人们会看到在一种总体安排之下，为全体人口烹调的食物会供应得更好、更便宜；孩子们的培养和教育，在父母们的一起照看下，会比在任何其他环境里收到更好的效果……"一个大正方形，或者更确切地说，"一个平行四边形在形式上对这个集体的家庭布局具有最大的好处……这个形状的四条边，适于包容人口中成人的所有私人宿舍或卧室和起居室；正在受教育儿童的一般寄宿公寓；存放各种产品的贮藏室或仓库；小旅馆或为生客提供的食宿房间和医院等。在一条穿过平行四边形中心的线上，留出空气和阳光的自由空间并便于交通，可建教堂和礼拜堂、学校、厨房和餐厅的地方……"，私人公寓将占平行四边形的三条边，可以是1至4层，这些公寓不设自己的厨房，通风良好，如果必要，可供暖与制冷。

"人们的公寓如需暖气、冷气或通风，只需打开或关上每个房间的两扇滑门或活门；这种简单的装置可一直保持温暖和纯净的空气。如果这个社团的布局独到地采用了这些建筑，那么，一只尺寸适中、安放得当的炉子就能供应几间一套的公寓住宅，既省事，又省钱……"

（4）建设这种村庄的建议，是节约生产的建议，它可能被土地所有者、资本家、地方当局和合作社接受，"开始会犯许多错误，不过经验将启发人们做一千次改进"；建立这样一个村庄的费用约需9.6万英镑。

（5）村庄的劳动生产剩余额，在满足基本需要之后，可以自由交换，把雇用的劳动力作为货币比较的依据。

（6）这些村庄向地方和中央当局交纳的赋税，将继续遵守共同的法律；他们将以现金定期支付，男子要服兵役；不过，他们将不设法庭和监狱，因为没有必要，这样能减轻政府的工作。

欧文做了几次尝试，欲将他的计划付诸实践。欧文的设想，并没有得到同时代的那些唯利是图的企业家们的认同。欧文曾呼吁政府采纳他的方案，却未成。第一次是在英国的

---

① [意]L.本奈沃洛 著.邹德侬 等译.西方现代建筑史.天津科学技术出版社，1996年9月第1版，P140~141

奥比森（Orbison），后来在美国。1825年，他向美国总统和国会呼吁以后，用他的私人财产在美国印第安纳州买地建设新村，将其重新命名为"新协和村（Village New Harmony）"，这充分体现了欧文试图建立一个人与自然、工作与生活真正和谐的理想世界。欧文规划的"新协和村"，每村大约为300人（或500人）到1500人（或2000人）。村中央是公用食堂、公用厨房、学校、会堂等公共建筑，四周是住宅、医院、招待所，周围是花园绿地，外围是工厂、饲养厂、食品加工厂、农田和牧场。欧文甚至于明确提出在工人模范村中如何来布局建筑，将工人公寓连接起来，四周绿地环绕，中间是社区的公共服务设施。

这些空想社会主义的城市建设者的特点是从社会经济制度来看城市的形成，想把城市建设与社会改革结合起来，主张城市规模不要大，应接近农田，消除旧城市的弊病和城乡差别，重视城市居民的公共生活与活动，建设多种公共建筑与设施。

与欧文一起去美国的许多人，包括他的儿子们在内，为开拓西部殖民地作出了贡献。这个欧文主义的村子，发挥了与它的发明者原先所设想的完全相反的机能，作为自给自足的社区这个村子是失败了，当时的投机分子们利用了他的慷慨和理想主义行为，使他财产消耗殆尽，不得不于1828年放弃计划。但这个"新协和村"却变成了周围地区的一个重要中心。

1906年，佛兰克·波德莫（Frank Podmore）对这次尝试的结果作如下评价：
"虽然欧文的伟大尝试失败了，但在另一方面，他的努力获得了极其意外的成功。在30多年的时间里，新协和村一直是西部科学技术和教育的首要中心；那里所产生的影响，涉及了这个国家社会和政治结构的各个方面。甚至到了今天，这个城镇还保留着罗伯特·欧文留下的痕迹。新协和村和西部各州的其他城镇不同，它是一个有历史的城镇。那些破碎的希望和理想的尘埃形成了现今生活得以扎根的土壤"。

即使欧文的实际计划失败了，但他在许多方面做出了历史性的贡献，他不失为19世纪最重要的社会主义者。他的个性，他对社会和谐的热爱，他对工业和机器世界的信心，使他紧紧抓住了社会和城镇规划的本质问题，而他的同时代人，却因为蒙着传统理论的面纱，对此视而不见[1]。

三、工业村/公司城

英国作为工业革命的发源地，也是最早体验工业革命带来城市灾难的地方，因而也是最早在改善城市居住及生产环境方面做出尝试的国家。

在英国，建设有理想主义色彩的工业村（Industrial Village）或公司城（Company Town）的最具代表性的事例有四个，它们为：格拉斯哥（Glasgow）附近的新拉纳克（New Lanark），利兹（Leeds）附近的索尔泰尔（Saltaire），伯明翰（Birmingham）附近的布农维尔（Bourneville），利物浦（Liverpool）附近的阳光村（Port Sunlight）。这四个田园城镇分别建于1820～1893年之间，其共同特点都是依托一个工厂或企业，严格按照规划而兴建起来的；多是为工人修建的住宅，和附近原有的乡村融合在一起，周围有河流、草地、山林，环境非常优美；有的还利用太阳能取暖，体现了环保意识。

1849年，英国作家和旅行家巴金汉（James Silk Buckingham，1786—1855年）提出"新维多利亚村（New Victoria）"的概念，新维多利亚村由股份公司经营管理。每一个新维多利

---

[1] [意]L.本奈沃洛 著.邹德侬 等译.西方现代建筑史.天津科学技术出版社，1996年9月第1版，P141

亚村占地1平方英里（约合2.6km²）。人口约10000人，周围设有1000英亩（约合405hm²）的农田。新维多利亚村提供免费教育、医疗、图书阅览和公共浴室，每幢住宅收费，提供廉价的公用厕所。新维多利亚村的平面结构呈同心圆向外辐射，最中心部分为富人区，为提供给当地的政府官员和企业主居住的建筑及全村的公共服务性建筑。外围是提供给雇员和工人居住的住宅区。

追求和谐的另一个先锋人物是英国资本家索特公爵（Titus Salt, 1803—1876年）。1853年，他在约克郡（Yorkshire），利兹附近的索尔泰尔为其织衣厂的工人们建立了工人新村（图1-1）。这被认为是第一个建成的，与大工业相联系的工人模范社区，这也是一些企业家试图改变城市中工人们的拥挤居住状况的较早明智之举，西方城市规划家称之为"慈善家的住房建设"。

对推动工业村建设具有深远影响的是英国伯明翰的乔治·吉百利（George Cadbury, 1839—1922年）。1879年，吉百利与其兄弟放弃了其在城市中心的巧克力工厂，在城外的乡间另建新厂，厂址离伯明翰市中心有4英里之遥，紧临铁路，并依傍一条小溪，名之曰布农维尔（图1-2）。除了工厂以外，在附近还建了20栋小住宅，以供值班工人之用。场地处理得十分优美，缓缓起伏的地势，森林茂密，有充足的发展余地，道路、铁路和水路交通都很方便。到了1893年，工业村又扩展了120英亩；至1900年，布农维尔发展到330英亩，有313座房子，每套住

图 1-1　索尔泰尔的工厂，1850～1863年

小城镇索尔泰尔的哥特式风格有助于使它融入乡村的环境中，这也证明了工业化并不会使大城市聚居区产生单调无情的状态。这个居民点有4356名居民，居民区内有医院、俱乐部、学校、大型公园以及与工厂相连的医务室等等，还有由2~4个卧室，一个起居室及卫生设施组成的住宅。住宅坐落在直接与铁路相通的网格状街道旁。

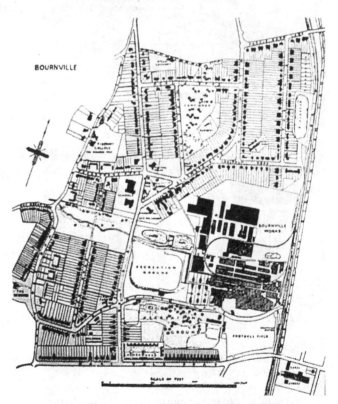

图 1-2　布农维尔镇平面，1897年

布农维尔镇靠近伯明翰，1895年开始建造，它的建筑用地只占整个用地的25%，并与一个公园及一系列社会服务体系结为一体。这样，工厂和景观构成了环境中辨证的两极。这城市形式再次证明了将工业与田园景观完美结合在一起的可能性。

图片来源：Stephen V. Ward, The Garden City, Past, Present and Future, E & FN Spon, 1992

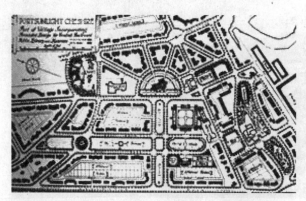

图 1-3 阳光村的平面，1910 年

房都有花园，并有许多公共空间。在当时的条件下，如此低密度的建设是绝无仅有的。工业村有自己的商店、学校、工艺廊、艺术厅、公园、娱乐场所、儿童游戏场、工人学校等。工业村还有一块公共绿地，四周分布着商店和各类公共设施。

几乎与此同时，肥皂生产商威廉姆·海斯凯茨·莱佛（William Hesketh Lever，1851—1925 年）兄弟于 1887 年在离贝肯赫德（Birkenhead）5 英里和离利物浦市 7 英里的郊外开发兴建了阳光工业村（Industrial Village of Port Sunlight），如今称为阳光村（Village of Port Sunlight）（图 1-3、图 1-4、图 1-5）。他们购置了 56 英亩的土地，其中的 24 英亩用于厂房和办公用房，32 英亩专门用于本工厂职工的居住。村内有若干公共服务设施，有大片绿地穿插，有广场及轴线设计。

阳光村的功绩在于在处理公园和建筑时，使用了"大街区"的布局。建筑物处理考究，建筑周围都有良好的绿化。15 年之后，这座工业村扩大到 230 英亩，其中的 140 英亩用于社区。莱佛兄弟（Lever Brothers）为建工业村，不惜购置土地建房修路，并建学校、商店、公园及休闲娱乐设施等，而以最低的价格，将房子租赁给职工。每套房子都面临着花园，他们相信这样可以使职工们满意，从而会有利于提供工厂本身的生产效率。

自此以后，在德国、美国、澳大利亚都有类似的田园村出现。在美国，好时（Hershey）巧克力的老板米尔顿·赫尔希（Milton Hershey）从 1905 年开始在宾夕法尼亚州乡间创造集工厂、社区、学校、休闲和旅游设施为一体的梦幻国度。这个以巧克力、可可为街道命名，号

图 1-4 阳光村景观，1910 年

靠近利物浦的阳光村于 1887 年开始建造，景观如画在这里再次占了支配地位：浪漫的建筑，低人口密度和对自然地形的尊重结合在一起。

图 1-5　阳光村景观，2002 年（摄）

称地球上"最甜美的地方"（the Sweetest Place on Earth），至今仍是一个有活力的社区。

1909 年，莱佛家族捐款在利物浦大学创立都市设计系（Department of Civic Design），开启了城市规划教育的领域。阳光村的建设是历史上的一个大飞跃，表明企业家开始认真考虑工人们的身心健康，并将理念付诸实施。阳光村目前是英国重要的历史保护区，它的成功实践，对霍华德的"田园城市"思想的形成有着极大的影响。

第三节　田园城市

如果说18世纪后半叶至19世纪人们对工业革命初期城市的那种环境恶化的现象束手无策，是由于科学技术的落后，以致只能寄托于"理想"或"空想"的话，那么从19世纪后半叶起，随着科学技术上的大量突破，使得人们从功能上整治城市和规划城市有了现实的可能和希望。

19世纪后半叶是人类历史上充满伟大科学发明和技术进步的时代。1827年开始使用火车。从19世纪70年代起，一系列对城市发展有重大影响的发明或发现相继出现了，如钢结构应用于房屋建筑（1870年），为高层建筑的大量建造提供了可能；电话的问世（1877年）；电灯的发明（1879年）；电车的出现（1880年）；伦敦建成世界第一条地下铁道（1886年）；纽约安装第一部电梯（1889年）；汽车正式使用（1907年）等等。这些科技成就既改变了城

13

市的建筑、交通、通讯等技术手段，使城市的空间结构开始发生历史性的变化（这些变化在100年后的今天仍可以明显看到），同时也改变着人们的发展观念和城市建设的理念。

一、田园城市的诠释

"田园城市"（Garden City）是百年来最有影响力的词汇之一。从形态角度看，"田园城市"是以绿地为空间手段来解决工业革命后的城市社会"病态"的方案。实际上，在1870年奥姆斯特德（Frederick Law Olmsted，1822—1903年）提出的"绿肺"概念[①]中就可以发现其雏形。如果说恩格斯的文献造就了田园城市等现代城市规划方案的社会意识基础的话，那么"绿肺"概念可以视为"田园城市"的空间手段的渊源。霍华德（Ebenezer Howard）的"田园城市"不但是这个时期的城市社会改革的标志性方案，而且还由于其方案的社会价值观念和经济运作内容，而具有划时代的意义，从而被普遍认为是现代城市规划的开端。

1898年，霍华德在英国出版了一个名叫《明日：一条通向真正改革的和平道路》（Tomorrow：A Peaceful Path to Real Reform，1898年）的小册子。尽管他当时快50岁了，但他仍然保持着年轻人的满腔热情，对工业性城市的乌烟瘴气进行了强烈谴责，对追求美好生活的规划提出了自己的见解。他的诉求是建设一种兼有城市和乡村优点的理想城市，被称之为"田园城市"。田园城市实质上是城和乡的结合体。

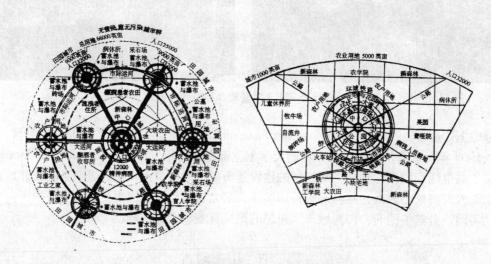

图1-6 田园城市的行政区与中心区图解

田园城市占据了集体用地中央的405hm²土地，这是总面积的1/6，人口不超过32000，其中2000人被安排在外围的农业地带，为避免空气污染，电力工业设在这里。社区平面被设计成环形，用6条林荫大道分割，占据中心的是公园，外面由主要的公共建筑围绕着。在公共建筑之外又是大公园，环绕大公园的是一座全玻璃封闭的长廊，既可以作为冬日花园，又是一个大型商业中心。再外面一些则是一条宽阔的环形林荫大道，128m宽，街上有面向住宅的学校与游戏场地。住宅平面被设计成月牙形以提供更多的临街面。再外一圈是工厂、仓库、市场等等诸如此类的东西，有一条铁路线为其服务，再往外则是农业用地。无论是分开的还是邻近的房屋，都应有许多不同的风格。

---

① 纽约中央公园始建于1858年，由奥姆斯特德提议、兴建并担任设计，他坚信城市需要"从"，城市中的人需要缓解压力的舒适环境，由此开创了现代景观设计的先河，他也被尊为"美国园林之父"。更为重要的是他所设计的纽约中央公园是第一个现代意义上的公园、第一个真正为大众服务的公园，它创造的是公众空间而不是与权力、地位相关的个人空间。这使纽约人的生活总算没有完全被高度发达的商业浪潮所异化。

在《明日：一条通向真正改革的和平道路》一书中，霍华德提出要对工业资本主义社会的结构进行改良，而物质性的城市规划则是改良的手段之一。对霍华德来说，建设田园城市是使英国的城市生活摆脱拥挤和社会罪恶的手段。他指出，田园城市是一个有完整的社会和功能结构的城市，有足够的就业岗位维持自给自足，空间合理布局能保障阳光、空气和高尚的生活，绿带环绕，既可以提供农产品，又能有助于城市的更新和复苏[①]。

霍华德提出的具体规划（图1-6、图1-7）是：一个田园城市占地6000英亩（约2430hm²）；城市居中，占地1000英亩（405hm²），四周农田占5000英亩（2025hm²）；除耕地、牧场、果园、森林外，还包括农业学院、疗养院等；农业用地保留为绿带，永不得改做他用。在此6000英亩土地上居住32000人，其中30000人住在城市，2000人住在乡间，如城市人口超过上述规模则应另建新城市。城市的平面是个半径约1240码（约1150m）的圆形，中央是公园，面积约145英亩（约58hm²），有6条主干道从中心向外辐射，将城市分成6个区。城市的最外圈是工业区、市场、仓库，此区的外侧是环形公路，内侧是环形铁路支线。

当人口众多时，霍华德认为可以把几个田园城市围绕一个中心城市而形成城市组群，他称之为"无贫民窟无烟尘的城市群"。中心城市的规模略大些，建议人口为58000人，面积也相应增大。6个这样的城市通过一个高速的交通系统连接、分散布置，形成一个"社会化的城市"，能满足大约25万人口的全面需要。

霍华德提出田园城市的设想后，又为实现他的设想作了细致的考虑。对资金来源、土地规划、城市收支、经营管理等问题都提出具体的建议。他认为工业和商业不能由公营垄断，要给私营企业以发展的条件。为了避免污染环境，各城市均以电为能源，垃圾则用于肥田。为了改善田园城市人民的福利，田园城市政府应该对地租实行管理，并将所得的利润用于改善市政基础设施。霍华德还认为通过限制田园城市的人口规模，可以避免很多大

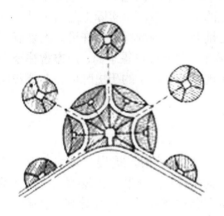 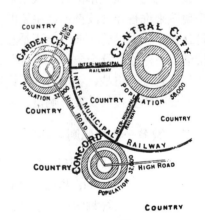

图1-7 田园城市图解

左图：按雷蒙德·恩温的设想，田园城市中区域与城市组织方式的图解。

右图：埃比尼泽·霍华德的田园城市既是最后的乌托邦，也是第一个在区域规模上科学的城市规划模式。与之同时兴起的地域概念则是超越了有限城市的区域，这个概念把更广阔的地域作为一个物质、经济及社会的实体。

---

① 埃比尼泽·霍华德[英].金经元译.明日的田园城市.商务印书馆，2000年12月第1版

城市的通病，使市民有机会参政和发挥自主性。

霍华德认为，一旦田园城市建设有了起色，人们就应该会从旧城中搬出来。那么，政府就可以将原来的贫民窟推倒，取而代之以高质量的居住区[①]。

1899年，霍华德组建了田园城市协会（Garden City Association），准备实施田园城市计划。

起先，霍华德仅希望通过这项田园城市的试验，对《明日：一条通向真正改革的和平道路》一书的工人居住区形式作些理论上的探讨。1903年，霍华德进一步提出了具体的五项建设田园城市的目标。

第一，通过建造田园城市，最大限度地吸引私人企业或政府机构来田园城市投资。

第二，鼓励制造业和其他工业从内城迁至田园城市地区，通过私人企业与政府机构合股经营的方式，提供足够的就业岗位，提供标准化的住宅。

第三，通过国家企业和私人企业的合股开发，保证解决其他中心城市的住宅和交通问题。

第四，加速科学管理方面的研究，加强田园城市的控制。采取措施，尽量避免突发性的开发项目破坏田园城市。

第五，鼓励采用花园型住宅。

尽管在这五项目标中，并没有具体地提到"城市规划"的概念，但是霍华德的这些目标，为英国城市规划理论概念的建立提供了基础。

1919年，英国"田园城市和城市规划协会"经与霍华德商议后，明确提出了田园城市的含义：田园城市是为健康、生活以及产业而设计的城市，它的规模能足以提供丰富的社会生活，但不应超过这一程度；四周要有永久性农业地带围绕，城市的土地归公众所有，由一个委员会受托掌管。

霍华德的田园城市图解模式给后人留下了深刻的影响。但他的真实意图是要通过建设新型城镇来推行社会改良，最主要的是改革西方的土地私有制，实际上是对土地私有产权进行公共干预，尽管土地可能还是私有的，但土地开发必须取得规划许可。土地制度改革是田园城市建设的社会条件。严格说来，"理想城市"并非源自霍华德，西方古往今来不乏乌托邦思想家。但是，霍华德的"田园城市"出现于英国特定的历史时期，对现代城市规划的形成有着直接的重要影响。

二、城乡一体化原则

霍华德针对当时城市和乡村因两极分化而产生的矛盾，提出"城乡一体化原则"（Town-country Element：指城市结构，必须是既能发挥城市优势又能发挥乡村优势的，两者能合二为一体的规划结构）。为此，霍华德在其具体的田园城市开发计划内，强调了城乡一体化的规划特点，即城乡一体化五项原则[②]。

第一，田园城市选址必须尽量利用不能用于耕作的农业用地。

第二，成立股份公司。凡购买田园城市用地范围内土地的购买者，必须先加入该股份

[①] Peter·Hall, New Town——the British Experience, the Town and Country Planning Association by Charles Knight & Co. Ltd. London, 1972

[②] 郝娟编著.西欧城市规划理论与实践.天津大学出版社，1997年7月第一版

公司，方可以低于4%的借款股份股息（Mortgage Debentures Bearing Interest）获取购买土地的贷款。田园城市内全部地租（Ground Rents）必须上交给股份公司的受托管理人员（Trustees），然后，受托管理人按规定将其中一部分交给当地政府。

第三，田园城市的规模控制在32000人左右。每一个完成的田园城市必须提供足够数量的就业岗位和完善的公用设施和符合标准的住宅。

第四，田园城市的用地范围必须含有一定数量的农业用地。如大型农场、小块农田（Smallholdings：指出卖或出租的50英亩以下的小块农田）以及牧场。田园城市内的农业地区人口不超过2000人。

第五，田园城市如需要扩延，则允许其在相应的附近地区，按照上述基本原则再建一处新的田园城市。每一田园城市的人口规模不允许超过32000人（包括2000农业地区的人口）。各田园城市之间可以考虑用公路和铁路相互联结。

三、田园城市的影响和实践

霍华德1902年以《明日的田园城市》（Garden Cities of Tomorrow，1902年）为书名，重新发表了他的论著（即《明日：一条通向真正改革的和平道路》，1898年），田园城市的名字和思想迅速传遍了大西洋的两岸。这是一本具有世界影响的书，它曾被翻译成多种文字，流传全世界，田园城市运动也发展成世界性的运动。除了在英国建成的莱奇沃思（Letchworth）和韦尔温（Welwyn）两座田园城市以外，在奥地利、澳大利亚、比利时、法国、德国、荷兰、波兰、俄国、西班牙和美国也都建设了"田园城市"或类似称呼的示范性城市。在当今城市规划的教科书中几乎无不介绍田园城市的实践。

为了推广和实践他的思想，霍华德和一些支持他的人在1899年成立了田园城市协会。1907年，田园城市协会（Garden City Association）改名为田园城市和城市规划协会（Garden City and Town Planning Association）（注：后来成为现在的城乡规划协会Town and Country Planning Association，简称TCPA）。同时，又修订了协会的工作目标。田园城市和城市规划协会负责进行全面的宣传教育工作。协会在20世纪初期曾经名声大噪，霍华德的田园城市理论也广泛传播于世界各国。

莱奇沃思是田园城市实践的第一个案例，是体现现代城市规划思想的直接成果。1900年，霍华德雇用了恩温（Raymond Unwin，1863~1940）和巴里·帕克（Barry Parker，1867~1947）两人来完成莱奇沃思的规划设计，目标是居住30000人口。1903年，田园城市有限股份公司集资了300,000英镑，在莱奇沃思开发建成了第一个田园城市（图1-8、图1-9、图1-10、图1-11）。

恩温是影响了整个20世纪上半叶的规划师，他认为，如果城市规划有一种社会责任，那么就必须要反映普通人民的生活以及社会整体的实际状况。当时英国的城市规划运动强调，城市物质环境的改造要与时代精神和人类的尊严联系在一起。在1909年，恩温和帕克就第一个田园城市莱奇沃思的建设实践合著了题为《实践中的城镇规划》（Town Planning in Practice，1909年）的专著，对"田园城市"建设的实践过程作了全面的总结。这本书在一定程度上影响了早期现代城市规划对自身价值及过程的认同。

1920年，霍华德在韦尔温又开始着手第二个田园城市（图1-12、图1-13、图1-14、图1-15）。尽管是很冒险的投资，在经济上和其他各方面有着很多麻烦，但确实渐渐地建立起来，证明了这种思想的可行性和合理性。在开始建设第二个田园城市时，霍华德对政府如何解决第一次世界大战以后英国面临的住房紧缺问题提出了建议。他认为，英国大约需要建设100个新城，并希望政府着手建设。政府肯定了他的建议，并通过一条法令，规定地方当局有权购买土地来建设新城，但地方当局从未行使过这个权力。

"田园城市"运动使霍华德饮誉全球。他针对当时英国大城市所面临的问题，提出了用逐步实现土地社区所有制建设田园城市的方法，来逐步消灭土地私有制，逐步消灭大城市，建立城乡一体化的新社会。他在城市规划的指导思想上摆脱了显示统治者权威的旧模式，提出了关心人民利益的新模式。尽管以现在的眼光看，这个100多年前的主张似乎把问题简单化了，幻想的色彩太浓。然而，他的理念确是留给后人的一笔非常宝贵的精神财富，使得城市规划的立足点有了根本性转移。霍华德摆脱了就城市论城市的陈腐观念，正如芒福德曾在《明日的田园城市》（Garden Cities of Tomorrow，1946年）一书再版时，写序对霍华

图 1-9　莱奇沃思的布乃尔大街，1913年

图 1-10　莱奇沃思的草地，1908年

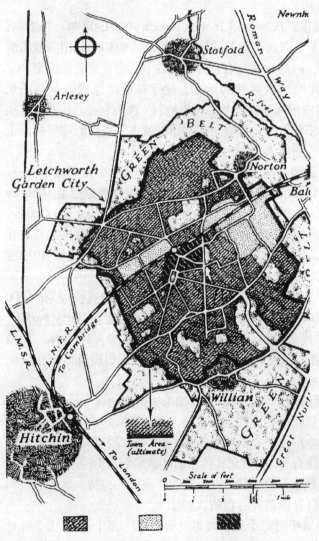

图 1-8　莱奇沃思平面图，1903年

图 1-11　莱奇沃思鸟瞰图，1913年

图 1-12 韦尔温平面图,1920 年

图1-13 韦尔温田园城市 Applecroft 大道,1921 年

图 1-14 韦尔温,1946 年后

图 1-15 韦尔温,2002 年(摄)

德的城乡一体化思想大加赞扬："霍华德把乡村和城市的改进作为一个统一的问题来处理，大大走在了时代的前列；他是一位比我们的许多同代人更高明的社会衰退问题诊断家。"

第四节 卫星城

一、卫星城的概念

工业革命以来的城市化过程是与生产的规模化和现代化分不开的。工业化促进了城市中第二产业的巨大发展以及城市规模的扩大，规模经济和聚集经济的作用强化。城市以人口的集聚以及经济、科技、文化的集聚为特征，对自然环境和空间资源进行高效率的利用。但是，当城市人口和产业集中超越了自然和社会的承载能力时，城市的空间结构就必须发生相应的变化。同时，随着现代科学技术的发展，特别是交通以及信息技术的发展为产业活动的进一步分散提供了支持，扩大了城市中心区的辐射作用和控制能力，大城市周围地区与中心城市间相互依存关系日趋密切。现代城市在其工业化阶段，由于人口和产业过分集中所产生的一系列"城市病"正迫使城市在更大的地域范围内谋求新的人聚组织形态。

所谓卫星城（Satellite Town），是借用宇宙间卫星和行星的关系，以表明子城与母城相互依存的关系。一般说来，卫星城是指大城市管辖区范围内与中心城市有一定距离，在生产、生活等方面，与中心城市密切相关，又具有相对独立性。卫星城是现代化大城市发展到一定阶段的产物，它按规划建设，有一定规模，可以分担中心城市的一部分功能，是中心城市职能的延伸。卫星城可以是设施配套完整的"卧城"（Sleeping Town），也可以是功能较为综合的新城。

1915年，美国的泰勒（Graham Romeyn Taylor，1851—1938年）为了把工厂从市区迁入郊区，以分散特大城市人口的过度集中，提出了在大城市郊区建立"卫星城"（Satellite Cities）的概念（Taylor, G. (1915年) Satellite Cities: a Study of Industrial Suburbs. New York: Appleton）[①]。1924年在阿姆斯特丹召开的国际城市会议上，通过了防止城市的过度发展而应当建立卫星城市的决议。

两次世界大战期间，伦敦的郊区发展非常快。1921年至1939年，伦敦的建成区面积扩大了3倍多，伦敦有50万居民从城区内迁到了郊区。1939年，伦敦的地下铁路和电气化郊区铁路，已从市中心向外延伸了24km，同时，离市中心8km到24km处沿线都建满了低密度住房。伦敦周围的小城镇由于交通联系方便，上下班通勤时间短，随着工业大发展，居住人口也大量增加。但是由于缺乏规划，新建住宅主要沿交通干线分布，较为杂乱无章，加重了市政设施和管线的投资。成立于1927年的大伦敦区域规划委员会，当时任技术总顾问的是恩温（Raymond Unwin），他建议用一圈绿带把现有的地方圈住，不再向外发展，多余的人口疏散到周围的卫星城镇中去。这个在大城市外围建立卫星城市，疏散人口、控制大城市规模的理想方案，最终被纳入了大伦敦的规划之中。

二、卫星城的发展阶段

最初阶段的卫星城只是附属于大城市的居住群，仅供居住之用，有起码的生活服务设施，

[①] Richard Harris and Peter Larkham, eds, *Changing Suburbs. Foundation, Form, and Function*, London: E and FN Spon, 1999

但居民的工作和娱乐必须到中心城市去，所以被称为"卧城"。在1912—1920年，巴黎制定的郊区居住建筑规划，便是这一概念的初步体现。规划在离巴黎16km的范围内建立28座居住城市，这些城市除了居住建筑外，还建有基本的生活福利设施，但居民的工作及文化生活上的需求还是要靠巴黎。这种卫星城虽缓和了城市中心区居住人口的集中和用地的紧张问题，但由于居民就业和文化生活仍依靠中心城市，不仅增加了职工上下班的运输，而且也未能缓解中心城市产业活动的过分集中。

第二阶段是建设半独立的卫星城，源于1918年芬兰建筑师伊利尔·沙里宁（Eliel Saarinen，1873—1950年）提出的"有机疏散"理论（Theory of Organic Decentralization）。他在按照自己的理论原则所制定的大赫尔辛基（Greater Helsinki）方案（图1-16）中，主张在该城附近建立一些半独立的卫星城。其特点是一方面在卫星城设有一定的工业与服务设施，另一方面通过地铁等加强与中心城市的交通联系。也就是说，不能把除居住以外的所有城市功能都集中在中心城区，让市民们晚上"艰难跋涉"到郊区去睡觉，一大早又拥挤在进城上班的车水马龙里。其理论概念是要实现城市功能的"有机分散"、呈多中心发展；郊区的卫星城，应该创造居住与就业的平衡，这样不但可减轻交通的负担，更会降低市民的生活成本。而且各个分区之间以公园、绿地相隔，从而美化城市环境。

第三阶段是建设完全独立的卫星城市，这是第二次世界大战后的实践，即在距中心城市30～50km处，建设适当比例的工业区与居住区，有成套的文化福利设施，可以满足卫星城居民的就地工作和生活需要，从而形成功能健全的独立城市。

第四阶段的概念是由单中心的城市结构过渡到多中心开敞式城市的卫星城。即各层次的城市相互连接而形成城市群，并把中心城市的功能疏散出去，而且各中心之间也有快速交通设施。开敞式结构的另一个典型发展，就是带状城市。它把传统的点状中心串联为带

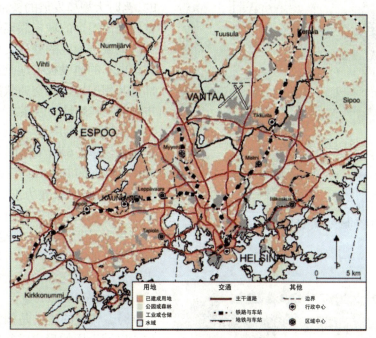

图1-16 大赫尔辛基方案，1998年
图片来源：赫尔辛基官方网站

21

状,两侧串挂着城市组团或卫星城,各组团的城市道路与城市群的主轴(快速交通系统)立体交叉。带状中心与整个城市可向两边呈树枝状延伸,以适应发展需要。

后两阶段的卫星城一般出现于二战后,目的是为了解决早期卫星城对中心城市的依赖性,强调其独立性。因此,对于这类按规划设计的新建城市一般统称为新城(New Town)。就规划概念而言,新城较卫星城更强调了功能的相对独立性,它基本上是一定区域范围内的中心城镇,为其本身及周围的地区服务,并且与中心城市的功能相辅相成,成为区域城镇体系中的一个重要组成部分,特别是可对涌入中心城市的人口起到一定的截流作用。

第五节 其他相关的城市设想

在19世纪末20世纪初,针对资本主义工业革命后的种种城市问题和社会问题,在物质规划层面曾出现了多种现代城市形态的畅想。除了前面提到的霍华德的田园城市外,还有A·索里亚·Y·玛塔(Arturo Soria Y Mata,1844~1920年)的线型城市(Linear City),勒·柯布西耶(Le Corbusier,1887—1965年)的现代城市(Contemporary City),弗兰克·劳埃德·赖特(Frank Lloyd Wright,1867—1959年)的广亩城市(Broadacre City)等等。这些构想及研究均在现代城市规划的发展历史上起过重要作用,其创新精神及所涉及的各个概念对当今的城市建设及新城规划仍有重要意义。

一、线型城市

线型城市(Linear City)是由西班牙工程师索里亚·玛塔于1882年首先提出的。当时大规模发展的铁路交通,将原先空间距离遥远的城市联系起来,并加速了这些城市地区的整体发展。地铁线和有轨电车的建设极大地改善了大城市内部及其周围地区的交通状况,加强了城市内部与其腹地的联系。

索里亚·玛塔是一位西班牙工程师,比霍华德年长6岁;他和他的数学教授贝塞拉(Manuel Becerra)一起把前半生献给了政治,然后又致力于工程的研究,提出了一些有创意的计划。

在索里亚·玛塔的理论建议当中,最重要的是他在1882年3月6日马德里《进步报》的一篇文章中首次提出的《线型城》(Ciudad lineal)建议(图1-17、图1-18)。传统的城市是围绕一个已有的核心以同心圈的形式进行建造,这种发展造成的拥挤后果触动了索里亚的思考。

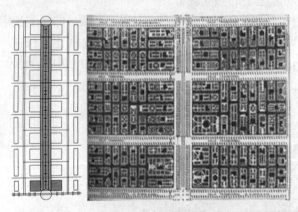

图1-17 线型城方案

索里亚提出了一个新的城市形式问题:线型城,作为一个新的社会的和经济平衡的规划杠杆,有着明确的地域含义。一方面,它是以技术手段发展的救世主义信念的产物;另一方面,它又回到了传统,这是在19世纪下半叶牢固地建立起来的社会和经济基础,它以强调地方性和地理因素在居住发展中的重要性为特征。

图1-18 线型城主街的横断面

于是他提出了进行彻底改革的建议：一条宽度有限的"带子"，沿其轴有一条或多条铁路。其长度不限："最完美的一种城市也许就是沿一条独立道路而建的城市，宽度为500m，如果必要的话，它将从加的斯（Cadiz）延伸至圣彼得斯堡（St. Petersburg），从北京到布鲁塞尔[①]。"

索里亚·玛塔认为，那种传统的从核心向外扩展的城市形态已经过时，它们只会导致城市拥挤和卫生恶化，在新的集约运输方式的促进下，城市将依赖交通运输线组成城市的网络。

线型城市就是沿交通运输线布置的长条形的建筑地带，"只有一条宽500m的街区，要多长就有多长——这就是未来的城市"，城市不再是分散在不同地区的点，而是由一条铁路和城市干道相串联在一起的、连绵不断的城市带，并且是可以贯穿整个地球的。索里亚·玛塔的线型城市的基本原则中最主要的一条是："城市建设的一切其他问题，均以城市交通运输问题为前提"。最符合该原则的城市结构就是使城市中的人的交通耗费最少，铁路是当时最安全、高效和经济的交通工具，所以线型城市成为最理想的城市结构，这就是线型城市理论的出发点。

后来，在19世纪最后10年的繁荣气氛中，索里亚把他的模式付诸实践。他设计了一个环绕马德里的线型城（图1-19），形状像马蹄铁，全长58km，位于丰卡拉尔（Fuencarral）村和波祖爱罗·德·阿拉康（Pozuelo de Alarcon）村之间。这项事业的重要特征是建立了一条铁路线，它动工于1890年，起点是阿拉康。

索里亚·玛塔认为，这项事业应当保持私营性，不受所有的政府控制或不要财政援助。正因为如此，他在获得土地方面发生了困难，因为他没有征用土地的权力。由于用地条件的制约，他付诸于实践的那部分城市开发（约圆圈的1/4）失去了在规划中定

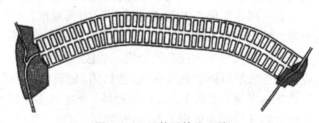

图1-19　马德里的线型城

图片来源：http://www.kepu.org.cn/ 建筑博物馆 ＞ 工业革命的建筑 ＞ 主要理论与流派

1892年，为了实现他的理想，索里亚在马德里郊区设计一条有轨交通线路，把两个原有的镇连接起来，构成一个弧状的线形城市，离马德里市中心约5km。它将替代历史的中心：在这个线型城市的轴上将把城区周边必需的服务和交通系统汇聚起来。整个工程，仅完成5.23km。1901年铁路建成，1909年改为电车。经过多年经营，到1912年约有居民4000人。虽然索里亚规划建设的线型城市，实质上只是一个城郊的居住区，后来由于土地使用等原因，这座线型城市向横向发展，面貌失真。

下来的特征。而且，土地的使用既不能在规划方面得到控制，又不能保持稳定，所以今天索里亚的城市受到了马德里郊区扩大的影响，已面目全非，与原有的理念相去甚远。

索里亚·玛塔的主张具有相当的建设性，对现代城市的发展意义重大。尽管他的想法和实施方式过于简单了点。但是，他是第一个意识到了新城市和新的交通工具之间的紧密联系的人；他明白，交通工具不应当只是应急的权宜之计，不应当只是为了在传统结构中方便交通活动，而是应当导向不同的空间结构。不过，尽管他只根据传统的功能来思维，也就是只考虑住宅和公共设施的地点，而没有顾及工业等产业发展的因素。但实际上，只有解决好住宅地点和工作场所之间的关系，线型模式才能真正具有价值。

---

① C. Flores, History of Modern Architecture

线型城市理论对20世纪的城市规划理论和实践产生了重要影响。索里亚·玛塔的主张是由下一代人加以发展的，从这种无限重复的关系开始工作，赋予城市线状形式。在20世纪20年代，这种形式出现在德国人的理论研究中。在随后10年中，勒·柯布西耶的工业线型城（Cite Lineaire Industrielle）部分地运用了这一模式。前苏联也曾在20世纪30、40年代提出线型工业城市的模式，并在斯大林格勒(今伏尔加格勒)等城市的规划实践中得到了运用；而哥本哈根的指状式发展和巴黎的轴向延伸都是基于线型城市模式的进一步演化。线型城市对后人的根本影响力并不是表面的空间形态，而是形态背后的根本思想，这才是索里亚·玛塔对现代城市规划发展的最重要的贡献。

二、现代城市

之所以要提到勒·柯布西耶的现代城市（Contemporary City）设想，是因为现代城市设想和霍华德的田园城市设想截然不同。霍华德是希望通过建设新城市来解决现有城市尤其是大城市中所出现的问题，而勒·柯布西耶则是希望通过对城市本身的内部改造，使这些城市能解决现存的问题，适应社会发展的需要。

勒·柯布西耶在1922年发表了《明天城市》(The City of Tomorrow，1922年)的规划方案，提出一个300万人口的现代城市构想方案（图1-20、图1-21、图1-22、图1-23）。他认为，现代城市应按功能分成工业区、居住区、行政办公区和中心商业区等。城市中心应向高空发展以降低建筑密度。他认为，建筑物用地面积应只占城市用地的5%，其余的95%均为开阔绿地，用来作公园和运动场。他主张多层的交通系统，道路采用规整的棋盘式，用直线式的几何形来体现工业生产的时代精神。在城区内住100万人，其中将近40万人居住在城市中央的24栋60层高的摩天大楼中，有60万居民住在外围多层连续的办事住宅内，在最外围郊区的花园住宅中住200万人。

图 1-20　现代城市设想一

图 1-22　现代城市设想三

图 1-21　现代城市设想二

图 1-23　现代城市设想四

现代城市设想的中心思想是提高市中心的密度，改善交通，全面改造城市内部，提供充足的绿地、空间和阳光，形成新的城市概念。1931年，勒·柯布西耶发表了《光辉城市》（The Radiant City）的规划方案，进一步深化了原先的规划设想，这是他的现代城市规划和建设思想的集中体现。他认为，完全可以用技术手段来解决由于日益拥挤而带来的城市问题。这个技术手段就是采用大量的高层建筑来提高城市密度和建立一个高效率的城市交通系统。所以，他的现代城市规划设想的内容有两大方面特点，一是采用立体式的交通体系，城市道路系统由地铁和人车完全分流的高架道路组成，建筑物全部架空，全部地面由行人支配，屋顶设置花园，地下通行地铁，距离地面5m处设置交通运输干道和停车场；二是在市区中心建高层建筑，以提高城市密度，扩大城市绿地，创造使人们接近自然的生活环境。

1929年，勒·柯布西耶在为布宜诺斯艾利斯（Buenous Aires）与里约热内卢（Rio de Janerio）提供的城市规划方案中，他放弃了他早期在欧洲城市设计中强调的"垂直"式设计。为南美地区的地貌景观所激发，他将整座城市的地形想像作丰满的女性身体，采用大量水平线的设计来构成一种所谓的"景观雕塑"。他把城市想像成多细胞生物，包含有一个内在的骨架，不同功能的城市区域想像成为器官，分布于"身体"的每一部分。他将城市的骨架设计为高架交叉铁路系统，而建筑物则能于铁路之下自由建设，这点正与他在阿尔及尔（Algiers）所提的设想一样。在纪念法国阿尔及尔殖民政府成立百年之际，勒·柯布西耶规划设计了这个城市的新蓝图。由于深受伊斯兰文化的影响，勒·柯布西耶把他的设计视为阿尔及尔传统与欧洲现代思想的一个对话实验。最早的设计里包括蜿蜒的高架铁路，模仿海岸线的形状通向城市的商业中心；居住区则设计成块状分布的建筑群，坐落于环绕城市的小山上。遗憾的是他的大多数想法都被视为过于理想化或未来主义而被否定，仅仅留下商业区一座多用途摩天大楼。

勒·柯布西耶也是一位真正的乌托邦式的理想主义者，以一种反历史的革命姿态，试图通过建筑学谛造一个革命意识形态的新型乌托邦社会。从早期未来主义的巴黎规划到1930年前后完全空想的布宜诺斯艾利斯规划、圣保罗规划以及阿尔及尔海滨城市规划，在勒·柯布西耶的建筑规划中把单体的建筑理解为政治经济学上的资本在流通领域制造出的产品，并伴随着资本在整个社会的运作而不断开拓。因而在这些不断向外拓展的匀质空间的规划设计中，勒·柯布西耶从不关心城市的文脉，或其规划外的空间与规划内的建筑形式及结构的关系。

勒·柯布西耶的这些规划设计和建筑思想的影响很大，逐步形成了理性功能主义的城市规划思想，并写入了《雅典宪章》（Athens Charter，1933年）里。理性功能主义的规划思想深刻地影响了二次大战后全世界的城市规划建设。由勒·柯布西耶主持的1950年代的印度昌迪加尔（Chandigargh）规划更是由于严谨有序的规划布局而充分展现了他的思想。

三、广亩城市

广亩城市（Broadacre City）与建筑大师赖特的名字紧密相连。赖特生长于美国的社会经济背景和城市发展的独特环境中，从人的感觉和文化意蕴中体验着对现代城市环境的不满和对工业化之前的人与环境相对和谐状态的怀念情绪。他在1932年出版的《消失中的城市》（The Disappearing City，1932年）中流露出对目前城市的生存状况缺乏信心，并且他

25

在书中写道，未来城市应当是无所不在，又无所在的，"这将是一种与古代城市或任何现代城市差异非常之大的城市，以致我们可能根本不会认识到它已经作为城市的来临"。

图1-24 广亩城市设想图

1934年赖特提出了理想城市——"广亩城市"的规划设想（图1-24）。这种城市的特征是，每个居民允许有一亩地，每个家庭与邻居之间有足够距离的绿化带，彼此隔开互不干扰。他认为，在汽车和廉价电力遍布各地的时代里，已经没有将一切活动集中于城市中的需要，而最为需要的是如何从城市中解脱出来，发展一种完全分散的、低密度的生活方式以及使居住、就业相结合的新形式，这就是广亩城市。每一个广亩城市的市民都拥有自己的汽车，多车道的快速道路系统将保证行驶的安全，道路系统中不再使用红绿灯等任何灯光标志。传统的城市将只是一个工作场所，"10点钟进来，4点钟离去，一周工作3天"。同时，公共生活集中在特定的公共中心，因此有更多的人和活动凭借私人交通工具及现代通讯技术散布到广大农村去。

赖特说："在电梯与汽车之间，我选择汽车"，因为汽车可以帮助人们去所愿意去的地方，但不是所想去的时候都能去。可以说，广亩城市一点都不像城市，赖特厌恶"集中化"，他认为分散居住是一种"天赋人权"，是社会发展的不可避免的趋势。他谴责勒·柯布西耶的立体城市，因为它把每个人的活动场所都固定了下来，但他自己却没有看到广亩城市同样将导致每个人的活动时间被刻板地固定下来的趋势，包括工作、学习、娱乐、休息等时间。

当然，赖特的想法也并不仅是一种激进的想法。他的目标在于将农业劳动与工业劳动，乡村与城市综合起来，体现了返璞归真的思想。在实用主义和乌托邦之间摇摆的赖特，提倡"郊区优先"观点，再次表达了对大都市及其混乱的反感。在他的广亩城市中，每一幢建筑都非常优秀，却被毫无逻辑地放置在一起，这种单一而从不重复的状况表达了一种个人主义思想。虽然是一种脱离现实的带有乌托邦色彩的作品，但美国城市在20世纪60年代后大规模的郊迁化与赖特的广亩城市思想有着相当程度的共性。

其实，如果广亩城市付诸实施，只能产生混乱，因为它把一种浮夸的逃避现实的方案塞进大自然之中，与现代的城市规划任务相违背。因此，不如将其作为一种抽象假说来认识，或作为一种改变现实的促进因素，将它作为真正理性城市规划所需要的一种参照才能体现它的重要价值。

综观上述各家各派，无论何种构想或模式，其共同点都是希望人工环境与自然环境相协调，使生活在城市中的人能更接近自然和绿色。

第六节 相关的理论发展

一、"有机疏散"理论

"有机疏散"理论（Theory of Organic Decentralization）是1917年由芬兰著名规划师埃

利尔·沙里宁提出的。这位规划师在着手大赫尔辛基（Greater Helsinki）规划方案时，发现当时已经在城市郊区开始建造的卧城型卫星城镇，因为仅承担居住功能，而将导致生活与就业不平衡，使卫星城与中心城市之间发生大量交通，并引发一系列社会问题。他主张在赫尔辛基附近建设一些可以解决一部分居民就业的"半独立"城镇，以此缓解与城市中心区通勤的矛盾。在沙里宁的规划思想中，城市是一步一步逐渐离散的，新城不是脱离中心城市，而是"有机地"进行着分离的运动。

沙里宁在1942年出版的《城市：它的发展、衰败和未来》(The City: Its Growth, Its Decay, Its Future，1942年）一书中，详尽地阐述了这一理论。他认为，城市与自然界的所有生物一样，都是有机的集合体。由此，他认为"有机秩序的原则是大自然的基本规律，也应当作为人类建筑的基本原则"。因此城市发展遵循的基本原则也可以从自然界的生物演化中推导出来。他认为，今天趋向衰败的城市，需要有一个以合理的城市规划原则为基础的革命性演变，以促使城市趋向良好的结构，并利于健康发展。

有机疏散的城市发展方式能使人们居住在一个兼具城乡优点的环境中。有机疏散的城市结构既符合人类聚居的天性，便于人们过共同的社会生活，感受到城市的脉搏，又不脱离自然。沙里宁认为，城市作为一个机体，它的内部秩序实际上是和有生命的机体的内部秩序相一致的。如果机体中的部分秩序遭到破坏，将导致整个机体的瘫痪和失调。为了挽救城市免于衰败，必须对城市从形体上和精神上加以全面更新，而不能再任意让城市集聚成毫无章法的块体，而应按照机体的功能要求，分散城市的人口和就业岗位，离开中心并合理发展。有机疏散理论认为没有理由把重工业布置在城市中心，轻工业也应该疏散出去；当然，许多事业机构及城市行政管理部门必须设置在城市的中心位置。城市中心地区由于工业外迁而腾出的大片用地，应该用于增加绿地，以及提供给那些必须在城市中心地区工作的技术人员、行政管理人员、商业人员作为居住地之用，让他们就近享受家庭生活。拥挤在城市中心地区的许多家庭应疏散到更适合居住的新区环境；很大一部分设施，尤其是日常生活服务部门，将随着城市中心的疏散而离开拥挤的中心地区。因此，中心城市的人口密度也就会降低。

有机疏散的两个基本原则是：把个人日常的生活和工作即沙里宁称为"日常活动"的区域进行集中布置，使活动需要的交通量减到最低程度，并且不必都使用机械化交通工具；不经常的"偶然活动"的场所则可不拘泥于一定的位置而进行分散布置，因为在日常活动范围外缘的绿地中设有通畅的交通干道，可以迅速往返。有机疏散论认为个人的日常生活应以步行为主，并应充分发挥现代交通手段的作用。这种理论还认为，并不是现代交通工具使城市陷于瘫痪，而是城市的机能组织不善，迫使在城市工作的人每天耗费大量时间、精力作往返旅行，造成城市交通拥挤堵塞。

沙里宁全面考察了中世纪欧洲城市和工业革命后的城市建设状况，分析了有机城市的形成条件和在中世纪的表现及其形态，揭示了现代城市出现衰败的原因，从而提出治理现代城市的衰败、促进其发展的对策。即要通过全面改建，以求达到如下的目标：①把衰败地区中的各种活动，按预定方案，转移到适合这些活动的地方去；②把空出来的用地，按照预定方案，进行整顿，改作其他最适宜的用途；③保护一切老的和新的使用价值。

要达到城市有机疏散的目的，就需要有一系列的手段来推进城市建设的实施，沙里宁在《城市：它的发展、衰败和未来》一书中详细地探讨了城市发展思想、社会经济状况、土地问题、居民的参与和教育、城市设计等方面的内容。针对城市规划的技术手段,他认为"对日常生活进行功能性的集中"和"对这些集中点进行有机的分散"这两种组织方式,是使原先密集型城市得以实现健康发展所必须采用的两种最主要的方法。因为前一种方法能带来城市的生活便利和居住安静,而后一种方法能使整个城市提升功能上的秩序和工作上的效率。所以,任何的分散运动都应当按照这两种方法来进行①。因此,"有机疏散"就是把大城市目前的拥挤区域,分解成若干个集中单元,并把这些单元有机组织成为"在活动上相互关联的功能集中点",如此构架起城市有机疏散的最显著特点,便是将原先密集的城区分裂成一个一个的集镇,它们彼此之间将用绿化地带隔离开来。

二战之后,西方许多大城市纷纷以沙里宁的"有机疏散"理论为指导,调整城市发展的战略,形成了健康、有序的发展模式。其中最著名的是大伦敦规划和大巴黎规划。1945年完成的大伦敦规划(图1-25)对以伦敦为核心的大都市圈作了通盘的空间秩序安排,以疏散为目标,在大伦敦都市圈内规划了8个新城以接纳伦敦市区的外溢人口,减少市区压力,并利于战后重建。而人口得以疏散的关键在于这些新城分解了伦敦市区的功能,提供了就业机会。战后50多年来,尽管伦敦的社会经济及行政构架等发生过很多变化,但是既定的城市整体规划及中心城——新城的网络结构没有变。伦敦市区的人口已从当年的1200万下降到了700多万。20世纪的90年代与60年代相比,伦敦的市区没有扩展,扩展的只是

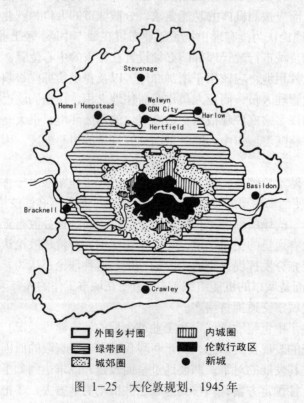

图 1-25 大伦敦规划,1945年

---

① 全国注册城市规划师执业考试制定用书之一,城市规划原理,中国建筑工业出版社

伦敦外部城市网络上的众多新城。

与大伦敦规划相似的大巴黎规划完成于1965年（图1-26），这项规划在更大范围内考虑工业和城市的分布，以图防止工业和人口继续向巴黎集中；改变原有聚焦式向心发展的城市平面结构，使城市沿塞纳河向下游方向发展，形成线型城市；在市区南北两边20km范围内建设一批新城，沿塞纳河两岸组成两条轴线；改变原单中心城市的格局，在近郊发展德方斯、克雷泰、凡尔赛等9个副中心，每个副中心布置有各种类型的公共建筑和住宅，用以减轻市中心的负担；保护和发展农业与森林用地，在城市周围建立5个

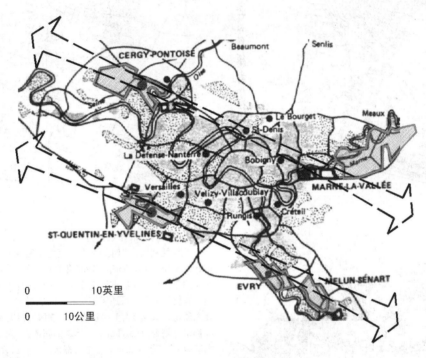

图 1-26 1965年的大巴黎SDAURP规划

自然生态区。

二战后，西方新的规划理论也传入了我国。在1946年后的"上海市都市计划蓝图一、二、三稿"（图1-27）中，应用了有机疏解、卫星城市等规划理论和手法。在1950年代初，著名建筑学家梁思成与规划学者陈占祥也提出了以"有机疏散"理论为指导来规划北京市，并在此基础上通盘考虑京津冀的空间秩序，完成大北京规划。但由于种种原因，我国城市规划的理论研究与创新实践方面曾长期裹足不前，导致了城市发展中的一系列问题。

二、盖迪斯的区域学说

针对工业革命后大城市过分拥挤造成的城市卫生问题、防灾问题和社会问题，提出采用绿地为解决手段的还有帕特里克·盖迪斯（Patrick Geddes，1854—1932年）。盖迪斯是著名的生物学家、植物学家、生态学家、社会思想家、教育家，也是现代城市规划的先驱

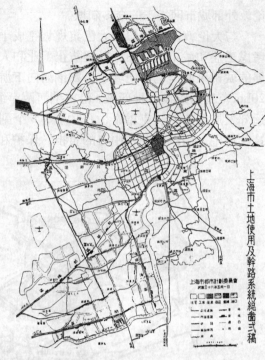

上海市的都市计划三稿

抗战胜利后，当时的上海市政府明确由工务局负责都市计划工作。民国35年（1946年）1月设立技术顾问委员会，同年3月成立都市计划小组。在编制都市计划中，采用"有机疏散"、"快速干道"和"区域规划"等新的城市规划理论，拟成《大上海都市计划初稿》。8月正式成立上海都市计划委员会。民国37年2月编制了《大上海都市计划二稿》。二稿完成后2年中，都市计划委员会会议商讨、征询各方意见，开展研究工作。民国38年（1949年）6月完成《上海市都市计划总图三稿》初草说明和总图，仍然采用"有机疏散"理论。

上海都市计划从区域规划入手，以"有机疏散"为目标，使居住地点与工作、娱乐及生活上所需的其他功能保持有机联系。当时市中心区约80余平方公里（为全市面积的9.6%）内集中居住了300万人（为全市人口的3/4）。这种过度集中畸形发展必须通过发展新市区与逐步重建市中心区同时并举的方针，向新市区"有机疏散"。以都市生活为标准，形成50～100万人的市区单位。市区以下，由16～18万人的市镇单位组成。每个市镇均有工业用地，而工业与住宅等用地有500m绿地隔离，主要干道也设在隔离绿地内。市镇发展范围控制在30min的步行距离以内。市镇单位由10～12个"中级单位"组成。每个中级单位约1.2～1.6万人，设商业中心及市民游憩设备。中级单位由3～4个"小单位"组成。小单位以小学校为中心，约4000人左右（当时小学学龄儿童约占12%，一个学校约480名学生，故小单位为4000人左右）。

图 1-27 上海市都市计划蓝图
资料来源：《上海城市规划志》，1999年

者。在逝世半个多世纪后的今天，他的声誉比在世时更盛隆，被誉为当代社会的伟大启蒙者。盖迪斯认为城市规划是社会改革的重要手段。因此，城市规划要取得成功就必须充分运用科学的方法来认识城市。他运用哲学、社会学和生物学的观点，揭示了城市在空间和时间发展中所展示的生物学和社会学方面的复杂性。

盖迪斯在1904年发表的著作《城市发展，公园、花园和文化机构的研究》(City Development, A Study of Parks, Gardens and Culture Institutes, 1904年)，提出了从文化角度来观察研究及从历史角度来审视城市发展。这在当时比霍华德及其同伴恩温的工作都更具有学术性。传统的经济决定论认为，城市空间结构形态的成因是纯粹的市场化过程，而社会学家则认为，城市发展的过程是一个有着更丰富内涵的社会化过程，一种文化的价值系统决定着城市空间与土地使用的状态，文化要素是布局形成过程的中心要素。所以盖迪斯认为，城市规划不仅仅是建筑和土地配置的实践活动，也不仅仅是一个疏散城市的战略观念，或者简单地应用新的设计和布局标准，而是与社会、文化、环境的变迁联系在一起的。

盖迪斯在1915年发表的《城市演进：城市规划运动和文明之研究导论》(Cities in Evolution: An Introduction to the Planning Movement and the Study of Civilization, 1915年)，标志着他的研究方法和研究深度又上一个台阶。他首创了区域规划的综合研究方法，他提出了城市扩散到更大范围形成新区域的发展形态问题。他把对城市的研究建立在客观现实的基础上，周密分析地域环境的潜力和限度对于居住地布局形式及地方经济体系的影响关系。他突破了当时常规的城市概念，提出了把自然地区作为规划研究的基本范畴。他提出了影响至今的现代城市规划过程的公式：调查—分析—规划，即通过对城市现实状况的调查，分析城市未来发展的可能，预测城市中各类要素之间的相互关系，然后依据这些分析和预测，制定科学合理的规划方案。

他还指出，工业的集聚和经济规模的不断扩大，已经造成了一些地区的城市发展的过度集中，这些城市向郊外的扩展已属必然，并形成了由城市组合而成的巨大的城市集聚区或者形成组合城市。在这样的情况下，原来局限于城市内部空间布局的城市规划应当转变成为城市地区规划，即将城市和乡村的规划纳入到统一的体系之中，使规划包括若干个城市以及这些城市所影响到的整个区域[①]。

三、城市—区域规划理论和实践

任何城镇都不可能是孤立存在的，城镇与相邻城镇之间的相互作用，城镇与其腹地的相互影响往往是促进或抑制城镇发展的重要因素。区域是城市存在的基础，是城市的腹地，也是城市发展的动力。城市发展到今天已经是处于一个全球互动及开放性系统，它必须依赖于广大的区域，与其共生才能获得新的发展潜力。城市对于区域的影响一般来说与城市的人口规模呈正比。不同规模的城市及受其影响的区域组合起来就形成了城镇体系。

"城市—区域"观念的建立，是从20世纪早期盖迪斯提出从区域研究城市的观点开始的。这是学界对人口城市化和经济发展进程加快这一客观现实的理性反应。1946年，美国著名城市学者芒福德也曾大加赞扬霍华德的城乡一体化思想。只有摆脱了就城市论城市的

---

① 全国注册城市规划师执业考试制定用书之一，城市规划原理，中国建筑工业出版社

陈腐观念，才能全面促进社会的发展。到了20世纪60年代，芒福德又明确提出："我们必须使城市恢复母亲般的养育生命的功能……城与乡不能截然分开，城与乡同等重要，城与乡应该有机地结合在一起，如果问城市和乡村哪个重要的话，应当说自然环境比人工环境更重要。"他主张建立许多新的城市中心，形成一个更大的区域统一体，重建城乡之间的平衡，从而有可能使全部居民在任何地方都享受到真正的城市生活的益处。

从盖迪斯创立"区域学说"，经过芒福德等人的发扬光大，从思想上确立了区域—城市关系，这也是研究城市问题的逻辑框架，进而形成了对区域的综合研究和区域规划，更为明确地提出区域整体发展理论，即："真正的城市规划必须是区域规划"。

此外，德国地理学家克里斯泰勒（Walter Christaller，1893—1969年）于1933年发表的中心地理论（Central Place Theory）解释了城市布局之间的现实关系；1941年德国经济学家廖士（August Losch，1904—1992年）从企业区位的角度以纯理论推导的方法完成了不同等级市场中心地数目的研究，解释了城市影响地域及相互作用的理论形态；地理学家贝里（Berry Brian Joe Lobley，1934—）等人则结合城市功能的相互依赖性、城市区域的观点及对城市经济行为的分析和中心地理论，逐步形成了城市体系理论。目前普遍认为完整的城市体系包括：特定地域内所有城市的职能之间的相互关系，城市规模上的相互关系和地域空间分布上的相互关系。其中，城市职能关系依据经济学的地域分工和生产力布局学说而得以展开；城市的规模大小的相互关系则应符合"等级—规模分布"；城市在地域空间上的分布应遵循中心地理论，并将这一理论看作是获得空间理性的关键。

在区域规划方面，自1920年代末纽约的地区规划起，西方逐步开展了区域规划的理论和实践工作。1930—1940年代起，西方大城市开始大规模地向周围地区扩展蔓延，以一个或几个中心城市为核心构成的城镇集聚区相继出现，这就大大改变了几千年来以城区或城墙为范围的、旧的城市形态观念；逐渐形成了在城市影响区域范围内分散人口和职能，组织合理的城镇体系，以改善城市环境的新观念。早期欧美学界进行的一系列区域规划的实践，针对交通网络和聚居地的分布和组织、经济区划等不同的目的，对世界范围内的区域规划理论研究和规划实践起了推进作用。1950年代之后，在经济学和地理学界的推动下，欧美学者在对区域经济发展的研究中，提出了更多的有关区域发展的综合性理论。

第二章　早期的相关规划实践

20世纪初，随着工业的不断发展，出现了对城市空间结构按现代城市的功能进行分区的概念。1910年，法国建筑师戛纳尔（Tony Garnier，1869—1948年）的"工业城（Industrial City）"规划，第一次把城市中的工业区、港口、铁路与居住区在用地布局上严格地区分开。1933年，《雅典宪章》（Athens Charter，1933）明确提出城市的四大功能，即居住、工作、游憩、交通，并提出有"计划"与有"秩序"发展城市的原则。这些概念一直延续到今天，成为现代城市规划的基本原则，为世界各国的城市规划实践所遵循。

火车、汽车等现代高速交通工具的广泛使用，既给城市结构注入了新的技术因素，也改变着传统的城市规划概念。从1882年西班牙人索里亚·玛塔（Arturo Soria Y Mata）提出沿着铁路干线发展线型城市的主张，到20世纪60年代希腊著名学者道克西亚迪斯（C.A. Doxiadis，1936—1975年）关于沿着汽车干道进行线型发展的所谓动态结构概念，几乎都是出自充分利用高效率交通的考虑，是提倡一种基于新的城市"时空"观念的发展模式。

在20世纪，随着城市中汽车交通的高度发展，为了效率与安全，出现了一系列对城市内部功能和空间结构形式的新变革。例如，20世纪20年代美国人克莱伦斯·佩利（Clarence Perry，1872—1944年）关于"邻里单位"（Neighborhood Unit）的概念，提出了扩大街坊，以防止汽车穿越居住区的主张。20世纪30年代美国人史坦因（Clarence Stein，1882—1975年）在雷德朋（Radburn）新城设计中，采用"人车分流"原则及尽端路系统，以避免汽车交通干扰居住环境的安静。这些原则一直为今天的居住区规划设计所重视。在避免汽车交通干扰商业区方面，在20世纪20年代的德国首先出现了无汽车通过的步行商业街，20世纪40年代发展到步行商业区。这些处理手法现今已广泛运用于世界各地的城市设计。

在城市道路系统方面，虽然从1853年当时的塞纳省省长奥斯曼男爵（Georges Eugène Haussmann，1809—1891年）改建巴黎中心区道路结构开始，"打破"中世纪传统路网的历史已有150多年。但是，真正从现代交通功能出发，规划城市道路系统还是在20世纪以后。20世纪初，法国建筑师艾纳尔（Eugene Hènard，1849—1923年）提出的道路环形交叉和立体交叉，解决了交通节点，即交叉口的问题。1940年代起，又开始了对整个城市道路系统进行功能研究。例如，英国人屈普（Alker Tripp）在他的著作《道路交通与管理》（Road Traffic and its Control，1938年）和《城市规划和道路交通》（Town Planning and Road Traffic，1942年）中提出关于城市道路应该按分级、分类原则形成系统的建议，其思想具有深远的影响。第二次世界大战后，发达国家纷纷在大城市建设快速道路和各种交通枢纽，交通系统向高架和地下发展，大大改变了城市空间结构的传统概念和形式。

科学技术的进步，高层建筑的大量建造，改变了传统城市"水平式"发展的模式，出现了向高空"立体式"发展的新趋势。因而，提出了以现代交通系统与高层建筑相结合的新型城市空间结构模式来代替、改造旧城市空间模式的主张。例如，代表人物之一是法国著名建筑师勒·柯布西耶（Le Corbusier），他认为高层建筑、低密度、大面积绿化和高效的交通系统可以大大改善城市的生活环境。他所倡导的理念集中体现在20世纪20—30年代提出的所谓"现代城市"的建议方案中。他的观点影响一直延续到第二次世界大战后，直至今天。近20年又开始向地下空间发展。

在规划方法上，新观念改变了学院式的传统做法；摒弃了形式主义、图案式的手法，注重资料的调查和分析，注重功能布局的合理。这个时期出现了大批著名的规划案例，如1929年纽约地区规划，1935年莫斯科总体规划（图2-1），1944年大伦敦规划，1948年哥本哈根规划（图2-2）等。这些规划为城市制订了长远的、功能合理的方案。规划者一般都认为：只要按照规划的控制和秩序去实施，就能解决城市所有的问题。当然，事实并非完全如此。

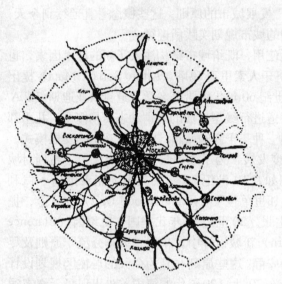

图2-1　莫斯科总体规划，1930年代

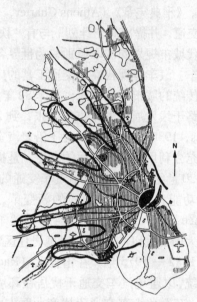

图2-2　大哥本哈根规划，1948年

资料来源：黄亚平，城市空间理论和空间分析，东南大学出版社，2002.5

纵观20世纪前半叶，这是现代城市规划理论与实践得到很大发展的时期，也是一段规划观念大转化的不平凡时期。千百年来的传统观念，经过"理想主义"和"空想"的阶段，进入到适应现代科学技术发展的新时期。这个时期的主要特征是提出了一系列从功能上适应城市现代生产和生活需要的新观念，把功能和秩序作为解决城市发展建设中各种矛盾和问题的主要手段。可以说，这是以城市功能主义为主的时期，它对城市规划的现代化和科学化作出了划时代的贡献。

第一节　一战前后的英国城市建设[①]

英国在第一次世界大战前后，按田园城市的基本概念规划的住宅区几乎遍布全国各地，

---

① 本节资料来源：[意]L.本奈沃洛 著，邹德侬 等译，西方现代建筑史，天津科学技术出版社，1996年9月第1版

特别是南部的伦敦地区及伦敦附近的地区。

在欧洲大陆，田园城市的理论也赢得了很高的声誉。田园城市、花园郊区及花园村庄的概念普遍被应用，例如德国的花园郊区、法国的田园城市协会。1913年，甚至成立了国际田园城市和城市规划协会（International Garden Cities and Town Planning Association），有18个国家参加了这个协会。

一、城市建设的概况

第一次世界大战结束后，人口的增长速度明显减缓。尽管如此，城市人口高度集中仍然是这一时期城市发展的基本特征。英国有2/5的人口居住在7个主要地区，即伦敦、曼彻斯特、伯明翰、约克、格拉斯哥、利物浦和泰纳赛德（Tyneside），其中仅伦敦地区就集聚了近900万人口，约占当时英格兰和威尔士地区人口总数的24%。

各城市都在继续向外蔓延，城市与城市之间的边界线甚至变得模糊不清。中等城市之间合并形成了大城市；大城市又进一步合并，形成了集合城市（Conurbation）。郡一级政府机构开始着手进行全郡范围内的人口疏散问题。人口开始向城市边缘地区迁移，城市边缘地带的土地开发压力增大，而城市中心的人口密度逐渐下降。新的居住区密度指标规定为每英亩（约合0.4hm^2）大约要安排12幢住宅。在19世纪末叶，罗伯特·欧文（Robert Owen）、乔治·吉百利（George Cadbury）和霍华德（Ebenezer Howard）等规划设计的低密度住宅区的标准平均为6~8幢住宅。

英国中央政府的人口再配置政策规定，人口的迁移一般应在一个郡的范围内进行，郡的人口总数不变。政府的人口迁移政策的目的是保持各郡之间相对的人口稳定增长和平衡。但是事实上，人口的迁移是在全国范围内进行的，有些地区的人口明显增长，而有些地区人口下降的速度很快。

第一次世界大战结束后，英国的工业结构开始发生变化。有些工业扩大了再生产，有些工业则开始压缩；从劳动力分布情况看，相对于大战之前，纺织业、农业和用于个人消费的生活用品方面的工业开始减少。相反，电子工业、文化娱乐设施、服务业、汽车制造业和建筑业的生产却一再扩大规模。采掘工业、重型机械工业和造船业的产品销售市场不景气，一些地区出现了明显的失业现象。

1931年，中央政府制订了政治经济计划（Political and Economic Planning，简称PEP）。政府开始全面干预经济发展问题，城市规划反而被搁置一边，经济发展规划成为战后政府的头等重大任务。一直到1940年前后，英国的城市规划理论和实践才有了很大的发展，20世纪40年代被称为城市规划的黄金时代。

在两次世界大战之间，住宅建设突飞猛进，大量受政府资助的住宅出现。1919年至1930年的十几年间，地方政府资助建造的住宅总数为全部住宅的40%。在伦敦地区和其他大城市开发了一批由政府资助建造的公共居住区（Council Estate）。私人企业，其中主要是建房互助协会（Building Committee：指从会员中筹款并贷款给需要造屋、买屋的会员的组织）建造的住宅量也不断增长。但是，城区内的旧住宅区内仍然遗留有大量的低标准住宅需要修缮，对需要清除的大量贫民窟一时也无法进行清除。特别是在北部地区，破旧的住宅因缺乏资金，不能完成修缮工作，城市的过分拥挤现象并没有完全解决。

第一次世界大战后出现的另一个问题是城市交通问题，大量的私人小汽车开始出现。

1920年，全国仅有18.7万辆私人小汽车，到1939年已猛增至203.4万辆。而机动车总数从1920年的65万辆增加至1930年的314.9万辆。作为一项交通安全措施，英国在1927年首次开始使用交通信号灯管理交叉口的过往车辆。同时还进行了大量的道路改造工程，其中包括隧道开挖、桥梁修建、干道网规划和步行道铺设。但是政府对这类工程的投资仍是有限，交通问题成了大城市的主要问题。

第一次世界大战之后，英国的农业人口又进一步下降，农业生产因为缺乏劳动力而出现了新的困扰。政府每年都必须通过财政预算不间断地给农业生产以经济资助，提高农业机械化生产水平，才能维持生产局面。同时，农业区的保护问题也成为城市规划的中心议题之一。

二、城市规划的立法

1909年，英国颁布了《住宅、城镇规划法》(The Housing, Town Planning, etc Act)，第一次提出控制城市居住区的土地开发方式，并要求地方当局编制控制规划。从此，英国的城市规划实践和理论研究成为一项制度化框架下的工作，而不再仅仅限于社会"精英"或激进分子的个人努力。立法规定，城市住宅区（大部分位于城市郊区或城市边缘地区）的规划内容，必须包括住宅规划、街道道路网规划、建筑设计（结构设计和建筑立面设计）、室外场地布置、城区古建筑规划保护、住宅区的给水排水规划、水电供应以及辅助工程建造。此外，还以立法的形式，规定了土地开发的补偿和赔偿政策，虽然这项政策实际上并没有真正实行。

1909年的《住宅、城镇规划法》颁布的前后时间，曾是英国城市规划运动的繁盛时期。1910年6月，在柏林举办了全国性的城市规划展览会。1910年10月英国皇家建筑师协会(Royal Institute of British Architects，简称RIBA，成立于1837年)召开了第一次全体代表会议。恩温(Raymond Unwin)在1909年发表了《城市规划实践》(Town Planning in Practice)一书，推动了田园城市理论在全世界的广泛传播。1910年利物浦大学成立了英国第一所规划教育机构，开创了城市规划的高等教育。

1914年至1918年的世界大战期间，英国的城市规划工作因为战争的原因而全部停止，没有完成的城市规划计划也因此中止。第一次世界大战后，英国虽然为战胜国，但其经济实力被大大削弱了。战后的城市规划工作在很长一段时间仍被战争的阴影笼罩着，城市规划的理论和实践出现了许多问题，但是有关区域规划方面的理论研究，从20世纪20年代开始逐渐开展了起来，经过多年的积极探索后积累了一定的经验。

在战后时期，住房问题在欧洲许多国家突然变得尖锐起来。住房供应的短缺并不完全是因为战争的破坏，部分原因在于材料、劳力和用地费用的高涨，建筑费用的上涨比生活费用上升得快。其他一些战争期间的参战国和许多中立国也停止了建筑活动。因此，国家干预下层阶级的住房供应问题在当时就显得很有必要，国家采取的干预方式有两种：一是向私人联合公司提供信用证和特许权；二是通过公共团体直接主动提供房屋建筑。

英国主要采用了第一种方式：作为由艾迪生(Addison, 1919)、钱伯林(Chamberlain, 1923)、惠特利(Wheatley, 1924)和格林纳达(Greewood, 1930)提案立法的结果，国家对那些同意遵守分配和卫生方面的某些既定法规的公共与私人建筑企业实行75%的补助；至1936年，根据住宅法律，用补助金共建设了大约110万套住房——大约是同期英国全部建筑产业的1/3；霍华德的第二个田园城市韦尔温（Welwyn）的建设也得益于这项住宅法律。

第二种方式更适合于应付紧急情况。在法国，1912年的一项法令授权公共管理当局建造大众住宅；依照这项法律，1914年成立了巴黎廉价住宅市政办公室，于1920年开展活动。1915年还成立了另一个类似的办公室，专门负责塞纳河的事务。战后在巴黎郊区建设了许多卫星住区，总共提供了1.8万套住房。在英国，公共团体同样也得益于政府的资助。这中间最重要的是伦敦郡政府（London County Council）。该机构从1920年到1946年共建造7万多套住宅，其中大多数为坐落在开阔的绿地上的独户住宅。然而，这种新建的拥有12.5万居民的大规模城镇开发事业，也出现过严重的组织问题。

在英国，1919年的城市规划新立法，改变了1909年规划法只关注住宅区开发的状况，将城市规划的调控内涵扩展到了大城市及区域发展。此后，1925年的规划法律授权郡县政府来制定促进本区域发展的城市规划方案；而1932年的规划法律则把以前的立法规定综合在一起，明确了对所有建设用地的规划控制制度。因此也涉及到了旧城中心改造的问题。但是规划制度中仍然有许多内容是非强制性的，留下了不履行的可能。

在欧洲的其他国家。城市规划的立法一般都来得比较晚；在瑞典和芬兰，规划法律的通过是在1931年，而丹麦是在1939年，意大利是在1942年，而法国的规划法则在二次世界大战以后才通过。大城市的规划是在各种各样的困难中进行的。例如在1919年，法国塞纳区行政官组织了一次巴黎城市规划方案的竞赛，但直到1932年，巴黎地区的体制设立之后，实际工作才开始。著名的普洛斯特计划（Prost Plan），在战争前夕的1939年才得以通过。在罗马，政府当局于1931年快速制定了一套总体规划，但实施却并不顺利，并很快就被一系列的事件所冲淡。

三、区域规划的进步

由于战争的影响和战后经济结构发生的变化，在英国曾经一度出现了城市规划理论研究和城市规划实践活动徘徊不前的局面。但是，20世纪20年代兴起的区域规划理论的研究和实践，却顺应了当时战后经济发展的需要而得到迅速发展。

在区域行政的协调方面，由跨郡县政府的联合委员会（Joint Committee：指两个或两个以上的郡县联合组织的区域规划事务委员会）来集中处理各地方政府当局各自无法处理的有关问题，其中最主要的是如何处理各郡县之间的城市土地开发控制问题。

1920年，即《住宅和城镇规划法》（the Housing and Town Planning Act, 1919）刚刚颁布，当时由卫生部（Ministry of Health，成立于1919年）取代了地方政府委员会，全面负责全国的城市规划工作，卫生部委托联合规划委员会组成专门调查委员会，对南威尔士产煤区的人口分布情况和政府资助建造住宅的情况进行了详细的调查。这实质上是关于区域发展问题的调查。

这次调查之后，四个联合规划委员会（Joint Town Planning Committee）根据区域城市规划当局（Regional Town Planning Board）的指令，开始编制区域性开发规划（Regional Development Plan），其中试点地区是曼彻斯特及附近地区。在1921年还成立了联合规划咨询委员会（Joint Planning Advisory Committee），建立了相应的曼彻斯特地区开发公司（Manchester Corporation）。之后，英国境内相继成立了类似的联合城市规划咨询委员会，召开类似区域规划的商讨会议，所有的委员会都面临着亟待解决的区域规划课题。

一方面，如何进行和控制区域范围内的综合性土地开发，这是区域规划必须解决的首要问题。尤其是各城市边缘地带的建设开发，进而控制城市蔓延和保留有限的土地用于农业生产。各委员会必须尽快编制区域性城市规划方案（Regional Town Planning Scheme），并重点解决农业开发规划和控制农业用地。早期采取的局部地区低密度开发政策已远远不能适应这一时期的区域开发情况，区域开发需要有综合全面的土地开发规划，需要整个区域内的各地方政府当局共同协商和实施土地开发控制。另一方面，是如何解决交通规划的问题。交通规划的问题包括地面交通和航空运输，其中航空运输的机场选址布点是区域规划工作的主要内容之一。

1926年，曼彻斯特的区域规划取得了很大的进展，区域规划的覆盖面达1000平方英里（约合2590km^2），包括四个郡、七个郡属区（County Borough）和89个其他机构。区域规划的内容主要涉及到区域范围内的道路网和交通规划、居住区布点、工业区和商业区布点，以及成片开放空间和绿地的布置。1928年后，为了具体实施区域规划和管理区域内的土地开发，成立了区域规划办公室。

与曼彻斯特区域规划同时进行的伦敦区域规划也取得了很大进展。1928年12月，卫生部召集了所有地方政府最高行政官员和所有联合规划委员会的负责官员，商讨伦敦地区的区域规划，并建立了负责伦敦地区区域规划的区域委员会（Planning Committee），由恩温担任技术顾问。

1929年，恩温提交了第一份关于伦敦地区区域开发的研究报告。研究报告涉及三项当时伦敦区域开发的主要难点：第一，伦敦城区内如何保护开放空间的问题；第二，伦敦地区内的绿带布置和控制问题；第三，伦敦地区沿主干道两侧的开发控制问题。研究报告提出，整个大伦敦地区大约需要至少62平方英里（约合161km^2）的土地用来开辟室外活动场地，大约需要提供142平方英里（约合368km^2）的土地作为城市开放空间（Open Space）。随后紧接着，恩温又提交了两份补充报告：关于室外场地的现状使用报告和关于人口疏解的进展情况报告。他在后一份报告中建议政府在离伦敦中心区12英里左右的距离范围内，设立自我平衡的卫星社区（Self-Contained Satellite Community），在12英里（约19km）至25英里（约40km）的范围内，继续设立工业田园城（Industrial Garden City）。

但是，1931年至1932年之间，英国正在经历西方社会的经济危机，政府大幅度地精简各地区域规划委员会的机构，恩温的设想在当时无法实现。1933年，恩温提交了第二份正式研究报告，但也仅仅申请到极少的政府经费资助用于伦敦地区的开发。直到20世纪30年代中期和后期，英国的经济情况略有好转之后，才重新开始大规模地进行区域规划方面的工作。

两次大战之间发展起来的区域规划的理论与实践，在第二次世界大战进程中及在第二次世界大战结束后始终在进行。

到1944年，英国各地相继成立了179个联合规划委员会，城市规划大臣同时任命了10个区域规划官员。英格兰地区和威尔士地区70%以上的地方规划局以联合规划委员会（Joint Planning Committee）的形式开展了区域规划的研究。在苏格兰，组建了三个区域委员会（Regional Committee），分别位于苏格兰中心地区的主要三个经济区，具体负责这三个经济区的土地开发规划和土地管理。这三个区域委员会的工作区域覆盖了苏格兰总人口的75%，涉及到67%的地方机构。

四、住宅建设的发展

1918年后，英国政府再一次面临着住房危机的局面。住宅建设成了政府工作的重要议题。1920年，卫生部组建了专门负责贫民区改造的机构（即Unhealth Areas Committee；其前身为贫民区委员会，即Slum Areas Committee），集中解决非标准住宅的改造问题。工作的重点区在伦敦地区。

1921年，该机构提交了伦敦地区住宅开发状况的研究报告，建议将伦敦地区现有的传统工业迁至附近的新城镇，重新开发新型的科技工业，并提出了在伦敦地区大力建造住宅区。

尽管当时政府面临着战后的经济恢复、资金短缺等问题，但还是对住宅的开发给予了积极的扶持。中央政府每年向地方政府提供部分资助，以进行新的住宅区开发和旧居住区的改造。地方上由政府资助建造的大型住宅区，以其低密度、自然分布的特征遍布全国，尤其集中在南部和中部地区。

恩温具体负责全国住宅开发工程的监测评价。霍华德的田园城市理论也被应用于大型住宅区的开发。1920年，71岁高龄的霍华德又亲自主持开发了韦尔温田园城市，他渴望成功，以进一步推广他的田园城市理论。他拍卖了全部的财产，购买了韦尔温区的土地，雇用了建筑师、经济师协助他工作，而他本人也一直居住在韦尔温，一直到1928年逝世。

1935年英国政府组建了田园城市审核评估委员会（The Marley Committee）。该委员会全面评价了田园城市建设的利弊得失之后，提出了在全国范围内大力支持开发"卫星新城"（Satellite New Town，简称新城）的政策。该委员会提出了4条具体的评估意见：第一，新城的基本原理源于霍华德的田园城市理论；第二，开发的新城将更强调社会经济因素；第三，鉴于英国的现状，新城不宜采取低密度的田园布局的方法；第四，新城规模发展到一定程度后，必须兴建新的新城；必须及时编制大城市市区周围新城镇群规划[①]。

第二节　二战中的英国城市规划动态[②]

预见到第二次世界大战后的英国及伦敦将面临着重建的紧迫问题，在战争还未结束的时候，专家们就提出需要一个积极有效的计划来控制和指导战后的发展，因此建议政府制定全国性的规划政策和建立一个高效的机构来管理战后的建设工作。

一、二战结束前的3份国家研究报告

第二次世界大战进程中的城市规划发展动态，在英国近一个世纪的城市规划发展史中占有重要的地位。3份有关国家城市规划政策方面的研究报告（Statute Book），在很大程度上推动了英国的城市规划的发展，并奠定了英国1947年后新的城市规划体系的基础，即巴洛报告（Barlow Report：1940年发布的一份关于工业人口重新分布的研究报告）、尤特沃特

---

① Garden Cities, Satellite Towns (Report of the Department Committee), London, H.M.S.O., 1935

② 本节资料来源：[意]L.本奈沃洛 著，邹德侬等译，西方现代建筑史，天津科学技术出版社，1996年9月，第1版

报告（Justice Uthwatt Report：1941年前后发布的一份关于土地开发地价控制和土地开发补偿、赔偿政策的研究报告）和斯科特报告（Leslies Scott Report：1940年前后发布的一份关于农业区开发方面的研究报告）。

1937年，巴洛爵士（Sir Anderson Montague Barlow，1868—1951年）领导了一个专门调查委员会，研究工业人口的分布问题。委员会的目标表达如下："调查影响大不列颠当前工业人口的地理分布情况，以及未来可能的方向变化；考虑由于工业集中和大城市或国家某些特别地区的工业人口所引起的社会、经济和战略上的不利情况；报告根据国家利益可能采取什么样的补救措施[①]。"

1940年，该报告和20卷文件一起发表，措词非常尖锐地叙述了围绕大城市人口和经济集中的不利因素；认识到当前强制性的管理和法律无法弥补这些不利，因为它们只能改善城市的内部模式但不能调节其增长；报告建议成立一个中央权威机构，以便能控制用地，作为纠正居住区在中心区分布的技术手段之一，并对新城镇的形式或适合于现状城市的发展方式开展咨询。

由于二次世界大战中，伦敦等城市遭受了大规模轰炸，强烈要求重建城市的呼吁，使得这份很可能只是一纸理论性的建议报告对于战后英国的城市规划起到了重要的作用。

第二次世界大战后的重建任务将是英国政府的首要任务。大量的重建改造任务将提上日程，建造新住宅、新学校、新的购物商店，修缮旧住宅，调整城市中规划布局不合理的或是年代过久失修的地区。同时，为了保障人们的生活、卫生和健康，又需要保证绿地和空地的设置，需要建立自然保护区及维持生态平衡。道路、公路网的修建，机场、车站等交通设施的建设也需要大量的土地。中央政府在确定所有这些单项开发项目计划时，都不得不考虑土地的问题，土地供应迫在眉睫。

讨论如何重建伦敦的问题，导致在1941年任命了两个委员会：以斯科特（Leslies Scott）为首的第一个委员会，研究农村的土地使用；以尤特沃特（Justice Uthwatt）为首的第二个委员会，研究土地开发的规划控制及制定补偿政策[②]。

两个报告于1942年相继发表，中间相隔时间很短。斯科特委员会注意到，由于轻率发展工业城市的边缘地带，使农业受到了严重威胁，重申了要通过对农业土地上的工业分布作必要调整的计划[③]。

关于建设用地的政府控制，尤特沃特报告则认为通过转移所产生的土地增值，应该归于社区而不是个体的土地拥有者，报告建议补偿值应该参照1939年的地价而定；虽然报告没

[①] Report of the Royal Commission on the Distribution of The Industrial Population, London, H.M.S.O., 1940, p. 1, quoted in Rodwin, The British New Towns Policy, Cambridge, Mass., 1956, p. 17.

[②] 尤特沃特（Uthwatt）关于土地开发中的补偿和赔偿理论的基本原理就是被开发的土地由于得益于获取规划许可证而提高了地价，所以开发者必须支付开发费，开发费的数额由土地管理中心（A Central Land Board）规定。开发费从赔偿（Betterment）中扣除。对补偿而言，政府按规定补偿给土地拥有者一定数额的补偿金（中央政府有30000万英镑的固定补偿费），以补偿因为法律强制规定土地拥有者不得开发其土地而给土地拥有者带来的经济损失。也就是说，由于受规划或其他强制性因素的限制，土地拥有者虽然拥有土地，但是法律强制其不得开发，这样土地的地价就贬值，政府要负责补偿给土地拥有者的这一部分因地价贬值而给土地拥有者带来的经济损失。但是，当国家许可土地拥有者开发其土地，而土地拥有者不开发其土地，由此造成的地价贬值，进而带来的经济损失，国家不负责补偿。

[③] Report of the Expert Committee on Land Utilization in Rural Area, London, H.M.S.O., 1942; Report of the Expert Committee on Compensation and Betterment, London, H.M.S.O., 1942.

有对建设用地的全部国有化做出任何明确的阐述,但却含蓄地使之成为一个未来的立法目标。

二、城市规划机构的改革

战争对城市的破坏引起了城市规划实践活动的空前高涨,尤其是各城市纷纷编制了受战争毁坏严重地区的城市重建规划,甚至在炮火连天的战争期间,就开始编制战争结束后的重建规划蓝图。中央政府积极鼓励地方政府开展城市规划工作,以期尽快地解决历年遗留下来的城市开发问题。

如以上所述,1940年至1942年3份国家研究报告在全国范围内引起了强烈反响,在这3份报告准备和完成过程中,英国的中央政府机构也有了调整,以适应即将开始的新的城市开发计划的实施需要。

1940年9月,英国政府的原工务部(Office of Works)改成了工务与建筑部(Ministry of Work and Building),与卫生部协同工作。卫生部仍然负责城市规划方面的具体事务工作。工务与建筑部负责城市长期战略规划的工作,并对城市开发控制的有关理论加以研究。英国著名的规划师李斯(Lord John Reith,1889—1971年,曾任英国广播公司(BBC)首任总裁)任工务与建筑部第一任大臣,他与巴洛爵士和斯科特一起同为英国二战期间最有影响的规划师,曾经对1940—1946年特殊时期的英国城市规划理论研究作出过积极的贡献。

1943年正式建立了城镇和国土规划部(Ministry of Town and Country Planning),取代了卫生部行使城市规划权力。新的重要的城市规划法律也编入了英国政府的法令全书(Statute Book)。根据1943年的有关法律《Town and country planning legislation: Minister of Town and Country Planning Act》,成立了工务与规划部(Ministry of Work and Planning),负责英格兰地区和威尔士地区的城市规划工作。

工务与规划部成立之后,从事的城市规划活动集中在对城市的两类特殊土地的再开发上:一类是"战争严重破坏的地域"(Areas of Extensive War Damage,即Blitzed Land);另一类是"不堪使用的再开发区"(Areas of Bad Layout and Absolute Development,即Blighted Land)。1944年,通过了新的《城乡规划法》(the Town and Country Planning Act, 1944),法律授权地方当局有权征购上述这两类土地,并负责开发和出售这类土地。这也是第一次提出了对旧城区这两类特殊土地的再开发,而形成了英国城市规划史上的一个突破点,导致了英国1940年代最重要、规模最大的一次旧城区土地的再开发活动,可以说,没有半世纪前的这次土地开发过程,许多开发规划和建设项目就无法实施。半个世纪后的英国规划师们仍然不能忘怀这场大规模的土地再开发运动。

1944年6月,中央政府发布了题为《土地利用的控制》(Control of Land Use)的白皮书。白皮书涉及到两项内容,一是土地开发中的补偿和赔偿政策;二是战后的国家规划。其中第二项内容是社会最为关心的议题。

三、大伦敦规划

第二次世界大战结束后的英国城市规划的一项重要实践是编制大伦敦规划。在二战后期,为了迅速恢复被战争破坏的正常工作和生活秩序,当时的英国首相温斯顿·丘吉尔(Winston Churchill,1874—1965年)要求李斯对战后重建的问题提供政策建议。李斯组织了一批专家对战难赔偿、战后重建、农村地区土地利用等非常棘手的问题进行了仔细研究,霍华德田园城市的实例、20世纪30年代的城市发展状况及规划经验等也都纳入了专家小组的研究范围。此外，还请了教授帕特里克·艾伯克隆比（Patrick Abercrombie，1879—1957年）和弗斯肖（J. H. Forsham）着手研究大伦敦地区的规划。随着战争形势的转折，战后重建工作提上了议事日程，所做的工作包括成立城镇和国土规划部（Ministry of Town and Country Planning），通过旨在重建战争受害地区、对城市建设进行整体规划的法案等。

1942年起，由艾伯克隆比教授主持编制大伦敦规划。其实，大伦敦规划的指导思想很大部分源于1940年的巴洛报告。巴洛报告，以大量的数据分析了城市过大的弊病，主张合理布局工业和人口，因而提出了疏散伦敦中心区的工业和人口的建议，并建议政府建设田园城市和卫星镇。

1944年，完成了大伦敦的轮廓性规划和报告，其后又陆续制定了伦敦市和伦敦郡的规划。大伦敦规划中体现了盖迪斯(Patrick Geddes)首先提出的"组合城市"概念，并且在规划的制定过程中遵循了盖迪斯所概括的方法，即"调查—分析—规划方案"。当时被纳入大伦敦地区的面积为6731km²，人口为1250万人，涉及134个地方政府。它不只是伦敦城区的规划，而是一个集合型大城市的区域规划。

大伦敦的规划结构为单中心同心圆封闭式模式，其交通组织采取放射路与同心环路直交的交通网。根据大伦敦规划方案（图2-3），在距伦敦中心半径约为48km的范围内，由内到外划分了四层地域圈，即内城圈、城郊圈、绿带圈与外围乡村圈，规划的期限为20年。规划的主导思想是分散人口、工业和就业岗位。采取的措施包括：第一，规划所确定的内城（Inner Urban Ring）需要向外迁移工业，以降低人口密度；第二，规划所确定的郊区带（Suburban Belt）不再考虑增设新的开发项目；第三，介于郊区和农业区之间的绿带区（Green Belt），是作为城市建成区的边界线；第四，最外围的一圈为乡村圈（Outer country），布置

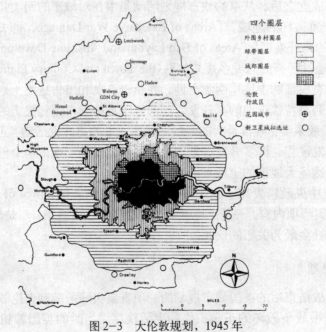

图2-3 大伦敦规划，1945年

图片来源：Hazel Evans (edited), Peter Self (introductioned), New Town — the British Experience, the Town and Country Planning Association by Charles Knight & Co. Ltd. London, 1972

了若干处居住区（以后实施时改为8个新城），解决内城分散出来的人口和工业。按这一规划至少可疏解100万内城的居民迁至郊区和新城。

伦敦地区的最高行政长官对艾伯克隆比提出的规划设想，即将大伦敦地区按内城圈、城郊圈、绿带圈和乡村圈四个圈层，由里至外作集中式的规划布置，表示了极大的兴趣。同时，对艾伯克隆比的具体规划措施，如城区内住宅低密度、道路系统规划、设置地区内公园和城区内教育机构等也表示赞同。规划中的要点还有：人均规划绿地面积大幅提高、重点绿化泰晤士河两岸，中心区改造重点在西区与泰晤士河南岸等。

大伦敦规划吸取了20世纪初期以来西方规划思想的精髓。当时在调查分析的基础上，对所要解决的问题提出了切合实际的对策与方案，对控制伦敦市区的自发性蔓延、改善原先混乱的城区环境起了一定的作用。但在其后几十年的实践中也曾出现了一些问题。这个规划只是在静态的区域观念基础上形成的，它所提出的缓解人口拥挤、加快建设卫星城和阻止工业用地扩张等建议，既没有考虑到伦敦产业功能的变化趋势，也没有考虑到相关因素的复杂性。

1960年代中期编制的大伦敦发展规划，试图改变1944年大伦敦规划中同心圆封闭式的布局模式，使城市沿着三条主要快速交通干线向外扩展，形成三条长廊地带，在长廊终端分别建设三座具有"反磁力吸引中心"作用的城市，以期在更大的地域范围内解决伦敦及其周围地区的经济、人口和城市的合理、均衡发展问题。

大伦敦规划不仅是世界上最大的一项城市—区域规划，也印证了英国规划师设想的模式。大伦敦规划提出的一个基本概念，即通过开发城市远郊地区的卫星城镇来分散中心城市的人口压力，具有世界性的影响。

第三节 二战前的美国新城发展[①]

美国的新城建设受到了英国田园城市思想的影响。为了追求理想的人居环境，解决大城市的弊病，美国在二战前便出现了田园城市运动，曾先后在新泽西州、俄亥俄州和威斯康星州建立了雷德朋（Radburn）、绿带城（Greenbelt）以及绿谷城（Greenhill）。这些新城实践的某些规划思想一直沿用到现在，对许多国家的新城建设有过影响。不过，大规模的新城建设始于1960年代后期。

从19世纪后半期开始，随着资本的不断积累，城市规模不断扩张，少数富裕阶级开始向郊外迁居。到20世纪20年代，由于广泛使用小汽车，中产阶级的郊迁现象也逐渐增多。留在内城或迁往内城居住的较多是穷人，贫民窟出现在内城，其住宅和市政设施得不到更新而日益陈旧。

一、地区规划协会及规划理论

1923年，美国地区规划协会成立，它是由20多位关心社会的建筑师所组成的。他们根据英国田园城市的规划思想，对美国当时的社区实际情况作了调查，提出了美国的城市规

[①] 本节资料和图片来源：北京市城市规划管理局科技情报组，城市规划译文集2——外国新城镇规划，中国建筑工业出版社，1983

图 2-4 单个邻里单位的模式图

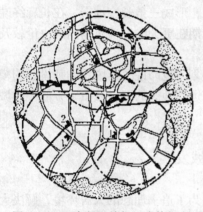

图 2-5 三个邻里单位组成的住宅区

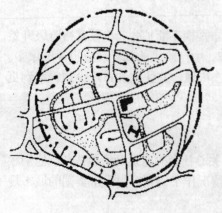

图 2-6 根据佩利的理论设计的邻里单位，学校的服务半径为 1/2 英里。

划理论，曾引起了许多国家的规划和建筑界的重视。其中有芒福德(Lewis Mumford)的地区城市理论，他设想在一个大城市地区范围内设置许多小城市，通过各种交通工具联系小城市。这种规划设想是企图对美国大城市地区内的构造进行根本性的改革。此外，还有佩利（Clarence Perry）的"邻里单位"理论，他吸取了田园城市的规划手法，提出小城市以邻里住宅为单位而组成的想法（图2-4、图2-5、图2-6）。

二、雷德朋体系

这一时期在规划设计手法上出现了雷德朋体系，其主要具有以下几个特点（图2-7、图2-8、图2-9）：绿地、住宅与人行步道有机地配置在一起，道路网布置成曲线；行人和机动车在一个平面上隔离；建筑密度低；住宅成组团配置，形成口袋形，通往每组住宅的道路是尽端式的；相应配置公共建筑，将商业中心布置在住宅区中间，使住宅区的各部分通往中心的距离都相等。

雷德朋体系把一个地区作为整体进行规划设计的做法是可取的，但这种引人注目的规划思想却不能成为美国城市规划的主流，结果仅仅是在郊区为中产阶级建造了一些居住区。最先按雷德朋体系建造的新城有森奈赛花园城（Sunnyside Garden City），以后又建了雷德朋花园城。这是由美国地区规划协会的成员文克在1924年成立的城市住宅建设公司负责建造的。

森奈赛花园城于1924年开始修建，位于纽约郊区，住宅区面积17hm^2，4年内建成了1202套住宅。这座花园城的建设目标是：有宽敞的街区，充分的公共设施，向低收入阶层提供住宅。但实际上没有达到这些目标，因造价过高，只有高收入阶层才能消费得起。并且最主要的是，由于新城缺乏统一完整的规划，而未能实现最初的建设目标。

雷德朋花园城于1928年建成。该城位于纽约市郊区25km处。最初规划面积为500hm^2，规划人口为25000人，全城分3个邻里。但是突如其来的经济危机迫使最终建成的实际规模大大缩小，仅30hm^2，400套住宅，人口规模仅为1500人。但是人车分离的设计手法被运用于住宅区规划中。

雷德朋花园城规划考虑的邻里规模为10～

图 2-7　雷德朋花园城方案，1928 年
图片来源：Stephen V.Ward, The Garden City, Past, Present and Future, E & FN Spon, 1992

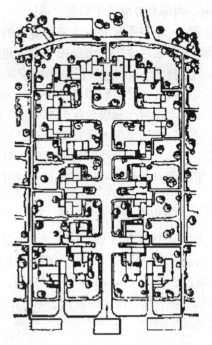

图 2-8　雷德朋体系的尽端式道路

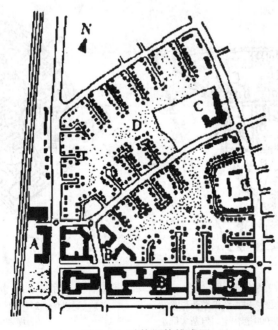

图 2-9　雷德朋的模式图
A—商业中心；B—公寓式住宅群；C—学校；D—公园

20hm²，内部划分成几个街区，街区中心留有带状公共空地，在空地上设置小学校、游泳池和运动场。在与街区外围道路呈直角的50～100m宽的线团式道路（或称袋状路）的两侧，布置住宅。在住宅的一面铺设供汽车进出的道路，另一面修建人行步道。人行步道与公共空地相连接，行人通过步行去学校或其他公共建筑，都不与汽车线路相冲突。在街区内，将组团式一级住宅和人行步道结合在一起，在平面上把行人和机动车分离开。这种雷德朋体系成为了汽车时代建设住区的典范，不仅在美国本土，而且在世界各地都产生了很大影响。

但是，作为美国地区规划协会开展建设田园城市运动的目标而言，雷德朋花园城的规模较小，只有住宅，没有就业场所，且土地私有。因此人们认为这样的花园城不能称为田园城市，而只能是具有田园气氛的城郊住宅区。

三、绿带城

美国在1929年发生经济危机后，扩大住宅建设规模也成了刺激经济的一种手段。绿带城项目就是在这样的背景下于1933年建设的。所谓的绿带城有4个，即：威斯康星（Wisconsin）绿带城、新泽西（New Jersey）绿带城、俄亥俄（Ohio）绿带城和马里兰（Mary Land）绿带城(图2-10～图2-13)。但它们实际上都不能称之为自给自足的田园城市，只能是近郊的田园住宅区。

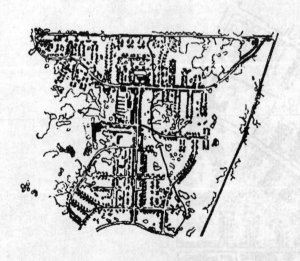

图 2-10 威斯康星绿带城
威斯康星住宅区位于威斯康星州密歇根湖西岸米尔沃基市的郊外，最初规划建设3000套住宅，但是实际上只建成750套住宅。这个住宅地区同其他绿带城不同，很少采用曲线道路，并且人口密度也是比较高的。

图 2-11 新泽西绿带城
1—运动场；2—社区中心；3—商店、停车场；4—规划中心；5—水塔
新泽西住宅区位于新泽西州纽约和费城之间，道路方案采用了环状路和直线路相结合的形式。

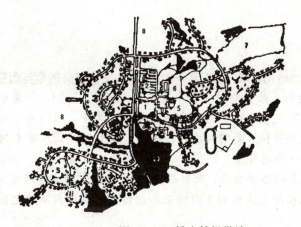

图 2-12 俄亥俄绿带城
1—公共广场；2—商业中心；3—社区中心；4—运动场；5—住宅群内部公园；
6—游泳池；7—住宅备用地；8—绿带

俄亥俄住宅区位于俄亥俄州辛辛那提城市的郊外，有3000套住宅。这个住宅区比马里兰住宅区采用更多的曲线道路，但只是一种不完全的"雷德朋体系"。

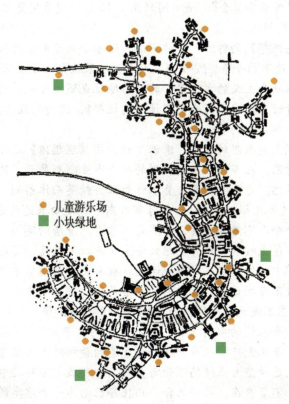

图 2-13 马里兰绿带城

马里兰住宅区位于马里兰州华盛顿郊外，面积为100hm²，有1000套住宅。道路结构是雷德朋体系改变了的形式，住宅区内外有两条圆弧状的干线道路，在两条干线道路中间铺设人行步道。公共设施中心安置在圆弧的中心，离每户住宅的距离大致相同。在干线道路口边开辟地下人行道，以保证行人安全。

注释:

①托马斯·莫尔(Thomas Moore,(1478—1535年)文艺复兴时期英国空想社会主义者

莫尔生于1478年,他的父亲长期担任皇家高等法院法官。1494年,莫尔在资深法学家的指导下深研法律,出师不久便赢得了伦敦市头等律师的名声。1510年,他担任伦敦市司法官并赢得了市民们的充分信任,英商两次促请国王派他到国外调解商务纠纷。1515年的出使,构成了《乌托邦》一书的背景。1523年,他当选为下议院议长,1529年,受命为大法官。莫尔在大法官的任上以公平为念,勤勉敬业,"以大法官的身份行使司法管辖权,复审各普通法庭案件,并依据衡平法原则予以修正和纠错,还在原判法庭无能为力时提出补救的办法"。

1532年,因在重大问题上不能与英王保持一致,莫尔辞去了大法官的职务。莫尔认为,国王离婚违背教会法和神律,因此反对国王离婚,而且拒不出席新皇后的加冕仪式。很快,他被控犯有叛国罪,由于这项指控纯属莫须有,他被宣告无罪。1533年,英王迫使国会通过了一项法令,宣布他为英国教会的领袖,所有英国的杰出人物都必须宣誓效忠,但莫尔拒不宣誓,他说他不相信世俗的法律能使国王成为教会的领袖。他因此被关进伦敦塔,被控犯有叛国罪,罪名是"意欲剥夺国王的尊严、称号或其他王室的身份名位"。18位法官(大多是他的政敌)组成"听审委员会",陪审团只花了15分钟便裁定莫尔有罪,并于1535年7月7日执行了这项死刑判决。

著名空想作品《乌托邦》的作者,也许不认为这本小册子的重要性要胜过他的大法官职位,或者他反对宗教改革的斗争。然而,《乌托邦》的深远影响让他始料未及。一直到300年后莫尔被追封为空想社会主义的太上皇,其不朽地位也随着他被斩断头颈的那一幕趋于坚挺。即便如此,当时世变迁,今天我们阅读《乌托邦》,迫切的政治需求已经逐渐淡薄,更多的是对莫尔想像力和勇气的赞叹。

作为文艺复兴时代先进思想的代表,秉承了柏拉图《理想国》之脉的莫尔以崭新的描绘起到了举座皆惊的效果。在当时,轰轰烈烈的航海事业刚刚展开,传奇色彩的异国风情给人亦真亦幻的美妙遐想。更重要的是,莫尔作为社会精英而体察到了民间的疾苦,这是其他精英们所不及的。《乌托邦》通过一位航海家希斯拉德之口表达作者的观点。全书共分两部,第一部论及一个令人不满的社会,当然是指作者所身居的英国,第二部则全面描述了岛国乌托邦在某种程度上被后世尊为空想社会主义鼻祖的制度。莫尔对社会底层的关心更多直接体现在第一部中,他所描述的圈地运动,被马克思的《资本论》大段引用,成为日后经典理论课堂中避不开的话题。贫农们的生路是莫尔关心的重点:他们既没有田地可种,又不准行乞为盗,岂不是无路可走?因此,《共产党宣言》相信,或者我们都愿意相信,莫尔考虑的是全社会所有人们的幸福方案:"这种幻想的未来方案,是在无产阶级还处于很不发展状态时产生的,是从无产阶级希望社会总改造的最初的充满预感的激动中产生的。"

今天,当社会主义已转型为系统的理论与实践,即便我们言辞之中仍有所顾忌,对于乌托邦式的蜜月幻想已不复存在。某些场合,乌托邦已沦为一个虚妄的词语。再读《乌托邦》,生活尚可、态度务实而又戏谑不定的后现代人类可以得到些什么?500年前的一次精神摇滚,还是虚拟空间的游戏情节?可以肯定,再谈《乌托邦》的政治意义已经意义不大。相反,我们可以通过莫尔的种种描绘,接近他无限勇敢和发达的精神。

莫尔凭一己之力创建的理想国度在现在让人看到充满了过于美好的愿望和不甚严密的逻辑。但是这个系统在当时应该是顶尖优秀的，因为它受到了如此之大的欢迎。莫尔的好友伊拉斯莫斯致信莫尔催他速寄书至当地。信中说当地的一位参议员很喜欢这本书，"已经把它背熟"。在书中，莫尔设想了理想国家的几乎所有方面：城市、官员、职业、社交、战争、宗教等等。莫尔最大的功绩在于继承了远古以来财产公有的人类理想，并且十分强硬地让公有财产无比富足，简直取之不尽。而这恰是乌托邦赖以存在的基础。莫尔为岛国的居民们设计了一整套完美的价值观，成为其富足的精神基础。而在很多时候，莫尔的想像以反讽当时的社会为主。莫尔让乌托邦岛国的金银过剩，以致当地人让奴隶戴上金银链铐，自己则以穿戴粗衣为荣。外国来访的使节不知就里，穿着华贵地招摇过市时，才发现自己的打扮与当地的奴隶无异，不由从傲横变为无地自容。这部分内容对虚华的讽刺与丹麦丑才安徒生的《皇帝的新衣》遥相呼应。而对于打仗，乌托邦人一向倾向于智斗，他们善于用金钱瓦解别人内部，"重金收买之下，人们会心为所动，什么样的事也干得出"。然而，莫尔也相信年轻人容易"言行失检而涉于浪荡"，于是他让青年与老人相隔地坐在大食堂中。并且乌托邦的种种习俗也在根本上杜绝了人们趋向个性化发展的可能。

作为一个上层社会执法者，莫尔有更多的机会体察人民的现实困境，无疑有助于他构建的崭新国度。这个国度当然为平民百姓赢得了幸福，然而它毕竟产生于一个孤立的脑袋，无疑没有实现的可能。对此，莫尔有十分明确的观点："可是当我想到真实的王国并不更持久些，我就引以自慰了。"莫尔用自己杰出的大脑完成了一次个人化的精神冒险，在客观上推动了人类社会的发展，足可引以自豪。

乌托邦岛国的每一个细节都证明了作者的博爱、宽容与勇敢。这位英王国大法官也许设想过300多年后的马克思，但更多时候，他只是沉浸在自己的国度的美好构建中，高兴得直跳："我的乌托邦国民已经推举我做他们的永恒君主。"（摘自莫尔致伊拉斯莫斯信件）空想本身已经足够快乐，对莫尔如此，对所有不满现实者皆如此。在空想与实战中爽够了的莫尔最终得罪了亨利八世而被送上断头台，临刑前莫尔不乏幽默地对刽子手说："我的颈子是短的，好好瞄准，不要出丑。"

②莫里斯(W. William Morris, 1834—1896年)

英国作家，出生于一个富商家庭，1853年进入牛津大学学习，受艺术评论家约翰·罗斯金和画家但丁·罗塞蒂二人的影响，并参加了罗塞蒂所组织的"先拉斐尔兄弟会"，醉心于中世纪文化和唯美主义。他一度试学油画，旋即从事诗歌创作。1858年他的第一部诗集《圭尼维尔自行辩解和其他诗篇》出版，其中的中、短篇诗歌的题材主要取自马洛礼的关于亚瑟王的传奇故事和法国中世纪弗拉萨尔的编年史，描写中世纪西欧社会统治者的凶暴和残忍以及反抗这种暴虐与欺诈的英雄人物。

1861年，莫里斯开设室内装潢商行，仿制中世纪时代的壁饰、帷幕、彩色玻璃窗以及各种家具。1867年长诗《伊阿宋的生与死》出版，它是根据古希腊关于伊阿宋和美狄亚的传说写成，作者在诗中自称是乔叟的门徒。1868至1870年出版诗集《地上乐园》（共3卷），其中收入24篇叙事诗和一首序诗。它的创作手法模仿乔叟的《坎特伯雷故事集》，写中世纪北欧一批战士在大洋中发现了一个希腊移民居住的地上乐园，宾主欢聚时以讲故事为乐，于是讲了24篇来源于古希腊及中世纪北欧流传的故事。诗集充满着梦幻式的浪漫色彩，辞藻华丽，音韵节奏和谐悦耳。长诗《沃尔松族的西古尔德》(1876)叙述了中世纪冰岛诗文中经常作为题材的英雄西古尔德的悲剧。西古尔德即古德语长诗《尼贝龙根之歌》中的齐格弗里德。全诗采用六音节的长行诗句,便于表现主要人物的英雄气概和曲折跌宕的故事情节。

1883年莫里斯参加社会主义组织"民主协会",不久它改称"社会民主协会"。1885年参加社会主义联盟,担任它的机关刊物《公共福利》的主编,直至1890年。1890年他脱离社会主义联盟,另行组织规模较小的"哈默斯密斯社会主义会社",并创办凯尔姆斯科特印刷厂。

莫里斯的晚期著作,有诗集《社会主义者的诗歌》,其中绝大部分是供当时工人游行或集会时歌唱之用,号召工人反对奴役和剥削,同时也表达对于未来的美好的社会主义和共产主义社会的向往。长诗《美好未来的追求者》(1885—1886年)带有一定的自传性,描绘主人公幼年和青年时代的生活以及后来参加巴黎公社的经历。诗中关于他信奉社会主义和参加巴黎公社街垒战的两章,尤其写得慷慨激昂,十分感人。他的散文《梦见约翰·保尔》(1888年)描写一个19世纪的社会主义者如何梦见1381年英国农民起义的领袖约翰·保尔以及他们两人交谈的内容。《乌有乡消息》(1891年)则叙述他梦中游历21世纪已实现共产主义的英国各地时的见闻,从中可以看出作者理想的共产主义社会和他对于实现社会主义与共产主义的设想。这两篇散文表明了莫里斯追求革命斗争的思想感情。

③奥姆斯特德(Frederick Law Olmsted, 1822—1903年)

奥姆斯特德对自然风景园极为推崇,并真正从生态的高度将自然引入城市,运用一园林形式。他于1857年在曼哈顿规划之初,就在其核心部位设计了长2英里(1km=0.6214英里),宽0.5英里的城市绿肺的中央公园。

纽约中央公园始建于1858年,由奥姆斯特德提议兴建并担任设计,他坚信城市需要"绿肺",城市中的人需要缓解压力的舒适环境,由此开创了现代景观设计的先河,他也被尊为"美国园林之父"。更为重要的是他所设计的纽约中央公园是第一个现代意义上的公园、第一个真正为大众服务的公园,它创造的是公众空间而不是与权力、地位相关的个人空间。这使纽约人的生活总算没有完全被高度发达的商业浪潮所异化。中央公园位于纽约最繁华的曼哈顿区闹市中,设计时首先建立了公园要以优美的自然景色为特征的准则,着重大面积自然意境,四周用乔木绿带隔离视线和噪声,使公园成为相对安静的环境。采用自然式布置,园中保留了不少原有的地貌和植被,林木繁盛,还有大片起伏的草坪,林中偶尔还能看到野生的小动物,生机盎然,俨然一派城市山林。

1881年奥姆斯特德又开始进行波士顿公园系统设计,从富兰克林公园到公共绿地形成了2000hm² 的一连串绿色空间,这个系统将河滩地、沼泽、河流和具有天然美的土地都包括了进去,形成一个由天然地区构成的网,城市建筑和街道在这个网中间发展。奥姆斯特德认为,城市公园不仅应是一个娱乐场所,而且应是一个自然的天堂。所以他主张在城市心脏部分应引进乡村式风景,使市民能很快进入不受城市喧嚣干扰的自然环境之中。他的设计方法是尊重一切生命形式所具有的"基本特性",对场地和环境的现状十分重视,不去轻易改变它们,而是尽可能发挥场地的优点和特征,消除不利因素,将人工因素揉合到自然因素之中。

奥姆斯特德的理论和实践活动推动了美国自然风景园运动的发展。此后,人们对自然风景园的真正兴趣表现在两个不同的方面,即一方面倾向于筑造自然的不规则式的私人住宅区及城市公园,另一方面因教育、保健、休养的需要而保存广大的乡土风景的运动方兴未艾。自然风景园因其功能包罗万象而得以保存,并由此激发了美国的国家公园运动。

中 篇
战后新城理论和新城规划的发展

第三章 战后的城市发展趋势

第一节 规划观念的演变

作为完整的科学化、系统化、制度化的城市规划，其主要的发展集中在二战后。第二次世界大战所造成的物质破坏远远要比第一次世界大战严重得多，战后的重建需要强有力的政府主导，同时也带动了城市规划学科的不断发展，城市空间的实践及创新领域不断拓广，城市理论的探索及争鸣也不断涌现。

二战后的世界形势总体上趋向缓和，但随后即进入了战后的经济膨胀时期，社会方面也出现了变革，可以说，这阶段的变化比历史上任何时期的变化都来得更加突然、迅速和深刻。20世纪50年代末到60年代，世界上很多国家经过战后的恢复重建，经济和科学技术进入了高速发展时期。20世纪60～70年代的西方国家，一方面是经济的发展使得新的科技成就得到广泛运用，第三产业兴起，人民生活水平提高；另一方面则是旧的经济结构经受着历史性变革的巨大冲击，传统工业开始衰退，很多城市和地区的环境质量恶化，社会结构和城市历史文脉遭到破坏，新的社会经济不稳定因素日益滋长。

在城市建设方面，发达国家无论在改建老城区或建设新城市的过程中，都取得了很大的成效。但是，有些旧的城市问题虽然有所缓解，新问题却层出不穷。这些问题的存在，促使人们进行反思，包括开始更深入地思考城市的本质，以及重新认识那些原来以为是"理所当然"的城市规划观念、原则和方法。直至今天，这种演变仍在进行之中。规划观念的演变主要表现在下列方面。

一、社会经济因素的融入

战后半个多世纪以来，无论以市场经济为主，还是以计划经济为主，无论是资本主义国家，还是社会主义国家，都把社会经济因素融合进城市规划。当今所谈论的城市规划，无论在内容范围上，还是在性质上，都与半个世纪乃至一个世纪前所理解的单纯物质性的城市规划有所不同。如果说二战前的城市规划主要是安排人口、就业和设施等问题，那么如今所要解决的问题就要宽广得多了。

第二次世界大战后，任何国家的城市恢复和建设都面临着一系列的社会经济问题，这些问题是制订城市规划时必须考虑的重要因素。尤其是城市所在区域的经济发展战略与城市规划相结合，给规划带来新的变量，它包括城市如何确定在区域发展中的合理定位，城市如何促进区域经济的发展，城市在规模增长和经济发展中如何解决城市的新区发展及保持旧城中心区繁荣等问题。可以说，如今每个城市或地区制订的任何一项城市政策，或多或少都是与社会经济因素紧密相关的。

二、城市结构的新认识

由于社会经济因素融入到城市规划中，因此，规划师从社会经济意义的视角重新认识城市，尤其是要对城市社会经济结构的复杂性要有深刻的新认识。一方面源于战后的经济恢复和城市大规模重建，另一方面源于二战后许多新建的城市因功能过于单一带来了生活、就业、文化、娱乐、社会心理等方面的城市问题。人们逐步认识到，空间结构必须适应社会经济结构发展和变化的需要。

同时人们也对20世纪前半叶那种过分强调分散、低密度，以及过分重视功能分区的方法提出了质疑，进行了反思。持传统的城市观念的人认为，一个功能分区明确、构图设计美观、绿化道路成网络的规划总图，就能解决所有的城市问题。新观点则是，按功能主义设计的城市空间结构是一种严格的、逻辑的、理性主义的枝状系统。宏伟的设计和广阔的尺度往往单调乏味，使城市成为充斥着玻璃、钢筋和混凝土及各种高架道路和立体交叉的地方，给予人们机械般冷漠的印象。

这种"反功能主义"的思潮影响了1960~1970年代后西方规划设计的潮流，并促使人们去重新研究城市，研究城市的自然本性和网络结构，以及城市是如何适应人类各种需要的。在这种观念影响下，早先对城市旧区全盘推倒、大拆大建、彻底求"新"的做法得到了遏制。城市规划日益重视保护原有的社区结构，允许在适当地区形成合理的高密度，注重保护城市的历史文脉，保护有价值的自然和人文景观资源；重视传统的建筑形式和新旧建筑的有机结合。因此，战后我们可以看到，西方国家不仅拥有规划科学、设计精美的新城市，而且自然拥有那些蕴藏历史文化并得到妥善保护更新的历史古城。

三、城市环境保护的新内容

20世纪以来的经济高速增长，高速、高效的交通运输系统的普遍采用，城市化进程空前加快。然而，人类在发展经济和实现城市化的同时也不自觉地破坏了环境，与人类生命息息相关的空气、水体、土壤遭到污染，居住环境质量下降。因此，如今的城市规划明确提出和增加的一个基本目标就是保护生态、创造优美的城市环境。"环境"包含很多具体的内容，概括起来，主要是生态环境、社会环境和物质形态环境三个方面。例如，宏观上重视城市环境的合理容量；适当地布置大型工业、港口、机场、铁路枢纽；制订正确的交通政策，控制私人汽车的盲目发展；保护资源，包括水源、矿藏、植被等；治理废气、废水和废弃物等。将这些内容引入城市的综合规划，大大发展和丰富了"传统"规划的内容。在微观层面上，把城市设计和建筑设计看作是环境设计的过程，追求"建筑—城市—园林"的和谐统一，以达到城市和环境的连续性与完整性。此外，新的环境观念不仅表现在物质形态上，而且还体现在社会环境的形成和创造上，诸如重视社区的作用，形成良好的社区结构和创造宜人的社会氛围等。这些都远远超越了传统功能主义的理念"高度"。

四、城市规划性质与方法论的演变

基于对城市结构和城市发展过程认识的深化，基于多种学科对"传统"城市规划的渗入和交融,以及通过不断的实践,人们对城市规划的性质及其相应的方法论有了新的认识。主要是不再把城市规划看作是绘制城市"终极状态"的理想蓝图,而是把城市的发展视作一种连续不断的"过程",城市规划是引导这种过程合理、有序发展的手段。规划方法反映了对规划性质的认识。以英国为例,1970年代修订的《城乡规划法》(the Town and Country Planning Act, 1970)就是城市观念演变的反映。新的规划法注重城市发展战略和目标的研究论证,以及各种规划政策的制订,而不再仅仅停留在绘制一张期限为20~30年左右的理想总图。此外,在规划的"哲学观"上,也出现了反对那种把强权势力的主观意志"强加"于人的做法,而是提倡"公众参与",提倡协调各种关系和利益,提倡规划为全体民众服务。在立法和各种管理细则的制订方面,也比过去有很大发展。

在1960~1970年代后,由于控制论、系统论、信息论及很多数学方法的进步和引入,特别是计算机技术的普遍运用,使规划师获得了前所未有的科技武器和辅助手段,易于进行各种社会经济的发展预测和模拟,以及对规划方案进行分析和优化。通过结合定性分析和定量分析,使得各种动态规划和预测成为可能。近30多年来城市规划方法和技术的进步和提高,已使今天的城市规划专业展现出一种全新的面目。

第二节 大城市地区的城镇化和新城发展趋势

霍华德(Ebenezer Howard)于一个多世纪前提出"田园城市"模式,初步表达了将城市与区域相联系进行城市规划的思想。帕特里克·盖迪斯(Patrick Geddes)首创了区域规划的综合研究方法,提出城市要扩散到更大范围以形成新区域发展形态。德国地理学家沃特·克里斯泰勒(Walter Christaller, 1893—1969年)于1933年提出了著名的中心地理论,第一次对区域内的城镇作系统化论述。1950年,法国地理学家杰恩·戈特曼(Jean Gottmann, 1915—1994年)提出了"城市带"(Megalopolis,也译作特大城市或巨型城市)的概念,1961年其代表作《特大都市区:城市化了的美国东北海岸》(Megalopolis: The Urbanized Northeastern Seaboard of the United States. New York: The Twentieth Century Fund, 1961)中首次指出了沿美国东海岸,从新罕布什尔(New Hampshire)到北卡罗来纳(North Carolina)的城市化都市区内的农村与城市共生、土地综合利用的空间现象,并预言这种情形在世界许多地区将会重复出现[1]。加拿大地理学家麦吉(Terence G..McGee)经过多年对亚洲地区城市化过程的实地研究,提出了亚洲某些国家和地区出现的农工混合空间模式。麦吉观察到了亚洲发展中国家的工业化和城市化进程,大城市周边地区非农产业高速增长及其在地域空间上所表现出的许多有别于西方经验的独特现象,他认为,欧美重点研究的区域是由"中心城市支持起来的系统",主要由城市居民外迁引起的,而东南亚城市化与区域发展相结合的支持系统是城乡混合的复杂体系,主要是由工业化、城市扩张引起的。

20世纪60年代以来,世界上许多国家的经济、技术和社会发展出现了新趋势,社会空间结构发生了很大变化。伴随着城市化进程的不断发展,城市与乡村、城市与城市间的交往和联系日益紧密起来,出现了"城市圈"、"大都市连绵区"、"逆城市化"、"城乡混杂区"等群落空间发展形态。美国的波士顿到巴尔的摩,包括纽约、费城、华盛顿在内的东北海

---

[1] 区域社会发展与城市化进程的融合,《上海市建设职工大学学报》(当代建设)

岸城市群落，日本的东京大都市圈等区域城市网络连绵发展。与此同时出现了大城市地区的郊区化和乡村城镇化的并存趋势。

一、集聚和分散

集聚和分散这两个相反的力量始终左右和贯穿着城市化的进程，并表现为乡村城镇化和城市郊区化两种表现过程。城市化初期阶段以集聚作用为主，而分散作用较为次弱。随着城市化的发展，在技术和空间环境容量等因素的影响下，集聚作用由强变弱，而分散作用则由弱变强。一般说来，当城市化水平达到50%的时候，城市的分散作用开始超过集聚作用，从而会出现城市人口外迁的现象，人口外迁主要是流向生态环境相对较好的近郊地区，或大都市地区的依附于中心城市的卫星城或是独立的新城。这种中心城市人口外迁现象称为"城市郊区化"（Suburbanization or De-urbanization），也称为"逆城市化"（Counter Urbanization）或"外向型城市化"（Exo-urbanization），这是在城市化达到一定阶段的一种表现。

二、双向城市化的"中和"现象

正是乡村城镇化和城市郊区化的双向作用，使得城市化进程达到一定阶段后呈现一种趋向共同的"中和"现象，即大城市郊区化的人口、产业和乡村城镇化的人口、生产都趋向近郊区的中等规模的城镇。这种人口和产业活动向中间层次的城镇集中的现象是世界城市化发展的一个趋势，且随着城市化双向"中和"现象的发展，城镇群地区成为具有生命力的城市—区域形态。

二战后半个多世纪以来，随着中心城市周围各种卫星城或新城的不断建设，城镇群地区的范围越来越大，单纯的中心城市规划和建设，已不能描述和反映城市化的实际进程。因此，出现了对整个中心城市及其周围城镇影响的整个区域作为统计、分析和规划对象的大都市区（Megalopolis）。就大都市区而言，随着交通通信网络的快速发展和一般的技术进步，以中心城市为市场核心，工业区、居民区和高新技术产业则分布在广大的城市郊区，形成许多规模不等、功能各异、分工有序、相互补充的围绕中心城市的中小城镇群。这种人口既集中又相对分散的新型区域空间组织可以集中更高比例的城市化人口。较大规模的卫星城或新城的人口和产业集聚度较高，已成为大都市区内产业活动的中心地区，其地位也日益重要。同时，若干个大都市区继续发展并连成一大片时，将形成更大规模的城市化地区，这种地区被称为大都市区域（Metropolitan Region）。

三、新城和城镇郊区化

英国的伦敦是世界上最早发生郊区化的大城市之一。英国工业革命后，城镇化迅速加快，到19世纪中叶，城市化水平就已达到50%，城市开始出现过分拥挤的现象，人口和工业布局萌发郊区化的苗头。到19世纪末20世纪初，英国城镇化率已超过70%，郊区化进入快速发展时期。霍华德的"田园城市"理论以及雷蒙·恩温（Raymond Unwin）的城郊居住区，即所谓的"卧城（Sleeping Town）"和"卫星城（Satellite Town）"理论都是积极的郊区化尝试。

从最初的"田园城市"，经历了城郊居住区，即"卧城"，到半独立性的卫星城，至完全独立的新城，使得郊区城镇具备较为完善及独立的城镇功能，可以较少依赖中心城市解决基本生活和工作的问题，从而可大大减少与中心城市之间的通勤压力，能较好地起到"反磁力"的作用。综合发展的新城与中心城市的关系主要体现在经济产品和服务的相互交换上，而在城镇功能上已基本不存在依赖的关系了。新城的主要作用仍然是吸引中心城市过多的人口和经济活动，分散对生态环境的压力，但它城镇功能完善，事实上已经是具独立性的区域性城镇了。

  英国的新城规划理论是英国城市规划理论的一个主要研究分支，誉之为英国城市规划皇冠上的明珠。在第二次世界大战后的36年间（1945—1981年），英国先后创建了32座新城[1]，共容纳了180万人口。尽管新城所容纳的人口仅占全国总人口的4%，但其在多方面的影响和意义却是不可估量的。

  由于后期大规模的新城建设及郊区化发展的"反磁力"能力过强，以致伦敦等大城市中心区出现了所谓的"空洞化"现象，促使人们不得不重新考虑如何复兴大城市中心区的问题，这实质上也是区域性中心城市思想在大城市中心区的反映。值得一提的是，上述郊区化的两个发展方向最后实际上已合二为一，发展具有一定规模的功能相对独立和完善的新城是控制大城市盲目扩张的理想选择和主要形式之一。

---

  [1] 不包括由地方政府兴建的两个新城克兰姆林顿(Cramlington)和基林华斯(Killingworth)

第四章 英国的新城建设

第一节 新城建设的背景和推进

一、战后发展的谋划

对新城建设推动最为有力的时期是二战结束初期。随着战争在欧洲大陆的结束,新任首相克莱门特·艾德礼(Clement Atlee,1883—1967年)任命刘易斯·斯尔金(Lewis Silkin,1889—1972年)担任城镇和国土规划部部长。随着成千上万的军队退役人员不断返回家中,住房严重紧缺的矛盾即刻显现出来。为了避免大规模出现城市蔓延(Urban Sprawl)这一种"社会不治之症"(Social Cancer),亟需建立新城镇来应对战后的大城市问题。因此新城的建设成了政府工作中必须优先考虑的问题。1945年10月,刘易斯·斯尔金组建了一个由有关官员和专家组成的新城委员会(New Town Committee),制定出了新城规划的基本原则,并提出了各种可能的建设方法。刘易斯·斯尔金还重新启用李斯(Lord John Reith),让其出任顾问委员会主席,对如何进行新城建设提供指导。

新城委员会成立之后,在李斯的指导下,对新城的选址、设立、开发、组织和管理等各个环节都进行了研究,提出了指导新城开发的一般原则,即:①新城应能综合配套;②新城应能就地平衡工作岗位和生活,保证新城居民的便利生活和就地工作。委员会起草了十分详尽的计划,政府指定的新城开发公司都是经过严格筛选,并经过实践证明在大规模的综合开发项目方面是很有经验的公司。

政府对新城的建设予以高度重视,除将新城建设指定为优先发展的战略项目以外,英国还在1946年通过了《新城法》(New Town Act,1946年),1952年进一步通过《新城开发法》(New Town Development Act,1952年)。在这两个法案推动下,将中心城市人口有计划地迁往新城。1946年到1950年之间完工的新屋,有4/5是由地方政府主导和在新城所建造的,解决了战后英国住房建设的一大半问题。《新城法》是战后新议会通过的最早的城市建设法律之一,该法详尽地阐述了二战之后的政府开发新城的政策要点,具体规定了新城选址,建立新城开发公司及新城管理授权等问题。

1946年,英国中央政府连续发布了3份关于新城开发的研究报告,强调了新城开发的三个特点,第一,战后新城建设的作用是缓解大城市地区的住宅短缺压力;第二,战后的新城不是一种郊区住宅区(the Dormitory Suburb),而是一种综合配套,以及能"自我平衡"(Self-Contained)的发展;第三,新城的开发由政府组建的开发公司来进行。报告同时还明确规定了新城开发中居住区开发的规则和新城的人口规模。各新城的人口规模一般控制在30000~50000人。

需要强调的是,英国战后的疏解中心城市人口和产业及改善生活和工作环境的目标,并不仅仅是通过开发新城来实现的。要实现既定的目标,必须贯彻新城开发政策,同时实施绿带(Green Belt)建设、工业布局控制及老镇扩建政策。中央政府强调,只有同时实施这四项政策，才能快速改善城市环境。

二、战后的城市规划立法

战后最重要的城市规划事件是1947年颁布了《城乡规划法》(the Town and Country

图4-1 英国（英格兰和北爱尔兰）的新城分布

二次世界大战后的36年间（1945~1981年），英国先后创建了32座新城，不包括由地方政府兴建的2个新城——克兰姆林顿（Cramlington）和基林华斯（Killingworth）。其中英格兰21座：克劳莱（Crawley）、布莱克内尔（Bracknell）、贝雪尔顿（Basildon）、赫特菲尔德（Hatfield）、赫默尔亨普斯特德（Hemel Hempstead）、哈罗（Harlow）、韦尔温花园城市（Welwyn Garden City）、斯蒂文乃奇（Stevenage）、密尔·凯恩斯（Milton Keynes）、北安普敦（Northampton）、雷迪奇（Redditch）、科比（Corby）、彼得博罗（Peterborough）、特尔福德（Telford）、伦康（Runcorn）、沃林顿（Warrington）、斯克尔莫斯泰尔（Skelmersdale）、中兰开夏（Central Lancashire）、埃克里夫（Aycliffe）、彼得里（Peterlee）、华盛顿（Washington）；苏格兰5座：利文斯顿（Livingston）、欧文（Irving）、东基尔布莱德（East Kibride）、格伦罗斯（Glenrothes）、坎伯诺尔德（Cumbernauld）；北爱尔兰4座：克雷甘文（Craigavon）、安特里姆（Antrim）、巴利米纳（Ballymena）、伦敦德里（London-dery）。

Planning Act, 1947)。该法律是根据尤特沃特报告（Justice Uthwatt Report）制定的，这一法律明确了曾长期含糊不清的土地开发中的补偿和赔偿政策。

1947年的规划立法堪称是英国城市规划历史发展的里程碑。首先，该部城市规划法提出了编制开发规划（Development Plan）的规定，改变了1932年规划法所确立的城市规划体系。再者，1947年的规划立法还提出：第一，所有的开发活动都必须受到控制，只有在获取地方规划当局的开发许可之后，才允许开发；第二，只有县级规划局和县所属区（County and Country Boroughs）才有规划权力。伦敦地区有专门的规划部门，仅负责伦敦地区的土地开发；第三，土地开发必须考虑环境问题。

战后重建时期，英国的城市规划工作较战前更强调规划的立法和实施性。20世纪初至30年代的城市规划建设，除少数试验性的工程之外，很少有全部按规划付诸实践的，基本上是流于一种形式。20世纪30~40年代也曾强调规划的具体实施问题，国家开始通过财政预算支持城市规划的实施。不过，实施计划的范围并不广，涉及面也窄，主要集中在大城市，包括伦敦地区的住宅建设；其他方面的规划实施大量还是像早期那样依赖于私人财产或大的公司企业的资助。根据1947年的规划立法规定，地方规划局有权强制征购土地进行再开发。地方政府用于征购土地的资金由中央财政部门支付，但是土地开发和项目建设的经费则由地方政府解决。

三、战后新城建设的阶段性特征

1. 1940—1950年代

英国战后所建的新城，主要是用来解决容纳中心城市疏解出来的人口和工业。如战后艾伯克隆比（Patrick Abercrombie）教授主持的大伦敦规划，将10个新城布置在他所规划的农业区域内，以吸引从伦敦内城迁出的人口和工业，其中的8个是新设立的卫星镇（图4-2）。大伦敦规划的成功实施，将英国的新城开发事业推向了一个新的阶段。

新城以居住功能及建设住宅为主，但也有部分新城因为其他原因而开发。如乡村地区开展大规模的农村贫民窟清除运动（Rural Slum Clearance，指对农村地区大面积的未经规划，并缺乏基础设施的棚户区的清除）。经清除后的土地，即可为中央政府统一购买，作为新城开发的用地。还有些是为了振兴地区经济而设置的新城，包括为吸收投资开辟的新城和为了开发矿区而设立的新城。

这一时期的大规模新城开发，对于中央政府而言，还有以下三方面的意义：第一，有计划的新城开发纠正了战前英国大多数城市不经规划便任意开发的混乱局面；第二，新城开发在理论和实践上都符合了中央政府大规模推进战后重建的意图；第三，新城的开发实践，为大规模的开发建设活动提供了一整套经验。

1940年代兴起的新城建设热潮一直延续到1950年代。1950年代后，保守党重新执政后，修订了新城开发政策，不将新城开发看作是基于个别规划师的提议，也不再仅仅依靠私人财团的资助来建设新城；而是把新城开发作为一项国家的策略，纳入长期的开发计划之中。在保守党执政期间，除了投资开发新城外，还采取了其他措施来重新配置人口，包括疏解大城市人口。

2. 1960—1970年代

20世纪60年代，伦敦又一次提出了大伦敦的发展规划。鉴于1940年代的大伦敦规划并没有解决伦敦人口和经济的过分集中问题，新的规划提出了建立更强有力的反磁力中心的主张，进一步强调了区域性中心城镇的作用。新的大伦敦发展规划由1964年的《东南部研究》、1967年的《东南部战略》和1970年的《东南部战略规划》组成。规划的中心思想是，在伦敦的若干辐射轴上，建设规模足够大的8个"反磁力"中心，以有效地解决伦敦中心城市的拥挤问题，同时也避免人口和经济活动过度分散而导致经济效益的下降，以及对周边农村地区的过度冲击。到这时，英国对区域性中心城市的功能和作用的认识已较为完整和成熟。英国的城市化建设从此走上了规范化发展的道路，各地的新城不断涌现。

1960年代至1970年代的新城建设，基本上仍是采用伦敦地区的新城建设理念，即注重功能的自我平衡、社会平衡，以及改善环境。但这一时期开发的新城，其规模大大增加了，最大的达到50万人口，已相当于英国的大城市规模。

1970年代后期，由于经济形势的变化，英国的主要城市都出现了不同程度的衰败。英国的城市政策也发生了变化，即从疏解大城市的人口和工业，转向了协助大城市复兴内城经济。尚存的新城开发也不再局限于大城市的外围地区，而是扩充到整个区域范围，城市规模也显著扩大。

3. 1980年代及以后

由于整个经济社会条件的变化，在20世纪80年代已不再有新城建设计划。但对现有新城的功能和物质性调整一直在进行。在当年的"新城"①中，除了要有基本的公共和社会基

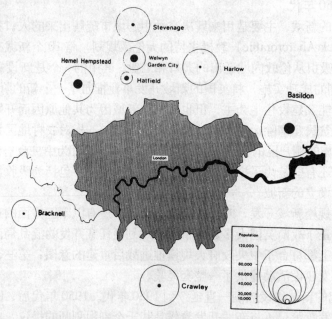

图 4-2 大伦敦规划中伦敦周围的8个新城

资料来源：Frederick Gibberd, Ben Hyde Harvey, Len Whte and other contributers, Harlow: the Story of a New Town, Publications for Companies, Great Britain, 1980

新城的内圈表示原有人口规模，外圈表示规划人口规模。

---

① 这时的新城，早已纳入正常的地方政府管理，在相当程度上已与其周边的城市化地区融为一体。

础设施之外，还增建了更为完善的生活服务设施和文化娱乐设施，如大型文化娱乐中心。在土地规划和管理方式方面也注意适合大规模的住宅开发及大型办公建筑和工业的发展。最重要的是，其城市功能着眼于促进整个大都市区的经济发展。

新城计划是战后英国所实施的最成功的城市政策之一。总体而言，英国的新城社区在经济意义和社会意义上都是较为成功的。新城的诸多方面被认为是城市规划设计和城市研究的范型。几代新城的规划理念和开发实践都有可供借鉴之处。特别是密尔顿·凯恩斯（Milton Keynes）新城距伦敦以西74km，建于1967年，它是英国最成功、规模最大的新城之一，创造了较为独立平衡的社区，为未来的大规模城市开发提供了多方面的经验。至20世纪末，英国居住在城市的人口已达90%，其中约23%是居住在政府规划和建设的各种不同规模的"新城"内。

1980年代以后，在英国虽然已不再开发新城，但对新城的热衷和研究一直没有停止过。有的学者在对新城经验的诠释中，突出了新城的社会意义（Sociable City）；有的将"可持续发展"的观念融入了新城的内涵，进而提出了"新社区"（New Settlement）的规划概念。新社区具有多重含义，其内容广泛，是集生活、工作、休闲娱乐为一体的综合区域；新社区将农业也纳入到规划考虑的范围，这是一种对全新城市聚居模式的探讨。

英国20世纪末的城市政策，重点在城市复兴（Urban Regeneration），但新城开发的一些理念和运作方式在新的历史条件下仍具有意义并得到了借鉴。

第二节　新城建设的政策目标

一、主要目标

英国新城建设的主要政策目标是建设一个"既能生活又能工作的、平衡和独立自足的新城"。这里的"平衡"有三层含义：①指总人口中要有相当数量的本地就业人员；②新城的工业岗位不能是单一性的，以防止经济上的过分依赖性和单一企业造成垄断；③新城的阶级及阶层应该是混合型的，要能吸收不同层次的人来居住和工作。要说明的是，在当时的英国，不同社会阶层的人对新城的看法各异。低收入人群持欢迎态度，因为新城能真正解决他们的困难；而上层人士和比较富有的人，较多是看不起新城的，甚至认为新城是"垃圾"。

"独立自足"的含义是指新城应有商业、学校、影院、公交、教堂等生活设施，要能给居民提供工作岗位。新城能否"独立自足"和能否达到"平衡"是密切相关、相辅相成的两个方面。就业人口和居住人口的"平衡"是"独立自足"的不可或缺的充分和必要条件。因此，在新城建设开发中，吸引工业相对于提供足够的住房来说显得更为重要。

对企业的吸引力是成功提供工作岗位的关键。若新城没有提供就业岗位，许多人是不愿意搬迁来的。起先，企业家们也不希望将工厂搬迁至设在环城绿带外数十里的地方。因此，吸引企业去新城落户，需要的是信心和鼓励。

战后经济的迅速发展和新企业获得低价土地及政府资助，使得企业的发展有了信心和保障。随着总体规划的公布、市政道路的建设，使得工厂的对外联系有了保障。一些原先坐落在市中心的拥挤地区、缺乏空间和人力的企业，都纷纷抓住这次迁往新城的机会，以求获得更大的发展空间。

当然，在新城建设初始，规划方案往往过于理想或不切实际，同时劳动力缺乏，建筑材料配给有限，财政许诺模糊不定，资金冻结或纠纷不断。新城开发公司要花费很多精力和时间去协调各方矛盾，以及获得理解和支持。同时，更需要政府的不断鼓励和资助，以使企业不致失去发展的信心和机会。

二、主要原则

英国的新城开发，无论从其规模或在其他方面作分析比较，与一般城市并没有特别显著的不同。英国大多数新城都是根据一般的城市模式建立的。不过，与一般城市相比，也有若干方面的原则差异：①新城是由官方委任的开发机构，即新城开发公司（New Town Development Corporation）统一规划和实施开发的。②新城必须与中心城市保持一定距离，且选用地价较低的农业用地，而不允许选用建成区边缘地带的土地。而一般的普通城市开发，往往占用建成区边缘地带的土地。③新城开发不以赢利为目的，但以市场化方式来运作。新城开发公司拥有土地出售、转让、租用等权利。④新城强调配套和自给自足，力求居住与工作岗位的平衡。

二战后的新城建设与霍华德的田园城市建设之间的显著不同点在于，田园城市仅仅由霍华德私人组织开发，而新城是作为官方政策推进的一项开发行为。因此，两者之间在土地获得、开发机构组建和开发运作等方面有明显的差异。此外，新城与田园城市之间的另一点不同是，在田园城市的范型中有农业区，而根据《新城法》（New Towns Act, 1946年），并不需要在新城外围设置农业区。

三、建设规模

就人口规模而言，战后的新城也与霍华德的田园城市不相同。田园城市的规模限于32000人，而《新城法》的规定是，新城平均人口规模应控制在20000至60000左右。

《新城法》中还要求，在确定人口上限规模时必须考虑：①新城住宅区的居民能方便地到达工业区、商业区和中心文化区，新城规模的确定必须考虑能合理有效地使用地方公共交通系统；②新城能方便地联系周围农村地区，农村地区的居民能方便地到达新城中心；③新城能获取一般城市不具备的环境效益。

但实际上，由于英国战后的经济社会现实，许多新城的人口规模都远远超过了原先的规定。其平均人口规模在100000~250000人，最大的达50万人口，进入了英国大城市的行列。

第三节 新城开发的运作机制

一、中央政府的管辖

1946年的《新城法》、1965年的《新城法》（英格兰、威尔士）及1968年的《新城法》（苏格兰），都以立法的形式规定，中央政府的环境事务部部长有权审核批准新城开发计划。环境事务部部长可以根据全国的城镇分布现状和工业分布现状，决定新城的选址定点，所选的城址可能是农业区，也可能是集镇或村庄。同时，部长还有权组建新城开发公司去承担新城规划和开发的任务。

尚未正式决定在一个地区建设新城之前，中央政府必须与地方政府充分协商；开发计划还必须经由地区内的有关企业、组织及其他官方部门协商和讨论。中央政府为此还选派专职的规划视察员召集公众听证会(Public Local Inquiries)，规划视察员必须将公众的意见，以工作报告的形式上报环境部长。新城开发计划所涉及的用地，尤其是农业用地，在征购之前也必须与土地所有者协商。

二、新城开发公司

1946年的《新城法》规定，如果中央政府通过充分协商、专门视察和公众听证等工作后，最终认为某地适合于开发新城，环境部长将颁布新城开发法令，明确规划用地，并组建新城开发公司。新城开发公司的成员由中央政府任命。

新城开发公司的领导成员是由一名主席、一名副主席和七名委员组成。七名委员中必须有商务管理（A Business Manager）、首席建筑师（A Chief Achitect）、首席工程师（A Chief Engineer）、物业管理（An Estate Manager）、公共关系官员（A Public Relations Officer），委员的任期一般为4年。此外，新城开发公司还雇用规划师或规划顾问。上述人员还可分别雇用助理官员和职员，每一开发公司的总雇员大约为300名左右。

新城开发公司建立后，必须完成整个新城的开发任务。新城开发任务包括：编制新城开发规划，征地、开发土地、管理土地、出售土地、建造房屋，提供供水、供电、供气等管线。新城选址一经确定，开发公司将依法获得开发新城所需的土地。土地的获得一般采用先协商后强制购买的方式。

新城开发公司的基本任务就是编制新城总体规划（Master Plan）和完成新城开发计划。新城开发公司必须向议会提交年度报告。

新城总体规划的内容包括市中心、居住区、工业区、交通系统、公园绿地、游憩区以及必要的公共服务设施、市政设施等。规划总图必须提请环境部长批准。开发公司在将规划提交环境部长前，通常需要先在报纸上公布规划，同时举办展览会和召开一系列的会议，以向公众解释规划和征询意见。新城规划经公布和完成必要修改后，报环境部长审批。环境部长在完成调查审核后，在规定的时限内给予明确的批复。经批准的新城总体规划，是新城开发控制的法律文件。

英国的新城管理体系与其他普通城市的管理体系不同。新城开发公司是直接受中央政府管辖的。中央政府直接控制新城开发的全部资金。同时，无论是新城的一般性政策，还是单个新城的具体开发政策，基本上都是由中央政府直接制定的，而开发公司实际上只是中央政府的执行机构。

在新城的具体管理中，虽然强调新城开发公司有单独的行政管理权力，但它不能取代新城所在的地方当局。经选举产生的地方当局根据它们的法定职责，有义务向新城提供教育、医疗和社会服务的各项设施。除按规划设置各类必须的社会服务设施之外，对其他大型项目的设置，如地区的购物中心、文化娱乐设施等，新城开发公司必须征得地方规划当局的同意。一般而言，地方政府除了负责教育、卫生服务外，地方政府或有关公共机构还要负责供水、污水处理、供气和供电等地区性市政设施服务。当然，开发公司也要协助地方政府或机构完成相应的工程建设或提供部分的资金。对于一部分市政设施，双方通过协商确定提供资金的比例。

新城开发公司是由任命产生的，而地方政府是通过选举产生的。根据法律，新城建成后，最终还是要移交给地方政府管理。事实上，在新城开发建设期间，两类机构的成员常常相互渗透，新城开发公司中经常有卸任的地方政府官员加入。有时，一些人既是地方当局的官员，又是新城开发公司的委员。许多新城还设有联合顾问委员会（Joint Advisory Committees），以助于解决新城开发和管理方面出现的矛盾。

三、新城委员会

根据1959年的《新城法》，英格兰地区和威尔士地区的新城建立了新城委员会（A Commission for the New Towns）。当新城开发公司完成新城开发后，人口将大量迁入新城。一旦新城的人口规模基本达到规划人口规模后，新城开发公司就要将新城的资产和工作队伍移交给新城委员会去管理，并使新城的建设工作延续下去。新城委员会的工作职责主要是管理新城的房地产业资产（Estate Management，包括对新城开发公司已完成开发的土地和建筑物的管理、维修，以及环境改善等），贯彻新城建设的政策目标，解决居民的实际需求。也就是说，新城开发公司负责开发新城，新城委员会负责管理新城。

新城委员会大体上由15名成员组成。委员会成员也是由环境部长任命。在伦敦设有全国性的新城委员会总部。新城委员会与新城开发公司一样，必须向议会提交年度报告。

具体的住宅房产管理通常由新城委员会委托给地方委员会（Local Committees）去执行。地方委员会通常由一些本地的居民及地方市政理事会成员（Local Councilors）组成。地方委员会负责住宅区布局的规划、设计和住宅的建造，管理出租住宅、确定住宅的租金等。地方委员会在这些新城管理工作的过程中，也必须与地方政府相协调。1964年工党再次执政后，评估了全国新城的地方委员会的状况。尽管地方委员会被认为是新城内"真正民主选举产生的机构"，但是，在这次评估之后，至少将新城住宅开发的权力转交给了地方政府。

1974年当工党再一次执政后，立即作出了新的政策规定，强调新城的管理必须是新城开发公司与地方政府的共同管理。

1974年对1965年的《新城法》作了修订。新的《新城法》规定，除了继续由地方政府掌控住宅开发的权力外，与住宅开发有关的地产开发的权力也转交给地方政府。

1976年后，《新城法》又有所改动，规定新城开发公司要将新城移交给地方当局管理。由于财务方面的意见分歧，实际上只移交了住房等资产，其他诸如工商业等，仍由新城委员会管理。

到了20世纪90年代，新城都已纳入正常的地方政府管理。1999年5月，新城委员会与城市复兴机构（Urban Regeneration Agency）的功能相整合，产生了英格兰联盟（England Partnership，简称EP），作为政府的开发复兴机构。

四、建设资金

二战之后的大规模新城开发，不可能靠私人财团的支持来承担所有的费用；私人财团也不愿意将其金钱投入到花费巨大却几乎看不到收益的市政建设领域。这样，在当时经济情况尚好，政府在财力上有可能资助城市大规模开发的前提下，对城市建设的投资费用每年都有固定的财政预算。

政府资助的开发项目基本上有三类：一是开发地区（Development Area：指用于安置从

内城中迁出工业的地区）的项目；二是新城建设；三是旧城的重建和再开发的项目。

1952年的《城乡开发法》(the Town and Country Development Act，1952年）提出了扩建大城市附近的小城市，以容纳从大城市中疏散出来的人口。这种开发方式较节约资金，可以利用小城市的现有基础，也无需设立开发公司，具有灵活性。政府对这类接纳中心城市人口和工业疏散的开发，原则上也是和新城一样给予一定数额的资助，不过地方政府也要负担部分经费。地方政府的资助源于地方的税收。

新城的开发资金来源，根据立法规定，是由中央财政部（Exchequer）拨款。1946年的《新城法》规定，中央每年拨款5000万英镑，由英国财政部根据《新城法》贷给新城开发公司用作新城开发经费，贷款于60年内用房租收入和地方税归还，利息在借贷时由双方商定。第一批新城的贷款利息约为年息3％，1960年代后约为9％。新城开发公司和新城委员会每年要向环境部长递交工作和财政支出报告，以便向英国议会报告。

至1974年，该项政府贷款每年已达150000万英镑。新城开发公司以开发的收益逐步偿还本金并支付利息，利息率由中央政府决定。开发赢利来源于住宅开发、工业建筑开发和商业建筑出租。

1970年代后，新城开发公司可以利用地方和私人的资金。例如密尔顿·凯恩斯新城，其开发公司的资金中有50％是向政府借贷的，另外50％是利用私人资本。据英国当时的有关估计，新城建设的投资约折合每人2500英镑，即建设一个5万人的新城，约需12500万英镑，其中的50％是用于住宅建设[①]。

在资金的周转上，虽然在最初开发阶段支出远远大于收入，但以长期的观点来看，英国的各新城开发基本上都是盈利的。因为，在开发的初期阶段，在基础服务设施需要有大量投入。新城开发公司必须承担由此产生的财务亏损（Revenue Defilict），资金缺口（Funds Defilict）部分暂由国库垫付。用于新城基础设施开发的费用，有时由开发公司和地方政府共同负担，经过中央政府和财政部批准，新城开发公司取代地方当局负责建造排水系统和污水处理工程；另一方面，新城开发公司又必须以低于开发费用的价格出售土地。在这种情况下，部分土地开发费用就要由新城开发公司和地方政府来共同负担。

伦敦周围的一些新城在建设10年后，开始有盈余。对于英国新城建设的巨大投资，舆论褒贬不一。许多人指责政府对新城的投资太多，以致造成大城市旧区改造的资金不足。

第四节　新城的住房和就业

一、住房供应

在英国的新城中，大约有50％的住户通过购房或自建房屋而拥有房产。开发公司和新城委员会采取一定的优惠政策，鼓励租赁户（Tenants）购买其租用的住宅；同时还大量建造供出售的住宅。此外还有其他方面的一些便利条件，如在房屋合作社(Building Societies Association)、政府、开发公司和新城委员会之间达成协议，联合提供住房抵押贷款(Mortgage Loans)，以帮助新城的居民购买开发公司或新城委员会出售的房屋。

[①] 北京市城市规划管理局科技情报组，城市规划译文集2——外国新城镇规划，中国建筑工业出版社，1983

英格兰地区的新城，其住宅中的2/3是租赁房。租户可以申请获得租金补偿。根据有关计划，租金的标准按照住宅的大小（Size）、类型（Type）、位置（Location）及环境的舒适程度（Amenities）而定。租户可以根据其收入和家庭开支申请相当数额的租金减免（Rebates）。在英格兰地区的新城中，住户收入的20%用于支付租金。苏格兰地区的房价较为低廉，对于需房户（Waiting List）有关方面也可以考虑给予优惠。

新城开发公司也提供一部分福利性质的住宅，以满足特殊需要的住户，诸如老年人或单亲家庭之类的特殊居民的需要。在所有住户中，这部分居民户占相当的比例。比如，为了平衡社会结构，稳定家庭关系，新城开发公司及各级地方政府鼓励老年人到新城居住，老年人一般约占新城人口的15%。提供给老人的住宅一般为平房和公寓，主要是考虑到老年人生活上的特殊要求，往往集中布置专为老年人设计的住宅组团，每一组团都设有管理人或服务人员，并设有公共房间、洗衣房和电视机房。又如，另一种需求量较大的特殊住宅是夫妻住宅，这类家庭的子女大都已离家自立，或者是刚刚结婚不久的夫妻家庭。这类住宅的形式是两个卧室、一个起居室，住宅的布局采用街区（Block）形式。

斯蒂文乃奇（Stevenage）新城专门建设了一批提供给老年人居住的小公寓。通常这种住宅单元只有一个房间，带有独用的浴室和厨房。这类住房组团一般靠近商店、学校、酒吧和教堂，以方便老年人使用，并让他们感受社区的温暖，减少他们的隔离感和孤独感。哈罗（Harlow）新城甚至建有"祖母"公寓，提供给年迈的祖父母等老年居民居住。这类公寓房都有独立的套房和相应的服务设施。

新城开发公司还经常以各类形式与购房者交谈，了解他们的需求，以改进住宅设计。

二、就业安排

新城建设的基本原则之一就是在新城内就地平衡居住与工作，而不仅仅是建造住宅，成为中心城市的郊区住宅或卧城（Sleeping Town）。新城开发公司的主要任务之一就是吸收一部分工业及商业企业来新城落户。那些已建成多年的早期新城则进一步扩大新城规模，提供工业用地，以增加本地的就业岗位；而新开发的新城则设立就业中心，提供就业服务。

为了吸引各类工业企业，新城管理当局制定了许多优惠政策。比如，可以优先向进驻的工业企业的雇员提供住房，且所提供的工业用地及各类房屋的价格较中心城市的要低得多。

当时的中央政府指定了全国工业分布政策。工业部在具体执行中央政府的政策时，也优先考虑将相应的工业项目放在中心城市周围的新城。此外，新城还吸引政府的办公机构，为此许多中央所属的办公机构也迁往了一些新城。

一些大城市的劳动部门设立了新城就业登记处。登记处将愿意前往新城就业者的特长、学历和意愿，以及目前的住房困难情况等进行详细登记，登记处也记录新城企业的用工需求情况。到新城工作的人一般都能租到一套较好的房子。

新城还向已婚妇女等特殊人群提供合适的就业岗位。在1950年代，大多数新城的建设还处于开创期间，各新城开发公司并不注意已婚妇女的就业问题，因为大部分家庭需要妇女照料孩子。然而到了1970年代，有许多家庭妇女需要出来工作。新城开发公司往往在城市较中心地段设立一些工作岗位，提供给已婚妇女。例如，距伦敦约20km处的哈罗新城，建于1947年，人口9万，到了1973年，已婚妇女的就业数占全部就业人员数的1/3。相对来说，在那个年代新城的失业率比较低。

三、产业发展

能否促使大城市的企业迁往新城，是关系到能否吸引中心城市居民到新城安家和就业的大问题。所以，新城开发公司通常先修筑好道路等基础设施，划定工业区。根据地方的环境，统一建造各类规模的工业厂房，厂房的形式允许多变，但企业一般较欢迎标准化厂房。采用长期出租或短期租赁的方式，也有企业自行购买土地和自行建造厂房。

一般而言，在新城开发期间，至少有半数的工业和商业开发项目是私人企业投资的。私人资本在新城的加工业项目和商业开发中起了重要的作用。新城还通过与机构投资者的联系来吸引私人投资。这种机构投资者包括养老基金会（Pension Founds）等金融机构（Financial Institutes）。这类机构有专门的咨询专家，可向新城提供开发、引进项目等方面的技术咨询，以及向新城引荐各类投资开发项目。

新城开发公司还注重新城社区内工业结构的平衡，避免工业单一化。因此，趋于引进多种工业，以提供各类不同的就业岗位，防止新城过度依赖某项工业而影响到整体新城的经济稳定性。另一方面，如果工业过于单一化也会导致地方文化的单调呆板。例如，斯克尔莫斯泰尔（Skelmersdale）新城，距利物浦市约14km，建于1961年，仅仅在5年内就引进了金属制造、电子、制药、塑胶等工业。

新城还大量吸收科研技术性产业。例如，在英国北部，距格拉斯哥（Glasgow）城15km的东基尔布莱德（East Kibride）新城、距离爱丁堡（Edinburgh）市14km处的利文斯顿（Livingston）新城，都为苏格兰政府有关机构提供科研基地。

第五节　新城的公共设施和社会生活

一、服务设施

新城开发公司一般都很注意向当地居民提供足够的服务设施，以满足新城生活的需要。开发公司负责与相关的公司或机构协商，落实市政设施。在许多情况下，还对某些设施的建设提供资助。除了电信邮政等服务外，大部分的新城内有集中供暖和供热水。英国的铁路当局和地方汽车公司也分别为新城提供铁路和汽车等客运交通服务。新城都有自己的学校、医疗诊所，以及商业服务、文化娱乐等设施。政府很强调在开发居住区和工业区的同时，必须配套设置相应的服务设施，特别是要考虑年轻人和妇女的需要。

新城的公共中心、游泳场所、消防和警察服务等是由地方当局负责的。服务设施的建设费用来源于对当地居民的税收。影剧院等娱乐性建筑通常由私人股份公司负责提供。

二、教育设施

在1960年代末，新城内大约80%的居民是在45岁以下，60岁以上的老人仅占4%。新城建成后的初期，由于人口出生率相当高，显现出异常的年轻化，但逐渐会趋于平衡。正是由于当时的年龄结构年轻，在新城的初期，教育设施非常重要。因此，在新城开发的最初时期就十分强调教育体系的完善，包括提供适量的小学和幼儿园。例如：距伯明翰以西51km的特尔福德（Telford）新城，建于1968年，人口25万，距伯明翰以南约23km的雷迪奇（Redditch）新城，建于1964年，人口约9万，两个新城的地方当局都建立了三个层次的综合性教育体系，均衡设置初级学校（学生为5～9岁的适龄儿童）和中级学校（学生为9～13岁的适龄儿童），在每一个分区中心（District Center）设立一个高级学校（学生为13～18岁的适龄青少年）。学校都有设备齐全的体育设施和公共服务设施，并给所有受教育的儿童提供食宿。又如，哈罗新城还设有职业训练学校，设有工程训练中心。有些新城还设有大学（Open University）。

三、环境保护

英国的新城建设都高度重视环境保护，采取措施避免环境污染。例如：在特尔福德新城选址时，充分考虑了废弃地的利用。开发公司采用了一系列的措施来开发利用废弃地。又如，在沃林顿（Warrington）新城开发时，将现有的污染工业全部迁走，并组建了由开发公司的代表、地方当局和地方供水局、公共卫生监察员、工程师、规划师、警察等组成的工作队。

1970年，为欧洲保护年（European Conservation Year），北爱尔兰地区的克雷甘文（Craigavon）新城开展了环境研究，提出了在新城建设过程中保护自然环境的问题，结果使得这一新城增设了大面积的湖区。这不仅有利于环境保护，也提供了休闲和娱乐场所，促进了新城的开发。

四、医疗保健

根据英国国家卫生局（National Health Service）和英格兰、威尔士地区卫生机构的规定，新城必须建立较为完善的医疗卫生和保健设施。新城的医疗机构必须经中央卫生和社会保障部审核批准方能开业。除了正式的医院外，在新城还设有保健中心，为居民提供就近服务。为了使新城有高标准的医疗和护理能力，政府提供了良好的医疗设备。新城的医院还为周围地区的居民服务，有时也为其他的相邻新城提供服务。新城的医疗卫生机构中还设有专门的服务项目，如理疗室、婚姻指导和家庭医疗指导。例如：在利文斯顿新城设有两个容量为12000病人的医疗中心，还设有区级医院；哈罗新城是第一个提供综合社区医疗服务的新城，还在工业区设有一个工业保健服务中心。

五、社会活动

在新城的社区形成初期，一些综合性的社会、政治团体或专业活动网络就开始在新城活动。其中，有的是通过开发公司的协助，有的是民间团体发起。诸如学龄前儿童组织（Preschool Play Groups）、国际扶轮社（Rotary Club）和皇家妇女自愿服务社（Women's Royal Voluntary Service）、民间信托社（Civic Trust）等都在各新城设立机构。社区内还设有各种俱乐部和旅馆，并向一些民间组织，如基督教青年会（the Young Men's Christian Association）等提供活动场。

新城的很多居民在工作和家庭生活之余，很热衷于参与各类社会活动。社区内都设有社区活动中心，使老年人、青年人和带孩子的母亲能就近参加各类活动。例如，华盛顿新城有18个居住区，每个居住区约有4000居民，居住区内设有餐饮、酒吧和俱乐部，以及提供给本区居民活动的社区中心。有些新城还设有公共活动中心（Activity Centers），集中设置公共会议厅、商店和学校。

新城规划的一个特点是预留大面积的可开发土地，以后可根据需要进一步开发文体娱乐项目。在实践中，新城内一般有20%的土地为开放空间，人均开放空间约为40m^2。许多新城有游泳、划船、钓鱼活动及其他许多水上运动。例如，科比（Corby）新城的中心地带设有80km^{2}的湖面；伦康（Runcorn）新城有游艇俱乐部，开展划船、动力船等比赛；克雷甘文新城开发了11km长的河谷地作为游憩场所，其中还包括占地48km^{2}的湖面；密尔顿·凯恩斯新城建有长达40km的河道及游览区，河道从城北至城南，沿途连接城市的公园及各类娱乐设施。

第六节 新城的交通规划和管理

英国的交通基本上采取公共交通与个人交通相结合的模式，依靠组织严密的换乘联运体系解决繁忙复杂的交通。伦敦鼓励公共交通的发展，建设了完善的铁路和公共汽车线路网，城市边缘配有足够的停车场，市内公交车站站距短，换乘方便。这样就形成了私人小汽车连接家庭和铁路车站，铁路干线沟通新城、大伦敦地区和市中心，公共汽车连接地铁和铁路车站的完善体系。

一、私人交通

二战之后的25年内，英国私人小汽车的拥有量大大增加，交通问题成为英国1970年代面临的主要城市问题之一。在1950年，全国共有私人小汽车230万辆；到了1960年，私人小汽车增加到了550万辆；而到了1973年，私人小汽车更是猛增到1350万辆。在前后25年左右的时间内，英国私人小汽车增加了近6倍。一般来说，新城内的私人汽车量还要略高于全国的平均水平。据1970年的统计，距格拉斯哥城大约74km处的格伦罗斯（Glenrothes）新城，有72%的居民拥有小汽车，而当时全国的平均水平为52%。

私人小汽车的数量猛增，给英国的各新城带来了许多难以解决的问题。首先，对城市道路而言，无论是一级道路、二级道路、还是地方性道路，其关键问题都是如何解决道路的可承载容量无法满足日益增长的小汽车数量的问题。将工业项目尽量均衡分布在新城各部分，其规划意图是将高峰小时的交通量降低到最低限，以减轻对中心区的交通压力。再者，停车问题非常突出。私人小汽车的增长深刻地影响到住宅的规划布局，且住宅和道路的组织变得更具决定性作用。停车位或随住房配置，或集中起来形成大停车场。例如，1947年克劳莱（Crawley）新城刚建成时人口仅8.5万，小汽车停车位是按照1∶3设计的，即每三户人家设一车库。而到了1970年代，小汽车拥有率大大高于规划指标，导致大约1/3的小汽车只能停在街道的两侧。又如，1955年建设的坎伯诺尔德（Cumbernauld）新城，距格拉斯哥城20km，人口约10万，率先建造了多层停车场。此后，许多新城相继效仿。在许多新城，车库和停车场的设施配置率甚至高达140%，即按每户拥有1.4辆小汽车配套，每套住宅至少提供一个车库，且每两户还有一个室外停车空间。

二、公共交通

新城中的公共交通和私人交通的比例主要受城市总体规划结构的影响。规划师试图用各种可行的方法,建立不同的交通体系,其目的是尽量避免一直困扰着中心城市的交通拥挤问题。

在英国的部分新城中,十分强调提供有效的公共交通服务设施,以便解决交通的拥挤问题。例如,伦康新城除了有普通的公共交通线路外,还设立有"快速交通(Rapid Transit)"线路。这类"快速交通"既能提供快速有效的客运服务,运费又相对便宜。但是,"快速交通"必须要与其他的道路尽可能地分隔开来,还必须与市区内普通公共交通衔接,构成客运交通体系。"快速交通"线每隔800m设一处车站,以服务于附近的住区,大约是8000个居民,规划目标是保证居民到车站的步行时间不超过5分钟。在工业区也设有车站;在大部分的车站附近还设有公共停车场。

三、步行交通

1943年崔帕爵士(Sir Herbert Alker Tripp,1883—1954年)在他的《城市规划与道路交通》(Town Planning and Road Traffic,1943年)一书中对城市交通增长的危险作了敏锐的分析,批判了当时的道路交通系统,提出一系列交通模式:步行路线与机动车路线在必要时完全分开;道路仅为专用功能建造;在一些地方,特别是商业步行区被划分为步行区,

图4-3 斯蒂文乃奇新城中心步行街区
图片来源:斯蒂文乃奇政府网站

其中机动车辆的进入完全与步行者所用的道路和空间分开[1]。

在新城的发展过程中，日益增大的交通压力也导致了交通事故的增加。为此在许多新城中都采取了将步行道和机动车道分隔的措施，即使行人、车分流和机动车、非动车分流；同时开辟专门的步行道和自行车道系统；在市中心或商业购物区设置禁止机动车辆通行的"步行区"。各新城的购物中心一般都设有步行街区。例如，斯蒂文乃奇新城第一个设置了市中心步行街区（图4-3），即皇后大街（Qweensway）。又如，科比新城的中心区，采用以机动车道为城市轴线，在其两侧分别设置带步行街区的购物区和连排商店。

1959年以后，在新城居住区的道路系统设计中，大量地采用了雷德朋（Radburn）体系的设计方法。根据雷德朋原则（Radburm Principles），在住宅区内，住宅的前院通常与步行小道相接，而机动车道和车库通常设在住宅的背面；在新城的商店、学校和其他室外游戏空地等人流集中区，一般都设有步行道，尤其是儿童游戏场所远离交通性道路，与公路的主要出入口分隔开来；人们可以通过步行天桥或地下步行通道来穿越主要的机动车辆道路。例如，英格兰北部地区的华盛顿新城，采用全封闭式的快速机动车道路系统；而在市区内设置了完整的步行道系统，可以步行到达各社区的中心、商店、学校和公共汽车站。这样就大大减少了交通事故的发生率。

四、用地布局和交通的关系

在传统的城市布局中，往往以集中的形式布置城市主要的公共建筑，然后以这些公共中心为焦点，向外辐射交通性干道。但是，当私人拥有的汽车数量增加后，大量的私人交通拥入中心区，这就是引起中心区拥挤的主要原因。为了改变这种不合理的中心放射式布局，使城市的交通拥挤减少到最小程度，新城采用了与传统城镇完全不同的布局方式，其主要特征是分散组团。

例如，英格兰中部的彼得博罗（Peterborough）新城，用地呈蝴蝶型，其规划采用霍华德（Ebenezer Howard）田园城市的基本手法，在新城内分设几处"田园城"，用绿带连接成一体，每一个"田园城"都有自己的中心，内部再分成几个居住区，基本上能就地平衡就业、居住和购物。对原有的市中心加以保留，在城市的几何中心处再设一个中心城（Central City），作为新城的核心。城市中心与各"田园城"组团分别有直接的联系。又如，密尔顿·凯恩斯新城也是采用分散的布局方式，把产生较大交通流的医院、大学、工厂等分散开来，主要是布置在市区边缘；将一些无污染的小型工厂安排在居住区里，从而使整个新城的交通量较为均匀。再如，华盛顿新城的交通干线都不贯穿市中心，采用了一种格网状（Grid Mesh）的道路系统，将一些能引起大的交通流量的设施，如商业区、中学、医院等，分散均衡布置在城市的各个部位，使居民能就近便利地进入。

大部分新城在规划中将工业用地分作几处分散布置，尽量布置在城市边缘地区，以避免货运交通穿越新城中心区，以及避免就业人员早晚的往返通勤过分集中。例如，坎伯诺尔德新城还将本地交通与过境交通相互分开，使居住区和工业区内发生的地方交通有一个专门的通行领域。

---

[1] 仲德昆，英国城市规划和设计，世界建筑，1987-04

第七节 新城的城市设计

一、住区设计

建设新城的一项最初目的是吸纳从中心城市疏解出来的人口。提供住宅是新城开发的最重要任务。为了最大限度地增强新城的吸引力和满足居民对住宅的需求，英国的各座新城在住宅建设中，都比较注重住宅的多样性，使居民有选择的余地。住宅的类型一般为小型的两层住宅、附有外廊和前后花园的平房；既有普通公寓，也有供出租的公寓。新城的住区设计较注重整体性，较多采用几何型手法，布局多样化；在组合上较紧凑，密度相对较高，以利于集约使用土地。总体而言，住区的设计已突破了传统的田园模式，较多地追求个性化和多样化，但在材料使用和建筑细部形式上的限制较多。

英国民众的传统习惯或偏好是那种带花园的住宅。由中心城迁至新城的大部分住户，原先大多是住在伦敦市或其他大城市地区的公寓式楼房或其他环境拥挤的住房里。他们迁至新城的基本目的之一就是希望能获得属于自己的生活空间——带有花园及室外活动场所的独立式住宅。因此，新城的住宅开发一般都是以少建公寓式住宅为原则。例如，在利文斯顿和斯蒂文乃奇等新城，公寓式住宅都只占10%左右，大量建造的是带有私人花园的独立式住宅。

住宅较趋向于小型化，一般为一大二小三个卧室，当然也有多卧室的住宅类型供居民选用。有些新城还试行灵活分割住宅，即在一层按照传统的习惯分隔卧室，而在二层设置灵活的墙体隔断，住户可以根据喜好及家庭人员结构变化来自行分隔。住宅内有厨房和厕所，提供冷热水。

在住宅的户型和外形设计上有多种类型可供选择。在设计处理上确保住宅的私密性，住宅内不会被直接窥视，即在视野范围内，应有绿化或其他景观屏障，邻里之间一般不能直接两室相望。所以，住宅周围都建有院子，对住宅建筑形成部分封闭；各住宅之间保持一定的距离，或构成一定的角度；也有利用地形高低，使前后的居住单元错开。

各新城的住宅密度略有不同，大多数新城的建设密度较低，平均大约为15人/英亩（约37.5人/km^2）。密度偏低的原因之一是因为政府强调居住环境质量，要求在住宅区内大量种植乔木和灌木，使新城的建筑与自然环境融为一体。也有一些新城试行高密度的住宅区开发，以探索城市紧凑发展的布局形式。

二、城市中心

由于大多数的新城居民来自于大城市，习惯于大城市的购物环境。在新城中，通常都设有大量的商业设施，同时在邻里层面也设有各种商店，以方便使用。主要的商业区，包括综合性的百货商店一般都是设在新城中心。许多新城通过多种措施将其中心建设成为城市生活的焦点，诸如斯蒂文乃奇、克劳莱、哈罗、坎伯诺尔德和韦尔温（Welwyn）花园城市等，其城市中心都已成为了地区的商业购物中心，吸引周边地区大量居民前来观光购物。此外，新城中心还通过大量开发办公街区，希望把中心区建成城市的视觉焦点；通过建筑的大体量、空间的多样化和聚集其中的人群，来营造城市的主要公共活动中心的氛围。新城中心的公共建筑包括：市政厅、法院、警察局、消防站、邮局，以及综合商业、娱乐中心、酒店、社区办公机构等；新城中心的大部分区域可以允许车辆进入，设有大型的停车场。主要的商店和办公楼，以及酒吧、影剧院、舞厅及其他一些服务性设施通常是由私人机构提供的。新城开发公司通过创造有利条件来促进私人企业的投资和完成建设计划。

新城中心区设计的改观，甚至可以说是一场改革。新城中心基于一种通用商业街的传统模式，但由辅助道路和停车场围合而成的步行核心区概念已逐步被人们熟悉。即通过禁止车行交通进入核心区，有可能形成一系列不同功能的城市空间，而它们的户外开放空间相互连接，内部可以通过空间的延续性联系获得。

不少新城的市中心地段都采用了步行街的规划方式，主要商业建筑则往往采用多层综合楼的形式。例如：肯勃兰（Cwmbran）新城的商业中心，一层为 11150m² 的购物中心，包括超级市场和百货商场、7400m² 的办公室和健康中心，其他的多功能包括：图书馆、公共厅、旅馆、酒吧、餐馆等，分设在其他几层。中心大楼还有多个出入口与交通性干道相连接。在地下室设有 5000 个车位的停车场，通过电梯可直达各层。步行者也可以在地面层直接进入购物中心；购物中心还利用连廊与周围的住宅区连成一片。又如，伦康新城的市中心主楼是由私人企业和开发公司共同开发的，具有综合性功能，设有各类商场、餐馆和酒吧，配有多层停车场（四层）及分层的公交车站，还有办公楼、地区警察局、法院等设施。

对于新城中心的行人、私人小汽车和公共交通之间的联系和矛盾，自坎伯诺尔德新城首次采用分层次立体设计而得以解决以后，其他城市开始纷纷效仿。这个设计的基本手法是在一个多车道的道路骨架上，建设架空的建筑及广场等步行平台，建筑之间及各层之间用电梯、坡道、台阶等连接，用立体的方式解决建筑使用功能与交通流线之间的矛盾。

三、景观设计

新城总体规划决定的城市外观虽然完全不同于无规划的老城市杂乱形象，但由于新城

图 4-4　韦尔温田园城市的中心轴线，2002 年（摄）

景观还不成熟，主要是各类两层居住、偶尔插有高层，各种空间围合形成场所感。新城建筑的表达虽然对比明显，但缺乏老城镇的那种建筑和空间的丰富亲切感，而且偏低的建设密度和点睛式的高层建筑，其形象往往显得单调。出于新城总体规划的意图，在中心地段将众多大体量的建筑布置在一起形成公共空间，可使新城中心成为一个功能上和视觉上的景观焦点，这种与工业化、标准化、大生产相对应的现代主义手法，并没有充分重视设计的重要意义。

在一部分新城中，景观设计得到了重视和发展，向来视景观为次要设计元素的传统观点在一些新城规划中有了彻底的改变。以韦尔温田园城市为代表，景观被视为一项重要的设计对象。它源于田园城市的概念，即把农业开放地带作为城市的组成部分，将自然景观引入城市，摒弃工业革命带来的机器化的冷漠。韦尔温田园城市的中心是由草坪和树木形成的轴向空间景观，周边的建筑景观由精心布置的草地、树木和篱笆等辅助（图4-4）。虽然城市的密度偏低，城市的感觉被淡化，但它的景观质量及人性化设计还是值得称道的。

韦尔温田园城市显示了景观设计在整体城市设计中的重要性。城市规划中的城市形态主要是以土地来表达的，而土地的特性既是功能上的，也是美学上的组织城市结构的决定性因素。设计不仅是要解决不同性质的土地使用功能的合理组织的问题，更是要创造有区别于其他城市的个性。

基于地形的大规模景观设计的概念也可以哈罗新城的设计来说明。哈罗新城位于斯托特（Stort）河河谷，铁路和公路使城市成半圆形。东西两边的农业区以自然的河谷相连，城市中心为焦点。其他的河流以自然状态存在，并以开放空间相连，形成一个连续的景观面，并区别于建设区。景观区与建设区相互影响，城市中心位于高地上，从公路上看，有一个视觉的焦点，并形成独特的轮廓线（图4-5）。

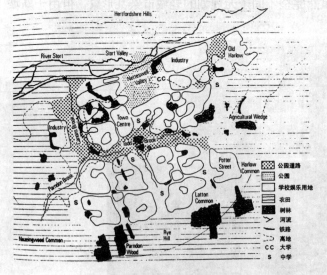
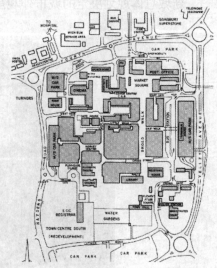

图4-5 哈罗新城土地利用图　　　　　　　哈罗新城中心区平面图

图片来源：Frederick Gibberd, Ben Hyde Harvey, Len Whte and other contributers, Harlow: the Story of a New Town, Publications for Companies, Great Britain, 1980

第八节　新城规划思想的演进[①]

自1944年大伦敦规划提出在伦敦周围地区新建8个卫星城镇以接纳从伦敦疏散出来的人口和工业以后，至1974年，英国先后设立了32个新城。这些新城的建设目的各有所不同：在伦敦地区建新城的目的是疏解中心城市人口和产业，并创造良好的居住环境；在英国中部地区主要是解决工业经济衰败的问题；在其他地区则都是针对当地的特殊问题，如增加就业等。同时，新城的建设也经历了从第一代到第三代的规划理论和实践的演进。

一、第一代新城

第一代新城，主要指始于1946年的新城建设，到1950年基本结束。这是战后的恢复建设时期。这期间共建了14座新城。这一代新城建设的最根本的目的是解决住房问题：一方面是为一些无房户提供住房，另一方面是使一些大城市的居民改变居住质量低劣的状况。

第一代新城一般有以下特点：①规划规模较小；②建筑密度较低，居住区平均密度约为75人/hm^2，工业区白天人口密度约为125人/hm^2；③住宅按"邻里单位"进行建设，各个邻里有各自的中心，各邻里之间有大片绿地相隔；④居住区和工业区等功能分区较为明显；⑤道路网一般由环路和放射状道路结合组成，放射状道路主要连接新城中心和各邻里中心，环路则连接各邻里中心，力求不造成新城中心的交通压力；⑥第一代新城在功能和空间上基本相似，较多考虑社会需求，强调独立自足和平衡的目标，对经济发展问题和地区不平衡等问题考虑较少。

斯蒂文乃奇新城是战后新城运动下建立的第一个新城。它是一个单核心城市，其居住、工作和游憩等功能分区各自以农业带和景观区相互独立，有一主要道路的网络。工业区紧邻铁路，布置在城市的另一边，与区域性的道路有便捷的联系。住房按邻里单位安排，有各自的购物和服务设施。城市中心有商业、娱乐等建筑群，是新城社会活动和城市设计的焦点（图4-6）。

第一代新城的规划理念，在很大程度上源于韦尔温田园城市的先驱设计。这一时期的新城建设都与斯蒂文乃奇新城有着类似的基本原则，即各功能的用地都独立安排。斯蒂文乃奇新城的一大特色是建设区通过景观区联系起来，道路模式清晰，建设区的相互联系便捷。第一代新城中较重要的还有克劳莱新城和赫默尔亨普斯特德（Hemel Hempstead）新城。

哈罗新城是为了解决伦敦"人口过剩"所建的第四个新城，与同期的新城相比，它有三个较大的不同之处：①大规模的景观空间与紧凑的建筑群形成鲜明对比；②工业用地分散在二大三小的住宅群之间；③邻里概念被住宅群、邻里及邻里组团的层次概念所替代（图4-7）。

这一时期还建了一些有专门功能的新城，如科比新城、纽汤（Newton）新城、埃克里夫（Aycliffe）新城和彼得里（Peterlee）新城等，这些新城因地制宜，规划结构各异。

[①] 本节新城图片来源：Hazel Evans (edited), Peter Self (introductioned), New Town—the British Experience, the Town and Country Planning Association by Charles Knight & Co. Ltd. London, 1972

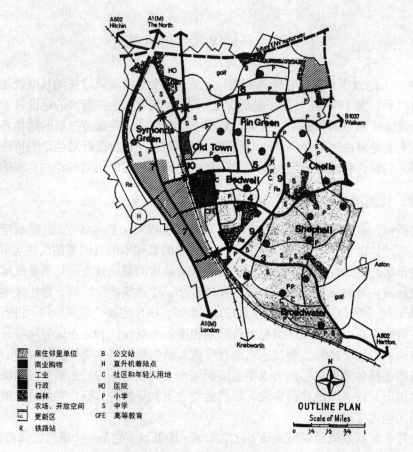

图4-6 斯蒂文乃奇新城规划,1950'

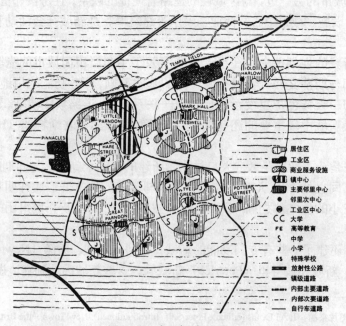

图4-7 哈罗新城平面图

随着英国战后经济的恢复，人口不断增长，人们对生活的要求也逐渐提高。相应地，第一代新城的一些缺点也逐渐显露，主要是：①密度太低，建筑物分散，不但徒增了市政投资，而且缺乏城市的生活气氛；②人口规模偏小，医院、学校、影院等公共设施的配置不足，或运营困难；③一些新城的中心区缺乏生气和活力。

二、第二代新城

针对第一代新城日益暴露的弊端，第二代新城在规划上比较注意集中紧凑，开发的密度加大，还淡化了邻里的概念。在布局中，尽量使居住区与新城的中心区便捷联系。这些都较明显地体现在坎伯诺尔德新城。

第二代新城一般指从1955年至1966年始建的新城，主要建设是在1960年代。第二代新城的主要着眼点是改善公共交通，在一些新城设立了公交专用道路。

当时英国社会对新城的规划和建设仍有很大争议。争论的焦点是对大城市采取疏解政策还是采取发展政策，是把建设重点放在新城还是放在大城市的内部。大部分人认为，新城建设在战后的近20年内是成功的，对当时人们迫切需要解决的住房、就业等问题起了很大作用。但建新城的最初想法，即把大城市的一部分人口、工业和办公设施疏散出去的目标，并没有真正实现。因此，这一期间放缓了建新城的脚步，在1960年代主要是完成了坎伯诺尔德新城的建设。

坎伯诺尔德新城，作为第二代新城的一个代表，规划设计上有较全面的突破（图4-8、图4-9）。这座新城中心区的主要建筑在形式上统一，使城市有一种整体感；此外还通过道路的层次性和独立的步行系统设计来解决交通问题，特别是适应了小汽车增加的现实。

第二代新城一般有以下特点：①城市规模较第一代新城要大；②开发密度较第一代新城要高；③更多地注重城市景观设计；④城市用地功能分区不如第一代新城分明；⑤淡化了"邻里"的概念；⑥在建设目标上，不再是单纯地为了吸收大城市的过剩人口，而是综合地考虑地区的经济发展问题，把新城作为地区经济的增长点；⑦应对私人小汽车的增长，道路交通的处理较为复杂。

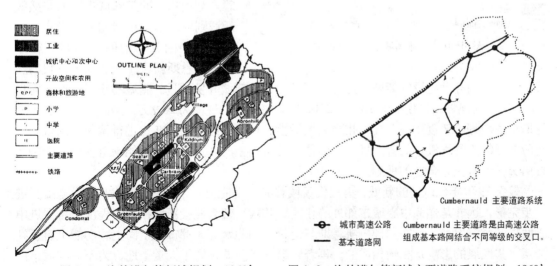

图4-8 坎伯诺尔德新城规划，1960'　　图4-9 坎伯诺尔德新城主要道路系统规划，1960'

但是，在空间联系上过分依赖新城中心区，将使新城未来的拓展变得非常困难，坎伯诺尔德新城也有这方面的问题。所以坎伯诺尔德之后的斯克尔莫斯泰尔新城、雷迪奇新城和特尔福德新城等，又回到了低密度、单核心的城市模式。

不过，第二代新城在很多方面较以前还是有很大发展的。例如，第一代新城的那种严格的功能分区被弱化；对城市环境景观及景观设计的重要性更为理解和重视；对交通系统的考虑更加成熟；不再机械地处理邻里等级；鼓励社会交流。雷迪奇新城和特尔福德新城的规划还提出了在当时颇具前瞻性和挑战性的问题，即关于原有的中心区的再建和复兴问题。

三、第三代新城

第三代新城一般是指从1967年起建设的新城，大致止于1980年代。伦康新城规划被认为是第三代新城规划的先驱，它的主要思想是公共交通和私人交通的平衡使用。那时的一些新城已和老城一样，面临着公共交通不足的问题。伦康新城的解决办法是设立一个"8"字形的快速道路交通系统，城市中心位于"8"字形的交叉点上，形成居住开发的骨架（图4-10）。其后的实践证明了这种规划处理是非常有效的，也证明了城市交通的处理方式是规划成败的一项重要因素。基于不同的交通考虑，欧文（Irving）新城和克雷甘文新城又回到了较早的理想规划模式，即带状城市；而华盛顿新城则回到了网格状的道路形式。

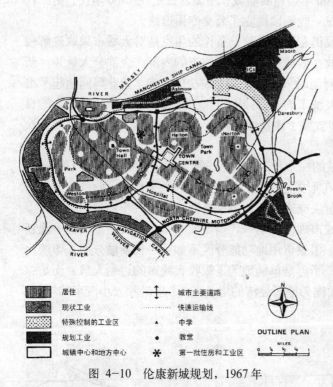

图 4-10　伦康新城规划，1967 年

位于伦敦和伯明翰之间的密尔顿·凯恩斯新城属于英国第三代的新城，也是最晚开发建设的新城，是英国规模最大的新城开发项目。新城初建当时原有人口4万，当时的规划人口规模为25万，2002年的实际人口规模为20.9万。当时的密尔顿·凯恩斯新城规划希望创建一个具有相当大灵活性、可根据经济发展变化进行调整的新城，因而所需要的不是终极式的蓝图规划，而是一种结构型的和策略型的、能创造各种机会和为自由选择留有充分余地的规划。

较之1970年代以前的新城，第三代新城首先在功能上有了进一步的发展，设施配套进一步完善，远非是作为中心城市郊外的住区。其次，较大规模新城在一定程度上可促进中心城市的经济发展。如密尔顿·凯恩斯与伦敦、伯明翰等大都市在空间上和功能上有互补关系，其发展的影响是相辅相成的。再者，第三代新城预留了大量土地，为今后的城市产业结构转型和可持续发展提供了空间上的保障。

四、新城建设的发展趋势

英国政府在20世纪80年代中后期宣布了停止新城的规划和建设，即政府不再拨款建设新的新城，其后的开发由私人开发公司来进行。从随后20多年的发展来看，政府主导的新城建设行为的确是停止了，但新城仍在发展。有些新城已不再是附属于大城市的卫星城，而是变成了独立的城市实体。它们的基础设施完善、公用事业齐全、交通区位条件优越，具有较佳的投资环境，有发展的潜力。密尔顿·凯恩斯新城就是一个最好的例子。

英国的新城在建设过程中，主要呈现出以下一些发展趋势。

1.战后30年，新城建设的人口规模不断扩大

二战后初期建设的第一代新城，最初设定的规模只有3~6万人。比如，斯蒂文乃奇的最初规划人口仅6万人，但随后就不断扩大，至1966年已经达到10.5万人。第二代新城的规划人口一般为8~10万人。第三代新城的规划规模就更大了，基本上达到了一个功能完整的城市规模，比如，密尔顿凯·恩斯新城最初的规划人口是25万人，1977年调整为20万人，2002年的实际人口规模为20.9万人。

英国新城规模的扩大，一方面是因为战后全国人口的大幅度增长，另一方面是中心城市内的大规模旧区改造。因此，新城不仅需要应对新增人口的压力，也需要安置因内城改造而迁出的大量人口。新城规模的逐步趋大是有利于新城发展的。首先，规模扩大会产生集聚效应，容易吸引更多居民和企业前来安居乐业，有利于新城的发展和稳固。其次，较大规模的新城，在经济上更有能力建设较大型的商业、文化等公共服务设施，既便利居民生活、丰富新城文化，也可创造新的就业岗位。再者，随着新城规模的不断扩大，创造了良好的投资环境，不仅吸引了工业，而且科研、办公等行业也纷纷入驻新城，使得新城的功能更趋向综合平衡。

2.基于老镇的基础，进行建设的新城逐渐增多

第一代新城的规划基地范围内，原有的人口数量一般都很少。然而到了第二代新城，选址一般都是靠近拥有1万~3万人口的老镇，规划时的本地人口基数显然比第一代新城时要大得多。而第三代新城的原有基础则更具规模，基本上是在较大规模的老镇基础上规划开发的，其原有的人口和建成区规模甚至已经远远超过一些已发展成熟的早期新城。比如，彼得博罗新城的原有人口是8.1万人，北安普敦（Northampton）新城的原有人口是13.3万人，沃林顿新城的原有人口是12.33万人，中兰开夏（Central Lancashire）新城更是在3个老镇的基础上建设的，原有的总人口规模为23.45万人。

按照《新城法》（New Towns Act，1946年），由新城开发公司建设的新城，即使是在老镇的基础上改建、扩建，也都称为新城。在老镇的基础上建设新城，有很多优势。首先，可以利用原有的服务设施、基础设施以及相关的服务人员和管理人员等，因而可以避免一些"新城的困境"（New Town Blue）①。其次，老镇的旧区改造任务也可在新城建设中得以解决，可以说是一举两得。再者，原有老镇的工业将可以得到进一步的发展，有利于促进区域经济的发展。

需要说明的是，英国的早期新城，尤其是伦敦周围的8个新城，基本上只是作为大城市

---

① 北京市城市规划管理局科技情报组，城市规划译文集2——外国新城镇规划，中国建筑工业出版社，1983

的"疏散点"来考虑，用于接收大城市迁出的产业和人口。应该说，当时的英国政府还没有意识到要注意平衡全国的经济发展，这一时期的新城建设和政府投资基本上都是集中在英格兰的东南部。而在1960年代后建设新城时，就较多地考虑了不同区域的经济平衡发展问题。比如，中兰开夏新城的建设明确地提出了要把发展经济与疏解利物浦和曼彻斯特的城市人口相结合。苏格兰的5个新城，在规划中都是被赋予了"经济增长点"的职能，希望通过它们来推进苏格兰的区域人口空间重构，以及重组区域经济。

五、新城建设的经验和启示

1. 新城建设的立法及政策扶持

1898年霍华德所提出的"田园城市"设想中已经孕育着新城的建设思想。从那时算起，到第二次世界大战爆发之前，在将近40年的时间里，英国的新城建设基本上只是处于一个探讨和零星试验的阶段，并没有正式提上日程。其原因主要是由于政府缺乏足够的重视，有关部门也未积极配合。因此，伦敦和英国其他大城市的空间结构问题、住房问题，特别是人口和工业过分集中的问题，均没有得到实质性的解决。事实表明，一旦政府强力介入新城建设，整个局面就完全不同了。

西方国家一般都非常重视城市建设和城市规划的立法工作。英国是最早制定城市规划法的国家之一。1909年的《住宅、城镇规划法》(the Housing Town Planning, etc Act, 1909年)标志着英国城市规划体系的正式创立。20世纪初，英国兴起了"田园城市"运动，先后建立了若干田园城市和郊区卧城(Sleeping Town)。为吸引伦敦的居民迁往这些城镇，英国政府制定了一系列减税和补贴的优惠政策。1927年成立了大伦敦规划委员会，推行卫星城的建设方针，建起了一些卫星城。

在二战尚未结束之时，丘吉尔首相(Winston Churchill)就指派人总负责处理战后伦敦和其他大城市的规划和重建问题，并成立了专门负责城市规划和建设的机构——城镇和国土规划部(Ministry of Town and Country Planning)。1946年制定的《新城法》，确立了新城建设的方针和策略，对新建城市的土地使用、旧城改造的土地征用、建设资金的筹措、开发公司的成立都做出了非常优惠的安排。1952年制定了《城乡开发法》(Town Development Act, 1952年)，确定了在大伦敦周围对20座旧城加以改建、扩建。正是由于政府的大力支持，英国的新城运动才得以大规模的展开，所以仅在1946年至1950年期间，就有14座新城先后开工建设。1951年出任城镇和国土规划部部长的哈罗德·麦克米伦(Harold Macmillian, 1894—1986年，1957—1963年间曾任英国首相)，不仅对已开工建设的新城项目大力支持，而且极力缓解格拉斯哥的住房紧缺问题，决定在苏格兰的坎伯诺尔德建一座新城(1955年)。在政府的推动下，1961—1964年期间，又开始了新一轮的大规模新城建设，使位于斯克尔莫斯泰尔新城、特尔福德新城、伦康新城等建设项目相继开工建设[①]。

2. 公共部门的主导作用

（1）新城选址的决定

新城选址是任何一座新城的规划和建设前最基础、最重要的工作。因为它不仅涉及到整个地区的规划，而且还涉及到一些非常具体的问题。任何一座新城的规划和建设都必然

---

① 刘郢，英国新城运动对我国城镇建设的启示，中国房地产报，2003.3.19

会对一定区域的发展产生非常大的影响。新城的规划选址和建设规模，还关系到新城建设的成本、吸引工业和人口的能力等关键问题，甚至关系到新城建设的成败。因此，新城选址只能由政府部门来决定，而且政府在作决定时常常会面临很大的压力，甚至是强烈的反对。新城的建设会在一定程度上冲击原有的老镇，而且当地居民并不希望被打扰或改变他们现有的生活方式。所以，一座新城的建设选址和规划制定，必须由政府根据国家的需要，通过权威手段来完成。

(2) 政府职能部门和开发公司之间的关系

政府职能部门是代表国家对城市建设进行指导和管理，而具体的规划、设计和建设工作要由新城开发公司来具体实施。开发公司的成败，在很大的程度上取决于管理该企业的人。因此，建设一座新城市，选定适当的人选、组建高效的开发公司是关键。在英国，新城开发公司的主要成员是由政府经过严格的选拔程序之后确定的，而且新城开发建设的大部分资金也由政府提供及担保，因此工程建设的进度、工程质量的好坏，政府都有着很大的责任。但政府并不能因此对开发公司的运作进行过多的规制，干预过多不仅会影响政府职能部门和开发公司之间的关系，也会束缚开发公司的积极性和创造力。

(3) 政府提供必要的资金

一座新城的建设选址及相应的开发公司确定之后，政府下一步的主要工作就是为开发公司提供必要的资金。在英国，新城开发公司的资金来源主要分为三个部分：一是政府直接投资；二是政府部门为开发公司安排贷款；三是为新城开发寻找私人投资者。一般来说，政府直接投资及为开发公司提供贷款的数目，是根据政府的财力和城市建设规模的大小来确定的。在新城建设的过程中，还寻找私人投资，包括外资和国内资本。但这并不是一件容易的事情，因为私人资本愿意投资的项目是一些短期之内能够产生效益并收回成本的项目，而这些项目刚好是开发公司在初期阶段获得收益的重要来源，如果容许私人资本介入，势必会影响公共开发的效益。因此在新城建设的初期阶段，政府不得对一些造价很高、而短期内又无法带来收入或产生效益的项目注入资金，而开发公司也不得不在基础设施建设方面投入大量资金，然后再通过转让土地以及出租房屋、商店和厂房等方式逐步收回开发成本。

此外，公共部门的作用还表现在以下一些方面：政府有关部门对开发计划进行审批；由于计划在执行过程中经常会发生变化，有关部门必须对这些变化加以掌握；政府有关部门对土地征用过程中的纠纷进行调解和协商；制定新城的产业发展政策，对工业布局进行指导。

3.政策目标与市场化运作的统一

英国的城市建设是政府主导下的开发活动，在城市的发展过程中非常注重社会效益和环境效益；政府的政策目标非常具体，有明确的要求和规定。而在新城的具体开发运作中，则尽量采用市场的方式，运用市场经济规律。新城开发公司本身就是一个市场主体，尽管不以盈利为主要目标，但有财务约束，需要投资回报，要逐步归还贷款。土地出让和房产物业的出租、出售也是采用市场化的运作方式。正是因为政策目标与市场化运作相结合，所以英国的新城建设在体现政府意图的同时，在商业意义上也是成功的。虽然开发初期阶段的支出远远大于收入，但从长期的收支来评价，英国的新城开发基本上都是有盈利的。

第九节 英国新城的发展和未来

一、新城发展的重点

英国的新城在一个较短的时期内发挥了重要的作用，取得了辉煌的成就，尤其为战后英国的200万选择居住在新城的人口提供了住宅、就业和公共设施，并且为整个区域的可持续发展创造了机会和条件。目前的英国政府部门对于新城当前和未来发展的总体见解主要有：

1.新城多为低密度开发，导致小汽车过分依赖和公共交通的衰落。尤其是后期的新城，例如，密尔顿·凯恩斯新城的居民依靠公共交通运输系统的比例不高，大约占总通勤人口的10%，大多数人以私人交通工具至伦敦及伦敦市郊工作。

2.一些新城中心区逐渐衰败，失去了往日的购物吸引力。需要新的规划，需要创造高质量的公共空间，并改造老化的街区，增加休闲娱乐等公共设施，以恢复和提升中心区的活力。

3.新城的人口结构虽然不足以影响全国，但某些年龄阶段的人口集中，需要增加相应的社会设施，尤其要应对社会老龄化这一问题。

4.各座新城的经济社会需求各不相同，但它们几乎都存在着大量失业、急需提供经济型住宅等的衰落社区的问题。新城开发公司提供大量住宅已经过去，但如今又需要更多的经济住房（Affordable Housing）开发，应该扩大已有的新城规模以适应住房需求。同时，还应该积极创新设计。新的规划设计应该保证足够的社区设施和公共空间，而不能再仅仅依靠现状设施，同时还应建立良好的管理和保证长期的资金投入。

5.新城委员会从新城开发公司接手过来的新城，其住宅区和购物中心区都存在着严重的管理方面的问题。这些主要是因为新城的雷德朋（Radburn）设计的整体化与土地的私人拥有和使用的矛盾引起的，贫穷、不安全的邻里及公共设施欠缺的购物中心等常常引发有害社会的行为。

6.英格兰联盟（England Partnership，简称EP）选址的大量开发中，有些是具有国家或区域战略性意义的投资，而那些不具有战略性的开发应该转交给当地政府去负责，以便于他们能有效地实施地方发展战略。同时，在这些点的战略选址上也应给予地方政府尽可能大的控制和管理能力。英格兰联盟（EP）是一个国家机构，在地方政府具体实施开发时则可提供顾问支持。

7.在投资方面，诸如伦康新城这样的较大规模的新城，因为受益于欧洲基金和其他更新计划的资助，能进行明显优于其他城镇的更新改造。但是在英格兰地区的22座新城中仅有5座新城符合获得"邻里更新资金"的条件。因此，建议修改符合获得"邻里更新资金"的标准，以有利于其他小规模的城镇也能符合条件而获得资助。

8.新城用于维护和管理的资金往往不足。当年新城开发公司所建起的住宅和公共设施，以及面积广阔的绿化环境和开放空间都是需要不菲的费用来维护和管理的，而且现在还面临着更全面的改造与更新压力。一般的费用不足以有效地解决新城当前急需解决的特殊问题，即使给予新城一些平衡补贴也不能产生足够的效果。新城开发公司撤销后，英格兰联盟（EP）并没有和当地政府合作以提高新城改造和更新的工作效率，而是只在乎土地买卖中的最大收益。新城的加税使得地方政府损失大量销售收入，因此有必要修正加税政策，以保证地方政府的财力和其他城镇一样。同时，需要重新调整新城的资产负债情况。原来的新城债务管理和资产支配由新城开发公司、新城委员会和英格兰联盟（EP）决定的方式已经不适应发展。当地政府对于新城开发公司移交过来的资产债务应该重新审核，以便于当今的新城改造和管理。资产审核应该全面考虑社会、经济和环境的综合效益，考虑城市管理的效率和长期再投资的需求。

9.英国的新城建设已步入成熟阶段，政府最近发表的新的可持续住区计划（Community Agenda）———个科学合理的、平衡全面的、可持续的社区规划，其主要目的在于解决已有的经济住宅短缺，尤其是新城内住宅供需不平衡和选址问题，以保证土地的可持续利用。新的可持续社区议程应该建立在新城的建设基础和实践经验之上。

自从新城开发公司解散，新城回归地方政府管理后，新城已经进入更新改造的阶段。为了解决新城所存在的普遍问题和单个新城的特殊问题，中央政府和地方政府，以及英格兰联盟（EP）通过制定地方规划（Local Plan），对新城的未来发展提出因地制宜的政策和措施。下面以斯蒂文乃奇新城、伦康新城、密尔顿·凯恩斯新城为案例，介绍这些新城当年的开发建设，以及如今作为正常地方行政区的现状和未来的发展计划[①]。

二、斯蒂文乃奇新城的开发建设及其未来发展

直到二战前，斯蒂文乃奇一直是赫特福特郡（Hertfordshire）的一个安静的小镇，大约有6000人口。战争结束前的1944年有过扩建计划。

由于与伦敦及北部城市有着便利的交通联系，斯蒂文乃奇被认为是理想的新城选址点。刘易斯·斯尔金（Lewis Silkin，当时任城镇与国土规划部部长）曾评价："斯蒂文乃奇将在短时期内闻名世界。世界各地的人们将会慕名而来，观看这个国家的人民为了他们的新生活而进行了怎样的建设[②]。"

1.概况

斯蒂文乃奇新城是1946年8月1日《新城法》正式出台之后第一个建设的新城，规划完成于1946年11月。原先只是一个小集镇的斯蒂文乃奇，地处通勤交通的要道，规划目标是建成一个有25km²面积，人口达6万，有6个邻里住区的新城。斯蒂文乃奇新城是为了配合伦敦中心城市的疏解政策，接纳从伦敦疏解出来的产业和人口而设置的。当初规划人口为6万人，其后规划人口规模曾有过扩大或削减。1977年4月，政府决定把规划的人口规模定为8万人。根据2001年的人口普查报告，斯蒂文乃奇新城目前的实际人口规模接近8万人。

斯蒂文乃奇新城位于伦敦以北30英里，靠近M25轨道和高速公路，并在三个主要机场的近距离范围内（即伦敦的卢顿（Luton）机场、斯坦斯特德（Stansted）机场、希斯罗（Heathrow）机场）。新城的产业主要有电子、照明工程、航空航天、信息技术、制药和财政服务等。

最初斯蒂文乃奇新城按规划分为6个邻里住区，每个邻里单位的规划人口为10000～12000人（图4-11、图4-12）。按规划各个邻里都设有学校、健身设施、商店、社区中心和教堂

[①] 各新城案例的资料来源：各政府的官方网站；图片除个别说明外，均来自各政府的官方网站

[②] 原文为:Stevenage will, in a short time, become world famous. People from all over the world will come to Stevenage to see how we here in this country are building for the new way of life.

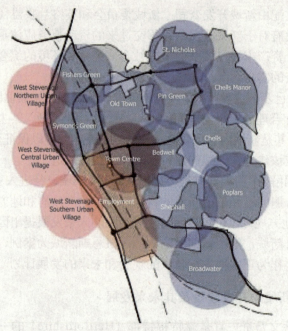

图 4-11 斯蒂文乃奇新城城市邻里结构

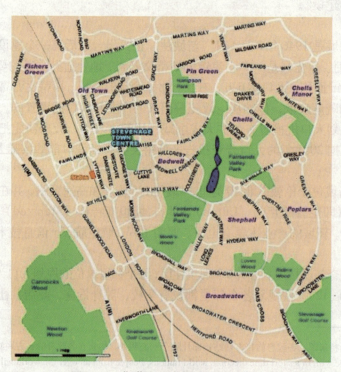

图 4-12 斯蒂文乃奇新城平面，2000'

等。开发建设的顺序为老镇（Old Town）、贝德维尔（Bedwell，1952年）、布罗德沃特（Broadwater，1953年）、希泊霍尔（Shephall，1953年）、切尔斯（Chells，1960年）和平格林（Pin Green，1960年）。其后又增建了切尔斯曼纳（Chells Manor）、跑普勒斯（Poplars）和费契斯格林（Fishers Green）。新城内的学校均匀布置，每个邻里有一处商业中心，有小学2~3所。各个邻里都有主要道路联系，并间隔有大片绿地。

斯蒂文乃奇新城的工业区主要布置在新城的西部，与生活区之间隔有铁路，在新城的东北角也有小部分工业。工业门类比较多，能提供不少就业岗位。工业区的规划结合了地形条件，设计呈多样化。

整个新城的开发一直由斯蒂文乃奇新城公司（Stevenage Development Corporation）负责，直到1980年转交给斯蒂文乃奇地方政府当局（Stevenage Borough Council）。

2.住区布局

斯蒂文乃奇新城的最大特色是它的住宅布局。住宅布局的指导思想是既统一而又多样化，追求宁静安全，不受交通干扰。布局上采用了人车分行的雷德朋原则。例如，1966年建成的切尔斯邻里内的埃尔姆格林居住区和和平格林邻里内的费尔兰居住区都应用了改良后的雷德朋人车分行原则。在长方形的居住用地上一般沿周边布置住宅，住宅朝外面对步行道，背后则有汽车库、小广场和一条道路。例如，埃尔姆格林居住区，基地呈长方形，东西两侧有两条南北向的主要道路，之间有几条东西向道路连接，并由这些东西向的道路引出尽端路，深入到宅前路。

这种住宅布局较为安全且美观，环境幽雅。在英国的许多城镇都采取类似的住宅布局手法，一般都避免较长的行列式住宅和长而笔直的道路，而是采取弯曲的道路，尤其是尽端路。住宅布置在尽端路周围，道路旁边设置广场或利用一块集中草坪，把住宅布置在其周边。即使是不规则的地形，也可以用类似的手法，将住宅的主要面朝外，花园向内围合一块集中的绿地或广场，连接尽端路。这种手法一直延续至今，成为花园住区的一种经典设计手法。

3.新城中心及步行街区

斯蒂文乃奇新城的中心区是英国现代城镇中第一个禁止机动车辆进入的步行街区。步行街区是战后英国城市规划建设中的一项卓越的贡献。最早期的步行街区还有考文垂（Conventry）的中心区。

斯蒂文乃奇新城的中心区呈长方形，由交通干道围合（图4-13、图4-14）。中心区内最主要的步行街为皇后街（Queens Way），皇后街的西侧有一市政广场，广场中间有喷水池和钟楼，广场边上有公共汽车站。皇后街因1959年英国女皇在市政广场喷水池前为钟楼揭幕而命名纪念的。坐落于市政广场的平台上有一个主题为"兜风"（Joyride）的雕塑，是一个母亲和孩子玩耍的铜像，由雕塑家弗兰塔·贝尔斯卡（Franta Belsky）创作，并由女皇的叔叔大卫·波伊斯·里昂（David Boies Lyon）于1958年揭幕。

南北向的皇后街分出两条东西向的步行街。步行街的两边多是二、三层的商店，一般店前多有连续挑檐。

铁路从新城的西侧切过。1976年建成的高架步行走廊跨越干道利顿大街（Lytton Way），进入艺术和文化休闲中心（Art & Leisure Center）。

中心区南部主要是政府办公大楼、图书馆、医疗中心、警察局等。新城中心自1961年

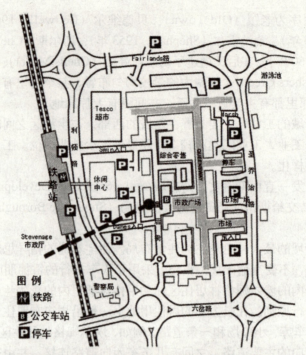

图4-13 斯蒂文乃奇新城中心区平面，2000'，

图4-14 斯蒂文乃奇新城中心区功能分区，2000'

以来陆续建成了歌舞厅、滚木球场、青年中心、艺术与体育中心、超级市场、电影院等等。

4.新城中心区的面临问题及重建计划

斯蒂文乃奇新城早先的规划建设充满了活力和亮点,它确立了满足各种商业活动、市民活动和社会功能的中心区发展模式,其建设的成功和魅力确实吸引了人们不断迁入新城并引以为荣。但是,现今的斯蒂文乃奇新城和当年其他新城一样,面临着不可避免的衰败,急需更新改造。

1950年代建成之后,斯蒂文乃奇新城的中心区几乎没有更新过,城镇形象日益破败,涉及到了工作、生活、商业等各种活动场所。这就需要对现有的功能和布局作全面的更新,为现在和将来的投资做好规划和准备。在以服务经济为导向的经济环境下,商业投资者不再仅仅关注那些合适眼前利益的地块,他们开始以有潜力的城镇中心区和服务设施为投资目标,以满足客户需求来获取更多的利润。同时,斯蒂文乃奇新城中心区的更新改造不仅要满足当地居民的需求,而且要考虑到前来购物或参观的周边城镇居民的需要。所以,斯蒂文乃奇新城中心区的更新重建不仅是为了维持新城中心区的活力,而且是为了整个城镇以及周边地区发展的利益。

2002年,斯蒂文乃奇地方政府(Stevenage Borough Council)和英格兰联盟(EP)委托EDAW公司做了中心区重建战略计划(Stevenage Town Center Reganeration Strategy)。该计划旨在创造一个充满活力,集购物、休闲、办公、市民活动和居住等多功能的城镇中心。

首先,要提高公共活动质量及交通服务的便利程度,这不仅将成为积淀新城历史的资本,而且在激烈的竞争中和尝试中会变成最活跃的、可持续的活动场所。其次,期望通过新的零售和休闲功能开发来提高现有中心区的活力,使斯蒂文乃奇新城将成为地区购物的首选地。新购物中心将成为独特的、充满活力的和高质量土地混合使用的中心,休闲活动的增加将使夜生活成为新的经济增长点。再者,居住、工作或是游览的功能也将会得益于这里公共交通系统的改善。火车站和汽车站的整合将提高各自的服务水平和容量,而且积极改善私人汽车的停车状况,同时调整步行和自行车使用的模式,使其合理化。再者,以高质量、管理完善的公共区域为日间参观和购物活动及夜生活创造良好的环境氛围,更新后的中心区将在各个时段都能服务于各年龄段的社会群体。再者,重建计划将使新的建设与现有社区的条件相整合,并提供高质量和较高密度的居住环境。最后,要通过对中心区重点地段的再开发,创造新的工作机会和促进消费;同时还要提高环境质量和各项设施水平。

附:斯蒂文乃奇新城中心区更新计划

1.斯蒂文乃奇新城中心区更新计划编制的背景

二战后,为了配合伦敦中心城市的疏解政策,接纳从伦敦疏解出来的产业和人口,在伦敦周围先后建设了一批新城。斯蒂文乃奇新城最初的规划面积为25km^2,计划在20年后人口达到6万人。整个新城由一系列的自我平衡(Self-Contained)的住区邻里(Neighbourhood)构成。邻里内设有学校、康乐设施、商店、社区中心和教堂等。邻里之间有道路相联系,并间隔有大片绿地。联系伦敦市与北部地区的东海岸铁路主线以及公路A1线从新城西侧切过(图4-15)。中心区位于新城西侧紧邻火车站。工业区主要布置在新城的西部,与生活区之间隔有铁路(图4-16)。

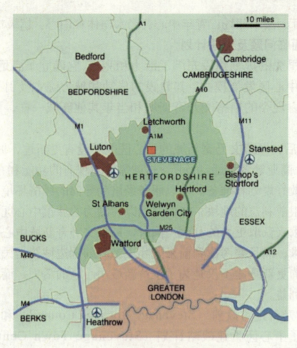

图 4-15　斯蒂文乃奇新城区位图

斯蒂文乃奇新城的建设基本上实现了其规划之初的既定目标，通过价格相对较低的住宅、较为齐备的公共设施以及良好的自然环境等吸引了从伦敦疏解出来的一部分人口，对于缓解伦敦的城市拥挤问题及战争导致的城市无序发展问题起到了一定的作用；就其规划理念而言，斯蒂文乃奇新城也是一个成功的典范。通过组团式的布局，使各级公共设施具有良好的可达性，在方便使用的同时减少了交通问题的产生。

如今的斯蒂文乃奇新城是一座用地规模为 25.32km²、人口为 79790 人的成熟城市。1998 年，斯蒂文乃奇新城的净附加价值 (Gross Value Added，简称 GVA)① 为 9 亿英镑，占到整个赫特福特郡的 8%，人均 GVA 达到 11777 英镑，高于赫特福特郡的平均水平。许多知名的大公司特别是高新技术类的大公

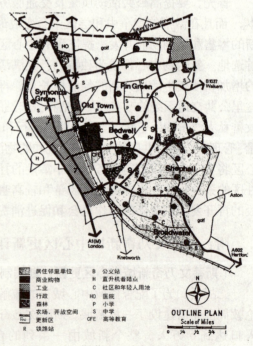

图 4-16　斯蒂文乃奇新城规划，1950'

---

① Value added(附加价值)，是指所生产的商品的价值与生产它们所使用的材料和供给的成本之间的差额。

司如MBDA（Minority Business Development Agency）、阿斯特里厄姆（Astrium）、葛兰素（Glaxo Smith Kline）等在斯蒂文乃奇新城投资落户。

斯蒂文乃奇新城的中心区（图4-13、图4-14）的设计模式在英国新城中心最具代表性，它在英国新城中心中首次采用了禁止汽车行驶的步行街区形式。中心区用地呈长方形，由交通干道围合，步行交通与汽车交通完全分开。中心区内设有一条南北向的步行商业街——皇后街（Queens Way）（图4-17），向东有两条支路。步行街的两侧布置有2层和3层的商店，店前多有连续挑檐，商店背面与车行道路连接。步行街西侧有一个市政广场，广场西侧设有公共汽车站。1976年建成的高架步行交通走廊跨越干道（利顿路，Lytton Way），进入公共汽车站以西的艺术休闲中心（Art & Leisure Center）。中心区南部主要是政府办公大楼及图书馆、医疗中心、警察局等（图4-18）。20世纪60年代，由于小汽车交通的发展，在南北干道上增设了高架道路，以便减少过境车辆对中心区的干扰。

与大多数的新城一样，今天的斯蒂文乃奇新城中心区也面临着城市更新的问题。由于新城作为一个整体是在较短的时期内建成的，在经历了半个多世纪之后，城市物质空间环境的过时和老化现象已经十分明显：当初建造的许多基础设施已经不堪重负，城市空间缺乏生机，城市中心区的形象已经越来越不能与其作为区域性的商业与休闲娱乐中心的功能相匹配。尽管在最近几年里也曾投入相当的资金进行市场、广场、西大门区（the Plaza, Westgate and the Forum）的建设，但是这些努力相对于整个中心区的普遍衰退而言，无疑是杯水车薪。而且由于缺少一个明晰的整体发展战略，这些项目往往只着重于项目本身，而无助于解决中心区的结构性矛盾。

人们通过铁路或公路到达新城，首先看到的是一个缺少活力的新城中心，这将大大降低新城对于投资的吸引力。此外，由于中心区无法提供一些较高质量的商业、休闲设施，相当部分的高薪阶层人士不愿在本地区居住。目前斯蒂文乃奇新城的劳动力的受教育水平低于赫特福特郡的平均水平。

有鉴于此，斯蒂文乃奇地方政府和英格兰联盟（EP）决定共同制定中心区的更新计划，以指导中心区未来的发展。在经过广泛的意见征集与修改之后，更新计划在2001年10月获得地方执行委员会（Council's Executive Committee）的通过。更新计划之后，又相继出台了规划导则（Supplementary Planning Guidance）、公共空间改善计划（Public Realm Enhance-

图4-17 斯蒂文乃奇新城皇后街步行街空间

图4-18 图书馆和医疗中心

ment Strategy）等作为补充。

2.斯蒂文乃奇新城中心区更新计划的主要内容

斯蒂文乃奇新城中心区更新计划首先明确其战略目标为："创造一个富有活力的新城中心——中心内商业零售、休闲、办公、行政、居住等功能互为补充，各得其所；中心区内具有高质量的公共空间环境和显著改善的交通服务；延续新城独特的历史传统，成为一个安全的、可持续的、成功的、具有竞争力的场所。"具体的更新计划主要从土地使用、交通组织和城市空间三个方面展开（图4-19、图4-20）。

（1）土地使用功能的整合

中心区内的土地使用功能主要包括零售商业、休闲服务、办公和居住等（图4-21）。零售商业主要集中在中部皇后街两侧，以150m²到200m²中小型商店为主，目标群体主

图4-19 斯蒂文乃奇新城现状存在问题分析

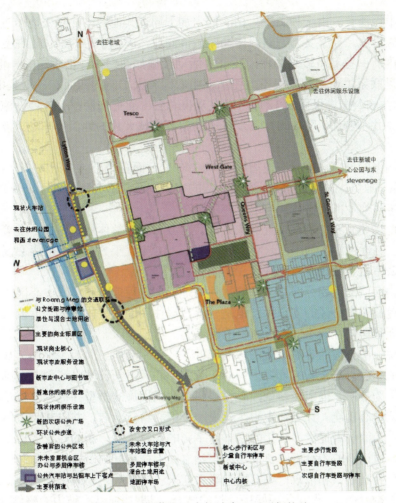

图4-20 斯蒂文乃奇新城中心区更新战略

图4-21 斯蒂文乃奇新城中心区零售商业街

要定位在低中档消费。由于种类少、档次低，加上周边其他城市在积极地引进高端零售商业与娱乐休闲设施，斯蒂文乃奇新城作为区域性商业休闲副中心的地位正在受到威胁。

中心区内有一些品质较高的休闲及公共活动设施如图书馆、博物馆等，但分布较散，彼此之间缺乏联系，使用起来很不方便。在中心区外火车站的西面有一个集中的22英亩（8.9hm²）的休闲公园，里面有12厅电影院及夜总会、酒吧和餐馆等各种设施，但与中心区之间的联系并不密切。现有的一条步行通道需要穿越大片的地面停车场，极大地降低了其吸引力。

中心区内大的酒店设施仅有逸碧斯（Ibis）一处，而在中心区外沿A1公路线分布有一些酒店，但除了业务上的往来以外，这些酒店的客人们通常不会到中心区来观光或消费，因而对中心区零售商业的促进作用有限。

办公用地主要分布在西南临近火车站处，但办公空间整体质量不高，空置现象比较普遍。据调查，临近中心区的租金水平大约为15～16英镑/平方英尺，而中心区内底层商铺上的套间办公室租金仅为6～8英镑/平方英尺。

中心区内南门附近还分布有少量的居住用地，一定程度上避免了中心区在夜间变成空城的现象，提高了中心区的安全性。但是，现状居住用地的整体开发密度偏低，土地使用效率较低，而且居住社区之间缺乏有机的联系。

总体来说，中心区的各类设施的标准偏低，各使用功能之间缺少平衡，从而使得中心区的整体效能不能得到充分的发挥。针对于此，中心区更新计划以"创造充满活力的商业和休闲环境"为导向，提出在新城中心拓展商业休闲设施的类型并提升其质量，以强化其区域购物休闲中心功能。计划在中心区建设一个中心百货商店，并以其为主体，整合现有的商业设施，为消费者提供多样化的、丰富多彩的购物环境。新的商业零售拓展区集中在皇后街西侧，通过新的步行街的建设与火车站之间形成良好的衔接，成为进出新城中心的大门，同时也将皇后街和市政广场有机地联系起来。在市政广场的南侧规划新的休闲娱乐设施用地，并充分考虑与现状休闲娱乐项目的结合，以期形成富有魅力的整体公共空间。此外，计划还提出新增酒店和针对小型企业的写字楼等设施，在南部设置居住混合区域，实现居住、办公、酒店等的混合开发，形成对于零售商业及休闲娱乐活动的有益补充。

(2) 交通组织的进一步完善

① 步行和自行车交通

作为第一个步行商业区，斯蒂文乃奇中心区的步行购物环境独具魅力。同时，发达的自行车网络将新城中心和新城的其他地区相连接。但是，与中心区内部的步行环境形成鲜明的对比，中心区周边的交通环路对于步行和骑自行车的人而言，是一道极不友好的屏障。中心区外的人们需要跨过环路才能接近中心各类公共服务设施，而所有进出市中心的步行通道，无论是天桥还是地道，都缺少精心的设计，视觉形象较差，人们能够明显地感到小汽车的优先地位（图4-22）。如从火车站到市中心区，就需要通过长长的高架步行通廊，穿越利顿路、艺术休闲中心和停车场等方能到达，对于坐火车造访斯蒂文乃奇新城的人们来说，无疑会留下一个极为枯燥乏味的"门户"的印象（图4-23、图4-24）。因此，尽管环路对于疏导中心区的交通起到了十分重要的作用，但也在很大程度上制约了中心区面向周边区域服务的外向型功能及与周边其他地区的联系。

为了鼓励步行与自行车交通，中心区更新计划提出打破环路的阻隔，通过改善步行通

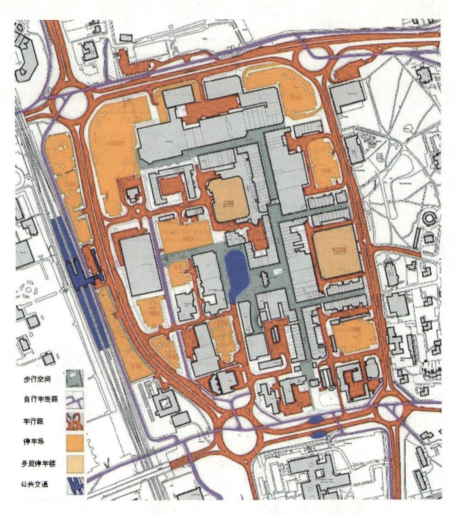

图 4-22　斯蒂文乃奇新城中心区现状交通组织示意

图 4-23　斯蒂文乃奇新城环路下的地道

图 4-24　联系火车站与休闲中心的步行天桥

93

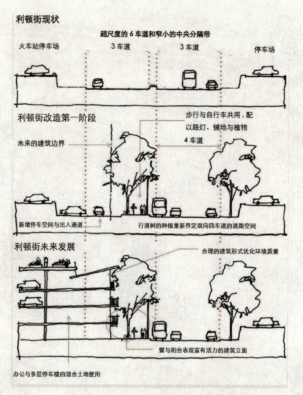

图 4-25 斯蒂文乃奇新城 Lytton 路现状断面与近远期改造建议

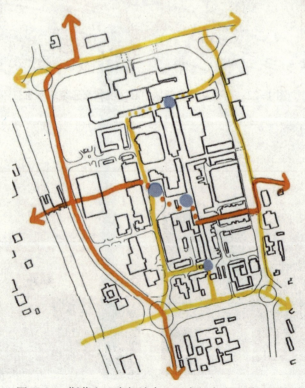

图 4-26 斯蒂文乃奇新城中心区自行车出入联系示意

道的质量，使环路由以小汽车为主导的道路环境向对步行者友好的更具活力的街道环境转变。另外，考虑到环路的西段利顿路的现状为双向6车道，而车流量却只有理论通行能力的1/3左右，计划在不影响通行能力的情况下将其缩减为双向4车道，释放出的空间可以供新的汽车站使用，以及作为停车广场等（图4-25）。

更新计划还考虑了新的东西和南北向自行车线路，同时，在城中心设置自行车停车场（图4-26）。

② 公共交通

斯蒂文乃奇新城与伦敦市有着方便的交通联系。但是斯蒂文乃奇新城现有的火车站的规模较小、设施标准较低，站台上只有短短的雨篷，遇到恶劣的天气，乘客们只能挤在狭小的空间里候车。目前，火车站已经面临着大东北铁路公司①(GNER, the Great North Eastern Railway)要将其降级的问题。这对于斯蒂文乃奇新城今后的发展将极为不利。中心区内临近市政广场的公共汽车站是斯蒂文乃奇地方公交服务的枢纽，目前处于超负荷运转的状态，用地紧张（图4-27）。根据赫特福特郡的发展规划，将于2011年新增3600套住宅，远期甚至可望达到5000～10000套，主要通过开发斯蒂文乃奇的西部地区来实现。显然现有站址已经无法满足斯蒂文乃奇新城居民未来的公共交通需求。

为了改善公共交通的服务质量，中心区更新计划提出搬迁现状公共汽车站，与火车站进行整合开发，建立一个多种交通方式的换乘枢纽，这样不仅可解决汽车站用地紧张的问题，而且通过土地置换提高了中心区的土地使用效率。此外，汽车站与火车站的整合使得零距离换乘的实现成为可能，有助于提高公共交通的吸引力，同时为斯蒂文乃奇火车站保住其作为主线上重要车站的地位创造了条件。计划将换乘枢纽的开发分为两个阶段。第一阶段整治站前广场，搬迁汽车站；第二阶段改善火车站的形象，使其更具标识性和吸引力，同时在换乘中心北部和南部建设多层停车楼。

③ 停车场

中心区现状大约有6200个停车泊位，大多为地面停车，仅有1416个车位为多层停车库的形式。大量的地面停车场造成了土地资源的低效使用（图4-28），同时，也模糊了市中心的场所感，比如从圣·乔治路（St Gorge Way）和市场路（Fairland Way）到达市中心往往

图4-27　斯蒂文乃奇新城中心区现状公交车站

图4-28　中心区大片的地面停车场

---

① 提供联结英格兰与苏格兰之间大约1000英里的城间铁路服务。

都是直接从环路进入停车场,缺少明确的场所标识感。

中心区更新计划鼓励现状地面停车场向多层停车楼以及其他用地功能转变,以提高土地的使用效率。同时,建立合理的价格政策,保证停车楼在经济上能够自给。未来沿圣·乔治路的路边停车场将逐步被改造。

(3) 城市公共空间质量的提高

斯蒂文乃奇新城中心区的城市公共空间曾经独具魅力,街道、广场和建筑物的布局都是经过精心设计的。市政广场上矗立着新城的标志——著名的钟楼,该区域已经被确定为历史保护区(图4-29)。然而,由于缺乏投资以及各开发项目之间缺少联系等原因,城市公共空间正在逐渐失去旧日的光彩。首先是许多旧建筑的外墙亟待整修,目前的视觉景观较差;第二,中心区出入口的形象也有待改观;第三,由于最初的规划较少考虑建筑物与外围道路之间的关系,目前从环路上看市中心,视觉景观效果较差,大多是一些服务性后院和地面停车场(图4-30),几乎没有建筑物的正面面向环路;第四,公共活动空间的夜间安全性较差。

针对这几方面的问题,斯蒂文乃奇新城中心区更新计划提出了相应的对策。一是整修现有的破旧的建筑立面和建筑本身,以显示一个干净、具有吸引力的形象(图4-31)。二是对现状中心汽车站加以再开发,即将现状公交站址作为新的零售设施开发计划的一个组成部分,通过重新开发,从而将现状具有强烈历史特征的市政广场向西延伸。这有助于将核心区敞开,使新城中心具有较好可读性。三是建立完整的公共空间网络系统,通过零售商业街和广场构成网络系统的核心,改善自行车道、人行道、路灯、街道家具和植栽等的细部设计,注重建筑物的尺度与道路宽度的适应,强化街道空间特征。四是改善公共空间界面,通过土地使用性质的改变、建筑立面的改造、绿化的遮蔽等措施,提高从外围道路上看到的市中心的视觉景观质量。

(4) 斯蒂文乃奇新城中心区更新计划的开发安排

根据开发的计划框架,斯蒂文乃奇新城完成整个中心区更新计划需要20年的时间,分

图4-29 斯蒂文乃奇新城中心区市政广场

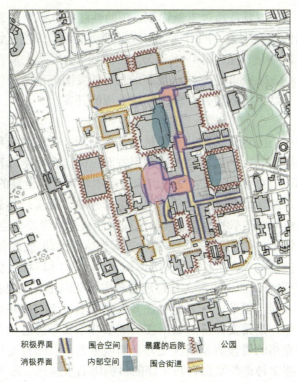

图 4-30 斯蒂文乃奇新城中心区现状空间环境

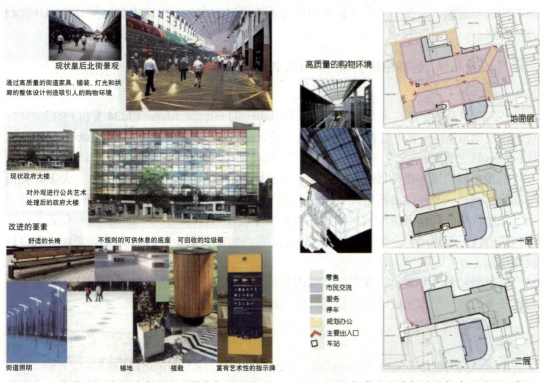

图 4-31 斯蒂文乃奇新城中心区公共空间和现有建筑的改善示意

图 4-32 斯蒂文乃奇新城购物中心建设工程图

3个阶段进行：第1~3年主要是通过重新粉刷、辅助性修缮及必要的重大修建等手段改造沿市政广场和皇后街的建筑形象，同时通过灯光照明、铺地、绿色植物、公共艺术品等的改善提高现状公共空间环境质量；第4~8年为第二阶段，主要是完成百货商店的开发建设和汽车站的搬迁（图4-32）；8年之后进入第三阶段，开发南部地区居住和休闲混合区域及利顿路两侧，拓展火车站换乘枢纽，并考虑环路外围的开发。

3. 结语

斯蒂文乃奇新城中心区更新计划针对现状的土地利用、交通组织和公共空间三个方面的问题，提出了目标明确的改进措施：土地利用方面强调混合用途以及各种功能之间的互为补充，以期提高中心区的整体效益；交通组织方面本着可持续发展的理念，巩固TOD的发展模式，试图通过道路环境的改善以及换乘枢纽的开发，改善公共交通质量，鼓励步行和自行车交通，进而减少小汽车的使用；公共空间方面充分重视公共空间的视觉景观质量，并将公共空间作为一个有机的组成部分与建筑物进行整体考虑，形成富有吸引力的空间环境。

作为对中央政府提出的"城市复兴"（Urban Renaissance）和"社区更新"（Neighborhood Renewal）两项政策的积极回应，斯蒂文乃奇地方政府希望以中心区更新计划为契机，推动整个新城地区的经济发展。但是，计划能够在多大程度上付诸实施并取得成功，却是一个值得思考的问题：首先，斯蒂文乃奇新城所在的区域并不属于英格兰东部地区的三个优先发展区域之一，缺少充裕的资金将是斯蒂文乃奇新城更新面临的首要难题；其次，从目前的发展状况来看，斯蒂文乃奇新城离自我平衡的目标仍旧很遥远，每天大约39%的就业人员需要到伦敦以及其他地区上班；再者，更新计划提出要大力提高零售商业及休闲服务设施的档次与规模，而斯蒂文乃奇新城内部是否有足够的内生需求来支持这些设施的开发则有待观察。

三、哈尔顿（包括伦康新城）的开发建设及其未来发展

1. 概况

1964年4月确定了在北柴郡（North Cheshire）的一个29.30km²（7234英亩）的范围内，规划建设伦康新城，其中包含了伦康地方行政区。它位于曼彻斯特（Manchester）和利物浦（Liverpool）之间，靠近三条主要的高速公路，以及曼彻斯特国际机场和利物浦港（图4-33）。

伦康新城的规划建设目的在于为若干中心城市的人口和就业疏解服务。与大多数英国早期的新城不同，在伦康新城规划区的范围内已经存在一个相对成熟完整的城镇，这就产生了一些特殊的问题。新城的总体规划由阿瑟令教授（Professor Arthur Ling）负责，他注意到新旧伦康要作为一个整体来发展的问题。按当时的规划，至1981年伦康新城的人口规模将达到7万人。

伦康新城的规划和建设曾引起英国内外的广泛注意，世界各地的许多建筑师和规划师们曾慕名而来，伦康新城的规划建设经验在许多地区产生了影响。

2. 规划布局

（1）道路

伦康新城的道路系统由两部分构成，主要部分是围绕城市的快速路，成8字型（图4-34）。城市的机动车道路能便利地达到居住区、商业区和工业区等，同时也能满足过河交通流量的不断增长。第二部分则是公共交通的汽车专用道。在这个道路系统里，其他机动车辆都

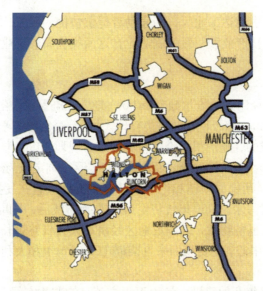

图 4-33　哈尔顿区位图——伦康（Runcorn）和瓦德尼斯（Widnes）

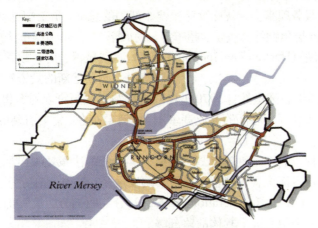

图 4-34　伦康和瓦德尼斯的道路系统，2000'

被禁止进入。在公交专用道与其他一般道路相交的地方，信号灯会自动让公交车先行。新城里90%的居民都居住在距离公交车站几分钟的步行距离范围内。这是伦康新城规划的一个重要特点。

(2) 住宅

伦康新城的住宅是由新城开发公司根据当时的最新居住理念建设的。当时一致的认识是不应该有高层公寓，尤其是有孩子的家庭其住宅应带有花园，有树丛、灌木和活动场地。在居住者的步行范围内有社会服务设施和购物设施。住宅可以有多种选择，私人开发商也参与了许多不同基地的建设住宅。

(3) 产业

在伦康新城开发了两个大的新工业区：埃斯特姆尔（Astmoor），在曼彻斯特（Manchester）运河河边，设有100个企业，大多数规模可观；另一个是白宫（Whitehouse），有几家大企

99

业入驻。公共交通线路也通达工业区，为通勤者提供快捷的服务。伦康新城还设有一个企业园区，用以发展高科技产业和一般的制造业。这两类性质的企业被安排在园区内的两个不同的区域。

3. 中心区的发展

现在的伦康新城已经回归给哈尔顿（Harlton）地方政府管理。哈尔顿行政区包括瓦德尼斯（Widnes）和伦康（Runcorn）两个镇，共有3个中心，分别服务于相应的社区。伦康新城是在1960年代逐渐形成的，随后根据伦康新城的总体规划（1967年）建设了伦康的新中心区——哈尔顿里（Harlton Lea）购物城。而伦康老中心区，则定位为伦康西北部的分区中心。

自19世纪末以来，瓦德尼斯镇和伦康镇的老中心区一直在发挥作用，满足了两个城镇的经济和人口发展的需求。1960年代将伦康扩建为新城后，人口剧增，所以需要建设第三个中心区——哈尔顿里购物城，以满足地区经济和社会日益增长的需求。最初设想是建一个封闭式的室内购物中心，主要吸引来自柴郡（Cheshire）和大利物浦地区（Merseyside）的购物者。

伦康新中心于1971年开始建设，有50万平方英尺的购物空间，基本上布置在一层，有4个多层停车场，按设计可容纳2400辆小汽车。在哈尔顿里设有政府的教育理事会、社会服务理事会和环境服务理事会，以及教育和就业部门的总部，员工超过400人。附近还有伦康警署和地方法院、哈尔顿综合医院、超市等。发展至今，三个中心区均存在一些问题。首先，哈尔顿里购物城（Harlton Lea Shopping City）日益显得过时，缺乏现代化设施，未能满足居民日益提升的消费需求。其次，伦康旧镇中心区缺乏新的投资和发展机会，面貌依旧。再者，瓦德尼斯中心区虽然自1970年代以来得益于相当可观的零售商的发展，却越来越受到来自邻近的沃林顿中心区的商业竞争压力，日益失色，需要有新的投资和公共开发，诸如新的道路和步行街区的建设。

这三个中心区都亟需实施更新计划，要有公共投资的决策及吸引私人资本的进入，但这三个中心区在投资方面应各具特色，互不影响发展。2003年已制定了哈尔顿中心区复兴战略（Harlton Town Center Regeneration Strategy）分为四部分，第一部分为总体战略，后三部分为分别针对三个中心区的具体战略部署。

附：哈尔顿（Harlton）中心区复兴战略规划

1. 规划目标

（1）总体目标

哈尔顿中心区复兴战略的总体目标为：提升哈尔顿中心区的活力和发展能力；为各中心区的未来发展创造更多的机会；提高吸引力、可达性、舒适性；改善中心区的管理和协作。

（2）分区目标

明确三个中心区和各邻里中心的不同角色和功能。

瓦德尼斯中心区（Widnes Town Center）——开发更多的商业、娱乐和增进商业投资，充分承担作为一个城镇中心区的职能，服务于比现状更广阔的范围，但又不对伦康的老中心区和哈尔顿里购物城（Harlton Lea Shopping City）的功能造成损害。

伦康新中心区（Runcorn New Town Center），即哈尔顿里购物城（Harlton Lea Shopping City）——完善购物城的现状设施，继续南环地带的开发，充分展示作为伦康和周边地区的主中心区的魅力，但又不对伦康的老中心区和瓦德尼斯中心区的功能造成损害。

伦康老中心区（Runcorn Old Town Center）——主要通过对零售业、娱乐和教育、艺术等设施的投资，使其得到更新，完善作为一个老集镇中心的多重功能，具备独特的吸引力；同时兼作为邻近居住区的分区中心。

邻里中心（Neighborhood Centers）——通过更详细的评估，优化各邻里中心，保证各自的商业服务功能，满足各自周边居住区的服务需求。

2. 政策背景

对战略的政策背景主要从中央政府、区域、郡府、地方四个层面来分析。

(1) 中央政府层面

中央政府指导城镇中心区建设的规划政策引导（Planning Policy Guidance，简称PPG）主要有两条。一条是关于城镇中心区商业发展的引导，另一条是关于交通发展的引导。

商业发展的目标：保持和提高中心区的功能和活力。中心区应该服务整个社区，是商业开发的核心区，其生机和活力应该基于商业及服务设施的数量、质量和范围。要完善和提升现有设施，充分利用空地，保护历史性建筑和城镇风貌，提供一个清新、安全和有吸引力的环境。服务便利、管理良好，具备各种活动条件、兼容多种性质等，对于中心区的发展有着极大的重要性。

政府特别强调，要提高对中心区管理的有效性。公共参与可以增强市民的自豪感，有利于增加投资商和经营商的信心。修正后的商业发展引导则更多地强调地方政府在开发过程中与私人开发商协同，进行有效的合作开发。

交通发展的基本前提是减少交通需求，尤其是小汽车。这要求通过增加步行、自行车或是公交等选择，而不是增加小汽车。尤其强调在中心区要布置一些住宅建筑，保持和发扬现有中心区的活力。引文中还提到娱乐设施应该集中在中心区，影剧院之类的娱乐设施可以增加晚上的活力。

(2) 区域层面

区域层面引导则指出，开发规划应该包括维持和提高中心区环境的政策，提倡高标准设计，为新的投资提供良好的环境。同时还提出有必要与有共同利益的机构就未来经济、物质和社会等方面的发展共同制定长远的战略。

(3) 郡结构规划层面

柴郡的结构规划（1992）指出，中心区的发展是地方经济发展的关键点。规划中确立了指导中心区未来发展和保持中心区的特色、功能和地位的政策。

(4) 哈尔顿地方规划

哈尔顿地方规划（Harlton Local Plan）的一个主要目标是更新中心区。通过步行街和设立交通安静区来改善商业区，通过交通管理来增加可达性；保持主要的沿街商业，增加休闲娱乐设施和做好商业区的规划设计。在地方规划中还有其他的相关政策，诸如商店门面、广告等城市设计问题，都直接与中心区战略相关。

1993年哈尔顿地方政府制定的经济发展战略中包括了刺激经济的政策、经营管理的政策、应对失业的政策。与中心区直接相关的是关于刺激新的办公和商业开发的政策。

3. 行动规划和资源

行动规划（Action Plan）是在所有的战略设想都通过后制定的，是建立如何贯彻这些战略的措施，需要说明每个提议将如何操作和筹集资金。

行动的关键资源是资金和人力。资金可以直接来自于中心区，或来自中央政府及欧盟基金。哈尔顿地方政府的资产和税收计划也有着重要的作用。

官方资助对开发的成功和中心区的改善计划是至关重要的。主要的公共资助有：

（1）欧洲区域发展资金（European Regional Development Fund，简称ERDF）。哈尔顿能获得这类资金是因为受工业萧条的严重影响，是以官方批准的形式针对项目需求，集中投资在那些能产生新的就业岗位项目及有助于中心区更新的基础设施。

（2）单项更新预算（Single Regeneration Budget，简称SRB）。这部分资金由政府的区域机构管理，这项资金通常是用来吸引其他公共和私人的投资。资金通过投标得到保证。合作一般由公共的、私人的和自愿者共同形成。涉及新的商业开发、城镇风貌保护、环境改善等项目。

（3）交通政策和计划（Transport Policies and Programme，简称TPP）。这是每年用于鼓励交通部门制定交通供应保障计划的资金。瓦德尼斯和伦康中心区的交通计划，包括道路增建和公共交通发展，都是其中的组成部分。

（4）其他资金来源。以上都是关于实际的项目。资金也可以通过软开发，比如商业经营来获得。这类资金可能来自专项更新预算（Special Regeneration Budget，简称SRB）、顾问支持、就业安排、郡政府对商业企业的投资、公司借贷等。欧洲社会基金（European Social Funds，简称ESF）也是哈尔顿的建设资金来源之一。

4. 实施的具体目标

（1）保护各中心区的商业中心功能

各个商业中心的开发不允许严重影响到其他中心区的商业活动；不允许中心区外的商业无序开发，相互影响，或冲击哈尔顿中心区的商业。这项政策主要通过地方规划的开发控制来贯彻。

（2）平衡因哈尔顿之外的其他商业中心的发展所造成的商业损失

提高哈尔顿中心区商店的数量和质量，提升商业环境；确保新的零售商业的开发，加强各中心区的零售核心；鼓励金融机构及其他服务机构入驻中心区，鼓励共同发展。将通过地方规划的控制性政策来贯彻。

政府许诺的中心区战略能给投资者以信心。与私人开发商和零售商在中心区发展战略中形成合作关系，可以带来更多的投资。

（3）各中心区成为社区活动的核心，使得购物街区充满人气

提高休闲和娱乐开发的水平；在合适地段允许开设饭店、酒吧和俱乐部等；促进在商店上层开发住宅；促进在闲置地和再开发地段进行居住、零售和办公等的混合型开发。

通过政府和未来的开发商一起制定计划，来实现政府的规划目标和经济发展目标。如果资金允许，政府可以运用强制购买权力来获得土地，并获得援助资金。

（4）更新中心区的建筑和基础设施

选定和推进陈旧建筑、废弃建筑以及闲置地块及功能不适地段的再开发；鼓励对陈旧过时的零售商业建筑进行修缮或做外观装修。对于有再开发潜力的空置建筑和地段应该制定再开发计划及设计规则。

（5）提高中心区及中心区内部的交通可达性

确保中心区观光购物者有足够的停车位；完成瓦德尼斯和伦康老中心区的交通循环系统；在瓦德尼斯和伦康老中心区的购物街扩展步行和交通安静区。

(6) 提高公共空间和新建筑的质量

强化环境维护制度的执行，保证中心区的环境洁净及公共空间在政府的掌控之下；确保中心区的新建筑在设计和材料上的最高品质；美化街道景观，包括停车场、街道设施和景观小品等。

地方规划的建成环境政策和开发控制是确保新建筑的高质量的主要机制；开发和设计规则将对特殊地段的设计提供更详细的引导。

(7) 提高安全性，降低犯罪率

调查电视监控的状况，尤其针对购物者和停车场；确保所有步行街和购物街的照明标准；确保新开发满足警方的安全要求；要制定提高中心区安全性的行动规划。

(8) 建立中心区管理的组织体系，与其他方面主体合作实施中心区战略

建立"哈尔顿中心区讨论会"，这是一个由公共和私人参与，并加上中间机构诸如城镇经济委员会、商业联合会和商业会所等组成的一个高层次联盟。其目标是：①推动哈尔顿中心区的形象建设，以吸引新的投资；②支持公共资金的引入；③为公共和私人的合作制定战略和对策；④鼓励私人合作者更积极地支持中心区的活动。

政府呼应"哈尔顿中心区讨论会"的支持，建立工作小组，并在公众和私人开发商之间建立对话机制。

5. 伦康新城中心区的复兴战略

伦康新城中心区——哈尔顿里购物城的发展战略目的是加强其作为伦康主中心的功能，积极面对区外的商业竞争，同时又不能对伦康的老镇中心区造成损害。

新城中心区在规划中定位为"社会和文化生活的天然聚集场所"。但是，在1971年11月第一批商店开业以来，除了购物和办公之外很少有其他设施的开发。在购物中心北边，有图书馆、警署和法院，但几乎没有教育、娱乐、休闲设施。

哈尔顿里购物城目前主要是一个封闭式购物中心，及多层停车场和北部的办公、图书馆、法院和警署等机构。这是因为后期的开发不再局限于最初的结构和意图，在地面不再以步行街联系。中心区成为很多毫无关联的功能组合在一起的实体。其南环地带的开发对于弥补这些不足是一个机会。

新城中心区复兴战略的目标是综合、改善、高效、提高和发展。具体为：①综合，即把不同功能角色的机构综合融入新城中心区的运营，这对于中心区整体的成功是关键的；②改善，即对所有认识到的不足加以改进，使得中心区在将来变得更加美好；③高效，即运营良好的中心区可以高效率地展现它的生命力和活力；④提高，即尽量了解中心区潜在的顾客，并尽量把他们吸引到中心区来，以扩大中心区的影响力；⑤发展，即该战略应该对中心区内部和周围地区如何发展提供原则性指导。

6. 伦康老中心区的复兴战略

哈尔顿地方政府在更新伦康新城中心区的同时，更关注老镇中心区的改造及振兴。自1960年代新城建立以来，伦康老镇中心区的作用已逐渐弱化。因此，必须逆转衰落的情势，恢复以前的繁荣的面貌。复兴战略主要解决在分析研究中已经提出的问题，对各方面的利益予以公平对待，并争取获得专项更新资助。

行动规划应该在战略一旦通过后便进行准备，建立起如何实施战略的具体步骤，包括各项建议如何开发和投入资金，区分短期和长期项目，明确资金来源和实施的合作伙伴和机构。

(1) 背景

在伦康新城建设前，老镇中心区是原先伦康居民的主要购物地，有各种小商店、酒吧、饭馆和影院，也有商务办公和娱乐休闲设施。今天，伦康老镇中心区作为分区中心主要服务于伦康西北片。中心区的规模超过了当年总体规划所确定规模，中心区的交通、商业和居住等基本按规划实施，但一条主要大街（Regent Street）却没有得到进一步开发。其他的一些设施，包括酒吧、游泳池和图书馆、健身中心等，以及社区中心等社区服务设施，都没有按规划建设到位。

最近已经采取多种措施改善老镇中心区的状况，还有一些项目处在规划阶段，并先后获得过英格兰联盟投资引导基金（English Partnerships Investment Guide Fund)(1995/1996年度），专项更新预算（SRB）资金（1996/1997年度）等外部资源。

(2) 战略目标

伦康老镇中心区的定位是分区中心，是新城中心区——哈尔顿里购物城低一级的次中心，在规划中也将保持这一定位。老镇中心区的规划目标是：通过对零售业及娱乐、教育、艺术等设施投资，使其得到更新，完善功能，具有独特性及吸引力（伦康老镇中心区战略目标系列表）。

从所制定的目标内容中可以看到，为了制定和实施伦康老镇中心区的复兴战略，哈尔顿政府已做了大量的准备工作。

目标1：维护和改善中心区的吸引力和设施

目　标	主要参与者	资金来源
1.1 保护购物街区和设施——教堂街和瑞简特街区	哈尔顿行政区政府	地方当局预算
1.2 扩大购物区——教堂街、瑞简特街和高街街区	哈尔顿行政区政府	专项更新预算
	哈尔顿发展联盟	英国联盟资金
	土地所有者	私人资金
	私人开发商	
1.3 再开发现状市场	哈尔顿行政区政府	专项更新预算
	哈尔顿发展联盟	地方当局资金
	土地所有者	英国联盟资金
	私人开发商	私人资金
1.4 保护商务区——高街街区	哈尔顿行政区政府	已有的地方当局预算
1.5 开发新商务区	哈尔顿行政区政府	专项更新预算
	土地所有者	英国联盟资金
	私人开发商	私人资金
1.6 开发新的娱乐设施	哈尔顿行政区政府	专项更新预算
	土地所有者	英国联盟资金
	私人开发商	私人资金
1.7 改善居住区、开发新住宅	哈尔顿行政区政府	专项更新预算
	私人开发商	私人资金
	住房协会	住房协会资金
1.8 图书馆建设	哈尔顿行政区政府	地方当局预算
	柴郡政府	

目标2：提高中心区和中心区内部的交通可达性

目　　标	主要参与者	资金来源
2.1 道路系统	哈尔顿行政区政府	高速公路预算
	柴郡政府	交通政策和计划
		专项更新预算
2.2 部分步行街重建	哈尔顿行政区政府	交通政策和计划
		专项更新预算
2.3 重新设计公交	哈尔顿行政区政府	专项更新预算
	私人	私人资金
2.4 公交环境改善	哈尔顿行政区政府	专项更新预算
	公交运营商	私人资金
2.5 站点改善	哈尔顿行政区政府	专项更新预算
	英国铁路部	
2.6 整体的交通可达性	哈尔顿行政区政府	专项更新预算
	私人	私人资金
2.7 改善步行线路	哈尔顿行政区政府	专项更新预算
	私人	私人资金
		地方当局资金
2.8 自行车通行和停车	哈尔顿行政区政府	私人资金
	私人	地方当局资金
2.9 小汽车停车	哈尔顿行政区政府	专项更新预算
	私人	私人资金
		地方当局资金
2.10 信号灯	哈尔顿行政区政府	H.B.C资金
		专项更新预算

目标3：提供一个安全、有魅力的中心区环境

目　　标	主要参与者	资金来源
3.1 城市设计导则	哈尔顿行政区政府	地方当局预算
	私人开发商	
3.2 整洁计划	哈尔顿行政区政府	地方当局预算
3.3 街道设施	哈尔顿行政区政府	地方当局预算
	私人开发商	专项更新预算
		欧洲区域发展资金
		私人资金
3.4 建筑更新	哈尔顿区政府	专项更新预算
	所有者	私人资金
3.5 闲置建筑的再利用	业主和开发商	私人资金
3.6 景观和种植	哈尔顿区政府	地方当局预算
	私人开发商	专项更新预算
		私人资金
3.7 盆栽	所有者	私人资金
	哈尔顿区政府	
3.8 安全性	哈尔顿区政府	专项更新预算
	警署	私人资金
	私人	
3.9 入口	哈尔顿区政府	专项更新预算
		地方当局预算

目标4：提高和改善中心区的积极性

目 标	主要参与者	资金来源
4.1 城市设计导则	所有利益者，包括商人、政府、商务人员、开发商、志愿者	地方当局资金
4.2 中心区导则、信息快递	哈尔顿行政区政府	地方当局资金
	中心区专组	专项更新预算
		广告税收
4.3 训练人才	哈尔顿行政区政府	欧洲社会基金
	哈尔顿大学	私人资金
	私人	
4.4 活动/娱乐	哈尔顿行政区政府	地方当局预算
	私人	私人资金
4.5 促进投资	哈尔顿行政区政府	地方当局预算
	私人	私人资金

四、密尔顿·凯恩斯的开发建设及其未来发展

位于伦敦附近的密尔顿·凯恩斯新城是20世纪英国建设的规模最大的新城之一，属于英国第三代的新城，也是最晚开发建设的新城。密尔顿·凯恩斯新城于1967年开始规划设计，1970年在勒韦尔文·戴维斯（Llewelyn Davies）的领导下完成规划，1971年开始由新城开发公司实施建设，1992年开发公司撤销之后，开发公司的所有资产，包括未开发土地，都移交给了新城委员会，1999年又交给新城委员会的继任者——英格兰联盟。密尔顿·凯恩斯新城是在3个小镇的基础上发展起来的，地区原有人口4万，1970年时的规划人口规模25万。2002年实际人口达20.9万，建成区总面积88.8km²。

1. 新城选址和规划

密尔顿·凯恩斯新城距英国的两个最大城市伦敦和伯明翰（Birmingham）的距离分别为1小时和1小时50分钟汽车路程，还临近世界著名的大学城牛津（Oxford）和剑桥（Cambridge）。牛津有汽车制造厂，剑桥有许多高科技产业及软件开发公司。因此，将密尔顿·凯恩斯新城的位置确定在伦敦、伯明翰之间的中点以及牛津和剑桥之间有很多好处。以密尔顿·凯恩斯新城为中心，在1小时汽车路程为半径的地区内，约有800万人口。与其他新城相比，密尔顿·凯恩斯新城更具有长远发展的潜质，它的选址既座落在大城市群中，也植根于未来的发展机会之中。

当时的密尔顿·凯恩斯新城规划是希望创建一个具有相当大的灵活性、可根据经济发展变化进行调整的新城，因而所需要的不是终极式的蓝图规划，而是一种结构型和策略型的规划，这个规划能创造各种机会和为未来选择留有充分的余地。

这一规划的另一目的在于实现平衡和多样性，包括物质和社会两个方面，新城范围内居住用地和就业用地相互配套的耦合式分散布局，使人们可以便捷地进入工作区，实现交通组织的平衡。在社会平衡和多样化方面，主要是通过混合居住，消除社会隔离来实现规划的既定目标。

2. 新城的建设

密尔顿·凯恩斯新城（图4-35）是在平坦的农业地区进行开发建设的。在1970年代的开发初期，决定不使用城市轨道交通，当时汽车已是一种主导的交通方式。规划引入了美国洛杉矶的网格道路布局模式，每个网格1km²，即每1km有1个交叉口，1个网格就是1个社区，路网中的道路两旁种有行道树。规划要求住宅的高度不高于树高；所有基础设施管道沿路设置，管线埋入地下。商业用房（包括办公楼）一般不高于6层。新城建有步行道（含自行车道）网络系统，全长约30km，实现了机非分流。

密尔顿·凯恩斯新城非常注重景观设计，力图提高新城的吸引力，并创造新城的标志性景观。整个新城中的公园用地占了总用地的20%，设计了成线型的公园，串联成片。公园内有湖面，排水渠穿过社区，雨水通过排洪渠汇入湖面，再排放至河流。新城采用这样的处理，有利于排水，湖面还可供休闲、娱乐使用。

在密尔顿·凯恩斯新城的首期开发中，把原有的3个小镇联系在一起，使新城开发与老城改造相结合，并有效地组织了分期实施。新城早期开发的住宅以简约和经济为主，要在价格方面体现出比伦敦等大城市有优势，以便能吸引低收入者购买和入住。

新城很注意环境质量控制，如在住宅区外围设停车位，在住宅区内部禁停汽车，已免受汽车干扰；住宅建设中均考虑朝向；住宅的供暖收费低廉。

到1980年代，在密尔顿·凯恩斯新城兴建了火车站，并建起了欧洲的第一个美国式的购物中心，使这座只有20万人口的城市每周能吸引60万人次的购物。在未来的发展中，除了继续开发住宅外，新城还将建设新的购物中心、戏院，以及欧洲最大的人造滑雪场，并举办建筑展览会，从而使这座城市更具活力。

3. 新城的规划特征

密尔顿·凯恩斯新城总体规划的制定是一项复杂且艰巨的任务。它经历了很多程序及争议，有一支专家队伍在为之工作，涉及到很大范围的学科交叉。这里说明几个突出的问题。

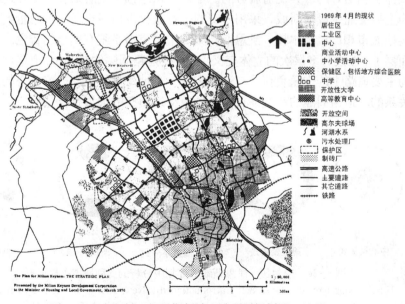

图4-35 密尔顿·凯恩斯新城土地利用规划图，1967

(1) 土地使用和交通模式

密尔顿·凯恩斯新城的最初的规划目标是建一个25万人口的城市，面积约22000英亩（约8900hm²），地形大致呈方形。城市的规模、形状和密度决定土地利用和交通方式。规模和形态是由规划设计决定的，其中密度是需要决策的主要问题。对于净居住密度，规划采用的是平均8户/1英亩（约20户/hm²），这是一个偏低的指标。而对于其他用地，则基本采用其他新城的标准。因此，密尔顿·凯恩斯新城的总用地需要有22000英亩（约8900hm²）。

在规划的制定过程中，通过对5种城市形态（图4-36），即中心模式、周边模式、中心周边模式、两端模式和分散模式作比较，分别计算所有居民从家到上班点的出行距离，以及满足这些出行所需的道路长度，每种城市形态模式的便捷程度及道路投资费用。分析的结果是建议采用就业岗位分散的模式，因为无论是建设费用还是便捷程度，这种模式都是最具优势的。

因此，密尔顿·凯恩斯新城内的就业岗位和服务中心分散在很大的范围内，给人们提供了较多的自由选择余地。其中主要的大企业在大范围内选址；而小型企业则在居住区内布置，以便于为妇女提供就近上班的便利；综合医院、高等院校等大型服务设施，一般布置在远离市中心的区位。

(2) 公共交通和道路

在密尔顿·凯恩斯新城的规划中，考虑过包括轨道交通在内的各种公共交通方式。分析表明，如果让居民在出发点自由选择交通方式，则约有20%的出行将选择公共交通。选择出行方式完全取决于"门到门"的相对时间。对于公共交通，它必须是灵活的，能深入到各个角落，尽可能服务所有生活在这座城市的人们。通过分析计算乘客容量、出行时间、公共交通车型及费用的关系后发现：公交汽车的费用将随着车型的加大迅速减少，最适合的为容纳25~30个乘客的车型。深入的研究表明，如果定价合理和采用小公共汽车，是可以在新城提供相当好的公共交通服务的。但是，密尔顿·凯恩斯新城最终还是成了一座以小汽车为主导交通手段的新城，采用公交的出行量仅占新城交通出行总量的10%。

与其他城市相比，密尔顿·凯恩斯新城的主要道路系统有明显的特色。它的主要道路都在地面层上，但设有多层次的立体交叉点，主要道路间隔约为1km。道路间隔的设定很重要，因为主要道路上的交通负荷是与开发密度、土地使用性质、道路围合的面积有着一定的比例关系的。道路间隔的小变动可能会导致交通负荷的大增加。

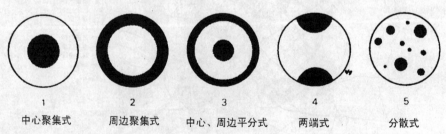

图4-36 密尔顿·凯恩斯新城规划中分析的5种城市布局形态

图片来源：Hazel Evans (edited), Peter Self (introductioned), New Town —— the British Experience, the Town and Country Planning Association by Charles Knight & Co. Ltd. London, 1972

(3) 公共活动中心

公共活动中心一般指集中布置学校、文化活动、商业购物和其他公用设施性质的地区。密尔顿·凯恩斯新城的公共中心设置摒弃了按等级设置及与邻里单位相对应的观点。公共中心不再设置在邻里的中心区位，而是位于居住区的边缘，交通流的节点上，一个中心往往可为两个或多个居住区所共享（图4-37）。同时，在每个家庭的步行范围内都会有两处或两处以上的公共活动中心。因此，不必拘泥于公共中心的等级和绝对均衡性。

在各个中心的具体内容设置上，也不用面面俱到，而是各有特色，相互弥补。同时，还考虑公共建筑的景观效果，注重了沿主要道路的建筑形象，而不是像以往的新城那样将外围主要建筑的背部对着路人和来访者。新的设计手法有助于形成城市的特色和魅力。

4. 密尔顿·凯恩斯新城的启示意义

较之1970年代以前的新城，第三代新城在功能上有了进一步的发展，设施配套进一步完善，远非是作为中心城市郊外的住区。以密尔顿·凯恩斯为代表的第三代新城的规模较大，建立了独立的行政管理机构，可以提供完善的生活服务和文化娱乐设施，适合大规模的住宅区开发，也适于工商业的发展。更重要的是，这样的大型新城可以在一定程度上促进中心城市的经济发展。如密尔顿·凯恩斯与伦敦、伯明翰等大都市在功能上有互补关系，其发展的影响是相互的。第三代新城的另一个特点就是预留了大量土地，为城市今后的产业结构转型和可持续发展提供了空间上的保障。

但密尔顿·凯恩斯新城的实际开发与原先的规划设想也存在着相悖之处。其一，难以组织高效率的公交系统，这也是目前所面临的最大问题，这是由于城市整体范围的耦合式分散布局所造成的。其二，密尔顿·凯恩斯新城虽有完善的人车分流系统，但其设计初衷是以车为本，因而步行系统只能在局部地段发挥作用，难于在大范围内有效组织。其三，仍存在就业平衡的问题，目前密尔顿·凯恩斯拥有2万个就业岗位，本地大约1/3的就业人员仍需要到伦敦等地去上班，另有1/3的就业人员从外地通勤进入，这与原来设想的在城市内部达到居住与就业平衡的目标有很大不同。但客观地看，随着经济社会的发展，这种平衡很难人为控制。最后，密尔顿·凯恩斯新城的现实人口规模为20多万，小于新城建设之初所设定的目标规模。

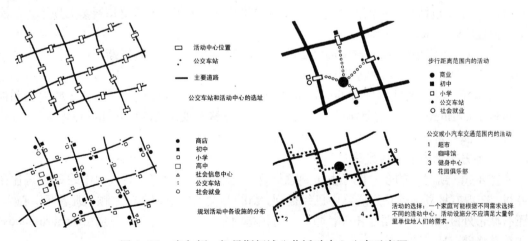

图4-37　密尔顿·凯恩斯新城公共活动中心分布示意图
图片来源：同图4-36

附：密尔顿·凯恩斯地方规划

1. 背景

密尔顿·凯恩斯行政区覆盖密尔顿·凯恩斯新城及其周边的乡村地域，包括了纽珀特帕格内尔（Newport Pagnell）镇、奥尔内（Olney）镇、沃本（Woburn）镇和其他村镇。城市用地大约占整个行政区土地面积的30%，但城市人口占了总人口的80%。

目前，英格兰联盟（EP）行使着规划和管理密尔顿·凯恩斯行政区的权力。1992年前的密尔顿·凯恩斯新城规划和开发政策在《密尔顿·凯恩斯规划手册》中有详细的记载。新的开发与1992年前的规划意图基本保持着一致性。

密尔顿·凯恩斯受到区域结构调整的影响较大，在区域层面上，原来的新城与周边地区的管辖范围不统一。因此虽然早在1997年密尔顿·凯恩斯就已经成为了一个独立的地方行政区，但是到了2001年，因为辖区的调整问题而仍未能制定独立的一体化发展规划（Unitary Development Plan）。此外，由于新城还存在不少未开发的用地，因此保留了新城委员会及其规划权力，并使它成了英格兰联盟（EP）地方管理主体的一部分。

2. 地方规划中的总体战略

随着新城开发公司逐步移交管理权，密尔顿·凯恩斯的第一部地方规划从1990年开始起草，于1995年1月生效。这部地方规划的总目标是：促进可持续发展；与区域的结构规划相协调；落实住宅发展等政策；保证住宅和就业（劳动力和就业岗位）的平衡。

总体而言，密尔顿·凯恩斯地方规划中的土地使用规划基本上与原先的新城规划保持一致，而且符合中央政府的有关发展政策、区域规划引导及上一层结构规划，并符合密尔顿·凯恩斯政府在1999年制定的政策文件（Direction Paper，1999）中所提出的主要目标。

但是，有必要在地方规划中对原有的新城规划范围作出适当的调整。规划中所确定的新开发用地主要集中在城市内最具有持续发展潜力的地区，如密尔顿·凯恩斯中心区、布莱奇雷（Bletchley）和沃尔威通（Wolverton），以及城市周边的四个居住区。

3. 地方规划中的城市战略

在地方规划的制定过程中，曾做过密尔顿·凯恩斯城市地区的容量研究（MK Urban Capacity Study），包括城市范围内还能容纳多少经济住房的开发，还需要拓展多大规模才能满足开发住宅的需求。

关于城市发展潜力和城市发展容量的研究结论，是密尔顿·凯恩斯政府在拓展城市空间和安排绿地时一贯坚持的原则依据。

密尔顿·凯恩斯地方规划的城市战略目标是：促进可持续发展，满足区域规划和郡（Buckinghamshire）结构规划中的住房发展及其他政策要求，保证住房和就业需求的平衡。这些目标都关系到城市新开发的决策和选址定位。

4. 地方规划中的乡村战略

密尔顿·凯恩斯的乡村地区占了到总行政区土地面积的70%，总人口中的20%居住在乡村。在地方规划中的总体战略中已经提到，新的开发主要集中在密尔顿·凯恩斯中心区，还有城市外围的四个主要居住区，即纽珀特帕格内尔、奥尔内、沃本桑兹（Woburn Sands）和汉兹洛普（Handslope）。

乡村战略的目标是：促进密尔顿·凯恩斯的可持续发展，保障城市未来发展的环境需求；在城市外围提供新开发及设施所需要的用地；在乡村增建一定的新住房，提供和改善乡村的设施，支持农村地区的发展；保护广大乡村地区的环境，新的开发要集中，并结合已有的居住点。

乡村战略除了要与已有的上级政策文件和规划政策保持一致外，还要依据其他文件和研究报告，包括乡村白皮书（Rural White Paper, Our Countryside: The Future — A Fair Deal For Rural England, November 2000）、乡村议程报告（Planning Tomorrow's Countryside, September 2000）、密尔顿·凯恩斯环境特征研究（MK Landscape Character Study, October 1999）以及有关于乡村地区生物环境等的调查评估报告等。

5. 地方规划的中心区战略

密尔顿·凯恩斯中心区战略的范围覆盖了密尔顿·凯恩斯行政区内主要的商业中心，包括城市外围的德斯通尼斯特莱弗特（Stony stratford）、沃尔威通和布莱奇雷等的老商业中心；还包括了新区中心，即金斯通（Kingston）和西克劳福特（Westcroft）中心（图4-38）。

密尔顿·凯恩斯作为英国最大规模、发展最快的新城，在其规划中坚持和体现了诸多的特点：原先的一些地方中心发展成了新城市的中心区；中心区较原先传统模式下的商业区能容纳更多新业态的商业；所有中心区交通可达性得到了加强，且不再局限于小汽车交通；规划确保各个居住区与其各自的服务中心的距离控制在500m之内；自新城开发以来，根据各地区的人口增长及新的开发，定期作阶段性的商业策划，提供相应等级的购物设施。

密尔顿·凯恩斯中心区和商业区的未来发展目标是：保持和提升城市中心区及各乡镇中心的活力，促进各类中心区的商业发展；鼓励小汽车之外的其他交通工具的使用；在中

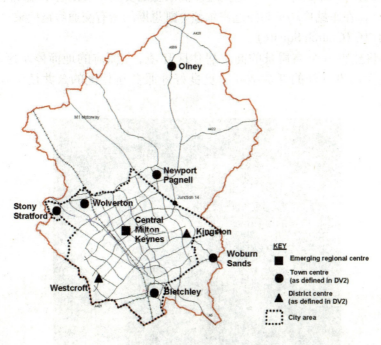

图4-38　密尔顿·凯恩斯行政区主要商业中心分布
图片来源：密尔顿·凯恩斯地方规划调查文件(2003年4月)

心区倡导混合功能的用地开发；保护和改善传统的乡镇设施；确保新开发的居住区的500m步行范围内有服务中心。

近年来，密尔顿·凯恩斯各中心区的商业发展相当迅速。1993年至2002年之间10年，商业区的占地规模从42万m^2增加到了58万m^2，增长了近40%。地方规划预计密尔顿·凯恩斯行政区的人口将从20.9万人（2002年）增加至24.8万人（2011年）。随着人口的增长，需要有更多的商业面积。这将包括50000m^2的购物中心面积，3400m^2的便利店面积，9000m^2的餐馆和咖啡店等面积，其他各种办公用房、休闲设施、社区机构以及高档次商业设施等的面积也将增加。

在沃尔威通、德斯通尼斯特莱弗特、纽珀特帕格内尔和布莱奇雷等传统商业区，都根据各自的人口增长和商业发展趋势，制定了各自的中心区复兴或发展计划。

6. 密尔顿·凯恩斯中心区总体规划方案

（1）交通换乘

建设新的交通换乘点，其配套的各项服务设施应该向旅客提供所有的便利服务和交通实时信息，使得密尔顿·凯恩斯与周边地区联系的火车、城郊巴士、小汽车、城市公交等各交通工具之间的换乘非常便捷。

（2）休闲设施

人口的增加，新的居住区建设，都需要配以新的运动和休闲设施。位于城市中心的曲棍球馆（Hockey Stadium）的建设，将增添高质量的运动休闲设施。

（3）城市中轴线——仲夏林荫大道（Midsummer Boulevard）

仲夏林荫大道将成为密尔顿·凯恩斯中心区的中轴线，以公共交通和步行系统连接火车站与坎贝尔公园（Campbell Park）这两端。高质量的交通系统沿着中轴线连接了中心区的所有主要节点，在车站广场可与经过密尔顿·凯恩斯的所有交通线路换乘。

（4）教堂广场（Church Square）

教堂广场将建设一个高质量的商务居住区环境，在原有的地面停车区开发商务居住用房。在教堂前设置新的开放空间，更良好地服务居住区的公共活动和教堂活动。

图4-39 密尔顿·凯恩斯城市中心区现状鸟瞰

通过步行可到达撒克逊大门（Saxon Gate），使商住与城市站点之间的交通可达性得以改善。

(5) 高科技教育和企业

购物中心的北部将逐渐转变为企业科研区。将建设一个高科技教育机构，并吸引其他科研机构和企业的入驻。

(6) 新建停车设施

新建环形的多层停车库，将为中心区的高密度交通活动提供便捷的停车条件。各种信息提示牌将引导各个方向的驾车人就近驶入停车库，以及告知停车位情况。商务区的停车场将直接连接新城的网格状道路系统。中心区购物和企业的停车都可以便利使用已有的和新建的停车设施。另一方面，通过中心区的公共交通将减少中心区内的小汽车使用量。

(7) 新建主要街道

仲夏大道，位于撒克逊大门的东侧，以公共交通和步行为优先，将成为密尔顿·凯恩斯的最具景观效果的大道。取代原先地面停车区的将是新的零售商业和娱乐设施，并有一条适合步行的街道，鼓励行人充分体验城市中心区。商业大厦连接塞克罗大门（Secklow Gate）的天桥将被拆除，这将有助于商业区展示其新面貌。

(8) 公园北区

新的居住区和商业建筑沿埃弗贝利大街（Avebury Boulevard），形成坎贝尔公园（Campbell Park）的新界面，并在此建设新的宾馆和社区设施。北部的重点在于保护城市的历史遗迹和延续老颇特街（Portway）的东西向灌木篱墙。

(9) 坎贝尔公园

坎贝尔公园作为20世纪欧洲的最好公园之一，规划目标是尽可能地为密尔顿·凯恩斯的居民所享用。新的南北轴线将提高公园的外部联系性。建议在公园安排更多的艺术展、家庭游戏、签名活动和艺术走廊等公共活动。

(10) 与威林(Willen)的联系

重新整修跨运河（the Grand Union Canal）桥，使至威林湖的步行交通变得便利。

(11) 运河沿线

沿运河边将建设一个新的休闲娱乐区，并混合住宅、办公的空间。咖啡馆、饭店和游憩码头的建设将给密尔顿·凯恩斯的旅游增添新的景观，并为当地居民的生活提供新的休闲去处。从中心区有公交延伸至这一片区。

(12) 公园南区

在公园的南部将进行新的混合型居住邻里开发。面向公园的部分尽量开敞。步行系统将直接联系到运河边和中心区。

(13) 坎贝尔高地

坎贝尔高地（Campbell Heights）的新住宅开发将成为公园地区的一个地标。

(14) 坎贝尔公园的主要新入口

新建一座更宽敞的桥，联系宁静的坎贝尔公园和繁忙的城市中心区。公园将构建一种有别于仲夏大道的新的文化景观来吸引参观者。相对于公园，购物大厦、宾馆、饭店和住宅将塑造鲜明的天际线和突出的景观效果。

(15) 景观

公园和城市中心区的景观整体化是提升中心区整体环境质量的重要关键，加强公园和中心区步行系统的联系性也是塑造环境整体性的途径之一。

(16) 市民引以为豪的城市核心区

城市核心街区的沿街面主要为购物、艺术、娱乐设施，上层为居家办公。街道、广场和拱廊的设计都要有助于鼓励步行。新的市民广场是一个重点——它将提供一个亲切、便利的市民和社区活动中心；一个开放式的，具有学习、训练、信息和交流等的永久性公共场所。

(17) 交通设施的改善

积极改善中心居住区的原有交通设施，在南北两排建筑之间建设新的停车场，沿街加强照明和地面质量，以提高道路的短捷和安全。同时，必要的地方增设桥梁或地下通道，以鼓励人们在中心区内的步行交通。

(18) 中心区入口

进入中心区的主要道路入口都将以明显的地标建筑予以强调，并设置入口标志以增强进入中心区的感觉。

(19) 中心商业区

已有商业区的功能将通过提高核心区的公共交通而得到加强。商业中心的关键项目是新的展览和会议设施，包括宾馆、短期办公和

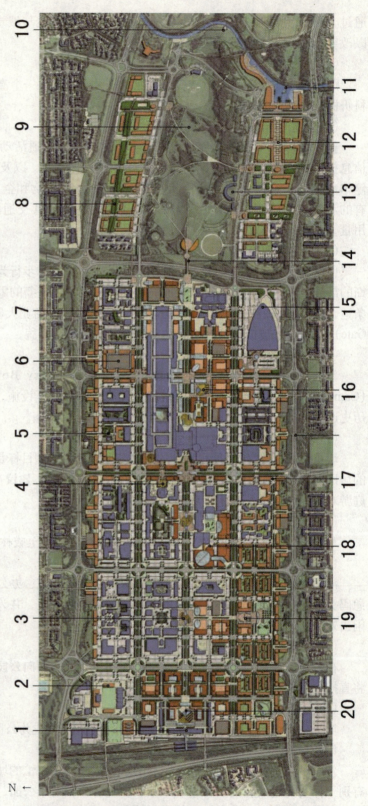

图 4-40 密尔顿·凯恩斯城市中心区总体规划方案

住宿、艺术展示等设施，目的在于提高中心区服务功能的多样性。

(20) 可持续发展的居住区

城市中心区南部的土地开发为中心区的居住建设提供了机会。最终在这里将要形成3000人规模的住宅区及相应的社区和商业设施。新的居住区通过公共交通及仲夏大街可与中心区便捷联系。居住区将提供混合及形式多样的住宅，以满足年轻人和老人等的不同需求，创造一种现代的城市生活模式。

(21) 车站广场大门

自2002年起，经过密尔顿·凯恩斯的火车已经提速到了225km/h。在日益繁忙的交通状况下，车站广场作为进入城市的门户，显得尤为重要。车站区将建成为商务及城市生活的重要区域，通过标志性建筑来彰显新的车站广场。车站与酒店、餐馆、商场等之间的交通联系应该和新的多模式交通换乘综合统筹考虑，不仅便于使用，而且有助于增加新广场商机和活力。

第五章 法国巴黎地区的新城建设

图 5-1 大巴黎地区

巴黎是法国的首都，是法国政治、经济和文化中心。狭义的巴黎市，即小巴黎，指大环城公路以内的巴黎城市内，只包括原巴黎城墙内的 20 个区，面积为 105km²，人口 230 万。而大巴黎地区还包括分布在巴黎城墙周围、已与巴黎市区连成一片的上塞纳（Hauts-de-Seine）、瓦勒－德－马恩（Val-de-Marne）省和塞纳－圣－但尼（Seine-Saint-Denis）省。巴黎市、上述三个省以及伊夫林（Yvelines）省、瓦勒德瓦兹（Val d'Oise）省、塞纳－马恩（Seine-et-Marne）省和埃松（Essonne）省共同组成巴黎大区，总面积达 12000km²，人口约 1000 万，几乎占全国人口的 1/5（图 5-1）。

19 世纪末，在工业加速发展的推动下，巴黎地区的城市建设开始大规模进行，工业企业在近郊自发聚集，独立式住宅在工业用地外围无序扩展，甚至出现了过度蔓延的情形。城市向郊区扩展是必然的，然而必须根据规划，有计划地、有步骤地进行。建设新城是使城市有序拓展的有效措施之一。

从城市发展的战略意义上说，巴黎新城的建设促使了巴黎地区的人口在较大范围内得到均衡分布，并在一定程度上解决了城市及其周围某些地区的就业岗位和设施的不足。相比较而言，巴黎地区的新城规模比伦敦周围的新城规模要大，并且更为有效地解决了中心城市一度所面临的"城市问题"。

第一节 新城建设计划的形成

一、新城建设的背景

1801 年时，巴黎的人口规模为 50 万，占全国的 2%；而到 1946 年时，达到了 460 万，增加了 410 万，占到了全国的 11%。二次大战后的仅 10 多年时间，巴黎人口便从 460 多万增加到了 800 多万。

当没有正式的规划可以遵循时，城市会在交通便利的地方自发蔓延发展。巴黎早先就是沿着铁路、公路发展，以后又沿着高速路拓展的。一组组的住宅在车站和换乘点周围建成，占用站点附近的开放空间和绿地。巴黎的城区外缘原来离市中心仅 5~6km，后来逐步发展至离市中心30~50km，从而将周围7个省的用地都纳入了城市外拓的范围。

城市用地往外拓展的过程也是人口不断郊区化的过程。从1960年代起，巴黎郊区的人口增长比内城区快。30多年间，内城区的人口规模从170万增加到了230万，而郊区的人口总量则从40万剧增到了560万（图5-2）。

巴黎内城区的面积仅105km²，如果不包括两个森林公园，城区面积不到90km²，但却集中了230万人，人口密度在某些地区达到了10万人/km²。

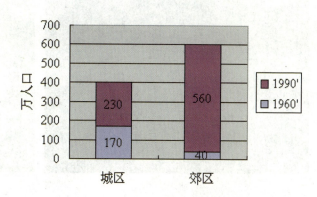

图5-2　巴黎城市人口变化图

此外，在内城中还集中了全市一半以上的就业岗位，以及作为国家首都的相当部分的政治、金融、商业、文化教育、科研和旅游等功能。因此，城郊之间的交通联系日益紧张与恶化。此外，巴黎的东西部之间的人口和工作岗位非常不平衡，居住主要集中于东部，而大部分工作岗位却集中在西部。虽然东西部之间的直线距离并不长，仅几公里，但利用公共交通工具出行要花一个半小时，巴黎东西部之间上下班交通的拥挤状况可见一斑[①]。

在这样的条件下，城市向郊区扩展是必然的。过去，巴黎的郊区是由一些功能协调、生活方便的小城镇组成。但二战后，郊区的人口和住宅急剧增多。虽然有些地方建起了新的行政机构、大学，或是影剧院等大型项目，但总体上还是缺乏必要的生活福利设施，真正的城市生活并没有建立起来。一些大型设施没有相应配套足够的停车场，导致小汽车停放混乱。根据巴黎的规划人员计算，巴黎二战后的人均建设用地面积仅为规划用地标准的1/5左右。所以，城市用地严重不足。从图5-3和图5-4可以看出，即使与其他大都市比较，巴黎也是最为集中高密度发展的。

二、新城建设计划的提出

明确规划思路，有计划、有步骤地建设新城是有效解决巴黎人口增长问题的措施之一。巴黎建立新城的规划构想以及新城的规划方针和原则，是通过一系列的调查研究工作，经过多年酝酿，经过比较多个规划方案后，才逐步明确和具体化的。

早在1932年，为了对日益增加的城市建设活动进行有效的规划管理，法国通过立法，打破行政区划壁垒，根据区域开发的需要而设立巴黎地区，从而可对城市的发展在区域层面上实行统一规划。

1930年，由法国规划师亨利·普罗斯特（Henri Prost，1874—1959年）起草，至1934年，第一次推出了真正意义上的巴黎地区的区域性规划，即《巴黎地区国土规划纲要》，简称为PROST规划。这个规划将巴黎地区的空间范围定义为：以巴黎圣母院为中心，方圆

[①] 北京市城市规划管理局科技情报组，城市规划译文集2——外国新城镇规划，中国建筑工业出版社，1983

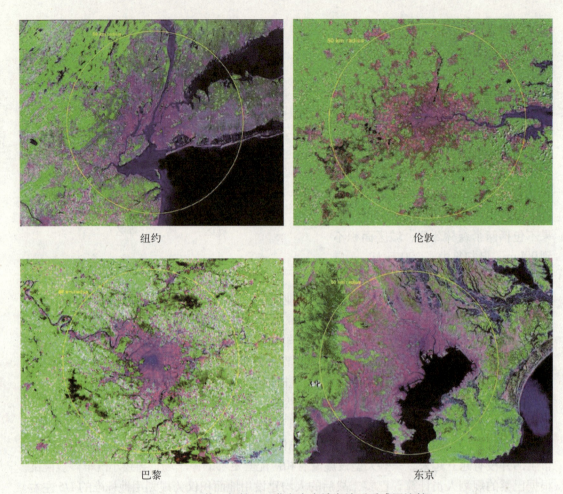

图 5-3 纽约、伦敦、巴黎和东京城市地区遥感图比较

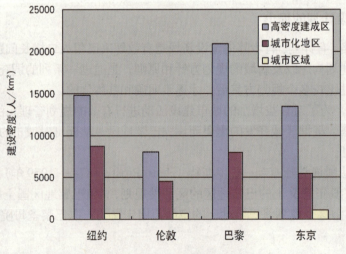

图 5-4 四大都市建设密度比较
资料来源：Chreod Ltd.

35km之内的地域范围。这个规划要求对城市建设用地加以控制，对非建设用地加以保护，以此作为抑制郊区蔓延的主要手段。规划在确定了绿色保护空间的范围之后，根据城市建设用地的现状，将各市镇的土地利用划分为城市化地区和非建设区。在非建设区严禁任何的城市建设活动。

1956年《巴黎地区国土开发计划》继承了PROST规划的思想，同时提出了促进地区均衡发展的一些新观点，包括要求降低巴黎中心区的密度，提高郊区的开发密度。这个计划建议积极疏散中心区的人口和不适宜在中心区发展的工业企业，在近郊区建设相对独立的大型住宅区，在城市建成区边缘建设卫星城。

在这个计划中，以"见缝插针"的方式，将新建的大型住宅区和卫星城基本都安排在已建成区内，以确保郊区的人口增长不会导致城市用地的继续扩大，从而达到提高郊区开发密度的目的。

1960年的《巴黎地区国土开发与空间组织计划》(Plan d'aménagement et d'organisation générale de la région parisienne，简称为PADOG规划)，是第一个提及在巴黎地区建设新城镇的规划，提出了将中心多极化作为分散巴黎人口和工业活动的手段："中心地区人口过于稠密，离城市边缘地区太远，需要建立新的中心地区。"这个规划建议：利用工业企业扩大或转产的机会向郊区转移，以疏散中心区，通过改造和建立新的城市发展核心，以形成多种新的城市空间格局，通过鼓励巴黎地区周边城市的适度发展，或者新建卫星城镇来提高农村地区的活力。

法国在1965年又进一步提出，除巴黎以外，全国以大城市为核心组成8个大城市平衡地区。其中心思想是要保持巴黎地区与其他地区之间的平衡发展；通过促进各不发达地区的经济发展，使不发达地区的中心城市得到复兴和更新，同时在郊区兴建一些新的郊区中心，期望通过巴黎地区以外的平衡区的发展，使巴黎能摆脱不断膨胀所造成的困境。

另一措施是发展巴黎盆地内的城市。处于巴黎盆地之内的有巴黎地区和周围的6个行政区。这6个行政区中离巴黎地区最远为300km。巴黎盆地的总人口为1600万至2000万，约占法国人口的30%以上。这6个行政区内的城市发展不快，因为商业和工业都被吸引到了巴黎。在巴黎地区的不同地域相应实施疏解或控制政策，就是为了刺激巴黎核心区以外地区的产业和人口发展。

法国及巴黎的新城建设计划，是建立在全法国及巴黎地区的区域平衡发展政策基础之上的。根据地区平衡政策，优先投资建设的地区有三类：第一类为规划所确定的巴黎地区的新城，第二类为8个平衡区内的中心城市和郊区中心，第三类为位于巴黎盆地内的一些城市（图5-5、图5-6）。

1965年的《巴黎地区国土开发与城市规划指导纲要》(Structuration développement dans le régionale d'aménagement et d'urbanisme de Paris，简称为SDRAUP战略规划)认为，巴黎放射形同心圆的结构布局是造成市中心拥挤的主要原因，因此今后的发展要打破现有的布局形式。规划确定城市沿东南和西北的两条切线方向发展，这两条切线是与塞纳河平行的，北边一条长46.6英里（约75km），南边一条长56英里（约84km）。采用这两条发展轴线有许多好处：第一，可以在一定程度上把市中心周围的交通与其外围的交通分隔开，从而减轻市中心的拥挤状况；第二，沿这两条轴线进行建设，除了可以取得上述的预期效果外，交通运输费用也最少；第三，距离市区和绿带都比较近。

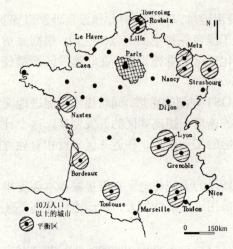

图 5-5　法国的 8 个平衡区　　　　　图 5-6　巴黎盆地内的大巴黎

图片来源：北京市城市规划管理局科技情报组，城市规划译文集 2——外国新城镇规划，中国建筑工业出版社，1983

SDRAUP 规划提出了城市和地区规划的框架，新城和现有的中心地区将并行发展，而不是相互竞争。新城市中心形成后，将带动城市的扩展，使得目前的城郊地区得到改造和提高，并不断多元化发展。SDRAUP 规划提出要建设 5 座新城（图 5-7），远期人口规模平均达到 20～30 万人，与巴黎的距离为 25～30km。

这些新城并不脱离巴黎而独立发展，而是与老城区互为补充，构成统一的城市体系。另一方面，新城作为新的城市中心，将实现开发建设的政策目标，即：①重建郊区（集中人口和服务设施）；②减少老城市内的交通及就业压力；③建立真正的城镇（有完善的商店和服务设施）；④成为城市和地区规划的典范。

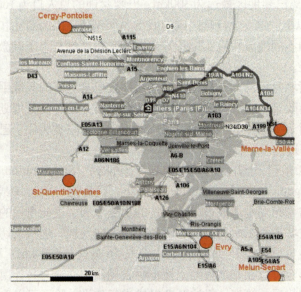

图 5-7　1965 年的 SDAURP 规划提出的 5 座新城
图片来源：巴黎市政府网站

三、新城选址和建设的原则

巴黎地区新城的具体位置,是在巴黎地区总体规划布局的框架内确定的。在具体位置的选择中,考虑到河谷地区的自然风景保护要求,主要选择在地势较高地区发展新城。同时,以有利于改变巴黎地区东、西部的工作和居住的严重不平衡局面为原则,以便促进地区内部的各自平衡。

在西部地区,起先确定在鲁昂(Rouen)和勒阿弗尔(Le Harve)这两个港口地区发展,但考虑到江河沿岸和河谷会遭到破坏,同时也为了避免这两个地区的人口过分集中,因而选择在塞尔基-蓬杜瓦兹(Cergy-Pontoise)地区发展新城。

在南部确定向特拉坡(Trappes)高地发展,在沿河两岸的高地里-奥朗日(Ris-Orangis)和高尔伯衣(Corbeil)之间,以及默伦-塞纳尔(Melun-Senart)北部地区的空地范围内选择新城建设的用地。

在北部,因为有戴高乐机场,考虑到这个地区的发展不能过分集中,因此没有在北部设置新城。巴黎东部地区的工业发展比较缓慢,而东部又主要是风景区。在玛尔-拉-瓦雷(Marne-La-Vallee)南部的高地区有空地,可容纳较多的人口,因此确定在该地区建设新城。总体而言,要避免其后的建设过于分散,并且要有助于巴黎地区东部和西部之间的平衡发展,最后确定了在巴黎郊区建立5座新城①,即塞尔基-蓬杜瓦兹新城、玛尔-拉-瓦雷新城、圣康旦-伊弗里尼(Saint Quentin-Yvelines)新城、埃夫利(Ivry)新城和默伦-塞纳尔新城(图5-8、图5-9)。1970年代前后,这5座新城的建设相继启动。这些新城与巴黎主城之间保持一定的隔离,但距巴黎市中心一般都在30km以内。

这些新城具有居住、就业、商业服务及文化娱乐等综合功能,但由于人口的绝对规模较小,与巴黎主城相比,只能起辅助性的作用。但是,巴黎周围这些新城的规模相比较其他国家的一般卫星城和新城而言,规模都要大得多,规划的新城人口规模平均达到30万人,以利于形成完善的生活服务和文化设施,并能提供各种就业机会,从而使新城更富生命力和吸引力。

在巴黎的新城建设中极力谋求就业、住宅和人口之间的平衡,不搞卧城和单一功能的工业城市,强调新城既要有工业,又有办公楼和其他公共设施,以便为居民创造各种各样的就业机会。一些资讯、通信、行政管理、文化、商业和娱乐等设施

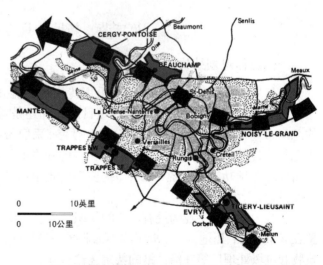

图 5-8 巴黎的两条东西向和西南向切线发展

---

① 北京市城市规划管理局科技情报组,城市规划译文集2——外国新城镇规划,中国建筑工业出版社,1983

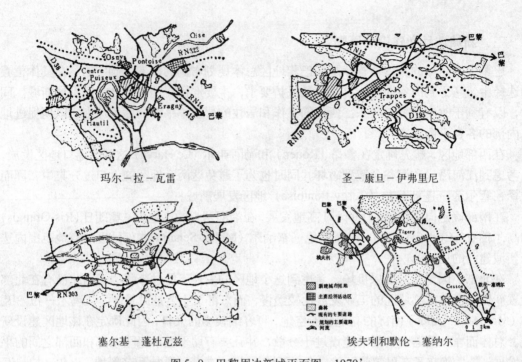

| 玛尔-拉-瓦雷 | 圣-康旦-伊弗里尼 |
| 塞尔基-蓬杜瓦兹 | 埃夫利和默伦-塞纳尔 |

图5-9 巴黎周边新城平面图，1970'
图片来源：北京市城市规划管理局科技情报组，城市规划译文集2——外国新城镇规划，中国建筑工业出版社，1983

被安排在了新城的中心区，以使得新城居民能在工作、生活和文化娱乐方面享有与巴黎老城同等的水平。同时，由于新城充分利用了郊区的自然景观资源，营造了优美的环境，能较之老城更具魅力。

第二节 新城的规划布局[①]

一、总体规划结构

巴黎周围的新城虽然力图避免采用传统的功能分区原则，不将各种不同功能用途的用地截然分开布置，但在各种功能项目的布局还是遵循了相对集中或独立的原则。新城的总体布局基本上都是沿着快速公路和铁路，采取带状的布局方式，这样可最大限度地利用巴黎的自然条件和特点，较好地保护绿地和农业用地，并协调现有的居民点网络。规划对新城的各项功能作了统一安排，主要功能集中布置在新城带状结构的轴线上（图5-10、图5-11）。

新城内大部分工业为没有污染的纺织、食品、电子和印刷工业。大型工业企业一般布置在城市边缘；用地10~40hm² 的小工业区一般靠近住宅区布置；仓库、市政设施、主要构筑物和垃圾处理厂等在沿铁路的特定区位布置。

---

① 本节新城的图片资料来源：北京市城市规划管理局科技情报组，城市规划译文集2——外国新城镇规划，中国建筑工业出版社，1983

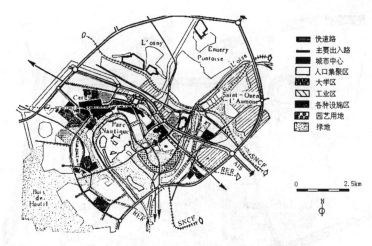

图 5-10 塞尔基-蓬杜瓦兹新城 规划结构图

塞尔基-蓬杜瓦兹新城位于瓦茨（Oise）河湾、蓬杜瓦兹省西部的高原上，距巴黎25km。1966年开始规划，1970年着手建设，用地面积约10000hm²，由几个原有的城镇组成，当时该地现状人口将近9万，规划发展到20万人口，是巴黎最早建立的新城。新城规划结构为马蹄形平面，围绕瓦茨河湾建成一个弧形城市。地形起伏呈阶梯形，布局自由活泼。在规划过程中，注意保护了原有的村庄，使新、旧居民点之间得到协调。新城规划有较明确的分区．中部是省政府中心区，西南部和东南部各为住宅区，东部是工业区，西部是新城第二中心区，同时利用瓦茨河湾建立一个游憩区（包括300hm²面积的公园和110hm²的水上公园）。

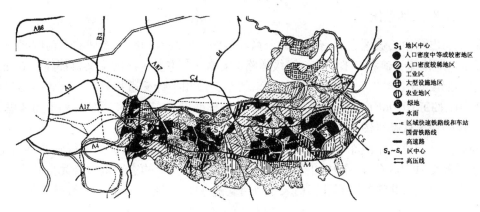

图 5-11 玛尔-拉-瓦雷新城 规划结构图

玛尔-拉-瓦雷新城离巴黎很近。它位于努瓦西-勒-格朗（Noisy-le-Grand）与巴黎之间，地处通往戴高乐和奥利机场的道路交叉口。该地区的位置很重要。选择在该地区建设新城的目的是使巴黎东部与西部能保持平衡。为了保持城市建筑和自然风景之间的联系，采取组群式分布方式，由城市自然界线将城市分成4块，每块容纳10万人左右，这个规模可以保持一个地区内的居住、工作和服务设施的关系较为协调。

二、中心区布局

新城中心和新城所在的地区中心一般都是结合在一起布置，形成布局紧凑的多功能中心。新城中心与巴黎中心城区有方便的交通联系，同时新城中心与新城各区之间也有方便的交通联系。新城中心内部采用分层的步行街和广场系统，空间结构复杂。在中心区的规划中，充分考虑实施了的阶段性及各阶段的完整性（图5-12）。

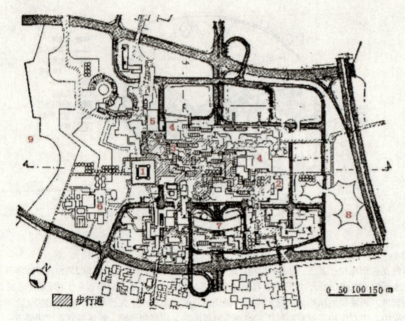

图 5-12　塞尔基-蓬杜瓦兹新城 省府中心区平面图
1-省府；2-市府；3-文化中心；4-商业中心；5-游泳池-滑冰场；6-大学设施区；
7-停车场-巴黎快速路；8-展览厅；9-城市公园

三、道路交通系统

新城与巴黎中心城区之间有完善的公路和铁路交通联系网络。新城的道路网系统一般分成3级，即快速干道和一般干道、区级道路、支路。在主要道路的交叉口都建有立交。在新城中心都设有汽车站、火车站和地铁站。汽车交通和步行交通相分离。商业中心旁有多层停车场，按每1000m²商业面积配55个停车位的标准设置车位。在远景规划中还考虑了建设区域性的快速铁路（图5-13）。

新城内部的道路系统布局相当自由，与新城总体结构相一致，构成不规则的平面轮廓。居住区沿着交通干道布置。新城很重视公共交通建设，一半的客运量由公共交通承担；在新城中不但采用公共汽车，而且还引入了轨道交通（图5-14）。公共交通线路不与步行道、

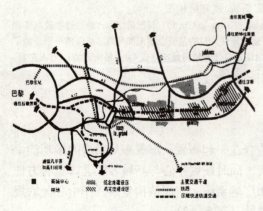

图 5-13　大巴黎交通关系示意

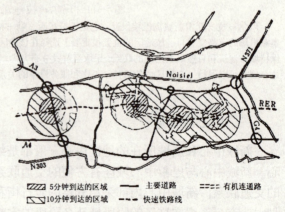

图 5-14　公共交通半径服务示意图

自行车道平面交叉，但公共汽车站设在汽车道和人行道的相交处。公共汽车站与公共中心结合，沿着林荫道布置。公共汽车站点间距为300m。

此外，顾及到私人小汽车的作用。停车场的定额标准为1～2个车位/户。对新城的外来人员停车，按0.1个车位/户设置。公共停车库为多层，设在每个地区的入口处，或设在步行广场的底下。

四、居住用地

新城的居住用地可分为三级，即整体规划区、居住区以及住宅组群。新城的服务设施因此分为三级，分别是为整个城市和周围地区服务、为居住区服务及为若干住宅群服务。

根据各区的自然条件不同，建筑密度也有所不同。例如，埃夫利新城采取的住宅组群规模为500到1500户；居住建筑密度为每公顷50户，但位于居住区中心和铁路车站附近的，为每公顷80户。

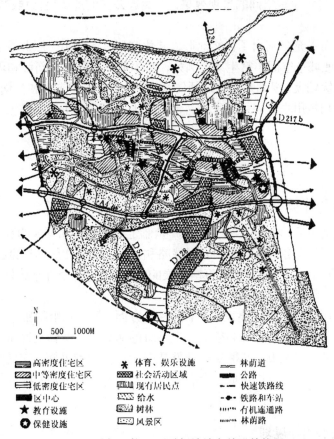

图5-15 玛尔－拉－瓦雷新城城市单元结构图

新城规划分成若干个结构单元，结构单元的内容为：约3000～4000hm²的用地，人口10万至15万人，单元内优先考虑公共交通，车站影响范围划定为3个圈：第一圈服务半径400m，步行至车站只需5分钟，在此范围内可采用较高密度安排住宅；第二圈服务半径800m，步行至车站不超过10分钟，可采用中等住宅建筑密度；第三圈需要乘公共交通，服务半径超过800m，建筑密度可以比较低，在这里安排公共汽车交通网，可与邻接地区连接。结构单元内组织绿网，把公园、树林和水面组织在一起，由专供行人和自行车使用的道路连接，除供新城居民娱乐外，还吸引巴黎东部的居民。此外，在结构单元内安排没有污染的工厂或其他就业单位，并与住宅建在一起，形成一个整体。

在居住区的规划中，根据与车站的距离远近，设定不同的住宅建筑密度分区。其中既考虑开发的经济因素，同时也考虑服务范围的合理性。例如，玛尔－拉－瓦雷新城规划中把生活居住用地分成若干片，每片有4个居住单元，其中有3个单元靠近火车站。在离车站半径400m的范围内，住宅到车站的步行距离为5分钟，在这个范围内布置高密度住宅区；在离车站800m的范围内，步行距离为10分钟，布置中等密度住宅区；在距车站800m以外的大范围内，规划的建筑密度相对最低，并设置公交线与铁路车站联系（图5-15）。

五、绿化景观

公共绿地包括公园、居住区的休闲区等等。巴黎新城的人均公共绿地达到25～30m^2。住宅的布局与四周各种绿地和空地有机结合。与住宅相连的绿地、商业及公共建筑周围的开放空间，以及林荫步道和公园地区等组成新城的绿地及开放空间系统。新城的线形空间结构可使居民很方便地进入居住区内外的绿地。新城的公园规模一般都比较大，从100至500hm^{2}不等；注重空间的景观效果，在靠近公园的地块设低层建筑，以便与周围景观相协调。

新城的建筑布置充分利用了自然地形，其住宅群、步行街、服务设施与绿地组合在一起，协调一致，使城市空间丰富生动。例如，塞尔基－蓬杜瓦兹新城和玛尔－拉－瓦雷新城的自然地形起伏较大，规划师和建筑师便利用地形，取得了丰富和生动活泼的环境效果；而在埃夫利新城则是用垂直规划的手法，创造人工地形，与阶梯式住宅一起组成富有层次感的空间。

第三节 新城建设的政策

一、国家五年计划

从二次大战结束后的1946年起，法国开始制定经济建设和发展的五年计划。每一个计划中都包括了各部门、各地区的有关发展战略和目标，以及相应的建设投资分配。1965年批准的第5个五年计划，明确了地区平衡发展的政策。在第6个五年计划中，又进一步确定了在投资上要优先考虑新城建设的原则。

国家计划中所提出的新城建设的目标有4个方面：第一是组织集中的住房和服务设施建设，并提供就业机会；第二是必须减少上下班的通勤量，减轻交通负担；第三要创造一个真正"自给自足"的城市，其衡量标准就是就业和住房的平衡，在提供住房的同时，要提供相应的服务设施，要尽快建成一个有规模的市中心；第四要为城市规划和设计提供试验场所[①]。

二、城市发展引导规划

要疏解巴黎市区过分集中的人口，改变东西部严重的不平衡状态，使巴黎市区和周围地区都能形成相互平衡的城市单元，为居民创造良好的生活环境，不仅需要建设新城，还需要对郊区进行统一规划。

---

① 北京市城市规划管理局科技情报组，城市规划译文集2——外国新城镇规划，中国建筑工业出版社，1983

1976年7月1日，法国政府批准的"大巴黎区域城市发展引导规划"明确提出：除了在郊区建设5个新城外，在近郊还要建9个城市副中心；为了保护和发展远郊农业和森林用地，将郊区划分成5个自然生态平衡区，在这5个生态平衡区内要发展16个以中、小自然村为基础的小城镇，以保护自然环境和保存农村特色。

在这个规划中，对上述这些地区规定了具体的建设原则和方针；此外，还确定了城市优先发展地区的建设方针和政策。城市优先发展地区是新城的雏形，是为以后新城的建设奠定基础。如卡昂（Caen）就是一个平衡区中的城市优先发展地区，位于巴黎总图所确定的南侧东西向轴线的西端，它既是郊区中心，又是巴黎盆地的主要中心，与巴黎的联系很多，是由国家投资建设的。对于该区的建设，政府成立了专门的开发公司。在征购土地、资金筹集和分配、房屋和市政设施的建设等方面都有一系列的规定，体现了行政和财政手段的结合。这些规划政策对巴黎以后的新城建设具有一定意义[1]。

三、新城建设的机构

法国在新城建设的推进过程中，曾成立过不同的机构来负责新城建设。首先成立的是负责组织规划研究、方案设计、土地征用的工作机构，其后新城建设由"建设开发公司"和"新城建设共同体联合会"共同负责。

建设开发公司是新城开发中的决策机构，负责制定新城建设计划，征用土地和整治土地，行使优先购买权和征用权。它一般不直接介入建设活动，主要是提供土地和取代地方政府作为公共设施建设的发包单位。

新城建设共同体联合会是行政管理部门，也是发包单位，是在新城所管辖的那些市镇基础上组建的临时性机构。两者都是代表国家指导新城建设的机构。1983年取消了新城建设共同体联合会，成立了由市镇理事会成员组成的"新城市集聚区联合理事会"，由其来接管新城的管理工作[2]。

四、新城建设的得失

法国巴黎的新城建设，虽然在短时间内形成了一定的规模，但是由于经济等方面原因，巴黎的新城建设也存在着若干问题：

1. 20世纪60、70年代以后，巴黎地区人口增长趋于缓慢，规划人口一度收缩，1965年的SDRAUP规划预计至2000年巴黎人口将达到1400万至1600万。但后来由于人口增长缓慢，将规划预测人口规模减至1200万，新城的规划人口规模也由80万减到50万。1975年修改巴黎规划时，又再度提出将新城的人口规模减到20万。因新城的规模达不到规划的原定要求，影响了新城的发展。

2. 新城在住宅和公共服务设施方面的建设不尽人意。特别是中心区，规划要求的规模大、公共设施配套项目齐全，但实际上的建设进度非常缓慢，不能满足居民们日益增长的需求。

3. 由于法国总体经济不景气，工业增长很慢，而且新城的投资环境相对欠佳，因此新

---

[1] 北京市城市规划管理局科技情报组，城市规划译文集2——外国新城镇规划，中国建筑工业出版社，1983
[2] 刘金声摘译，法国新城政策15年来的执行情况，城市规划研究，1985

城所能提供的就业岗位数量日益减少。

4. 由于政策的变化和计划的拖延,新城交通设施也呈供不应求状态,特别是新城与近郊的交通联系满足不了要求。

尽管新城的建设过程中遇到了一些困难,但从城市发展的战略意义上来说,新城的建设促使了巴黎地区的人口在较大范围内均衡分布,在提供就业岗位和提供城市服务设施等方面也取得了一定程度的成功。在空间上表现为(图5-16):中心距城市中心10km范围内的核心区人口数降低,而10~50km范围内的人口则有不同程度的增加。巴黎城市人口的空间分布由集中走向疏解,人口分布的级差正在逐步缩小,人口空间分布逐渐均衡。

此外,法国的新城在公共交通、环境保护、有线电视和数据信息处理等方面,成了新技术的试验场所。尤其在公共交通领域方面,法国的快速轨道交通技术在世界上一直处于领先地位,运用在中心城市与新城之间,非常有效地解决了地区性的交通问题。此外,埃夫利新城试用了电动公共汽车,还大力研究随叫随到的两用交通工具,即既能在某些特定线路上自动运行,又能在一般道路上行驶。此外,还有凡德勒伊(Vaudreuil)新城,多年来一直在法国"无公害城市"的环境保护运动中起先驱作用;大规模的全电气供热在玛尔-

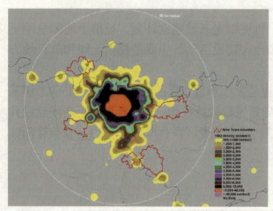

1962年

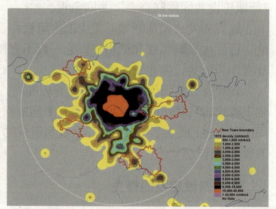

1975年

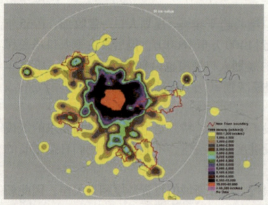

1999年

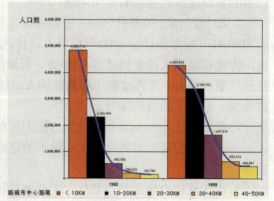

大巴黎人口空间分布的变化柱状分析图

图5-16 大巴黎人口空间分布的变化

图片来源:Chreod Ltd.

拉-瓦雷新城的4000套住宅区内试用；信息数据在城市建设和城市生活的各个领域里得到了日益普及的推广应用，新城成为技术创新的试验地。

五、当前的"中心多极化"规划

1994年的《法兰西岛地区发展指导纲要》(le Schéma Directeur Régional pour l'Ile de France，简称为SDRIF规划)提出通过牵制，而不是组建，来有效控制城市蔓延（图5-17）。其中有三个主要的规划原则，即：区域的中心多极化；提高农村的环境质量，美化自然空间；城市的多中心组织。

"中心多极化"问题主要是如何一方面保证法国和其附近区域之间的空间秩序和结构的平衡发展。由欧盟国家的空间规划部长们起草确定《欧洲空间发展展望》(the European Spatial Development Perspective，简称为ESDP) 的主要原则也是基于鼓励多极化城市体系平衡发展的基础上。在城市规划方面，空间结构、交通通讯、可持续社区等政策在聚集协调层面上表现出组织各个国家和不同的发展极之间联系与合作的愿望，避免城市蔓延和单极化，以期建立多极联合体①。实现欧盟空间平衡发展的关键也是目标之一，这就是建立完善的交通和运输体系。

另一方面则是保证法国的不同部门之间能平衡对待城市发展和经济发展的问题。法国的"中心多极化"发展则应优先考虑改变公共交通网络的布局：应改变大部分交通集中在巴黎的情况，促使交通网络遍及巴黎中心城市以外的次要地区②。法国关于城市网络和既定目标的区域都市政策的最初框架是在1990年代产生的，旨在提高大城市的竞争力及加强小城镇之间的联系和相互依赖性。这些纲要的目标是应对两极化所带来的负面影响，鼓励建立多极化的城市体系。1999年的区域规划和可持续发展框架法案确认了该政策。

图5-17　SDRIF规划，1994年

图片来源：吴良镛 等著，京津冀地区城乡空间发展规划研究，清华大学出版社，2002年10月第1版

---

① The European Spatial Development Perspective (E.S.D.P.), Comments and recommendations from the European Consultative Forum, on the Environment and Sustainable Development, 1999.1

② Jean-Peirre Dufay，法国巴黎地区城市发展与规划研究院院长，法国城市规划文件中的中心多极化，IFHP天津大会，2002.9

SDRIF规划为了应对世界范围内城市间竞争日益激烈的挑战，从更大的区域角度来分析巴黎地区的空间布局，提出通过建立"多中心的巴黎地区"和推进合理的、可行的和可持续的区域发展来提高区域整体的吸引力和竞争力。

SDRIF规划确认了巴黎周围5个新城建设的作用。在巴黎地区的新城建设发展过程中，国家保证政策的连续性，使得新城建设能按计划有条不紊地进行下去。政府在财政上给予大力支持，承担了新城建设的大部分费用，同时政府还将管理权力下放到地区，使地区当局在新城建设中有自主权，充分发挥地区在新城建设中的积极性。在管理上，鼓励从事新城规划和建设的人员成为新城未来的居民，从而把新城的建设同建设者的切身利益联系在一起；新城的研究机构与管理机构相结合，从而有利于研究成果的应用。在规划设计上，除了鼓励规划师和建筑师注意设计创新外，还经常邀请居民参加设计方案的讨论并保持密切合作。

总之，法国巴黎地区正逐步以"中心多极化"的方式来实现平衡发展，这一过程是成功的。法国的城市和区域规划政策在实现法国的发展目标中，一直起到了主导性作用。

第四节　法国与英国的新城建设比较

巴黎的新城规划思想与英国的新城规划思想有很大的不同。首先，巴黎没有采取英国大伦敦规划那种在中心城市周围建立绿带的办法，即以绿环来阻止中心城市的蔓延发展。法国的规划师们认为大城市是需要发展的，用人为的强制手段去阻止大城市的发展是不可能的，也是不切合实际的。因此，虽然在1961年巴黎曾采用过绿带规划的思想，但如今仅在旧城区的左右保留了两大片森林公园，以及在郊区建立了某些保护区，但这只是为保护环境的需要而设置的。

其次，巴黎新城的建设目的与英国在伦敦地区建新城的目的不完全相同。英国为了控制伦敦城市的规模，在中心城市以外的若干距离范围内，选择某些被认为是适当的地点建新城，在新城设置有一定规模的工业、住宅及其他设施，以吸引大城市的产业和居民入住，使之逐步形成自我平衡的新城镇。然而，法国的新城建设从研究大城市的矛盾出发，旨在解决巴黎中心城区第三产业无限膨胀的困境，将新城作为整个大城市地区的一个磁极，在开始规划时就确定要将中心城区内的一些事务所、行政机关及服务设施等吸引出来。所以巴黎的新城在规划建设过程中，注重采取适当的布局，建设有规模的各种设施，以便增强对于第三产业的吸引力，从而产生一种可与巴黎中心城区相抗衡的力量，以实现巴黎大城市地区的整体平衡。

再者，巴黎新城最大的特点是创建了功能综合的现代化新城中心区，把行政管理、商业服务、资讯产业以及文化娱乐设施等多项功能都综合安排在一个规模较大、功能齐全、设计新颖，并能体现现代科学技术水平的新城中心区内。在其周围建有大量及多样化的住宅。即使在一个仅有几万人口的新城市中心，也可以设置相当规模的大学、商店和科研情报中心等等。建设高标准、规模化的公共建筑，使新城的居民在就业、文化娱乐和生活方面能享有与在巴黎中心城区相等同的水平。

新城中心区的布置方法各有不同，有的采用传统老街的形式。例如，埃夫利新城将几千套住宅沿着中心林荫大道布置，底层开设各种商店和设置其他公共设施。有的则采用综合功能的建筑群体形式。例如，在塞尔基-蓬杜瓦兹的城市文化中心，将剧场、图书馆、音乐学院、青年活动中心和展览馆等设施都集中布置在一起。

综合英、法两国新城建设的特点,可以看出在新城的选址、规模、建设内容和规划布局上有着若干较大的区别。

1. 新城建设的选址

伦敦周围的新城建设,考虑的是控制大城市的膨胀问题,要避免新城的发展与大城市连成一片,或者新城的建设导致英国各地有更多的人迁移到伦敦地区,从而出现人口的过分集中,使全国发展更不平衡。因此新城的位置必须离伦敦老城市有一定距离;而且为了刺激英国不发达地区的经济发展,规划所确定的新城建设地点离大城市越来越远。

巴黎的新城离中心城区比较近。法国人更多考虑的是如何解决巴黎大城市当前发展的途径问题,而且认为新城与巴黎大城市之间不可避免地要有许多来往,因此新城的位置都距大城市比较近。

2. 新城建设的基础

英国的新城建设有别于城镇扩建,在城镇建设中把新建和扩建截然分成两种类型。在大城市周围建的多半是"新"城,这些新城要在空地上建起来,要建成独立的新城,需要采取人为的强制性政策和措施。但是,由于财政能力和经济发展等方面的局限性,新城建设的速度很慢,往往20年左右才能建成一个有几万人口的新城。

巴黎的新城建设则充分利用原有的城镇基础,每个新城都是由原有的10多个或20多个小镇组织起来的,因此新城有可能在原有的城镇基础上比较快地发展起来。

3. 新城的功能

在新城内容上,英国的新城从单一的工业发展到多种工业,这是考虑到要使新城便于吸收有各种技术的居民就业;而法国的新城则强调吸引更多的商业、公共机构及各种文体娱乐设施,目的在于限制巴黎市区内或其他大城市中心第三产业的无限制膨胀。

4. 新城的布局

新城的布局方式不同,使伦敦和巴黎呈现两种不同的布局形态。前者发展成同心圆内星状分布新城的形式,而后者是手指状的格局。伦敦在几个不同时代建设的新城,选址都在环路周围,比较分散;而巴黎则沿着几条放射路发展,放射路之间有楔状的绿地。

新城内部的布局结构也不同。伦敦的新城比较紧凑,有一定的功能分区;而巴黎的新城由于是在现有的小镇基础上组织起来的,因此结构比较松散,新城更像是一组村镇,是互相依存的小村镇与新开拓地区组织在一起,中间有绿带。

5. 新城的建筑

伦敦的新城在建筑方面继承了英国的传统特点,比较严谨,形式上较整齐;而巴黎新城则成了建筑师各显神通的场所,建筑形式多样,布局灵活,显得生动活泼。

第六章 美国的新城建设

由于美国的战后经济发展经历了一个较长的繁荣时期，城市空间迅速扩展。这期间出现了许多私人地产商和营造商，他们大量营造和出售住宅，不但对解决战后的住宅问题起了很大作用，对城市空间形态也产生了很大影响。美国有规模的新城建设则始于1960年代后期。美国的新城建设在一定程度上也受到了英国田园城市思想的影响。为了追求理想的人居环境，解决大城市的弊病，美国在二战前就出现了雷德朋（Radburn）体系，以及绿带城（Greenbelt）、绿谷城（Greenhill）等试验，这些规划实践及其规划思想对美国本土及世界范围内的新城建设都有一定的影响。

二战后，由于私人小汽车的进一步普及、高速公路网的形成、经济结构的转变，以及联邦及地方政府的政策导向、人们生活水平的提高和价值观念的转变等种种因素，推动了美国城市郊区化的快速发展。首先，大量的城市人口向外迁移，迁移到郊区的居民、社会团体及经济组织的数量都是史无前例的。其次，郊区化的载体已不再是"卧城"，郊区的功能综合能提供较为全面的工作、购物和文化活动等机会，使得郊区的居民能较少依赖中心城市。最后，伴随郊区化的是产生了新形式的房屋、商业办公建筑和公共空间等，与传统的城市建筑和空间形成了鲜明的对照。

人口和产业的分散化一方面缓解了中心城市的人口过密、交通拥挤、住房紧张、环境污染等问题，改善了城市的生活质量。更重要的是，中心城市通过人口和产业外迁，实现了功能转变，逐步完成了从工业经济向服务性经济的转换和升级。另一方面，大都市区的矛盾被逐渐激化，并产生了严重的后果，其表现为：第一，土地资源的利用率降低，自然资源消耗过快，空气和水的污染日益严重；生态景观区域遭到了破坏，生态的平衡被打破；第二，城市的产业空洞化及富人迁离城市，使城市税源枯竭，导致了一些城市的衰落和破败，使得一些中心城市的经济和政治地位下降，城市的功能失调。

从1950年代开始，到1960年代，为了控制城市盲目向郊区扩展，新城建设提上了日程。20世纪的美国，其郊区的"新城建设"虽然在社会、经济和管理方面形成了一个框架，但由此又产生了土地使用和交通方式等方面的新问题。

作为一种以再造城市社区活力的设计理论和社会思潮，"新城市主义"（New Urbanism）于20世纪80年代末期在美国兴起，具有代表性的事例是由安德雷斯·杜安伊（Andres Duany）与伊丽莎白·普拉特·赞伯克（Elizabeth Plater Zyberk）提出的传统的邻里区开发（Traditional Neighborhood Development，简称TND），和由彼得·卡尔索普（Peter Calthorpe）倡导的公共交通导向的邻里区开发（Transit Oriented Development 简称TOD）。"新城市主义"的出现，在某种程度上是对被忽视了近半个世纪的美国社区传统的复兴。

第一节 大都市区结构演变与郊区化

一、大都市区空间结构演变

二战后,美国大都市区①的空间结构进一步变化,大都市区加速了从单中心结构向多中心结构发展,形成了规模巨大的结构及复杂的大都市连绵区②。

一般地讲,大都市区包括一个具有一定规模的人口中心以及与该中心有着较高的社会经济整合程度的邻近社区。所谓大都市区化就是全国的人口与经济不断向这些大都市区集中,以及新的大都市区不断形成,从而推动全国大都市区数量的增多、规模的扩大,以及大都市区人口占全国总人口的比例不断提高的过程。郊区化与大都市区化的概念既有联系、又有区别:大都市区化的着眼点是全国人口与经济的宏观布局,是总体上的集中;而郊区化的着眼点则是大都市区内部结构的微观变化,是集中前提下的分散。可见,大都市区化就是这种既集中又分散的结果,是城市化和郊区化发展到一定阶段的产物③。

二战以前,美国的大都市区无论是数量还是规模都比较小,而且基本上是单中心结构。1940年时,全国大都市区域内中心城的人口为4280万,而其郊区人口仅为2020万,不足中心城的1/2。但是,战后郊区化迅猛发展,大都市区不仅在数量和规模上猛增,空间结构上也由战前的单中心结构向着多中心结构发展。至1960年代,已基本形成了规模庞大、结构松散、没有中心或多中心复合结构的大都市连绵区。到1980年,全国大都市区内的中心城人口增加到6790万,而其郊区人口则猛增到1.015亿,超过中心城的人口近一倍(图6-1)。

---

① 美国大都市区的概念曾多次被修改。大都市区早在20世纪初即已产生。1910年美国人口普查局(U.S. Bureau of the Census)首次采用"大都市区域"(Metropolitan District)这一概念进行统计时,规定大都市区包括一个10万以上人口的中心城及其周围10英里以内的地区,或者虽超过10英里但却与中心城连绵不断、人口密度达到每平方英里150人以上的地区。

1949年,美国预算局(Bureau of the Budget)重新修订了大都市区的概念,提出了"标准大都市区"(Standard Metropolitan Area),它包括一个5万以上人口的中心城,或者两个相互毗邻并且在总的经济和社会目标方面形成一个整体的双子城,两者加在一起的人口至少有5万,而且其中较小的城市至少要有1.5万人;除此以外,还包括中心城所在的县以及具有城市性质并且经济和社会上同中心城所在的县联系在一起的邻近各县。

1960年人口普查局引用"标准联合区"(Standard Consolidated Area,简称SCA)这一概念。1975年改为"标准联合统计区"(Standard Consolidated Statistical Area,简称SCSA),并指出纽约和芝加哥及其周围的广大城市的集合体就属于这种标准联合区。1960年法国地理学家吉恩·戈特曼甚至提出了"大都市连绵区"(megalopolis)这样一种概念,把从新罕布什尔州南部至弗吉尼亚州北部这个长600英里、宽30~100英里、容纳人口3700万的大都市群称为大都市连绵区。

1980年提出了"大都市统计区"(Metropolitan Statistical Area,简称MSA)的概念,同时还规定,人口在百万以上的MSA中,如果某些组成部分达到某种标准,这些部分就可单独组成为"主要大都市统计区"(Primary Metropolitan Statistical Area,简称PMSA),而包含PMSA的大都市复合体则被称为"联合都市统计区"(Consolidated Metropolitan Statistical Area,简称CMSA)。

1990年又将MSA更名为"大都市区"(Metropolitan Area,简称MA)。随着大都市区概念的变更,其统计范畴都稍有调整。在这个新的定义中,中心城的标准由原来的10万人口降为5万,而且其郊区以整个县为单位,甚至包括几个县,这说明了大都市区化已经成为城市发展的主导趋势,也说明了大都市区规模的扩大。

② Kenneth Fox, Metropolitan America.康少邦、张宁等编译.城市社会学.杭州:浙江人民出版社,1986年版,P.106

③ 本节数据和概念来源:孙群郎,东北师范大学历史系博士生,郊区化对美国社会的影响,《美国研究》1999年第3期

133

需要说明的是，美国中心城市人口的增长，主要是通过兼并郊区社区造成的。首先，在大都市区的内部，一些城市不断外延扩大自己的规模，并出现了自己的郊区，就像细胞分裂一样，成为与中心城市相匹敌的次中心，使大都市区呈现出多中心结构。其次，由于大都市区的地域空间过于庞大，导致有的大都市区与相邻的大都市区连为一体，即所谓的"大都市连绵区"，它既不同于大城市，又不同于大都市区，因为它没有中心，也没有哪个大城市能在这种区域中发挥主导作用[①]。

1940年美国大都市区和特大都市区的数量分别为140个和11个，其人口分别占全国人口的47.6%和25.5%，大都市区人口几乎达全国人口的一半。到1980年，数字变得更加惊人，大都市区和特大都市区的数量分别达到了318个和38个，其人口比重则分别占全国的74.8%和41.1%（图6-2）[②]。

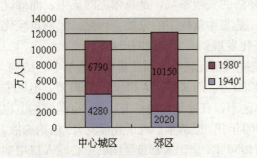
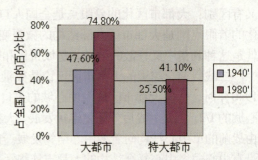

图6-1 美国中心城和郊区人口变化图　　图6-2 美国大都市区和特大都市区的增长趋势图

美国大都市区内的郊区，不但占有人口数量的优势，而且在商业活动乃至就业人口等方面已经或正在取得优势地位。美国大都市区内这种人口与就业分布的转变，对美国社会产生了巨大而深远的影响。不仅城市化人口大量住在郊区，而且工业生产、商业、服务业和银行业等经济活动也大量向郊区转移。正是这种郊区化发展的进程，它不仅使美国大都市区的数量不断增加、规模不断扩大，同时还推动了美国大都市区由单中心结构向多中心结构的演变，形成了若干规模巨大、结构复杂的大都市连绵区。

二、城市郊区化发展

郊区，是指那些位于中心城的行政界限以外，已经城市化并且在经济文化上对中心城市有很大的依赖性，而在行政管辖及政治上却又独立于中心城市的社区。而郊区化则是一种城市空间布局的转变，是城市社会的人口重心、经济活动和政治影响力由中心城市向郊区的转移过程。

1. 郊区化的动因

二战后，美国郊区化快速发展的主要原因主要有以下若干点。

（1）新的科技革命引起城市产业结构的变化，新兴产业部门替代了传统的产业部门，第三产业得到迅速发展；由于交通、通信技术的发展，住宅、写字楼、学校、娱乐中心等物

---

① Kenneth Fox, Metropolitan America,.P.227~228
② Carl Abbott, Urban America in the Modern Age,.P.113~114

业对中心区位的依赖程度大大降低，而郊区的环境相对更适宜居住生活。新兴的中产阶级比较愿意选择在郊区生活，部分是出于观念意识，许多白人离开城市中心是因为不愿意与二战期间及战后移居美国的非白人家庭住在一起。中心城市的一些住宅区变成了种族歧视区（社会科学家称之为"高度种族集聚区"），成了贫穷、犯罪和其他社会问题的多发地[1]。

（2）1947~1951年间纽约东部大规模的住宅开发，成为了战后美国郊区化的标志。开发商首次将单体住宅的消费市场定位在数量众多的中产阶层甚至一般工薪阶层家庭群体，并通过标准化、规模化建造，大大降低了成本，实现了住宅产业化。而这些设计灵活、容易通过内部改造而适应住房标准提高的郊区住宅，在政府金融政策的支持下，月供款额比市区住宅的租金还低，因此郊区住宅成为了中产阶层的首选。

（3）联邦政府的政策干预对居住郊区化的形成和发展也起了重要作用。联邦政府通过退伍军人管理局、联邦住宅放款银行系统、联邦全国抵押协会，提供了大量资金帮助退伍军人及普通居民在郊区购买住宅。

（4）基于良好的铁路运输条件和人才优势，美国工业曾主要集中在北部和中西部城市中，但这种优势很快就由于企业利用郊区廉价的劳动力及享受税费优惠政策而丧失。同时，郊区丰富的土地资源更能满足企业现代化生产的要求，如厂房由市区的多层转向郊区的单层。成本的控制使得工业企业逐渐向低成本区域转移。城市内的工业外迁不仅影响了传统城市的经济基础，也动摇了建立在工作和居住的紧密联系基础之上的城市邻里关系。

（5）二战后，联邦政府拨巨款兴建高速公路。被誉为"金字塔之后的最大公共工程"的州际高速公路计划，彻底改变了美国城市的空间结构状况。该计划的初衷是希望通过建立城市间"无信号灯"的长途交通，使车辆能够快速进出城市，以解决城市中心的交通堵塞问题。但原本为长途旅行建造的"城市外围环路"却逐渐演变为市郊的"交通干道"。环路周边的廉价农地则成了建设郊区住宅、商场、工业园区和停车场的理想场所，引发了城市中心区的人口和就业向郊区转移，逐渐形成了目前依靠公路而建设的美国城市格局。私人小汽车的普及，纵横密集、高效迅捷的公路网和便于利用的土地等，为人口从中心城市向郊区转移提供了条件和方便。

（6）郊区多功能购物中心的兴起和流行。1950年代开始出现的郊区购物中心，同时具备了市中心百货店商品种类齐全的优势和专卖店的特色，并多位于高速公路的出入口，停车位充足，由于综合了购物、餐饮和娱乐等多项功能，并提供多种服务，这些郊区购物中心很快取代了市中心百货店的主导地位。郊区购物中心的流行和开发，反过来又推动了城市郊区的大规模蔓延。只是到了1990年代，由于更为便捷的邮寄、电子商务等商业模式的出现，郊区购物中心的发展才出现了停滞。

2. 郊区化的内涵

美国郊区化实质上深刻地反映了以下三方面的郊区化。

（1）人口郊区化

其实，美国的郊区化过程早在19世纪后期即已开始，但进展十分缓慢。到1920年，郊区人口只占全国人口的14.8%；到1940年也只有19.5%，尚不足全国人口的1/5。而到了1970年，郊区人口达到了7560万人，占全国人口总数的37.2%，而城市（市区）人口和农村人

---

[1] 江懿、龙奋杰，上下50年影响美国城市发展的十大因素

口各占了31.4%，郊区人口超过了城市人口和农村人口。可以说，到1970年，美国已经成为一个郊区化的国家。然而，1970年代的郊区化势头更猛，到1980年，郊区人口达到1.015亿，占全国人口总数的44.8%（图6-3）。各种经济和社会活动也随之进入郊区①。

（2）经济活动郊区化

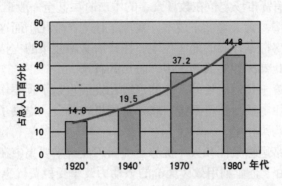

图6-3 美国郊区人口增长趋势图

在人口郊区化的同时，经济活动的重心也趋于从城市转向郊区。原来只位于中心城市的独特功能，比如商业办公、工业等，也开始随着顾客与员工而郊迁，因为郊区不仅有大片的土地可以兴建大规模的低层建筑，而且与当时迅速扩大的州际公路网络的联系非常便捷。

因为随着城市规模的日益扩大，工业生产在中心城市遇到了许多不利因素，如地价上涨、税收加重、基础设施日益陈旧、环境污染、交通拥挤等；加之一部分企业的规模要扩大，以及中心城市的经济向后工业经济转变，这些都推动着工业由中心城向郊区转移，在郊区建立工业区。

最先向郊区转移的经济活动是制造业，继制造业之后，商业活动也追随着消费者的郊迁而向郊区转移。在二战之前，中心城在商业活动方面还占有较大的优势；但在战后，郊区的功能变得更为多样化。由于郊区人口的增加以及中心城市的交通日益拥挤，在中心商业区购物及停车日益不便；许多新的购物中心则建在了郊区，以便接近大部分消费者。自1950年代的早期，地区性购物中心便开始在市郊兴旺起来。例如，亚特兰大市区的零售业在1963年时占该市大都市区的份额为66%，而到了1977年则下降至28%，亦即郊区的零售业占了72%的份额②。在1970年代，该市北部郊区的莱诺克斯广场和坎伯兰购物中心的零售额都超过了城市中心商业区。可见，中心城市的商业优势地位已被郊区购物中心所取代③。

除了工业生产和商业以外，其他行业，如金融、服务等也纷纷转向郊区。随之而来的是中心城市的就业岗位数量大大减少，郊区的就业机会不断增加。1960年代，美国15个最

---

① William M. Dobriner. The Suburban Community (New York: G.P. Putnams Sons, 1958), P.24

② Kenneth Fox, Metropolitan America: Urban Life and Urban Policy in the United States, 1940～1980 (University Press of Mississippi, 1986), P.28～29

丹尼尔·布尔斯廷.美国人，民主历程（中译本）.北京：三联书店，1993年版，P.308

③ Carl Abbott, Urban America in the Modern Age: 1920 to the Present (Harlan Davidson Inc. 1987),P.113～114

大的大都市区中,中心城区的就业岗位数量从1200万个减少到1120万个,而郊区就业则从700万个增至1020万个,城郊几乎持平。在全国所有的大都市区中,1970年在郊区的从业人员中,到中心城上班的仅为28%。1980年代郊区就业岗位的增加势头更猛,在8个大都市区中,1975年郊区就业人口占大都市区总就业人口的百分比超过50%的有5个,而另3个也趋于接近50%[①]。

(3) 中产阶级郊区化

与郊区化现象相对称的是美国社会的中产阶级群体的史无前例的扩大。而美国社会中的种族、民族和文化的多元性与美国城市人口郊区化有着密切联系。首先,美国的部分白人歧视少数民族,尤其是在战后的新兴郊区,黑人和其他少数民族基本上不能问津。据统计,在美国前12位的大都市区中,在1930年其郊区人口中只有3%为非白色人种,到1960年这一比例也只有5%[②]。新崛起的中产阶级们希望自己能获得比在传统城市中更理想的生活条件和生活环境;另一方面,也只有中上层阶级才可能负担得起郊区独户住宅及小汽车交通需要的大笔费用,享受怡然自得的半田园式生活,而经济状况较差的新移民、黑人及其他"有色"民族只能屈居在中心城的旧街区。

除了郊区的邻里环境及房屋条件满足了中产阶级的理想外,交通运输手段的更新也提高了中产阶级在郊区生活和通勤的能力。20世纪20年代以前,大多数郊区随着有轨电车和铁路线的延伸而发展。但在第一次世界大战后,小汽车的普及提供了前所未有的流动性,使人们能自由地决定出行方式,可以说是小汽车促成了郊区的发展。小汽车也使得中产阶级郊区化的特征更为明显。

在社会学意义上,人口的郊区化过程也就是美国的城市人口按照阶级、阶层、种族或民族而过滤的过程,并由此形成了美国大都市区特有的人口分布模式。郊区化进一步导致了白人中产阶级和其他社会上层群体在郊区的逐步汇合,使得郊区社区具有鲜明的同质性特点,从而逐步形成了一种郊区生活方式和郊区文化。①从郊区的社区环境来看,郊区的土地利用、公共设施、商业设施、学校教育、住宅设计等,都以中产阶级的要求为标准;②从家庭生活的角度看,郊区中产阶级有独户住宅、高档家具、私人小汽车等,子女数量少,注重子女的教育和成长,注重家庭生活;③就人际关系而言,郊区中产阶级注重独立的家庭生活,远离父母亲友,妇女成为社交活动的主角;④就个人的行为方式而言,郊区中产阶级比较注重礼节,讲求仪表的端庄和举止优雅。这种郊区生活方式和郊区文化的形成,使得对中产阶级的判定有了一个新的标准,即判定一个人是否属于中产阶级,不仅要看他的教育程度和职业状况,更重要的是要看他是否负担得起郊区的生活费用,是否过着一种郊区的生活方式。所以这种中产阶级被称为郊区中产阶级(Suburban Middle Class)[③]。

效区中产阶级的形成,使得美国的中产阶级群体进一步扩大,并逐渐容纳了美国中等收入以上的各个阶层。他们在生活方式和价值观念上互相影响,彼此渗透,逐渐认同。因

---

① Carl Abbott, Urban America in the Modern Age, P.470
② Bryan T. Dounes, Cities and Suburbs: Selected Reading in Local Politics and Public Policy (Belmont, California: Wadsworth Publishing Company, Inc.1971), P.37
③ Kenneth, Fox, Metropolitan America, P.1

此，衡量中产阶级的尺度便大大放宽了。1950年代，老派的中产阶级还不肯认同白领阶层；到1960年代，白领阶层得到了认可，成为中产阶级的一部分；而到1960年代末1970年代初，不仅白领阶层，甚至一些高薪蓝领工人也迁居郊区，适应郊区的生活方式，并自诩为中产阶级。郊区与中产阶级成为同义语，中产阶级的队伍不断扩大，到1970年代已占美国人口的70%①。

三、郊区化过度发展带来的问题

美国20世纪的大规模郊区化发展，确实使许多人离开了拥挤嘈杂的中心城环境，但新出现的土地使用和交通模式却导致了许多比工业城市时期更难以处理的问题，主要表现在以下几方面：

1. 低密度、独立式住宅开发区的开发成本很高

1989年，盖洛普民意调查的问题是居民愿意居住在什么样的地方，被调查者中34%选择城镇，24%选择郊区，22%选择农场，还有19%选择城市②。旧金山地区的民意调查显示，交通阻塞和缺少支付得起的经济住房是人们在生活中议论最多的问题③。可见，越来越多的家庭不能承担购房的经济压力，两个人都有经济收入的家庭也支付不起理想的住房，即占地$0.1hm^2$，有三个卧室、两个洗澡间和三个车库的独立式住宅，而且一个家庭如果有2辆车，那么费用年均就高达10,000美元④。

2. 无控制蔓延的低密度郊区开发对郊区的生活质量和生态环境造成破坏

首先，郊区生活高度依赖私人汽车交通，对老人、青少年等人群的生活造成极大的不便；其次，尽管郊区有着中心城市无法达到的清洁环境，但大量的汽车还是带来了一定的空气污染；再者，过度蔓延发展，使得许多地区的自然资源遭到了不可逆转的破坏；还有，过度依赖小汽车和无控制的郊区化蔓延导致交通堵塞非常严重，上下班通勤时间增加。按照最近美国通过的高速公路法案，2006年前将投资2118亿美元用于交通建设，几乎每个城市都计划将大量的投资用于城市"环状公路"的建设，以减轻交通堵塞现象，但这种建设很可能像过去一样将房地产开发引导到更远的郊区并带来其他的社会问题。

3. 郊区化导致大都市区政治的"巴尔干化"⑤，使任何规划方案都很难付诸实施⑥

郊区的政治影响力在不断加大。1996年美国总统大选时，郊区的选民占50.5%，投票总量占52.2%；而城市的选民占27.8%，投票总数占20%。由于郊区人口的投票率高于城市人口，并有持续增长的趋势，其对政策的制定必定有较大影响。在过去的50年里，郊区选民运用他们的政治力量使郊区得到了诸多利益。郊区在结构和功能上是城市的一部分，是城市有机体的扩大和延伸，因此，大都市区在经济、社会和生态上是一个有机的统一体。为了解决大都市区内部各种相关联的问题，如交通、环境、水源、教育等，需要各

---

① 丹尼斯·吉尔伯特等.(彭华民等译).美国阶级结构.北京：中国社会科学出版社，1992年，P.40
② 安德雷斯·杜安伊，伊丽莎白·普拉特赞伯克．小镇的第二次流行.尤蒂尼读者.1992 (5/6)
③ 住房与开发报告．旧金山：海湾地区委员会
④ 卡尔索鲁．美国下一个大都市
⑤ 由于郊区化的发展，大都市区内独立的政治小单位不断增多，这样多的独立而平等的政治小单位使得合作非常困难，这十分类似于欧洲巴尔干半岛上的众多小国，这种情况被美国学者称为"巴尔干化"。
⑥ Scott Greer, Governing the Metropolis (Westport, Connecticut: Greenwood Press, 1962), P52

级地方政府的密切合作。由于大都市区是美国人口普查局为了便于人口统计而划定的统计单位,不是政治实体,因而中心城(或称市区)和郊区在行政上互不相属,都是平等而独立的政治实体。讨论和决定大都市区事务的机构是州议会。郊区的倾斜发展引起了城市和郊区在利益上的冲突及政治上的对抗,而郊区在州议会中的政治势力强大,这给解决各种社会问题、合理规划和建设城市造成了很多困难。

4. 与郊区化不断发展相对应的是中心城区的进一步衰败

中心城市面临的是人口减少、资产贬值、税收锐减、财政日蹙、市政设施陈旧及生活质量下降,由于财力等限制,中心城市的更新计划难以见成效。"有色"人群和贫民则集聚在中心城市。

联邦政府曾投入大量资金帮助各大城市实施中心城市的更新计划[①],城市中的建筑师和规划者提倡把"废弃"的房屋与工业建筑物清除掉,并以现代化的公寓和办公高楼取而代之。城市更新计划以联邦基金和法律作为保障和手段,并把曾用于郊区建设的方法运用到中心城市中来。中心城区的更新收到了一定效果,但仍不能彻底扭转衰败趋势。

5. 最根本的问题是郊区化与都市复兴对市民生活的影响

郊区化过程中的规划设计在多大程度上创造了或反映了社会状况,一直是社会科学家

---

① 联邦政府与社会福利政策相分离的、以拯救中心城为目标的城市政策始于1940年代末。1949年国会通过住宅法,从此揭开"城市更新计划"的序幕。其目的是要为每一个家庭提供"一个体面的住宅"、"一个宜人的生活环境",既要吸引中产阶级,同时还要为下层居民提供享受政府津贴的公共住宅。为此,联邦政府为各个大城市提供了总额10亿美元的贷款,用于清除贫民窟和社区重建;另外还为重建规划及各种预备工作提供了5亿美元的拨款。该法还规定,贷款不是直接拨给市政府,而是拨给临时成立的"地方公共机构",由该机构提出规划方案并负责实施,联邦政府则负责监督与咨询。

由于各利益集团的冲突及地方机构受到较多的限制,初期各中心城的反应并不十分积极,5亿美元的拨款在4年中只有1.05亿拨给了各中心城的更新方案。1954年住宅法改变了单纯强调清除贫民窟和进行住宅建设的做法。1949年住宅法规定6年建设80万套住宅,而1954年住宅法将此锐减为每年只建1万套。同时大量增加对工业、商业、文化设施和基础设施的投资,规定各中心城可把拨款的10%用于非住宅建设。这一比例到1965年提高到了35%。1954年住宅法还加大投资额,从1954至1968年,用于更新计划的国会拨款达到100亿美元。联邦政府还放宽了对城市更新计划的监督。由此,各中心城的反应变得积极起来,市政官员组织了由政界、金融界、企业界及学术界参加的城市更新联盟,掀起了城市更新运动的浪潮,几乎每一个中心城都有了巨大的投资。到1960年代末,这些更新计划基本完成。这些更新项目一般位于距中心商业区0.2～1.5英里(0.32～2.41km)的衰败区域。更新区域内的非标准住宅、小商业、小企业都被清除,而代之以高级住宅、大型金融和商业机构、企业办事处、体育文化设施等。这样一来,中产阶级迁入了更新区域的高级住宅,而且私人投资增多,市区税收有所提高。

然而,城市更新计划的实施也产生了一些社会问题,由于小企业和差的住宅被清除,造成了一部分人的失业和下层居民的流离失所,破坏了更新地区的社区生活。因而该计划遭到许多社会工作者和下层民众的抨击,称之为"强迫搬家计划"。

1950和1960年代的城市更新计划并没有真正解决中心城的各种社会问题,其主要表现就是1960和1970年代出现的城市危机,而城市危机的主要表现就是紧迫的财政危机和激烈的种族暴乱等。

尼克松上台后,提出了新联邦主义,主张"还政于民"。尼克松政府重新估价并终止了城市更新计划,而代之以"社区发展计划",即联邦政府在联邦分税制基础上,停止对各中心城的更新计划提供分类拨款,而是针对各城市的规模和衰败程度提供一揽子赠款:赠款直接拨给政府,由其自主解决各类城市问题,联邦政府不再进行监督。1974年国会通过了《住宅与社区发展法》,正式结束了城市更新计划,并确立了分税制。尽管联邦政府大力推行"社区发展"计划,但这项计划同样未能阻止郊区化的进一步发展和中心城的衰败。

1977年卡特总统上台后,认为美国已进入后工业社会,中心城的地位和作用已发生了变化,其衰败是不可避免的。所以联邦政府的政策目标不再是拯救中心城,而仅仅是阻止中心城的各类问题向郊区扩散。于是,卡特政府大量削减联邦拨款,停止对中心城进行直接援助。这样,持续了近40年的以拯救中心城为重心的联邦城市政策宣告结束。

们异议和争论的问题。现有的大都市郊区化居住建设模式很明显的是在扩大社会分层。在过去的30年里,高收入阶层与社会底层人群的收入差距在进一步拉大,如果这种状况得不到改善,城市中的社会分化现象将会加剧:市中心和近郊区将出现越来越多的贫民,弱势群体和一般工薪阶层居住的旧社区将逐渐衰落,高收入阶层的集聚区将远离其他社会阶层的居住区。郊区化进一步把人们孤立在家里和汽车中,把各个家庭隔离在相似的地块上,削弱了原有的共同生活的基础,使得当代多样化社会所需要的市民归属感极度匮乏[1]。

在环城高速公路、住房政策、种族歧视等一系列诱因作用下,以中产阶层和富裕阶层为主的社会群体涌向郊区寻求好的居住环境,而低收入者和"有色"人群在老城区集聚,导致城区环境恶化、政府财政入不敷出、种族问题和社会问题日益严重,这是美国郊区化的典型症状。

第二节 新城建设

一、新城政策的产生

美国是比较早开展城市规划和实行规划立法的国家。1909年美国举行了第一次全国城市规划会议,并成立了一些大城市地区的规划机构,如芝加哥城市规划委员会等。但在较长时间内,美国政府没有对具有一定规模的新城建设给予财政、行政和法律上的必要支持。1950年代开始到1960年代,为了控制郊区化的过度蔓延,中断了多年的新城建设又再次提上了日程。

在郊区的开发中,除了私人营造商之外,汽车和石油大资本也参与了开发郊区住宅区的事业。在1950年代中期就出现了由私人资本开发的40多个大项目,政府也鼓励成立开发组织,这些开发组织成了美国住宅建设的主要力量。但是,这种大规模建房的做法,也产生了一些新的问题。首先,建设是无计划的,并且一般最多是数百户。虽然建造了商业服务设施,但公共设施的配建还是不齐全,因此影响了生活。此外,大量采用的装配化住宅建筑显得单调,在景观上存在着问题。

由于美国政府没有从财政、行政和法律等各方面采取强有力的措施来支持新城的开发,因此虽然要求在郊区有计划地建设新城,但新城建设却是无计划的,进展缓慢,效果不大。与英国的新城建设相比,整整滞后了20年。到1960年代末期,许多有影响的组织和个人纷纷呼吁制定国家的新城发展政策。政府的顾问委员会甚至提出在全国建设100个各为10万人口规模的新城,以及10个超过100万人口的新城,以容纳今后20年内城市增长人口的一半。

美国最终于1968年通过了联邦政府援助新城开发的《新城开发法》。该法规定,联邦住房和城市建设部可向新城的私人开发者给予信贷保证,开发者因此可以获得长期限的私人资本(通过向私人或公司借贷或发行债券)。根据规定,政府可以为一个单项工程提供多至5000万美元的信贷保证,信贷保证总额为2亿5000万美元,利率优惠。但是开发公司要获得贷款,其手续繁多,在得到住房和城市建设部批准信贷保证以前,首先需花巨款用于选址及做好规划。因此,1968年的法案对于促进新城建设所起的作用不大。但各方面呼声很高,特别是政府顾问委员会提出了建设新城的建议,虽然未被国会采纳,但还是促使制定

---

[1] 彼德·盖兹(Peter Katz)[美]编著.张振虹 译.社区建筑.天津科学技术出版社,2003

了1970年的《住房和城市发展法》。1970年的法案将贷款保证的总额提高至5亿美元,并且规定在联邦政府下面成立了一个新城开发公司,也鼓励各州成立开发公司。同时,该法案还相应地对规划的内容,以及对住宅、工厂和公用设施等标准都作了规定,这方面与英国的新城类似。

新法案公布后不久,即有12个新城开发项目获得了联邦政府的信贷保证,这样就推动了新城的建设。法案对新城建设提出了如下的具体要求:①新城要充分利用现有的小城镇和农村居民点的开发潜力,并且通过改建老城市,使城市郊区有秩序地发展;②新城必须为不同收入的家庭成员提供居住和就业的机会,从而避免不同经济水平和不同种族的人群的两极分化;③新城还必须保持和提高城市的自然环境质量,提高城市建筑和景观设计的质量;④新城还应是个实验室,许多经济的、社会的和城市建设方面的革新创举都可在新城进行试验。

法案所确定的新城类型有四种,即:一是大城市周围新建的新城;二是在原有城镇基础上扩建的新城;三是市区内改建或扩建的"城中之城";四是远离大城市完全独立的新城。从这4种类型的描述来看,美国的新城没有一个确切的概念。凡是成片的住宅区建设,无论是位于大城市郊区的,还是远离大城市地区而独立的,或者是在城市内部的都可称之为新城。其面积大者可达40多km^2,小者不到1km^2。由此可见,除了第三类外,其他三类新城都具有区域性中心城镇的功能[①]。

在大城市的分散化过程中,区域性中心城镇要成为吸收新的设施和公共机构的中心,它们给许多地方带来了新的开发或再开发的机会。可以说,西方国家的新城建设均得益于城市政府对区域性中心城镇的重视和扶持。西方国家的区域性中心城镇主要指中等规模的城市,即人口规模在10~100万之间的城市。欧盟认为,区域性中心城镇或中等城市具有既可获得规模经济效益,同时又可避免大城市(人口超过100万)在环境和经济社会方面出现的过度膨胀的问题。因此,区域性中心城镇被认为是满足人们追求现代舒适生活的最好地方,也是创新活力与传统生活交汇融合的理想场所。

美国的住房和城市发展部是新城建设和旧城改造的主管部门。它对新城建设和旧城改造的扶持主要体现在以下几方面:

1. 对于制定新旧城市的总体规划和基础设施规划,联邦政府大力提供协助,包括免费的专家指导。住房和城市发展部负责对这些城市规划和基础设施规划加以评审,提出意见和建议。

2. 在城市基础设施建设方面,政府给予大量的补贴或其他优惠。如对城市的生态环境建设项目,按项目总投资额的一定比例给予补偿;对投资于城市基础设施项目的私人资本给予企业所得税的减免,并广泛实行BOT(建设Built——经营Operate——移交Transfer)或TOT(移交Transfer——经营Operate——移交Transfer)建设方式,以便吸引私人投资。

3. 在水、电、气、热等公用事业的经营上,给予免税的优惠。对这些公共产品的服务价格实行政府管制,以保障城市居民的基本需求能得到普遍的满足,同时也使新建城市的门槛大大降低,有利于产业和人口快速进入新城,实现建立新区域性中心城镇的目标。

---

① 刘勇.如何促进区域中心城镇的发展.中国地产-临海撷风.第850期

二、新城的发展阶段

美国新城的概念和发展情形涵括了从附属于大城市的卧城到职能健全的独立新城的各个发展阶段。1960年代以来新建的新城有的是大城市周围的卫星镇,有的是独立的城镇,也有的是大城市内部的城中之城。按其性质来说,有的纯属卧城,有的有少量工业,也有的以大学和研究机构为中心,还有的以有色人种聚居为主。结合新城建设,还进行了各种新技术实验,如把新的交通体系、高速铁路引入城内等等。从形态密度和生活方式来看,新城的发展演进基本是郊区城镇网络的完善与延续。

作为世界的特大都市之一,纽约城市的发展经历了由小到大的不断发展、不断城市化的过程。城市化到了一定的阶段,就走向了城郊化的道路。在纽约快速形成超级大城市的过程中,城市问题接踵而来。居住问题、环境问题、交通问题等都成了城市建设和市政当局急需解决的问题。为此,纽约市调整了城市发展的战略,从城市化向城郊化方向转移。这个转移分为三个阶段:第一阶段,居民迁移到郊区,1950年代到1960年代是居民外迁的高潮期;第二阶段,在纽约郊区城镇建立大型购物中心等商业网点及将工厂企业搬到郊区,从而使城市中心的功能发生了巨大的变化;第三阶段,在纽约周边郊区基础上建立具备居住、购物、娱乐等城市功能的新城镇。

这几个阶段的发展进行得相当顺利。一个很重要的原因是美国政府相关政策的正面促进和大力支持:美国政府推行大规模援助公路建设的政策,公路网尤其是高速公路网,极大地解决了城郊化过程中的交通问题;同时,长期实行有利于郊区发展的住宅政策,鼓励中高收入者在郊区贷款建房。1950年代,美国政府又提出了在郊区建设小城市的建议。1960年代后,美国又实行示范城市的试验计划,实现分散型城市化。如今纽约周边的一些新城就是当时政策的产物。

三、新城建设的看法

美国大城市周围的新城建设的效果并不是很显著。有的新城因不能吸引工业,也不能为收入低的职工修建住宅,最后成了富人的住宅区,背离了原来的规划目标。

在开发新城的问题上,有人认为新城必须建在老城市中心附近。其理由是,一方面新城离城市发达地区太远,经济基础差,很难吸引企业主,也不可能使相当多的劳动力乘车上班,即使有联邦政府支持,建设速度也是缓慢的;另一方面新城的规模必须相当大,才足以维持多种多样的经济活动和商业、服务行业等等。因此,有人提出建100万人口这样的具有大城市规模的新城,包括可以容纳各种行业,从而维持一个大学、一个专业球队和一个管弦乐队,并可设立专业医疗单位、专业百货公司和商店,建立方便的快速公共交通网,还可设立一个国际机场。有人还认为,新城的发展必须与全国、州和地区的交通规划、福利政策、工业发展的战略计划等联系起来考虑,否则就不足以改变大城市发展的格局和目前的发展趋势。在投资有限的情况下,新城的建设必然影响大城市市中心的改建。因此有人建议,应把原计划建60多个新城减为20~30多个,并且应该提高建设密度。

第三节 "新城市主义"

一、基本概念和原则

1. 缘起

二次世界大战后城市急速扩展，以低密度平房和小汽车交通为主体的近郊发展给城市带来了交通拥塞、空气污染、土地浪费、内城破坏等问题并使邻里观念淡薄。自1980年代以来产生了几种以矫正这些城市病为指向的探索，包括由安德雷斯·杜安伊与伊丽莎白·普拉特·赞伯克提出的传统的邻里区开发和由彼得·卡尔索普倡导的公共交通导向的邻里区开发。这些实践就其理念而言有很多相类似的地方，统称"新城市主义"。

作为一种以再造城市社区活力的设计理论和社会思潮，"新城市主义"于20世纪80年代末期在美国兴起，是对被忽视了近半个世纪的美国社区传统的复兴。1993年的"新城市主义大会"（Congress of the New Urbanism）抨击了1933年的雅典宣言。其基本理念是从传统中发掘灵感，并与现代生活的各种要素相结合，重构一个被人们所钟爱的、具有地方特色和文化气息的紧凑性邻里社区。

2. 基本原则

新城市主义者基于一个十分简单的原则：社区的规划与设计必须坚持公众价值比私人价值更重要的原则。具体来说，首先，邻里中心应当由公共场所来界定，由地方的公共设施和商业设施为之活跃氛围。其次，每个街区都应当有不同的住房类型和土地使用方式，足够的灵活性是为了便于有需要时很容易地改变功能。再者，土地使用模式、街道布局和密度都应当有助于使步行、骑自行车、使用公共交通成为代替私人机动化交通方式的选择。还有，建筑物不应该被看作是独立于周围环境的摆设，它们应当与街道、公园、绿地、庭院和其他开放空间保持一致，并为空间限定作出贡献[①]。

二、设计理念

"新城市主义"倡导许多独特的设计理念，其中最突出的反映在对社区的组织和建构上。邻里、分区和走廊成为"新城市主义"社区的基本组织元素。它们所构筑的未来社区的理想模式是：紧凑的、功能混合的、适宜步行的邻里；空间和内涵适当的用地功能分区；能将自然环境与人造社区结合成一个可持续发展的整体功能化和艺术化的走廊。

1. 理想"邻里单位"理论

1930年代由佩利（Clarence Perry）提出的"邻里单位"（Neighborhood Unit）理论，被"新城市主义"发扬光大，并重新归纳了一个理想邻里的基本设计准则：①有一个邻里中心和一个明确的边界，每个邻里中心应该被公共空间所界定，并由地方性导向的市政和商业设施来带动；②最优规模——由中心到边界的距离为1/4英里的空间；③各种功能活动达到一个均衡的混合——居住、购物、工作、就学、礼拜和娱乐；④将建筑和交通建构在一个由相互联系的街道组成的精密网络之上；⑤公共空间应该是有形的而不是建筑留下的剩余场地，公共空间和公共建筑的安排应优先考虑。[①]

---

① 彼德·盖兹（Peter Katz）[美]编著.张振虹 译.社区建筑.天津科学技术出版社，2003.1

2. 分区

相对于邻里，用地功能分区曾被视作是功能专门化的地区，建立在高度专业化必将带来高效率的观念基础之上。但随着信息革命和环境技术的发展，严格的功能分区思想已不再被尊为惟一的经典，在土地使用中允许多种功能活动来兼容支持，用地功能分区的结构则是按照与邻里的结构相类似的方式组织；有清晰的边界和尺度，有明显特征的公共空间，有互相联系的环路服务行人，并通过公交系统与更大的区域发生联系。

3. 走廊

走廊既是邻里与功能分区之间的联接体又是隔离体。在郊区化[①]模式中，走廊仅仅是保留在细分的功能地块和商业中心之外的剩余空间；但"新城市主义"将其视作连续的具有视觉特征的城市元素，由与之相邻的功能分区和邻里所界定，并为它们提供出入的路径。

三、公共交通导向的邻里区开发（TOD）

彼得·卡尔索普的"交通引导开发"基本模型，即TOD模型，利用了运输与土地使用之间的一个基本关系，将开发集中在沿轨道交通线和公交网络的结点上，把大量人流发生点设置在距公交车站很近的步行范围内，鼓励更多的人使用公共交通。一个TOD即是一个围绕公交车站将功能密集交织在一起的社区。

首先，最靠近车站的将是零售业区、服务商业区、办公楼、餐馆、健身俱乐部、文化设施和公用设施，它们使一个TOD社区的居民无需利用私人交通工具，就能很方便地从事工作、购物、娱乐等各种活动。其次，在商业区附近，有小规模的适于单身、学生和老人等的双联房、联排房和公寓，也有独立式家庭房屋。再者，住宅尽量围在公园等公共空间周围，社区设施（如托儿所、教堂、学校或会议厅）也就近设置，赋予人性化设计，具有独特的和易识别的位置、形状和体积，以强调各种公共机构和公共空间在社区生活中的重要性。

TOD强调土地混合用途，并以公共交通优先为规划原则。居民距离社区中心或公交车站不超过600m，或10分钟步行路程；公交车站之间的距离在0.8~1.6km；车程不超过10分钟；区内汽车时速不能超过25km，内部服务性道路路宽不超过8.5米。卡尔索普的TOD规划经常包括自社区中心或车站核心区向外的放射形街道。他主张，放射形街道可以提高居民的交通效率，因为这些街道缩短了与社区中心的距离，并在设计上加强了中心区的清晰感与个性特点。此外，居住开发密度是25~60户/hm²，接近车站地方的商业用地不少于10%，市中心1.6km范围内不再允许设置其他商业中心，尽量减少有污染的地下排水系统，尽量保留天然沼地。

卡尔索普曾经写道，在理论上，2000套房屋及9万 m²的商业区、公园、学校和托儿所可以被很好地安排在车站周围400m的步行范围内，或大约48hm²的范围中[②]。相比较之下，在相同的地区中，典型的市郊开发商可能只会兴建720套独立式住宅。

TOD将不仅出现在新开发地区，还会出现在填充式发展或重新开发地区，后者将会从

---

① 郊区化、"新城市主义"与"新都市主义"，http://www.jnnc.com/house/news/cnews
② 彼得·卡尔索普. 步行者手册：郊区发展新战略. 纽约普林斯顿建筑出版社，1989．11

面向汽车的地区发展成面向行人的地区。卡尔索普为波特兰（Portland）、萨克拉曼多（Sacramento）和圣地亚哥（San Diego）所做的规划中所提出的TOD原则是："都市TOD"直接位于主要的公交线路上，因此适合创造工作机会和高密度的功能开发，如办公、零售中心和高密度住房[①]。

四、传统的邻里区开发（TND）

传统的邻里区开发方法，即TND方法，是由安德雷斯·杜安伊与伊丽莎白·普拉特·赞伯克提出的，它包含更为精细的设计规则，而且比起卡尔索普的TOD方法，可根据各地情况有更多的变化。但是，TND不像TOD一样强烈地植根于地区规划和公共交通重要性的信念中。TND类型的规划在很多方案中被提出来，有风景旅游区（海滨镇和佛罗里达的温索尔）、再开发的购物中心（马萨诸塞的玛实比）、活动房屋地区（亚利桑那梅萨的罗丝维斯塔），还有传统的市郊地区（马里兰盖德斯堡的肯特兰）[②]。

TND的重点在城市设计，而不是城市规划。这些"传统邻里区"有以下特征：基本地块的大小为从16到80hm^2不等，半径不超过400m，使得其中大多数的房屋都处在街区公园的3分钟步行范围内，以及中心广场或公共空间的5分钟步行范围内；街道间距是70~100m；周围有绿带；邻里内有多类型的住房和民居，分别适合不同的家庭类型与收入群体；土地使用多样化，设置会议厅、育儿中心、公共汽车站和便利店等；区内道路两旁都有人行道；每条街道都有各具特色的行道树；公共建筑布置在人流集散地；住房的后巷是设计的重点。一组组的邻里组成了村庄，通常村庄间都由绿化带隔开，但主要街道又将它们连在一起。城镇则可能是由几个村庄和邻里所组成的，并有多种类型的商用设施和各类机构。学校可以位于几个邻里聚集的地方，服务于村庄或更大范围地区的商业、娱乐和市政设施等经常沿主要大街排列，而且在公共场所旁边。

五、实践中的困难

尽管"新城市主义"在新型社区的设计和开发中已经进行了较为成功的尝试，尤其是影响了郊区的新社区开发形态，但目前在美国并没有被广泛视为适于主导未来社区发展的模式，北美的住房消费者仍旧喜爱独立式住宅。

新城市主义在实践上出现了以下困难：

（1）新城市主义并没有完全解决大都市开发中的一些基本问题，仅仅是在局部或地区规模上小范围地考虑了生态问题，至多也只是局部缓解了美国日益尖锐的经济与社会分歧。例如，他们只是以有限的方式扩大了获得住房的机会，然而低收入家庭和有特殊需要的群体还需要政府有另外的解决方案才能获得住房。有人认为新城市主义的对象是白领阶层而不是普通大众，这反映了精英主义（Elitism）的心态。

（2）新城市主义的建设项目往往更强调形态模式，而非规划的本质。许多新的开发项目往往只是很肤浅地采用了新城市主义的设计手法，他们的动机只是促销。对于新城市主义鼓吹的美国19世纪小城镇形式的发展，不少人持批评态度，认为是矫揉造作，现代社会邻

---

① 彼德·盖兹（Peter Katz）[美]编著.张振虹 译.社区建筑.天津科学技术出版社，2003.1
② 同上

里淡薄的观念不会因建筑形式而改变。

（3）新城市主义者展望的社区蓝图并不能完全在设计创意中体现。因为工程完成后，就会出现各种层次和类型的社区组织，邻里开放空间虽然属于公众的，但由私人房屋拥有者协会来控制。大家是否都可以使用社区的各种设施，如幼托、教堂和会议厅等；业主合作体系能否为社区的内聚力提供更强的基础，这些问题都未能有确定答案。

之所以如此，一个重要原因是"新城市主义"的实际设计标准和执行操作还不能完全与北美地区的法规框架相匹配。目前，各地城市的总体规划方案和土地使用规划仍然不鼓励功能不同的土地使用混在一起；美国许多消防部门所要求的街道宽度要超过"新城市主义"的建议宽度；另外，"新城市主义"未被很快普遍采纳的原因还在于房地产市场高度细分所对应的土地使用分类适用性（如独立式住宅用地、多户住宅用地、零售用地、办公用地和仓库用地等），每一种类别都有其不同的运作方式及市场、行业组织和融资来源。

"新城市主义"自1980年代末期在美国兴起后的10多年，已有了大量的实践，其中较有影响的开发项目或作品包括：位于佛罗里达州的倍受称赞的海边旅游小镇——海滨镇；洛杉矶内城的复兴规划；被誉为"进步的建筑"的亚利桑那州机动家庭村庄；德克萨斯州国家级的最大的城市更新住宅项目；不列颠哥伦比亚为12000人所建的可持续性"社区"等等[1]。

第四节　新城建设的案例

一、哥伦比亚新城

哥伦比亚（Columbia）新城被公认为是美国最有名的新城[2]。

1. 区位

哥伦比亚新城位于马里兰州（Maryland）（图6-4），在巴尔的摩（Baltimore）和华盛顿（Washington）走廊的中心，占地5600hm^2。距华盛顿市中心48km，乘小汽车45分钟可以到达，距巴尔的摩市中心24km，乘小汽车35分钟可以到达；面积约5300多hm^2。由于新城位置适中，离郊区地铁站和机场也近，因此规划中预计会吸引较多的人来新城居住。1961年开始兴建哥伦比亚新城，规划人口规模为11万人，住宅30000套。

2. 开发情况

哥伦比亚新城是由私营通用人寿保险公司、曼哈顿大通银行等合伙投资建造的，建成后的总投资数约20亿美元。新城整个用地原属140家私人业主所有，分成140块，每一块都是经过与私人业主谈判达成协议后取得的。

哥伦比亚新城的建设速度是相当快的。新城中配备了数量众多的教育、文化、娱乐、运动等设施。据统计，7年内建了1万多所住房，150多个大、小商店（包括两座百货公司），80多家工业企业，6家银行，9家餐厅，9家事务所大楼，2座电影院，1所旅馆，1个图书馆，1座容纳5000个观众的音乐厅，3个全日制学校，2座业余夜校，9所公立小学和2所

---

[1] 郊区化、"新城市主义"与"新都市主义"，http://www.jnnc.com/house/news/cnews

[2] 哥伦比亚新城资料来源：北京市城市规划管理局科技情报组，城市规划译文集2——外国新城镇规划，中国建筑工业出版社，1983

中学。2500个公司提供了5万个就业机会。

3. 邻里模式

哥伦比亚新城是按邻里单位的结构组成的，形成了居住群——邻里——村庄——城镇等四级居住单位（图6-5）。各邻里单位居住800~1200户，3~4个邻里组成一个村子，人口1万至1.5万人，城镇由8~9个村子组成。新城中心位于中部，住宅布置在村中心四周。

邻里单位的中心布置有小学，此外还有小集会厅、一个游泳池，以及学龄前儿童活动场所。村中心大多设置中学、教堂、礼堂和文娱设施，另有一个超级市场及银行、药店、酒店、修鞋店等商业服务性设施。每个村中心的建筑都各不相同，且都有绿地和步行道连接居住区和有关设施。新城中心是作为地区中心来规划的，因此规模比较大，可为25万人服务，有2个百货公司及100多家商店，此外还有9万多m²的办公楼。中心区的周围有环路。规划强调新城中必需要有多种设施，能给居民提供充分选择的机会，既能适合青年人的要求，又能满足成年人的需要。

4. 住宅

新城住宅建筑大部分为一~三层，居住密度为22户/英亩（约55户/hm²），与美国一般城市郊区密度差不多相同。人们认为，居住在这个新城里与居住在老城市的感觉一样，但新城的居住环境和住宅质量好，所以吸引了一部分人。

5. 公共交通

新城公共交通的特点是在考虑家庭小汽车增加的同时重视了公共交通，并采用了微型公共汽车。这种微型公共汽车有专用路线，车速虽低一些，但车辆间隔时间很短。住宅与公共汽车站之间的距离一般不到400m，30%的居民可在3分钟之内到达汽车站。公共汽车线路通过市中心、镇中心和就业地区。

6. 休闲设施

在哥伦比亚新城的5300hm²用地中，大约有23%的土地是永久性的绿地和空地，公园

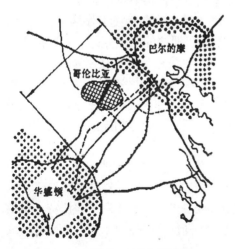

图6-4 哥伦比亚新城 区位图

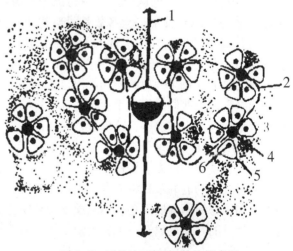

图6-5 哥伦比亚新城 结构模式图
1-高速路；2-公交车专用路；3-村子；4-村中心；
5-邻里住宅区；6-邻里住宅区中心

很多，还有许多供游览的地区。这些地区修建了许多迂回曲折的羊肠小道，可供散步、骑自行车之用，沿途还有许多设施。新城内有100km的小路，几乎能绕城一圈。考虑到每月约有几万旅客来此地游览，开发商担心地方当局对公园和游憩区管理不好，专门成立了一个非盈利性的公园和文娱协会。这些公园和设施建成之后，就由协会来负责管理。在哥伦比亚交纳的全部财产税中，有一部分拨给了城市经营管理，包括3个湖、2个高尔夫球场、1个溜冰场、1个体育运动俱乐部等文体活动设施及作为公共交通的微型公共汽车系统的经营管理。

7. 就业

住在新城的人口中80%是白人，16%是黑人，居民的收入较高，文化程度也较高，有90%的户主受过高等教育或是大学毕业的，大多从事脑力劳动。新城有电器设备工业、医药设备加工工业和其他轻工业及航天工业，各类企业大约提供了5万个就业岗位。这些工业项目都被安排在城市边缘的4个工业园区内。新城建成后，大约有62%的户主在华盛顿和巴尔的摩两个城市周围的各个县工作，而在这两个大城市工作的为数较少，其余在本地工作；同时还有一部分人是从其他城市来新城工作的。规划预计有60%的人在本城居住和工作，另外40%的人只在这里居住，而去附近的大城市工作。

8. 历史意义

哥伦比亚新城是在20世纪60年代早期，一些美国城市正处于杂乱无序、急剧膨胀的状况下，所创建的新城。新城建设中充分协调了不同种族、不同收入者的关系，创造了令人愉快的生活氛围；新城促进了当地商业、工业和贸易的发展，提供了5万个就业机会；新城社区的全面发展使得当地的税率也降低了。

二、威灵顿新镇

威灵顿（Wellington）新镇位于佛罗里达州，棕榈海滩（Palm Beach），开发于1989年。同佛罗里达州的大多数地区一样，棕榈海滩同样经历了大规模的低密度郊区化增长过程。住宅社区持续地从令人向往的棕榈滩海岛社区及西棕榈海岸的"商业区"向内陆推进。这些新的开发中，大多数都没有提供或仅提供了很少的购物或工作场所。于是，办公室和商店就坐落在了附近的大道上，使这些道路成了拥挤的交通瓶颈。尽管拓宽了部分道路，但住在新开发地区中的通勤者们，还是饱受愈演愈烈的交通阻塞之苦[①]。

威灵顿镇的每个邻里的布局都出自于不同的设计师，即使每个规划师都遵循一套通用的规划原则，但他们的规划手法仍是各不相同。当各个单独的邻里被拼合在一起时，需要有基于全局性考虑的调整，特别是要它使这些邻里间都有适当的街道相连。这种工作方法给较大的混合社区带来了真正的多样性。

威灵顿新镇的规划者建议，将这600hm²的开发作为解决棕榈滩发展的出路，因为高密度、具有混合功能的项目将能容纳城镇人口进一步发展的扩张需求，并能解决该地区严重的就业和住房的不平衡问题。新镇规划者是安德雷斯·杜安伊与伊丽莎白·普拉特·赞伯克，规划目的是通过建造一个有大型工作场所的社区，平衡地区的住房矛盾，从而缓解该

---

① 威灵顿新镇的图片和资料来源：彼德·盖兹（Peter Katz）[美]编著，张振虹 译，社区建筑，天津科学技术出版社，2003.1

地区的拥挤现状。他们建议该镇由9个不同的邻里组成，在中心湖泊形成一个密度较大的商业核心。

在威灵顿镇布置了许多商务区和零售区。此外，在工作区附近，安排了多种类型的住房，以便有可选择性。在社区的多种住宅类型中，包括商店上面的公寓和住宅后院的出租单元，这在市郊是很少见到的。各街区的密度不一，有三四层的办公楼，有湖滨的零售公寓楼，还有沿环形运河排列的独立式家庭住宅；住宅类型中还有带庭院的公寓、联排房，有侧院的房屋以及有后院的附属单元。

镇的规划小组对那些平价的较传统的多单元住宅给予了较多的考虑，并保证这些平价住宅与邻近住宅的和谐一致。住房组成很小的组团，一般一排绝不会超过12个单元，而且总是穿插在一些高档次的住宅之间。而且，含有平价单元的建筑与建筑组团方式，也使用了邻近住宅的建筑与建筑组团方式（图6-6）。

镇中心在形式上相似于一个传统的大型购物中心，既与该镇的小尺度组织结构相融合，又满足居民们在其他较小的街区商店无法满足的购物需求（图6-7、图6-8）。

威灵顿镇规划了几种类型的公共开放空间，中心为正式的街区广场，小型广场广泛分布，灵活使用。一座大的区域性公园平添了地区的自然风景，大面积的湖泊水系不仅供排水用，也使规划中的开放空间网络更为完整。

该镇的一个街区被设计成大学校园，集学术、居住及商业活动于一体，符合典型的"大学镇"的特征（图6-9）。

图6-6 威灵顿新镇平面图

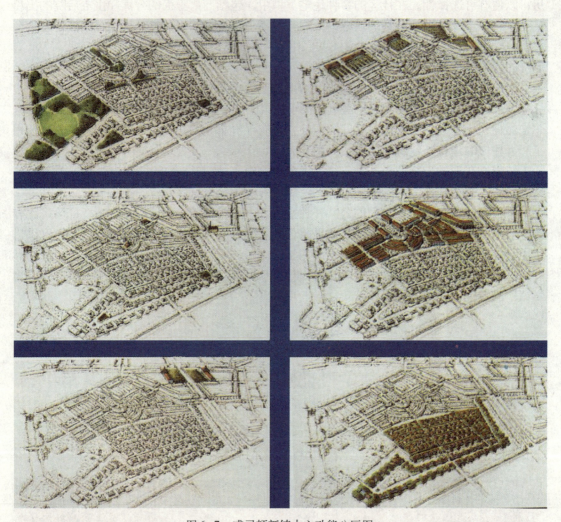

图6-7 威灵顿新镇中心功能分区图
- 公共开放空间（左上图）；
- 市政建筑（左中图）；
- 工作地点（左下图）；
- 上面有公寓单元的商店临着湖边的商业大道（右上图）；
- 中等密度住宅，如联排屋和小公寓住宅等，从中心绿地辐射开去（右中图）；
- 独立式家庭的住房（右下图）按密度顺次排列，排在街块内部的是紧凑的有侧院的住宅，沿运河排列的是独立的大住宅。

图6-8 威灵顿镇中心平面图

威灵顿镇的规划将每个街区密度最大的部分置于领带形中心湖的周围。湖两侧是两条大道,湖在中部变得狭窄,界定了城镇的中心区位。湖在两端变得宽阔,可以展望周围的街区。该镇最重要的公共建筑物都位于湖边重要的拐角处。

图6-9 威灵顿镇大学城平面图

威灵顿镇的早期规划中包括一个大学校园。历史气氛被反映在混合功能的校园／邻里建筑与规划中,风景如画的林荫道由大学的公共建筑物环绕,它的一端终止在大礼堂和钟楼边。林荫道两侧的上方是教室、实验室和教员办公室,而商店在下面沿林荫道两侧排列。会议中心位于大学校园的心脏地带,餐厅、商店及其他生活设施都在很短的步行范围内。整个街块的带庭院的居住建筑使得学生们能在校园附近住宿,其中既有宿舍和公寓,也有独立式家庭住房。

第七章　日本的新镇建设

在日本的经济发展过程中,沿太平洋的带状地区和大都市圈曾经发挥了重要的作用。东京都是关东经济圈及沿太平洋带状经济地区的重要组成部分。明治维新以后,日本以欧洲模式来建设,以追赶欧美强国为目标,在这个过程中,国土开发规划的中心经历了两次转移。一直到二战结束,日本的国土规划和城市规划都是以"国家"为本,在非常强的中央集权体制下,推进国土开发和城市建设。

二战后,复兴工作是首要任务,从车站广场地区改造到大规模公营住宅区建设,在一定程度上是以牺牲地方城市丰富多彩的个性特征为代价而推进的,这些规划和开发现在有些学者看来极其失败,但"经济"主题突出。为经济振兴作贡献,提高经济效率,是国土管理和城市管理的前提。

日本的城市化进程,虽然比一些西方国家晚了百余年,但由于其经济飞速发展,只用了几十年时间,就达到了西方发达国家的城市化水平。1920年,日本城市人口只占总人口的18%,但是,到二战后的1955年,其城市人口比重上升到了58%。根据《2000年世界发展指标》的数据,目前日本城市人口的比重为79%。根据联合国社经资料与政策分析部人口司的资料显示,1994年东京都地区总人口为2650万,在世界超大城市中首屈一指。从1970年以来,东京一直是世界上人口规模最大的城市,预计这种状况将持续到2015年[1]。

第一节　国土综合开发规划

日本的城市化与国土开发的主题密切相关。二战后,特别是1950年代中期以后,工业化、城市化浪潮席卷全日本。至1962年,东京都的人口超过了1000万。与之相对应,人口减少的县超过了25个[2],地方发展问题成为国土开发的重点。因此,1962年日本制定了第一次《全国综合开发规划》,在这部规划中明确了工业的分散布局政策,在全国13个地方建设新的产业城市,并指定了9个工业发展特区。

1960年代中后期,产业和人口向大都市的集中势头更为强劲,而一些地方的经济疲软,甚至出现人口、经济的"过疏"问题,传统的村落等社区的生产、生活难以为继。

1969年制定的《新全国综合开发规划》,提出实施大规模的工业基地建设,以及进行新干线、青函隧道、新东京国际机场、筑波科学城、琵琶湖开发等大型工程项目,拟以大型项目的开发来拉动地方经济的发展。

1970年代,人口和产业开始向地方分散,迎来了地方时代。1977年编制的《第三次全国综合开发规划》,更多地考虑了权力下放和环境保护等问题。

---

[1] 王前福、李红坤、姜宝华,世界城市化发展趋势,《经济要参》,2002-03-14
[2] 日本全国行政区1都2府1道43县

自1980年代开始，国土开发的主题由"经济"转换到了"市民社会"上，这也是21世纪的发展方向。

1987年制定的《第四次全国综合开发规划》，提出形成多极分散型国土布局，构筑交流网络，促进城市结构体系的分散化。该规划确定，全国性的文化设施原则上应布置在东京以外地区，办公商务设施的布置尽可能向地方城市引导，同时开始转移首都功能。

大都市圈的不断扩展，解决了住宅不足问题，但也导致了工作与居住远离，都市中心区的"空洞化"等问题。在这一背景下，作为国土开发政策的调整，1998年制定了《21世纪的国土大设计》。

泡沫经济的破灭，阪神、淡路大地震后的重建，使日本的城市开发事业出现了转变。在这之前，供需失衡问题严重，新开发项目和再开发项目均陷入了困境，使得过去的那种事业型开发方式瓦解了。新规划中包含了实现生活大国的5年计划和实现结构性改革的经济社会计划，内容包括：①创造多种自然条件下的居住地区（小城市、乡村/山村/渔村、山峦中间地带等）；②大都市的整修（空间修复、更新、有效再利用等）；③地域合作轴的形成和扩展；④形成广泛的国际交流圈。

《21世纪的国土大设计》之前的4次全国综合规划，都是把城市作为经济发展的一个"机器"，更早以前则是把城市作为国家统治的"机器"。《21世纪的国土大设计》力求通过"整修"战略，在自然条件多样的居住地域中，重新形成都市的概念。过去，城市是消化农村剩余劳动力，以及产生贫民窟、通勤混杂、住房困难、公害严重等各种社会问题集中的场所。新规划认为要通过公共设施的整治与改善，增进开发区的空间利用价值，促进生活空间质量的提高和经济运行的活力。

为实现大都市的"整修"，特别重视的内容为：①推进有利于城市聚居的综合环境整治；②大都市临海部等地区的土地利用规划调整和整治；③推进与区域性、骨干性城市基础设施成为一体的市街地整治；④高密度市街地的整治、改善；⑤推进根植于历史文化和市民社会的中心区活性化利用；⑥大都市近郊区蔓延地的土地利用整治和有序化；⑦有魅力与活力、能成为后代历史资产的城市建设与社区营造。

第二节 新镇建设

一、概况

日本将新镇建设作为解决大城市不断膨胀、导致日益严重的城市问题而采取的对策之一。1950年代末到1960年代，在距东京城市中心25～60km的郊区，靠近铁路或高速公路干线，曾经建设了7座新镇，多为卧城。东京把在远郊区建设的几座新镇定位为东京的都市副中心，能容纳10～15万的居住和工作人口。政府在新镇中兴建了大型的展览中心、公园和市政广场等；也建设了一些大型的高级写字楼，以引导一些国际性的大企业来投资。在1980年代初，因东京的地价、房价高涨，企业和居民纷纷迁入新镇。但随后日本经济出现了持续的衰退，东京中心城市的地价回落到高峰时期的1/3以下，地价成本因素不再重要，交通成本等问题凸显，因而许多企业选择搬回中心城市。

由于新镇多为卧城，自身功能不健全，生产和生活服务不配套，其居民主要在中心城市上班和娱乐，因此对疏散大城市人口的作用不大；同时，由于产生了新的通勤交通需求，使区域交通变得更为复杂。此外，由于建设资金有限，新镇在建设过程中，往往先建设住宅，后配套市政和公共福利设施，速度十分缓慢。从而新镇与中心城市相比，物质文化条件的差别较大，因而没有吸引力。

发展新镇是日本试图控制大都市中心城区人口高度恶性膨胀的一种尝试。新镇建设也不失为一种解决都市发展超负荷、推进都市圈的形成、并带来更强经济活力的有益尝试。但仅凭土地级差和政府引导是不够的，关键是新镇自身的经济功能。如果自身没有产业，就业机会有限，就只能是大都市的"卧城"。

二、新镇的立法

日本在1963年制定了《新住宅街市地建设法》，1965年制定了《地方提供住宅公社法》，1968年制定了《新城市规划法》，1975年制定了《在大城市地区促进提供住宅和住宅用地特别措施法》。

根据上述法令，通过国家、地方当局和日本住宅公团等组织，在大城市地区采取全面购买住宅用地方式，统一规划设计，建设新的住宅区和新镇，并且配套建设道路、上下水道、公园绿地、学校、商业和服务业等各种公共福利设施。这些公共福利设施建成后，交给当地有关组织经营管理。然后，由地方当局在较长时期内分期还清建设费用。

三、新镇的开发机构

公团是日本政府为了经营公共事业而设立的特殊法人社团[①]。为了经营开发一些私有部门不愿涉足的领域，1955年日本成立了住宅公团、日本道路公团等机构。1975年成立了住宅开发公团。1981年两者合并成住宅－都市整备公团。1999年改称为都市基盘（Infrastructure）整备公团（简称"都市公团"）。

住宅公团在新镇建设和城市建设中发挥了重要的作用。一方面，在城市中购买原先的工厂用地来建设城市高层住宅及相伴的大型公园绿地。另一方面，住宅公团在大都市的新镇开发了数量众多的产业团地。其中较著名的是由原国土厅管辖的筑波研究学园都市开发事业。20世纪70年代以后，新开发的需求迅速减少，而都市再开发的问题逐步显现。顺应历史的发展趋势，都市公团于1981年被改组，而承担都市再开发的"住宅－都市整备公团"成立。

四、新镇开发的推进

随着1955年日本住宅公团的成立和住宅团地（居住区）的迅速开发，公共设施完备和环境优良的居住区在日本逐渐出现。但是，由于城市土地的价格很高，大规模的团地开发往往远离城市中心，这样就出现了新镇的开发建设。

有规模的新镇建设首先出现在大阪地区。1950年代后期，大阪府的人口急速增加，都市周边出现蔓延发展。针对这样的情况，大阪府决定在大阪市北部15km处的千里丘陵开发日本第一个大规模的新镇——千里新镇。千里新镇位于吹田市和丰中市之间，规划人口15

[①] 第二次世界大战以后，为了复兴经济和规制经济活动，由政府全额出资建立了产业复兴公团和粮食配给公团等组织，这些机构现在已经逐渐解散或废止了。

万人，占地面积1,150hm²，每公顷人口密度为130人。在新镇中没有安排工作或生产用地，是一个纯粹的"卧城"。新镇于1961年开始建设，自1962年起就开始有居民入住。而日本的《新住宅街市地（Urban District）开发法》于1963年颁布，千里新镇发展计划于1964年才获得正式批准。通过国有资本的密集投入，千里新镇于1968年完成了开发建设。

日本比较著名的新镇除了由大阪府开发的千里新镇外，还有日本住宅公团开发的高藏寺新镇，大阪府开发的泉北新镇，日本住宅公团和东京都共同开发的多摩新镇，千叶县开发的千叶新镇，横滨市和日本住宅公团共同开发的港北新镇等。

五、新镇建设的特点

1. 新镇的选址

在日本全国，300hm²以上规模的新镇约有30多座，其中多数是依附于中心城市的居住社区，少数是有工业区的新镇，还有2座科研和大学城（图7-1）。

在日本东京、大阪和名古屋三大城市圈建设的大型新镇，距中心城市的距离各不相同：

日本主要的新城（镇）开发事例　　　　　　　　　　　　　表7-1

名称	中心都市	年代	规划人口（万人）	规划面积（hm²）	开发主体
千里新镇	大阪	1961	15.0	1150	大阪府
高藏寺新镇	名古屋	1961	8.1	702	住宅都市公团
泉北新镇	大阪	1964	18.0	1511	大阪府
筑波研究学园都市	东京	1965	11.4	2700	国土厅和公团
千叶新镇	东京-千叶	1966	34.0	2913	千叶县
多摩新镇	东京	1967	37.3	3016	住宅都市公团和东京都
港北新镇	东京-横滨	1968	30.0	2530	住宅都市公团和横滨市
长冈新镇	长冈	1975	1.0	440	地域公团
盘城新镇	盘城	1975	2.5	530	地域公团
吉备高原都市	冈山	1980	0.6	430	地域公团
八王子新镇	东京	1988	2.8	393	住宅都市公团

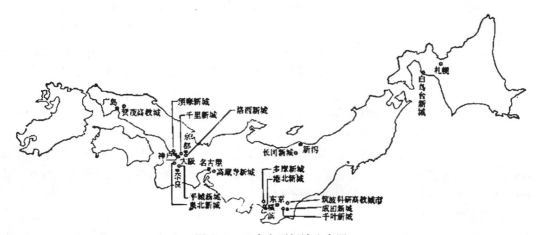

图7-1　日本主要新城分布图

图片来源：北京市城市规划管理局科技情报组，城市规划译文集2——外国新城镇规划，中国建筑工业出版社，1983

在东京都市圈范围内，新镇一般距离东京约30～50km；在名古屋城市圈范围内，新镇距离名古屋约10～30km；在大阪城市圈范围内，新镇距离大阪市20～40km。由于市区或市区附近地区的地价很高，且拆迁量太大，因此大部分新镇选在地价较便宜的郊区和邻近的县。此外，新镇的选址与中心城市的人口、产业的集中程度，以及中心城市与外围地区之间的交通联系手段也有着密切的关系。凡是人口和产业集中程度高的、城市周围交通条件较好的大城市，其新镇的选址就离中心城市较远。例如，东京周围的新镇距离东京一般都达30～50km，最远的筑波距离东京都中心约60km。

2. 与中心城市的交通联系

日本在规划和建设新镇时，重视解决与中心城市的交通联系问题。从新镇通往中心城市，除了有公路干线以外，还建设轨道交通线路，以解决运送大量乘客的交通问题。

例如，在东京首都圈地区，多摩新镇与东京间修建了"京王线"和"小田急"两条快速铁路线。从多摩新镇中心直达到东京副中心新宿，约需35分钟。又如，在大阪地区，千里新镇与大阪市中心之间，建设了北大阪急行电气铁路线；地区性的干线道路有中央环状线，与大阪国际空港和周边的都市相连接；通勤的交通工具主要是地铁及京阪神快速（千里山）线。泉北新镇与大阪市中心之间有泉北高速铁路。

3. 规划结构

由于日本的大多数新镇是卧城，住宅用地占新镇全部土地面积的比重较大。在新镇规划设计中，很重视配套建设公园、绿地、道路、商业、教育和医疗等各种设施。例如，千里新镇的土地使用的构成为：住宅用地面积505hm²，占总用地的44%；道路用地面积249hm²，占总用地的22%；公园和绿地面积274hm²，占总用地的24%；商业和服务业设施用地面积46hm²，占总用地的4%；其他公共福利设施用地面积76hm²，占总用地的6%。

日本许多新镇是根据邻里等级概念来规划设计的。一座新镇一般分为近邻组——近邻分区——近邻住区——地区——城市这样几个等级。近邻住区是构成新镇的基本单位，是以儿童和主妇为主的日常生活圈范围。一般由3～5个近邻住区组成一个地区，由几个地区构成一座新镇（卧城）。

日本新镇的道路，除同其他城市相连接的城市间干线道路外，根据新镇的规划结构，一般分为新镇干道、地区干道、近邻住区干道、近邻住区道路和步行专用道路。新镇干线道路和地区干线道路把新镇内各个近邻住区、地区中心和车站联结起来。在近邻住区四周铺设近邻住区干道，其目的是禁止过境交通穿入近邻住区。在近邻住区内，对车行交通和步行交通一般采取分离措施。在新镇交通拥挤的地方，建设立体交叉或人行步道桥，以保证行人的交通安全。

日本新镇的商业和服务业设施一般分为3级，即设置近邻住区中心、地区中心和新镇中心。近邻住区中心的商业和服务业设施，是根据近邻住区居民日常生活的需要设置的，服务范围限于为近邻住区居民每天购买日常生活用品。地区中心的商业和服务业设施规模和服务范围都比前者要大，可为几个近邻住区的居民服务。而在新镇中心则设置大型商业、服务业和其他各种设施，为整个新镇居民服务。

4. 住区布置

日本新镇中的住宅一般分为高层住宅、中层住宅和低层的独户式住宅三种。在一些新镇中，在近邻住区中心的周围地带，往往建设高密度的高层住宅楼，以便充分利用近邻住区中心的各种公共福利设施，在高层住宅楼外围建设低密度的中层和低层独户住宅。在住宅布置方面，注意利用富有变化的地形；以围合的方式布置住宅楼，在中间留出宽敞的场地或绿地，作为居民共同活动的场所。在住宅区中尽可能不出现穿越交通，以保持居住环境的安静。

在新镇建设中，很重视设置儿童活动场所、公园和绿地。例如，千里新镇在中、高层住宅地段，每200~300户设置一个儿童游戏场；在低层住宅地段，每50~100户设置一个儿童游戏场。在每个近邻住区设置一座近邻住区公园；每个地区设置一座地区公园，内部设有游泳池、划船湖泊及多种体育活动设施。在新镇边缘的绿地中，开辟露营场地和各种体育运动场地，供全体居民使用。

六、私营铁路与新镇开发

日本的新镇开发与私营铁路之间的关系密切。可以说新镇的发展离不开私营铁路线的延伸，便捷的轨道交通服务导致了房地产业和著名百货商店、连锁店等相继跟进，在新镇拓展中发挥了互动的作用。

日本及东京的区域轨道交通服务网主要是由私人投资，而日本政府则赋予轨道交通公司在轨道附近土地上的开发专营权。私营铁路的建设，带动了与铁道交通主业相联系的房地产开发，以及零售业、公共汽车运营业等的发展。由于日本政府对铁路的票价有控制，为了保证私营铁路的活力，政府立法规定私营铁路公司可以开展多种经营。

日本政府允许私营铁路公司的兼营业务可分为：①交通运输业：公共汽车服务、出租汽车、汽车租赁、货运卡车、航空、船运、货运、包装配送、车厢制造等；②房地产业：建造、销售、住房租赁、办公楼、旅馆、建筑设计、工程设计、园林工程；③零售业：百货商店的建筑和运营、超市连锁经营、车站销售亭、餐饮服务专门商店等；④休闲和娱乐业：风景旅游胜地、休闲所的建筑和运营、娱乐公园、棒球运动场、多功能电影场、时装俱乐部、高尔夫球场、旅行社的运营。

在铁路公司的运营收入及利润中，房地产开发往往占有相当高的比重。由于铁路公司经营房地产，使融资信誉度提高。日本利用铁路车站区的空间开发百货商店、办公大楼、住宅等，被称为"车站文化"。

在具体运作中，私营铁路公司与沿线土地拥有者共同协商，一次性收购沿线土地，随后铁路公司将一小部分开发成熟的土地反馈给土地拥有者，双方组成合作公司来进行开发。

当铁路建设和新镇开发属于两个主体时，可根据政府的法规来实施运作。如：开发商承担铁路建设的部分投资；在新镇范围内，开发商将铁路建设所占用的土地，以铁路未开发前的原价转让给铁路公司；新镇以外的土地升值后，铁路公司可享有土地价格的增值部分。此外，中央政府和地方政府还可为铁路建设融资，从而促进铁路建设及新镇开发。

第三节 东京都的发展及新镇开发

一、东京都的城市发展

1. 概况

东京都位于日本列岛的中央，关东地区的南部，面临东京湾，东与千叶县相邻，南以神奈川县为界，西靠山梨县，北与崎玉县接壤。东京都占地面积2183.44km²，为日本国土总面积的0.6%左右。东京都内平均人口密度为5500人/km²左右，远远高于日本全国320人/km²左右的平均数。

从空间结构看，东京都实际上是一个由都心部和周边的新镇组成的都市圈。为发挥首都的中枢管理功能，都心部与新镇之间、新镇与新镇之间实际上都是相互联系，互为条件而发展的（图7-2）。

东京是日本国家行政机构的集中地。因而，作为市场经济主体的大企业管理机构，为尽早获取信息及与行政管理机构保持联系和同步反应，纷纷将总部设在东京。经济管理机构主要包括大企业的管理本部和金融机构，以及大型流通机构这三大主体。日本的六大金融财团中有4家将总部设在东京，另有2家的总部设在大阪。其他全国性的金融机构、地方银行、信用社等也都集中设于东京，或是在东京设立本部，或是在东京开设分部，东京的这类机构数均为全国之首。

东京也是日本最大的制造中心，在其工业结构中以体现东京"中枢管理职能"的出版与印刷业、信息传播业、仪器、精密机械业（如精密光学仪器、照相机、医疗器械）等部门是东京工业中主导部门。在1980年代末和1990年代初，上述部门的产值占东京全部工业产值的比重分别为20.5%、20.5%、7.5%，并在全国城市中居首位。

进入1990年代后，随着日本经济发展战略由"贸易立国"逐步向"技术立国"的转变，东京的"城市型"工业结构发生了新的变化，即将新产品的试制开发、研究作为重点，在市区重点发展知识密集型的"高精尖新"工业，并将"批量生产型工厂"改造成为"新产品研究开发型工厂"。可以说，日本经济的中心功能全部集中在东京和大阪，但在东京的城

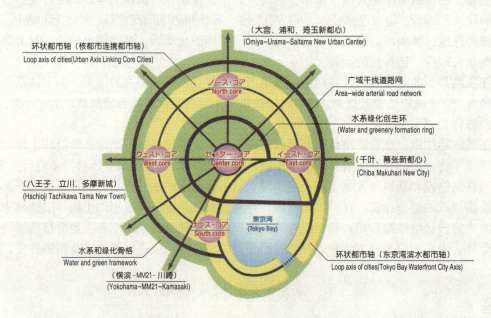

图7-2　东京环状大都市结构概念图
图片来源：日本首都圈整备计划

市中心区几乎不见工厂，这与日本将工厂设置在城市周边地区，而只将公司的管理机构设置在东京中心区有关。

2. 人口和产业的空间布局调整

1950年代中期到1970年代中期，即日本的经济高速增长期，在短时间内有大量人口移入大都市圈。但是，在东京这一大都市圈，人口的增加主要不是在中心区，而是集中在距东京中心城市20~30km的新镇内。以发展新镇来控制大都市中心城市人口的高度膨胀，日本取得了成功的经验。

东京在建设新镇时主要也是采用2种方式：一是基于整个新镇群体布局的合理性，选址开发建设新镇；二是在原有的小城镇基础上，按新的发展需要进行旧城改造，并加以扩展，焕发出新的活力。

东京都市圈空间结构（图7-3）的调整，使得人力、物力资源可以得到有效的配置。一方面便于管理，可以形成具有特色和竞争优势的产业群；另一方面，也为提升都心部的核心功能创造了条件。例如，东京京滨工业地带是以东京都为中心，工业沿着一级公路呈放射状向外扩展，首都圈从半径50km扩大到100km，把宇都宫、水户、熊谷、深谷都包括在内。向西伸到相模湾，形成相南临海工业区；向东在工业落后的茨城县新建鹿岛临海工业区；再向关东内陆发展，建立关东内陆工业区。

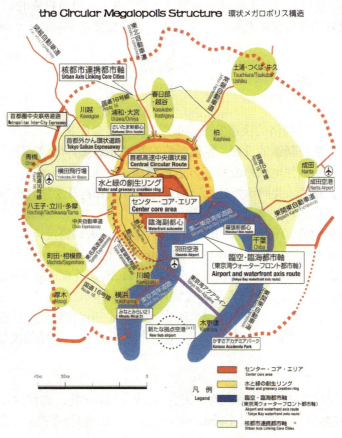

图7-3　东京都环状结构图
图片来源：东京构想2000

3. 大力建设基础设施

充分发挥新镇在大都市圈的作用，很关键的一点是要建设快速、大容量的轨道交通，将中心城市与新镇连接起来。

东京的轨道交通非常发达，与周边新镇以及其他城市连接的线路达30余条。东京人的上下班通勤出行，从住处到附近的站点基本上都不超过15分钟步行时间。发达的轨道交通、高架道路的收费制度、对汽车消费的限制和高税收，使得民众主要依靠轨道来解决出行交通的问题。

城市中以轨道交通中心为基点发展商业中心。除了银座、新宿这些世界著名的商业和办公中心外，在池袋、秋叶原、惠比寿等地也形成了非常繁华的商业中心，形成了大型商场、写字楼等的集群。此外，通过轨道交通和公交连接更远一些的新镇或是市郊社区、学校、厂矿企业等，可以有序地形成城市的肌理，分级发展和共同发展，并减轻都心区的负荷。

4. 政府的政策扶持

日本政府的重点投资和政策扶持对东京都的发展起了重要作用，由于政府的规划和大力实施基础设施建设，东京在走向繁华和现代化的同时，仍然能有序运行。

在经济发展的进程中，日本政府重点支持三大城市经济圈的发展，以此带动整体经济的增长。政府主要是通过投资来促进大都市的发展。在1970年代中期以前，日本政府对三大城市圈的投资，即政府出资用于基础设施等的建设，占了政府总投资的61%~63%。而用于除这三个地区以外的投资仅占总额的37%左右。这是促使产业向这三大城市圈高度集中的重要原因之一。

二、多摩新镇开发实例[①]

1. 开发背景

1950年代后期，随着经济的快速发展，东京都的人口急剧膨胀，因而产生了在多摩丘陵一带建设一座较大规模新镇的设想。多摩新镇的开发计划在1965年得到批准，由东京都政府、都市公团和东京都住宅供给公社三方主体遵照《新住宅街市地开发法》和《土地区画整理法》的规定，分区域共同承担开发，而且是新开发和再开发同时进行。1965年制定了多摩新镇的建设规划，1966年正式开始建设。

最初的规划面积约为3016hm^2，规划人口约37.3万人，人口密度为136人/hm^2。在多摩新镇"新住宅市街开发事业区域"（面积为2568hm^2）的范围内，土地使用的构成为：住宅面积占47%，道路面积占15.9%，公园和绿地面积占11.3%，教育设施面积占10.4%，商业和服务业设施面积占3.7%，其他公共福利设施面积占11.7%。

1975年11月，根据《西部地区开发大纲》的要求，必须保证新住宅区的建设同保护自然环境相结合。1986年，根据修改后的《新住宅街市地开发法》，新镇的发展目标调整为建设工作居住平衡的都市。

2. 区位

多摩新镇位于东京都新宿副都心的西南方向19~33km处，离横滨市中心西北部约25km多摩地区的丘陵地带，东西长14km，南北宽2~3km，包括了东京都的多摩市、稻城

---

① 多摩新镇的数据和图片来源：多摩新镇网站，http://www.tama-nt.com/

市、八王子市和町田市的一部分，是日本最大的新镇（图7-4）。

3. 开发模式

多摩新镇建设既有新区开发（新住宅市街开发事业区），也有旧区改造（土地区画整理事业区），由多个开发主体同时进行开发（图7-5）。

图7-4 多摩新城区位图

图7-5 多摩新城开发主体示意图

多摩新镇开发主体一览表 表7-2

	开发主体			
	都市公团	东京都	东京都住宅供给公社	三方合作开发
新住宅市街开发事业区域	5、6住区（诹访·永山地区） 7、8住区（贝取·丰ヶ丘地区） 10、11住区（落合·鹤牧·南野·唐木田地区） 多摩センター地区 4住区（圣ヶ丘地区） 1、2、3住区（ファインヒルいなぎ） 12、13住区（ライブ长池地区） 19住区	17、18住区（和田·爱宕·东寺方·鹿岛·松が谷地区） 14、15、16、20、21住区（南大沢·上柚木·镰水地区）	9住区（落合地区）	
土地区画整理事业区域	稻城堂ヶ谷户地区	多摩地区 小野路第1、2、3地区 由木地区 相原·小山地区		稻城竖台地区

多摩新镇事业面积及人口计画 表7-3

区 分			面 积 (hm²)	人口（人）		摘 要
				都市计画人口	居住人口	
新住宅市街地开发事业（都市计画决定区域）	新住宅市街地开发事业认可（承认）区域	东京都	738.4	96500	73700	14~18、20、21住区
		住宅·都市整备公团	1437.5	174700	143400	1~8、10~13、19住区
		东京都住宅供给公社	49.7	10500	8600	9住区
		小计	2225.6	281700	225700	
	新住宅市街地开发事业未认可（未承认）区域		114.0	21900	15000	
	小计		2339.6	303600	240700	
土地区画整理事业（都市计画决定区域）			644.1	60200	58200	
合计			2983.7	363800	298900	

多摩新镇规划面积和人口数（2002.10 为止） 表7-4

分 区		面积（hm²）	规划人口（人）	现在人口（人）	现在户数（户）
新住宅市街开发事业区域	东京都	738.4	96800	48627	17140
	都市公团	1437.5	174700	93601	32983
	东京都住宅供给公社	49.7	10500	6339	2335
	小计	2225.6	282000	148567	52458
土地区画整理事业区域		666.5	60200	46517	22574
合计		2892.1	342200	195084 (57.0%)	75032

多摩新镇开发构造与实施者　　　　　　　　　　　　　　　表7-5

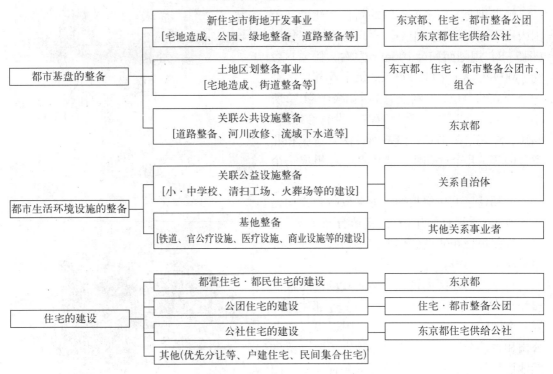

4. 布局特点

多摩新镇的建设，在布局上有若干考虑（图7-6）。首先，多摩新镇以居住功能为主，同时兼具商业和文化的功能，目的在于将东京都的单一集中型结构改为多中心结构，把多摩新镇建成为东京都两级结构中的次级核心；其次，多摩新镇距离东京市区不远，便于上下班通勤，以铁路与公路的联合运输方式来共同承担通勤量；再者，多摩新镇位于丘陵地带，可以充分利用地形设置公用设施，并积极保存现有绿地系统，可与娱乐设施有机结合，以及采取高低错落、疏密有致的不同建筑密度区，创建丰富的空间景观。

5. 铁路与道路交通

多摩新镇与东京都中心的交通联系有"京王"和"小田急"两家私营电气化铁路（图7-7）。这两条铁路线几乎平行从新镇中心通过。"京王电铁"从京王多摩川车站到多摩中心车站（京王相模原铁路线），"小田急电铁"从新百合丘车站到多摩中心车站（小田急多摩铁路线），这两条铁路分别于1974年10月和1975年4月通车。

多摩新镇的道路系统中包括以下几种道路：新镇干线道路、地区干线道路、近邻住区干线道路、近邻住区道路和步行专用道路等。多摩新镇与周围地区由新镇干线道路联系。新镇干线道路和地区干线道路连接新镇内各个近邻住区、车站和地区中心。新镇近邻住区内有近邻住区干线道路、近邻住区道路和步行专用道路。车行道和步行道采取分离措施。在交通比较拥挤的地方建设立体交叉道路和人行步道桥，以免发生交通事故。新镇干线道路宽度为28～36m。其他各级道路和步行专用道路的宽度，则根据各个地区街道具体情况采取不同的标准。

6. 居住和绿地

根据规划，在多摩新镇的新住宅建设区范围内设置了23个近邻住区。平均每个近邻住区（图7-8）规划面积为100hm^{2}左右，住宅户数约3300户，人口约12000人。每个近邻住区是一个独立的单位，原则上有1所初级中学、2所小学、2个幼儿园、2个保育院，设有诊疗所、商店、邮局、图书馆、储蓄所、体育设施和儿童公园等。几个近邻住区集中在一起组成一个地区。

近邻住区的住宅根据地形采取行列式均匀布置方式，重视日照和朝向，保留自然景观，建筑与周围环境相协调。高层和低层住宅占30%，中层建筑占70%。

每个近邻住区内设置儿童游戏场、儿童公园和1~2所近邻住区公园。2~3个近邻住区设置一个地区公园。多摩新镇中心附近设置中央公园和古迹公园。新镇规划中规定了要保留自然地形和优美的景观，以及开辟各种绿地，如利用道路坡度和步行道路两旁进行绿化等。近邻住区内的道路系统布置较为自然灵活，多采取自由式布置方式。绿化的步行专用道路系统把各住宅片区同近邻住区中心、幼儿园、学校和公园等连接起来，在与汽车道路相交的地方设置人行步道桥。

7. 新镇中心

根据多摩新镇的总体规划布局，多摩新镇中心位于多摩中心车站区。它是整个新镇的中心，在这里集中建设商店、银行、企业、事务所、政府机关、学校、研究所、公共福利和文化娱乐等各种设施。在多摩中心车站前面和中心部分最便利的地方，划定为零售商业和企业混合区；在它的两侧设置娱乐区、事务所、企业、政府机关等公共设施区；与南侧绿树成荫、花草繁茂的中央公园邻接的地区，规划定为文化设施区。

多摩中心用地面积共61.22hm^2，其中商业、企业、政府机关、公共福利和文化娱乐等各种设施占地18.62hm^2，道路、广场、停车场、车

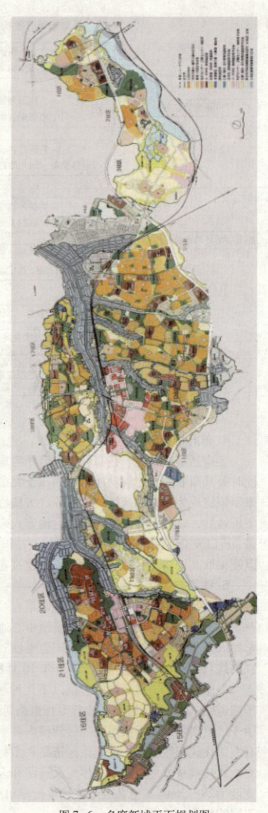

图7-6　多摩新城平面规划图

库等占地 30.87hm², 公园绿地占地 11.73hm²。

多摩中心地区公共设施总建筑面积为 483980m², 其中商业设施的建筑面积占全部设施总建筑量的 42.9%, 企业和事务所占 21.2%, 娱乐设施占 13.7%, 文化设施占 4%, 政府行政管理机构占 12.4%, 医疗保健设施占 3.5%, 市政设施占 2.3%。此外, 还设有建筑面积 137000m² 的中央医院。

多摩新镇规划土地利用平衡表　　　　　　　　　　　　　　　　表 7-6

			面积（hm²）	百分比（%）
计划面积			2892.1	
新住事业决定区域	合计		2225.6	100
	1. 公共用地	小计	859.4	38.6
		道路	421.7	18.9
		公园绿地	432.9	19.5
		其他公用设施用地	4.8	0.2
	2. 住宅用地		785.6	35.3
	3. 公益设施用地	小计	519.4	23.3
		商业业务用地	77.6	3.5
		教育设施用地	212.6	9.6
		其他公益设施用地	229.2	10.3
	4. 特定业务设施用地		61.2	2.7
土地区划整理事业区域			666.5	

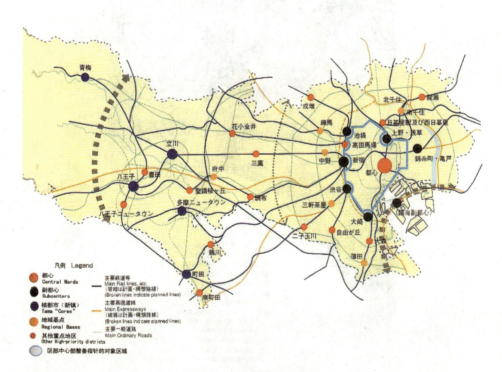

图 7-7　东京都区域示意图
图片来源：东京构想 2000

在这个中心地区，为了保证行人步行的安全，采取人行和汽车完全分离的道路体系。在整个中心设置步行专用道路，形成独立的步行道路系统。在站前广场中心地段兴建了约18400m^2的2层广场，上层为步行专用道路，宽度40m，长度约300m，从车站广场前直达中央公园，与两侧商业设施等相连接。下层设置公共汽车终点站、出租汽车站等设施。

此外，结合各个街区的用途和特点，设置商业街的步行专用道路和林荫路，在步行专用道路与汽车道路相交的地方，设置人行步道桥。汽车停车场可以停放约1800辆汽车，多层停车库能够容纳4000辆汽车。

8. 多摩新镇和私营铁路开发

多摩新镇是由日本私营铁路参与开发的最大和最成功的新镇。该新镇的开发是东京私铁公司的前身田园城市开发公司所倡议。该公司受霍华德田园城市理念的影响，并认为铁路不是点之间的联系，而是铁路沿线房地产开发走廊形成的机遇。

多摩新镇在未开发前的1955年，当地人口仅3.1万人。22km长的铁路"花园线"于1966～1984年陆续建成，铁路造价合1.6亿美元，其中一半由商业银行贷款，另一半由日本建设银行融资。53个合作者通过土地重整获得49km^2土地，大部分原有土地拥有者为农民，他们信任铁路公司能为他们营造高质量的生活社区，因为该铁路公司前身是田园城市公司，已经成功开发了一些田园城市社区，所有合作公司均将开发权通过规划方案，全权授予铁路公司，这在当时是一种史无前例的新镇筹建模式。

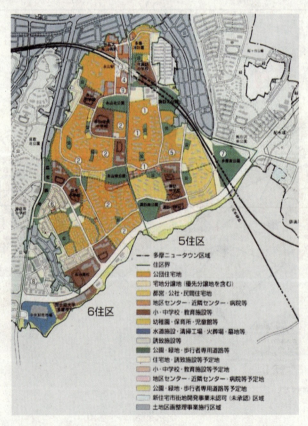

图7-8　多摩新镇5-6号近邻住区土地利用现状图

多摩新镇由新镇中心和居住区所组成，在沿花园线的19个车站附近开发，沿铁路2km范围的土地均得益。东京私铁公司将一部分土地售给住宅公团和私人住宅开发商，铁路公司也有房地产开发机构，通过房屋出售获利。

为了吸引大学、医院、图书馆、警署、政府机关、消防、民办学校等机构，东京私铁公司以优惠地价供地。随着新镇的发展，私铁客流量至1994年达72.9万人次/日，公共汽车客流量达8.3万人次/日。其中两个车站实行综合开发，拥有百货商店（私铁公司经营）、大超市、小高层的办公楼、旅馆、银行、邮局、文娱休闲（包括体育俱乐部）等多种设施。从车站至各邻区，有放射性步行道相联系，配合以赏心悦目的林荫道和公共汽车，体现了以公共交通为主的规划原则。新镇内小汽车交通比重不大，据1988年的数据，使用小汽车与轨道换乘的比例仅占6.1%，而利用公共汽车换乘的达24.7%，其余则都是使用自行车和步行。

1988年东京私铁因此获得营造组织及日本建筑师学会的新镇计画优秀奖。为了精益求精，东京私铁公司计划增加研究和教育的综合体，并开发若干商贸工业园区，全部配备光缆和智能集约建筑，使多摩新镇从卧城转化为高效、多样化、有活力和多功能的信息社区。

东京都在多摩新镇开发的经验基础上，又制定了新一代近郊社区规划，称为"新镇铁路建设计划"，由国营住宅公团、地方政府（市、县政府）和铁路公司合作编制，国家和地方政府各辅助18%铁路建设费，其余部分由铁路公司及铁路受益者分担。

第八章 中国香港地区的新市镇建设

第二次世界大战之后,香港从一个小小的转口港,迅速发展成为一个工业化的国际性城市。在经济腾飞的同时,人口也急剧增加。香港的总人口在1951年已超过200万,10年之后达到了300万;而到1973年,即新市镇建设计划启动之前,总人口已经增至400万。短短20年间,香港的人口规模翻了一番。导致人口猛增的原因很多,其中包括出生率上升、移民不断涌入等等。

人口在急剧增加,而房屋、社区设施等却严重不足,下层民众的居住环境尤其恶劣。面对来自社会各界的压力,港英当局在1970年代初推出了"10年建屋计划",决定从1973年开始在新界兴建新市镇。回首新市镇的发展,"香港发展新市镇的源动力,就是要适应人口增长的需要。"(曹万泰[①],2002)

经过30年的发展,香港的9个新市镇以群星拱月之势,紧密地环绕在老城区周围,形成了中心城区与新市镇相结合的城市格局。港九中心城区作为香港的政治、经济、文化中心,是整个香港的核心区;9个新市镇则构成了香港的次核心;此外还有具乡土气息的其他小镇。全港大体形成了"三级城镇体系"。

荃湾、沙田和屯门,是香港的第一代新市镇。据最新的统计显示,荃湾的人口已近75万,是新市镇中人口最多的。1970年代末期,港英当局在元朗、粉岭、上水、大埔发展建设第二代新市镇。由于选址结合了传统的墟镇,第二代新市镇相对强调保持原有的、自然的乡村环境。向高空发展则是第三代新市镇的特点,其代表为将军澳、天水围和东涌。成片的高密度住宅楼拔地而起,这使得第三代新市镇能够容纳更多的居民:将军澳的目标是从现在的26.3万人增加到约50万人;起步不久的东涌,目前仅有2万多居民,而未来的目标则是容纳32万人。

新市镇的平地而起,是香港经济起飞的缩影,与香港的社会变迁相联系。新市镇为几百万香港人营造了崭新的生活空间。对于在新市镇成长起来的一代人而言,公共屋村的生活经历已经成了他们集体记忆中抹不去的一部分。

更重要的是,新市镇的发展并未停步,仍在不断扩大,不断完善。新市镇的建设"对增强市民对香港的归属感,保持香港的繁荣稳定起到了重要作用"。(劳炯基、蔡穗声[②],2002)

目前整个香港的陆域面积约1098km²,由香港岛、一湾之隔的九龙半岛和新界(包括235个离岛)组成,其中郊区多集中在新界(图8-1)。至2002年底,香港的总人口规模为681.6万人,城市建设区面积约200km²。在最密地区,人口密度高达8.21万人/km²。

[①] 香港特区房屋及规划地政局副秘书长,《人民日报》,2002.11.24
[②] 研究香港城市建设与管理的学者,《人民日报》,2002.11.24

图 8-1 香港特别行政区
图片来源：香港规划署

第一节 新市镇发展的背景

一、城市功能

香港的市区发展于 19 世纪中期开始，150 多年前，香港曾被形容为"荒芜之地"，只有寥寥数个小规模的渔村在香港沿岸散布。时至今日，香港已经发展成为了一个国际金融和商贸中心，跻身于世界大都会之列。

1. 国际贸易中心

香港是全球第十大贸易地、第七大外汇市场、第十二大银行中心及四大黄金市场之一。香港股票市场的交易规模很大，在亚洲排名第三。香港也是输出成衣、钟表、玩具、电脑游戏、电子和某些轻工业产品的主要地区。

2. 国际服务中心

香港是全球第十大服务出口地。香港服务贸易主要包括民航、海运、旅游、与贸易有关的服务，以及各类金融及银行服务。不少服务项目的收费都是全球最低廉的。

169

3. 跨国公司的地区总部所在地

约3200家国际公司选择在香港设立亚洲区总部或办事处，主要从事的业务包括批发零售、进出口贸易、其他商业服务（例如会计、广告、法律等行业）、金融、制造业、运输业及相关服务。

4. 自由贸易与自由市场

香港提倡并奉行自由贸易，具有自由开放的投资制度，不设贸易屏障，对外来投资者一视同仁；资金流动完全自由；法治体制历史悠久，规章条文透明度高；税率低而明确。

5. 空港

香港是国际和亚洲区的主要航空运输中心之一。香港国际机场是世界上最繁忙的机场之一。全球各大航空公司都有航班飞往香港。现时每周有大约3900架次定期客运及406架次货运航班从香港飞往全球的约140个城市。按设计能力，机场年客运量可达8700万人次，货运达900万t。据英国一家研究公司（Skytrax Research）的调查排序，香港国际机场连续在2001及2002年荣膺全球最佳机场。

6. 海港

2002年，香港的港口共处理了1910万标箱，是全球最繁忙的集装箱枢纽港。葵涌八个集装箱码头设有18个泊位，正面宽度约为6000m，码头占地逾200hm^2，可容纳多至18艘第三代集装箱船停泊。2002年，全球有约35,620艘远洋轮船及182,870艘内河船只停靠香港。这些船只运输了货物约1.925亿t及各地旅客2,100万人次。香港正在兴建第九个集装箱码头，以应付日益增加的货运量。新的九号集装箱码头将有6个泊位，每年可处理最少260万个集装箱。整个码头将于2004年建成。

二、城市发展的沿革

香港位于中国南岸，拥有天然庇护海港。香港较早就发展起了与中国内地之间的转口贸易。由于海港周围地势崎岖，早期的居民主要在山边的平台及海港两旁已开拓的填海土地上定居，早年并无正式的城市规划。第二次世界大战后，高出生率及内地来港移民的涌入，导致人口急剧增加。人口的增加，一方面为各种产业提供了充足的人力资源，另一方面对房屋、社区设施及城市基础设施造成了极大的压力。经济的发展及收入水平的提高，使得市民渴望改善生活环境。面对急剧增长的人口、活跃的经济及有限的土地等自然资源，如何使城市合理发展，对政府和社区都是一个挑战。

香港最初的人口聚集是在1841年至1861年，从香港岛的北部中心海湾地带开始，然后沿水域向南延伸至维多利亚山的山脚。随着1861年九龙半岛割让给英国，城市发展迅速向九龙半岛延伸，导致城市沿维多利亚港地区的两边海岸线发展。二战以后，由于大量人口涌入，使得沿维多利亚港内侧海岸地带的人口密度变得过高。从1954年起，城市开始向边缘地区增长。

根据《香港概论》[①]一书的记载，1950~1960年代，香港的贫民大多自己搭建木屋居住。山区的木屋居民，平均500人共享一个公共自来水龙头，100人共享一个粪坑。另有不少贫民居住在纸板搭起的简陋寮屋里。1954年，全港最大的寮屋区——石硖尾发生一场大火，数

---

① 杨奇 主编，中国社会科学出版社，1993.9

万民众顿失庇身之所①。

　　房屋、社区设施的严重不足带来了一系列的社会问题和城市危机，引起了香港各界的关注。面对社会压力，面对统治危机，港英当局在1970年代初决定推出"10年建屋计划"②，目标是到1980年代为180万人提供住房。

　　长期以来，香港城市发展的最大问题是过度集中在港九地区。直到20世纪70年代初，香港的城市发展还是主要集中在港岛和九龙半岛，特别是维多利亚港两岸。当时的统计数据显示，港九地区以全港面积的12%，容纳着全港85%的人口。

　　港九地区与"新界"的发展差距有着深深的历史烙印。根据历史上有关香港问题的3个不平等条约，香港的土地以"界限街"为界，分成两个不同的部分：其以南的港岛、九龙半岛为"割让地"，以北的"新界"则为"租借地"，租期到1997年。因此，在很长一段时间里，港英当局只是集中发展港九地区，而把"新界"视作与大陆内地的缓冲地带，其开发相对滞后，直至今天还在讨论是否发展和如何发展边界"禁区"的问题。

　　香港不仅地少人多，而且80%的土地属于丘陵与山地，必须通过劈山填海的浩大工程来获得建设用地。经过数十年的发展，在维多利亚湾两岸已经建起密密麻麻的各式高楼，海湾越填越窄，可再发展的空间十分有限。从用地条件上来讲，"新界"不仅地域广阔，而且有着大量农村用地，开拓"新界"比在港九发展有很多益处。因此，大规模开发"新界"被提上了港府的城市建设议程。香港城市的格局由此而开始改观。

　　早在1957年，为安置迅速增长的人口和适应经济发展，港英政府就有过类似于英国那样的新城建设的想法。1960年，在新界规划了一个人口规模达100万，并有成片工业用地的新镇。而后，政府又曾规划过2个百万人口的新镇，这2个新镇的规划原则都与第一个基本一致。但在1960年代后期和1970年代初期，由于当时出现的经济衰退和人口增长低于官方预计，开发新镇的热情迅速降低。

　　1973年后，即香港推行新市镇计划以来的30年间，先后兴建了9个新市镇（图8-2）：荃湾、沙田、屯门、元朗、粉岭/上水、大埔、将军澳、天水围和东涌（图8-2）。随着旧市区的高密度发展和新市镇的崛起，使得原有市区的人口密度显著下降，香港市民的居住环境质量大为改观。

　　新市镇，顾名思义指的是在原有的市区之外兴建起的新的城市区。追根溯源，新市镇的概念来自英国，但是香港一些新市镇的人口规模已远远超过了英国的新城。在空间意义上，1973年前的香港城市呈一个向周边延续的单核心结构；随着新市镇的开发，香港开始向多核心城市演变。但维多利亚湾内侧的沿海地带仍然是中心商业区。

---

　　① 石硖尾木屋区大火，引致港府解决房屋问题的计划。1954年通过了徙置泽案，成立了徙置事务处，专责清拆寮屋及安置寮屋居民，同时设立徙置区，以通过一种快速及低成本的措施，来减少寮屋区内存在着的卫生、治安及火灾问题。至1973年全港已建成25个徙置区，有超过100万人入住。

　　② 1973年港府制定的改变公房供应办法的计划，计划规定目标是到1983年为180万人提供住房，并提出每个家庭要有自己的居住单元，每个单元应有独立的厨房、厕所和自来水，每人居住面积不少于3.25m²（35平方英尺），同时在室内用材、设备及周围环境方面要有较好的安排。港府于1973年成立了房屋委员会执行这个计划，并把徙置事务处和屋宇建设委员会两机构并入房屋委员会，以协调和管理所有公共楼宇的计划，建设按计划供应社会设施和公共设施的屋村，实施各类公共楼宇的专联管理，实现对所有家庭供应独立单元的目标。自推行该计划以来，港府每年用于兴建、保养、迁拆及有关费用开支，约占总开支的8%~16%，估计每年可供应3.5万个单元。

图 8-2 香港新市镇
图片来源：香港规划署

三、新市镇建设

1973年后，由于港英政府推行的10年建屋计划，大规模的新市镇开发真正开始实施。作为一项住宅建设计划，其目标是为180万人口提供适当的住宅。当时的背景是30万人口仍然居住在棚屋和临时住房内；许多安置性房产的居住过于拥挤，或是没有基本的卫生设施；九龙一间小屋里曾经住着50个人，人均居住面积仅为0.9m²。

当时的港英政府决定在新界东部、西部及西北部，即本港的乡郊腹地，规划发展三个新市镇，分别是沙田、荃湾及屯门。沙田获选为发展的重点，因为可通过狮子山隧道和九广铁路与九龙相连接，交通较方便快捷；荃湾则已设有一些工业及制造业；屯门是传统乡镇，因为临近珠江，从新界北部很容易到达。

实现这个大规模的住宅项目不仅需要大量的土地，而且住宅标准也要适当，在新界的新市镇内必须提供一大批质量较高的新住宅。根据各方面的要求，确立了三个原则：新市镇内必须形成良好的社区；住宅必须拥有完善的服务设施；提供充分的就业机会。

香港政府开发的9个新市镇，各处于不同的发展阶段。最初的3个新市镇已差不多全部完成开发。第二阶段的3个新市镇，即大埔、粉岭/上水以及元朗，工程始于1970年代后期，现已接近完成阶段。最后发展的3个新市镇，即将军澳、天水围及东涌的开发工程还在积极进行之中。香港新市镇的发展不仅历时久、规模大，而且耗资巨大。目前，9个新市镇的发展总面积超过110km²（图8-3），已经投入数百亿港元资金用于公共开发。

预计到2011年，香港的人口规模将超过800万，因此必须物色新的发展地区。特区政府目前正研究将古洞北、粉岭及洪水桥开发为新一代市镇，这些新市镇都以铁路交通为骨干，环境富有特色。按规划，预计香港还需建设供450万人口居住的住宅。由于新市镇的开发，香港的城市布局已呈多中心发展。所有的新市镇都以高速公路和轨道交通与城市中心连接。根据规划，最终所有的新市镇都将有轨道交通的联系。

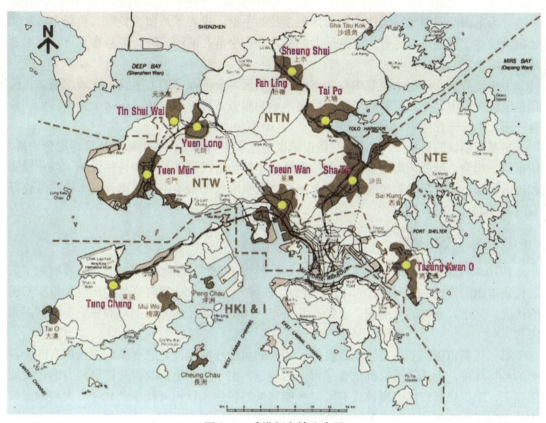

图 8-3 香港新市镇分布图
图片来源：香港规划署

第二节 新市镇的发展阶段

香港的新市镇可分为三代，除了开发时间的先后外，其划分的标准主要是规划理念上的区别。

一、第一代新市镇

1970 年代初开始建设的沙田、荃湾和屯门，被认为是香港的第一代新市镇。在所有的新市镇中，荃湾的人口最多，目前已经达到 77.2 万，沙田新市镇现有人口约为 64 万，屯门的人口也将近 50 万。

沙田火车站地区是沙田新市镇的中心地带，它既是交通中心，也是购物、娱乐中心，更是市镇的公共服务中心。火车站与大型商场——"新市镇广场"连为一体。"新市镇广场"是一个超大规模的建筑群，里面不仅商铺鳞次栉比，而且食肆星罗棋布，此外还有多家电影院。出了这个建筑群便是汽车总站。公共汽车、出租车和小巴可把乘客带到新市镇的每个角落。广场往西是沙田政府，而往东依次是法院、图书馆、大会堂、酒店、博物馆和公园。

沙田地区原是城门河的河谷，在规划中依托城门河设计成带状发展的格局。把整个新

173

市镇分为东西两部的城门河作为沙田休憩系统的中枢,设置了公园、长廊、自行车径和其他康乐设施,可说应有尽有。全港最大的赛马场也坐落在城门河畔,每当赛马日,这里总是人声鼎沸。

中小型的工业厂房主要集中在新市镇的火炭区。全港闻名的大医院——威尔斯亲王医院也坐落在沙田,为新市镇的居民提供高水平的服务。更难得的是,在这个新市镇里还建有一所大学——香港中文大学。

与英国新城的目标一样,香港的新市镇也是追求生活和工作的平衡。"从设计理念来讲,新市镇一起步,就强调均衡发展、自给自足,不仅为居民提供足够的居住设施、商业设施和康乐设施,而且,还能为居民创造就业机会。这里的居民根本不需要离开新市镇。"(曹万泰[①],2002)

二、第二代新市镇

1970年代末期,港英当局把新市镇建设扩展到了元朗、粉岭/上水、大埔,发展起了第二代新市镇的建设。作为原有的墟镇,元朗、粉岭/上水、大埔都有悠久的历史和根深蒂固的传统。其中,大埔的大埔墟,已经有几百年的历史,而元朗邓家祠堂的历史更可追溯到宋代。

第二代新市镇仍然注重于创造良好、完善的居住环境,但是它更强调保持原有的、自然的乡村环境,因为其选址都结合了古老的墟镇。由于从改建、改善及扩展原有的传统墟镇而来,第二代新市镇的规模较有限,所能容纳的居住人口相对较少。如今,大埔的人口约为28.2万,粉岭/上水的人口已经超过24.7万,而元朗约有16.8万居民。

在尊重历史背景和改善居住环境之间,当局还采用了一种新的做法,即除了大量兴建"公屋"之外,还在当地专门划出乡村发展区,帮助原居民建设"丁屋"。这些房屋可自住,也可出租。

第二代新市镇也强调均衡发展,希望在区内解决居民的就业问题,所以都留有工业土地。大埔有香港的第一个工业村,元朗有2个大型的工业区。

三、第三代新市镇

不管是第一代还是第二代,它们的发展都有一定的基础,而第三代的新市镇——将军澳、天水围和东涌,则几乎全部是从零开始建设。

与早先新市镇的更重要的区别在于,第三代新市镇不再刻意强调自给自足。因为前两代新市镇的发展经验显示,新市镇内的工业区并不能满足区内居民的就业需要,不少人仍然每日通勤——住在新市镇,工作在港九。尊重这一现实,第三代新市镇在规划和建设中减少了工业用地。由于大量居民需要在区外就业,新市镇与外界的交通联系显得格外重要。

第三代新市镇的建设从1980年代初开始启动。其建筑形态上的最大的特点就是向高空发展,成片的住宅楼拔地而起,犹如"水泥森林"。高层高密度式开发,其容积率高达10,而在其他新市镇最多为5至6。

---

① 《人民日报海外版》,2002.10.29

高空高密度发展令第三代新市镇在用地规模有限的条件下能够容纳更多的居民。将军澳的规划目标是从现在的27万人增加到约50万人；天水围则将从18.7万人逐步增加到30万人；起步不久的东涌，目前仅有2万多居民，而未来的目标则是容纳32万人。

附：香港新市镇开发简介[①]

荃湾（图8-4）：荃湾新市镇包括荃湾、葵涌及青衣岛，总发展面积约2450hm^2，现时人口约77.2万。到2010年，人口将达81.6万左右。

目前香港的货柜码头均位于新市镇内的葵涌区。位于青衣东南面的第九号货柜码头，现时正在动工兴建，预计在2004年年底完成。

正在动工或计划中的大型公路工程将进一步扩大及巩固主要道路网，其中包括青衣北岸公路、九号干线青衣至长沙湾段以及余下的五号干线石围角至柴湾角段。九广铁路西铁工程正在施工，荃湾西将设有一个西铁车站。

沙田（图8-5）：1970年代初期的沙田，是一个只有3万人居住的乡镇，今天的沙田已发展成为人口约64万的大型新市镇。沙田新市镇（包括马鞍山）的总发展面积约为2000hm^2。

目前沙田辟拓土地工程大部分已经完成。马鞍山的发展工程现仍在进行中。用作改

1983年

1988年

1998年

图8-4　荃湾新市镇

1960年代

1973年

2002年

图8-5　沙田新市镇

[①] 香港新市镇的资料及图片来源：香港拓展署，数据统计截至2003年底

善沙田至都会区的交通,连接沙田与荃湾的第5号干线,以及连接沙田至马鞍山与九龙东北部的大老山隧道,已分别在1990年及1991年通车。T7号主干路将绕过马鞍山中心,其建造工程在2004年年中完成。9号干线沙田段连接沙田至长沙湾,其建造工程已于2002年11月展开。此外,T3号路的建造工程亦已于2003年3月展开,预计在2007年完成。T3号路将会把大埔公路沙田岭段及日后的9号干线连接至大埔公路沙田段。

屯门(图8-6):屯门新市镇位于新界西部,总发展面积约为1900hm²,现时人口约48.5万。到2010年,区内的房屋发展估计将可容纳共53.5万人居住。

屯门西南部一处117hm²的地盘,已留作为与中国内地通商的内河货运码头和特殊工业用地。内河货运码头已于1998年10月开始运作。特殊工业用地的第Ⅰ阶段填海工程已经完成;第Ⅱ阶段的填海工程已于2000年11月展开,预计在2005年年初完成。为了配合因这些发展而增加的交通需求,当局于1998年9月动工兴建一条主要道路,名为青山山麓绕道,已于2002年年初完成。

已于2002年通车的九广铁路西铁,在屯门设有2个车站,为来往新市镇与市区的居民提供另一项便捷的集体运输设施。

大埔(图8-7):大埔从前是一个旧式墟镇,现时有居民28.2万人。发展计划全部完成后,预计人口将增至接近28.3万。大埔新市镇的发展面积约为1270hm²,发展包括公共及私人房屋,以及所有必需的辅助基础建设及社区设施。

白石角发展区占地118hm²,位于香港中文大学以北。当局计划在发展区内兴建一个科

1978年

1997年

2002年

图8-6 屯门新市镇

1979年

1988年

2002年

图8-7 大埔新市镇

学园，以及住宅、康乐设施和高等教育的扩展设施。科学园将分三期发展，首期工程已于2000年动工，并已于2002年年中落成。其余各期将于2008年或之前分期完成。

继汀角路船湾至大尾督段的扩阔工程于2001年底完成后，接驳至大埔工业邨的余下一段汀角路改善工程亦正在进行中，工程预计在2005年完成。

粉岭/上水（图8-8）：粉岭和上水与大埔一样，以前是旧式墟镇，现时有居民约24.7万人。发展计划全部完成后，人口将增至26.4万人。

粉岭/上水的总发展面积约780hm^2。梧桐河大型防洪工程已于1998年年底分阶段展开，当时预计在2004年4月完成。

元朗（图8-9）：昔日元朗亦是一个旧式墟镇，现已发展成为另一个新市镇。该区现时有人口16.8万，发展计划全部完成后，预计人口将增至28.7万左右。元朗的总发展面积约1170hm^2。

目前元朗新市镇大部分的发展已完成，而位于新市镇边缘的地区如屏山及洪水桥的发展，则仍继续进行。此外，在元朗南扩展区计划中的基建和道路网络工程已于2002年年底动工，并预计于2006年年初完成。山贝河下游及锦田河改善工程现已完成。在锦田河上游及牛潭尾的工程在2004年完成，以缓和区内的水浸问题。新田东主排水渠及元朗排洪绕道的工程亦已展开及预计于2006年完成。除了一系列的治河工程外，更有一些在低洼村落进行的防洪工程，已分阶段进行及完成。最近一期的乡村防洪工程是位于大桥村及水边村，于2004年年中展开，并预计于2006年年底完成。

1983年

1988年

2002年

图8-8　粉岭/上水新市镇

1978年

1995年

2000年

图8-9　元朗新市镇

天水围（图8-10）：天水围占地约430hm²，从填平后海湾对开的低洼地带而成。初期发展区面积为220hm²，现已建有房屋，可供约27万人居住，并具备各类主要基本设施和社区设施。轻便铁路天水围支线，以及连接新市镇和主干道路网的新道路的建设，使来往元朗、屯门及市区各处更加方便。

新市镇北面的预留区占地210hm²，区内的主要基础配套工程已于1998年7月展开，由2000年开始至2004年分期完工，以配合居民迁入预留区内的房屋发展。在新市镇的东北，一幅人工湿地现已建成作为预留区发展及米埔自然保护区之间的缓冲区。人工湿地将会发展成为湿地公园，预计于2005年年底完成。天水围新市镇人口将会由目前的270,000增加至2011年的305,000。伸展至预留区内的轻便铁路及西铁已于2003年年底通车。

将军澳（图8-11）：是香港第7个新市镇，位于新界东南的西贡区南面一个狭长海湾。将军澳新市镇在1988年开始让居民迁入，之后就发展迅速，从1960年代的一个小渔村及造船业地区，发展到今天拥有约有30万人的一个主要新社区。将军澳的总发展面积约有1005hm²。

将军澳新市镇分三期发展：第Ⅰ期在宝林、翠林、坑口及小赤沙；第Ⅱ期在市中心北；第Ⅲ期在市中心南、调景岭、百胜角及大赤沙。虽然第Ⅰ及第Ⅱ期的土地开拓工程已经完成，但是第Ⅲ期除了将军澳工业村外，其他的填海工程仍在进行，已在2003年完成，现正进行的第Ⅱ及第Ⅲ期发展计划的主要工程包括在将军澳隧道/宝顺路/环保大道路口兴建分

开发前

1992年

2002年

图8-10 天水围新市镇

1977年

1988年

2002年

图8-11 将军澳新市镇

层道路交汇处，在市中心南的填海及主要渠务工程，及在佛堂洲以南的填海工程。坑口路分隔车道工程现正进行设计，工程的目的是改善往西贡方向的对外道路交通，现时，将军澳隧道、宝琳路及清水湾道，以及在2002年8月通车的地铁将军澳支线已可满足新市镇的交通需求。

由于将军澳接近都会区，所以将军澳是供扩展的主要策略发展区之一。因此，政府在2002年7月展开将军澳进一步发展可行性研究，范围会超越现时的三期发展计划。

东涌／大蚝（图8-12）：位于北大屿山的东涌和大蚝，现正分期发展为新市镇。总人口将超过20万。该新市镇最终占地约760hm²。

东涌第1期发展计划的67hm²土地开拓工程，已于1994年5月完成。该期的基础建设工程亦已于1997年1月完成，以配合其后完成的公共及私人房屋发展。第1期发展提供一个约有2万居民的社区，以支援赤鱲角机场。

第2期发展计划的工程亦已完成。约35hm²土地已在东涌第1期发展区的东面填造。有关的道路及渠务工程已于2000年5月完成。余下27hm²在东涌湾南面的土地平整及基础建设工程亦于2001年2月完成。第2期发展完成后，可容纳6.7万人。

第3A期发展计划的填海工程已于1999年3月动工，并已于2003年4月完成。约26hm²土地将在东涌新市镇的东北面填造。所填造的土地将用作兴建房屋以容纳约2.2万人居住，并用作兴建商业楼宇、休憩用地、政府／机构／社区设施和道路。余下发展计划将分第3B期和第4期进行。

新界东北新发展地区：正在进行中的新界东北规划及发展研究已确定古洞北（497hm²）及粉岭北（192hm²）的发展可行性，目标是将两区发展成为可容纳人口分别为10万及8万的新发展区，新发展区的规划亦包括商业区以便提供就业机会。此外，这项研究亦建议在坪輋／打鼓岭进行规划及预留土地，作为露天存放及乡郊工业用地；此项研究已完成。由于这项研究涉及新界东北地区的长期发展，新发展区工程计划的推行时间表有待规划署的《香港2030：规划远景与策略》研究完成后才能确定。

新界西北新发展地区：就新界西北的洪水桥作为新发展区所进行的规划及工程可行性研究已经完成。新发展区的面积约为450hm²，容纳约共16万人口，并提供货柜后勤用地，但新发展区的推行时间表有待规划署的《香港2030：规划远景与策略》研究完成后才能确定。

1992年

1996年

2002年

图8-12　东涌／大蚝新市镇

附：香港市区大型新拓展区简介①

在市民有目共睹的新市镇发展的美好成果之余，政府远在20世纪80年代已开始推行一套改善旧市区环境的整体计划（图8-13）。市区的发展和重建是根据发展新市镇所得的经验来进行的。市区内新的大型发展会为邻近旧区提供额外土地作多种用途，包括用以解决旧区社区设施和休憩用地不足的问题；提供扩展空间作房屋和工商业发展用途，以配合经济的增长和功能需要；以及提供土地增建重要的运输设施，以缓解旧市区范围内交通挤塞的情况等。多项市区大型新发展计划现正处于不同的实施阶段，有些正在规划中，有些则在进行中，有些已接近完成，详情如下：

市区拓展：中环及湾仔填海计划已填造土地用以建造机场铁路香港站及香港会议展览中心扩建部分。工程计划亦包括填造土地，用以兴建重要运输连接路，以及改善邻近挤迫地区的环境。填造土地除兴建地底运输基建外，地面可以用作建造一条世界级的海滨长廊。中环填海计划第II期及湾仔填海计划第I期，已于1997年完成。中环填海计划第I期亦已于1998年年中完成。中环填海计划第III期已于2003年2月28日动工；湾仔发展计划第II期会依据法院就湾仔北分区计划大纲草图的司法覆核所作的判决，将进行检讨。

爱秩序湾填海计划：爱秩序湾发展计划填造了约28hm²的土地，作兴建私人楼宇、公共房屋、休憩用地及其他用途。新避风塘已在1991年年初启用，而旧避风塘的填海工程已于1997年8月完成。为配合居民入住，道路与其他基础设施的建造工程已于1999年1月展开，并预计于2000年年底至2003年期间分期完成。

西九龙填海计划：西九龙填海计划总面积340hm²的填海土地已经完成。这幅填海土地正分阶段用作兴建公共及私人房屋、商业楼宇、连接在赤鱲角的新国际机场的重要运输道路、休憩用地以及其他政府用途。余下的道路工程、基础设施和其他设施的建造工程正在

图8-13 香港市区大型新拓展区

---

① 香港新市镇的资料及图片来源：香港拓展署，数据统计截至2003年底

进行。政府已把其中一幅土地规划作艺术、文化、商业及娱乐综合区。

西九龙文娱艺术区：西九龙文娱艺术区位于西九龙填海区南端一幅面积约40hm²的优质海旁土地。文娱艺术区西部为文化设施区，设有主要的艺术及文化设施；中部为零售及娱乐中轴区，设有购物及娱乐设施；东部则为高层发展的商业门廊。此外，区内还会有一些高尚住宅发展。西九龙文娱艺术区内建有一个外型独特的天篷，将会覆盖大部分发展区。该天篷部分以透明物料制造，旁边敞开，使区内多种不同的土地用途浑然一体，并为户外的表演及消闲活动营造一个舒适的环境。

钢线湾数码港发展计划的基础建设工程：基础建设工程包括前期岩土改善工程、道路、相关的行人路、隔音屏障、水务工程，以及敷设雨水渠和污水渠。此外，一个公共交通交汇处及一座污水处理厂亦已兴建以配合数码港发展。基建工程已于1999年9月动工，主要工程已于2002年年初完成以配合数码港第一期发展，而污水处理厂亦于2002年年底完成及运作。

红磡湾填海区：红磡湾填海区内已开拓了36hm²土地，并分阶段用作兴建公共及私人房屋、商业楼宇、九广铁路货运场扩展区、政府、团体及社区设施、学校、休憩用地及道路，将于2012年容纳人口约12600人。填筑土地上的基础建设工程已经完成。此外，根据分区计划大纲图上的各项发展工程正在进行中。

九龙东南发展计划：九龙东南可行性研究已于2001年9月完成。而分区计划大纲草图的核准声明于2002年7月刊登宪报。新发展区涵盖413hm²土地(包括前启德机场的280hm²土地及133hm²的填海土地)可容纳人口约25万人。整个发展计划预计于15年内分阶段进行。由于原先计划牵涉海港填海，这计划将参照终审法院就湾仔北分区计划大纲草图的判决进行全面复检。

第三节　新市镇的建设成就及面临的问题

一、对人口的吸纳作用

1973年前新市镇起步之初，香港的总人口是400多万，如今是680多万，30年间香港新增了280万人口；而居住在新市镇的居民在30年前是50万，现在达到300多万，也增加了250万。这两个非常接近的人口增量数字，表明了这样一个事实，即30年间解决新增人口的居住，并没有以增加原有市区的密度为代价，增量人口几乎都被不断兴建的新市镇所吸纳。以大埔新市镇为例，30年前该地仅有2.5万多居民，如今已超过了29万，增长了10多倍。

二、为市民提供住房

在解决中下层市民的居住条件方面，新市镇发挥了决定性的作用。在新市镇开发建设的房屋主要分以下几类：公营房屋单位，也即通常所说的"公屋"①，用于政策性目的的供

---

① 公共房屋计划：1953年为紧急救济和安置木屋火灾灾民而制定的、面向水火灾害或其他突发事件而需安置或迁徙的居民的建房计划，也有部分是为在港住满一定年限(初期定为15年，后改为10年)的低收入者提供永久性住房。1973年房屋委员会成立，更加速了公共房屋计划的发展。至1988年，全港约有280万人从公共房屋计划(包括租屋、自置居屋和根据自置居屋贷款购置楼宇)中直接受惠。

房;政府兴建后以较低价格卖给符合申请资格的收入较低者,即"居屋"[①];资助自置居所单位,即"私屋"[②]。据统计,至2002年底,全香港30.8%的人口,约210万人居于"公屋",公屋单元合计共68.45万个,37.54万个资助自置居所单元。香港共有213万个住户,其中52.6%居于自置物业,42.7%居于租住单元,4.7%居于免租单元或雇主提供的住所。

三、推动经济发展

新市镇建设呼应和推动了香港的经济发展。从1960年代至1980年代,香港实行的是以制造业为基础、出口为主导的经济发展战略,因此,必须以不断提供廉价劳动力为基本条件。通过开发新市镇而大量提供廉价的公共住宅,使得劳动力价格保持较低水平,并且使劳动力的供应也保持了稳定。

在新市镇发展过程中,当基础设施和交通网络建成后,民营的房产商也会挺进新市镇,进行住宅开发。事实上,除了经济衰退时期,对民营房产商而言,香港的土地永远供不应求。土地出售是政府收入的一个重要的来源,并且,从1980年代起房产业已是香港的一个主要产业。土地的供应因新市镇的开发而得以持续进行。

新市镇开发的另一个重要作用是使经济活动和主要的工业生产布局有了更大的空间。然而,香港新市镇工业用地的空置率很高。按照最初的设想,新市镇应是一个完全自给自足的社区;特别是要留足工业用地,为居民创造区内的就业机会。但是,随着内地的改革开放,随着广东的先行一步,香港制造业很快转移到了珠江三角洲地区及更为广阔的内地。这使得新市镇的最初部署不能奏效,不少工业用地一直空置,工业村的厂房也无人问津。此外,新市镇发展初期,交通成本高且不方便,工业厂家的迁入意愿较低。因此,在香港经济转型的大背景下,新市镇发展到第3代时,甚至基本上不再在新市镇内规划配置工业用地。另一方面,对于高端的第三产业而言,香港的新市镇还没有足够的吸引力,还不能把高层次的商业活动从中心商业区吸引过来。因此,新市镇在全港经济的发展中,还只能起辅助的作用。

四、改变城市空间格局

新市镇的发展,可以说是深刻地改变了香港的城市形态,形成了中心城区与新市镇相结合的城市空间格局。港九中心城区作为香港的行政、经济、文化中心地,是全港的核心区,9个新市镇则构成了城市的次级核心,加上下一层次的乡镇,形成了"三级城镇体系"。每个新市镇相对自成一体,各种设施完善,其生活环境较为宽敞和优美。

---

① 居者有其屋计划:1978年开始,港府把"公共房屋计划"中一部分按官价出售的建房计划称为"居者有其屋计划"(简称"居屋"),目的是为那些不拥有自置物业而月入息在6500元(后改为8500元和11500元)以下的家庭提供永久性居所,但公屋租户申请者不受上述条件限制;临时房屋区的居民、寮屋被拆的居民、灾民及低级公务员等不受家庭月息的限制。该项计划提供的住屋以低于市值的价格出售,原由房屋委员会代表港府推行,所需资金由港府提供,1988年4月1日起,由房屋委员会接管。至1990年该委员会共售出13.6万个单元予符合资格的家庭,其中4.4万个单元由私人机构参与兴建。1990年根据该计划(包括私人参建居屋)共售出17182个单元。

② 自置居所贷款计划:由房屋委员会推行一项计划,也是"长远房屋策略"的重要一环。该计划旨在资助中下入息家庭购买私人楼宇,藉以鼓励居民自置居屋。根据该计划,现时公屋的租户和准租户可申请免息贷款购买私人楼宇,还款期长达20年。1988/1989年度共有贷款名额2500个。此外,尚有32个财务机构参与此项计划,提供按揭贷款,与房委会的首期贷款互相配合。

五、新市镇发展面临的问题

在新市镇内，一般来说，"公屋"的比例高于私人楼宇，而且往往是"公屋"开发先行。由于港府的"公屋"政策，对入住"公屋"居民的收入有着严格的限制。港府通过"公屋"的政策性供应，必然把大量低收入的市民导入到了新市镇。其后果是，新市镇的多数居民属于中下阶层，主要从事制造业或者"蓝领"岗位，而"白领"阶层或者中产阶层的人员相对较少。

正是这种人口结构，导致新市镇很难吸引高档次的商业活动，反过来又使得新市镇的消费活动向核心市区转移。例如，尽管沙田新市镇的发展已经相对比较成熟，但当地居民的高档消费活动还是在铜锣湾、旺角等港九中心区的繁华地段。

自1980年代以来，中国内地实行开放政策，土地和劳动力的供应充分，价格低廉，导致了香港制造业向内地转移。随着经济转型，香港制造业的就业机会减少，而零售业、金融业、商业的就业却依然高度集中在港九的旧核心区。统计数据显示，全港现有320万个就业职位中，大约有78%仍集中在港九地区，只有22%散布于"新界"各地。而港九与"新界"的人口数基本是一半对一半。随着住在新市镇居民的增多，居住与就业的空间不平衡矛盾日益突出，大大加重了交通系统的负担。

例如，屯门与同期建设的第一代新市镇沙田、荃湾相比，一直缺少一条连接市区的快速交通干线，却又最早面对居住与就业地分离的矛盾。曾有半数以上的屯门居民每日奔波于新市镇与港九核心区之间。由于路窄车多，经常阻塞，他们每天要在路上耽搁几个小时。而迁往屯门的居民，多数是年轻夫妇，孩子因此被留在家里没有人管，引发了不少家庭问题和社会矛盾。一位香港记者曾以"压抑"来形容当时屯门人的生活状态。

香港最初发展新市镇，是希望居民尽量留在区内。因此并不十分强调对外的交通联系，像屯门、元朗等新市镇都偏居一隅，相对封闭。随着新市镇就业与居住无法平衡的矛盾逐步尖锐，当局才重视大运量公共交通系统的配合，加快兴建高速公路或者轻轨，以改善新市镇与港九核心区的联系。

但是，从交通运营商的角度看，只有当新市镇具备一定的规模后才能保证交通服务设施的盈利。例如，将军澳的开发始于1982年，虽然一直有快速道路与港九相连，许多市民的日常往返通勤要转几次车，与地铁系统衔接的支线在20年后才正式通车。

六、小结

发展大规模的新市镇和围海造地曾经是香港政府用于解决住房、拓展经济和城市发展空间的主要手段。新市镇建设在吸纳人口和提高市民居住水平方面是成功的，但并未能实现分散经济活动的期望。尤其是随着1980年代金融、贸易等服务行业的增长，经济活动更多地是要求中心城区的条件。

新市镇发展过程所面对的各种问题，包括人口结构的不均衡，居住与就业地分离的矛盾等，已经引起各方的关注。在《香港2030——规划远景与策略》中已经提出了这些问题，拟通过征求各界的意见，集思广益，寻求最佳的解决办法，以使新市镇的建设保持长久的发展势头。

总体而言，香港在30年间有条不紊地把近一半的人口安置到了新市镇，解决了大量普通市民的住房问题，同时有效控制了港九核心区的人口密度，因而新市镇建设的巨大成就是毋庸置疑的。

第四节　新市镇建设的经验

一、新市镇开发运作的特点

1. 以法定图则指导开发

在香港新市镇的规划建设中，有完善的规划及法定图则。无论是私营机构或者是公营机构的发展项目和工程，一概都受到同样的制度规范。开发管理的主要依据是"分区计划大纲图"，它具有法律效力，是政府监管公共建设和私人开发计划的重要依据。"分区计划大纲图"根据香港《城市规划条例》的规定，在城市规划委员会的指导下制定，属于法定图则。它根据各个地区的不同情况，把不同的土地划定为住宅、工业、商业、政府、社区等不同用途，同时也对区内许可开发的条件加以具体规定。土地一旦被列入法定图则，其使用方向就要依照法律加以管制。香港的城市规划和发展制度的中心在于法治精神，也就是说，要依法办事、依法审批、依法仲裁。

2. 规划制定中兼听各方意见

香港的城市规划编制，可粗略分为3个层次：①全港发展策略，属于全局性的长期规划；②次区域性规划，分为港九市区、"新界"东北、西北、东南和西南5个次区域；③地区性规划，对于新市镇而言具体到每个新市镇的规划。

当确定在某个地区发展新市镇之后，责任部门就要开始与各个政府部门进行商讨。有关部门必须从预测的人口数据出发，对区内的住房、交通设施等进行优化设计，判断整个地区能够容纳多少人口居住，进而推断区内要建多少"公屋"、"居屋"和商业楼宇，计算需要兴建多少幼儿园、小学和中学以及其他配套公共设施，设计新市镇衔接市区的道路，从而一步步确定区内各种土地的不同用途。

有关的规划师至少要与房屋署、教育署、运输署、水务署等几十个政府部门进行磋商，听取他们的专业性意见。而这些政府部门同时会与有关的机构和公司进行商讨，比如教育署就会召集有关的办学团体开会，讨论学校的位置和设计。

整个磋商过程可能长达数年，尽可能地充分反映各个部门的意见，形成最合理的发展布局。最后，则由专业城市规划师完成规划设计的方案草图。

3. 广泛开展公众咨询

规划设计方案图还需进行公开咨询。当香港城市规划委员会认为设计方案可以发表后，图纸将公开展示2个月，供市民查阅。任何一个市民，任何一个团体，都可以对土地的用途性质提出疑问，并要求进行修改。如果市民觉得规划影响了自己的个人利益，可以在2个月的咨询期内书面向城市规划委员会提出他的反对意见。此外，社会人士还直接参与规划决策。香港城市规划委员会共有44名委员，其中非官方委员多达37名。

经过漫长的商讨和公众咨询，正式的"分区计划大纲图"最终在港府《宪报》上刊登，这时规划即具备了法律效力。

任何市民都有权查阅法定图则和已经被批准的政府内部图则。他们可以打电话或写信查询，也可以亲自到规划署的办事处了解情况。据悉，每个月规划署至少要处理300多宗咨询个案。

房地产开发商只要查阅法定图则，了解整个区域的规划，详细考虑有关批地条款的规定，并参考市场价格，基本上就可以算出投资计划的预期收益。

4. 统筹开发实施

新市镇在规划设计过程中,负责统筹的是政府的规划署;而进入开发实施阶段之后,则由拓展署负责统筹。2个政府部门在整个新市镇的建设过程中充分发挥主导作用。

拓展署是一个工务部门,监察有关地区的土地开发及基本建设的设计及工程,包括提供建设用地,配套建设道路、供排水系统、社区康乐设施以及其他有关的辅助设施。拓展署对整个新市镇的建设有着具体的进度表,每一阶段应该平整哪块土地,应该兴建哪条水渠,修通哪条公路,电线应该接通到哪个位置,清晰而严谨。按照工程进度,各种公用设施基本齐备之后,拓展署准时把土地交给开发商和承建商,由他们来兴建房屋、社区设施等建筑。

从整个新市镇的规划制定来看,由于要反复听取各方意见,需要反复修改图纸。但是,规划一旦成为法定图则,开发建设进程就很快。正是由于预先广泛征求了各方的意见,既优化利用了每一块土地,也有效地平衡了各方的利益,使以后出现矛盾和纷争可能性减少了。

二、新市镇成功开发的条件

1. 成熟的房地产业

香港新市镇的成功开发与香港成熟的房地产业是密切相关的。香港地域狭小,但房地产业发展迅速,市场经济的"无形之手"发挥了优化资源配置、调节经济的功能。香港经济开放度在国际上首屈一指,开放范围几乎遍及经济领域的各行各业。这种高度自由和开放的市场体系,加之包括规划在内的严密规则及监管,培育了良好的市场机制。房地产市场正是在这种背景下运行和发展。

香港房地产市场有几个特点:①市场化的商品公寓是房地产市场的"火车头"。商品公寓面积占总建筑面积的55%,市值占总市场价值的62%。②二手房市场为主导。每年新增加的商品住宅供应量占总存量的3%~5%;而每年平均的"二手商品公寓"成交宗数占当年总成交宗数的85%。③政府的"积极不干预"政策。政府垄断一级市场,即政府是惟一的土地供应者,通过有效控制土地供给量来调整供需不平衡问题;政府对二级市场放开,让房地产市场自由调节,达到供需平衡。④单一和有效率的市场。香港房地产市场是一个高透明度的市场,没有分外销、内销、外资、内资市场。香港是目前全球惟一全面推行数码化的城市,房地产资讯十分发达。⑤规范、低成本的市场。法规健全,交易费用低。

2. 政府的住房政策

香港新市镇的成功开发离不开政府的住房政策目标和导向。香港住房政策的核心是帮助所有家庭获得合适和可以负担的住房,以及鼓励市民自置居住物业。政策执行的要点是:①定期评估房屋需求;②提供足够的建房用地和有关的基础设施,并简化土地开发程序;③拟定长期建屋计划,并制定有效的机制来监察建房进度和解决困难;④创造合适的环境,使私人机构可以在满足房屋需求方面发挥最大的作用;同时监督房地产市场的运行,在必要时采取措施以遏止楼市炒卖活动;⑤实施资助房屋计划,协助市民自置居住物业,为无法负担市场化租售房屋的市民提供租金合理的公屋,此外还采取措施照顾有特别需求人士的房屋需求。

截至2000年6月,香港房屋委员会及香港房屋协会共提供或出租了约67.1万个公共房屋单元,使香港成为全球公屋比例最高的地区之一;据1994年统计,香港受资助公共房屋人口的比例创世界纪录,当时的全港290座公共屋苑内共住有319万名居民,占当时全港人口的半数以上。截至2000年6月,仍有220万人居于租赁公屋,这部分居民占了全港总人口的33%。香港自1973年起推行的"新市镇发展计划"，其目标是提供410万人的居屋，这是世界上最大的政策性开发项目之一。

3. 公私配合的开发建设方式

善于调动私人企业来参与开发建设，是香港新市镇成功的另一方面原因。纵观整个新市镇的开发，政府的作用和市场的力量各行其道，各有自己的适当位置。不管是房屋建设，还是新市镇的配套设施，政府都积极鼓励和引导私人投资及参与建设；而由于政府提供了开发的框架，加上工程项目也有利可图，私人开发商乐意参与建设。

新市镇的规划建设从一开始就纳入了法制轨道，整个区域的发展状况都一清二楚。对每一个建设项目，政府都明确制定了有关的各项标准。因此，开发商对于投资前景、投资利润都可基本有数。其次，每一个建设项目，都公开招标，由各企业主体参与竞投，这样既保证了工程的质量，也保证政府能够获利。再者，工程交给私人公司之后，政府还聘请专门的顾问公司，对有关项目的进度、质量等进行全方位的监管。

这种公私配合的城建方式，使政府和市场相得益彰，政府能够以有限的资源办更多的事，而企业依托政府的长期计划来谋求发展，顺势而为就能赚取丰厚的利润。有工程师、城市规划师、建筑师和景观建筑师的前期合作，有对居民意见的充分咨询，有拓展署的分步跟进监督，有私人开发商的积极参与，虽然新市镇在落成之后仍有这样那样的缺点，但很少出现大的矛盾或纷争。

4. 坚实的基础设施支撑

未来几年甚至十几年，香港在保持其国际都市多姿多采、繁华面孔的同时，也会向世人展现她的另一面———一个繁忙、高效、巨大的工地。在香港1098km²的土地上，基础设施建设将如火如荼地进行。

香港特别行政区政府不遗余力地建设城市基础设施，尤其是四通八达的快速轨道交通系统建设，为新市镇的建设和运转提供了坚实的基础。香港大力发展公共交通，严格限制私人小汽车数量。政府积极改善公共交通，修筑地铁，提供大容量快速公交，建立了安全、有效、覆盖全地区的公共交通网。通过立法、重税严格限制私人轿车拥有量，对一些区域实行收费进入制。同时严格交通法规，强化交通管理，实现了人口密度大、道路狭窄情况下的交通畅通。

香港特别行政区政府投资兴建的基础设施工程主要集中在交通运输、港口、土地开拓、环境改善、科技和旅游业发展等领域。这些建设项目呼应香港现有的优势，建成后将进一步提升香港作为国际金融、贸易、运输、资讯、旅游、物流中心的地位，使香港在未来的发展中具有竞争力。随着这些重大基础设施项目的陆续建成，香港的投资环境将更加完善。

香港"铁路发展策略2000"已规划之铁路网络扩展计划 表8-1

项　　目	计划完成年限
1. 沙田至中环线（TDL/EKL/FHC）	2008–2011
2. 港岛延线（NIL & WIL）	2008–2012
3. 九龙南环线（KSL）	2008–2013
4. 港口铁路线（PRL）	2011
5. 北环线（NOL）	2011–2016
6. 区域快线（REL）	2016

资料来源：铁路发展策略2000，香港特别行政区政府，运输局2000

这是既兼顾长远又注重短期效益的策略。

今后若干年内,在交通运输基础建设方面政府将投资约3000亿港元(约合360亿美元),其中的约2000亿港元(约合256亿美元)将用于进行13项铁路工程建设(包括近期通车的地铁将军澳支线),约900亿港元(约合116亿美元)用于道路工程。

新市镇的崛起与交通网络的发展呈双向互动。30年前,连接港岛与九龙的海底隧道刚刚通车,连通九龙和沙田的狮子山隧道还只是单孔,而且"地铁"还在图纸之上。30年后,四通八达的铁路和快速公路网络已基本覆盖香港的港九中心城区和新市镇的联系。地铁的第6条支线也已于2002年8月通车,贯通了将军澳——香港第7个新市镇与港岛的联系。

轨道交通是既环保又具效率的公共运输工具,是香港客运交通的发展方向。优先发展轨道交通,使轨道交通成为香港运输系统的骨干是一项既定的政策。未来5年,香港每年都会有一条铁路或铁路支线投入服务,新铁路将贯通香港东部、西北部的新市镇和港九市区。它们分别是:2002年8月投入服务的将军澳支线,2003年的西线铁路,2004年的马鞍山至大围线及尖沙咀支线,2005年的竹篙湾线及2007年的上水至落马洲线[①]。已动工的这5个铁路工程项目,将令本港的铁路网络里程在2007年年底前增加35%,超过200km;并使铁路在本港公共交通系统中所占的比重由现时的31%增至39%。

此外,从2008年至2016年,香港还将建设5条客运铁路线和一条货运铁路线,分别是:①后海湾线:连接西铁走廊与深圳西部正在发展的铁路;②西部外走廊线:一条贯通香港岛、大屿山及新界西北部的新线,但须视大屿山日后的发展而定;③东西九龙线:为九龙东南部提供服务的新走廊,有助舒缓其他市区铁路;④第五条过海铁路:一条连接九龙与港岛北的过海铁路;⑤赤鱲角线:一条连接新界西北部西铁与新机场的铁路;⑥南港岛线:一条连接中环与香港南区的铁路,主要为香港仔及鸭脷洲提供服务。

这12条新铁路全部建成后,香港的铁路网络会延长至250km以上。届时香港将会有超过80%的就业人士可通过轨道交通出行(图8-14)。

交通方面的重大建设还包括道路工程。未来10年,香港将投资1000亿港元进行道路建设,使四通八达的公路运输网连结香港每一个角落。新的道路建设不但有助于缓解市区道路挤塞的情况,而且将为新界地区提供重要的连接道路,并增加新的口岸通道。主要的道路工程计划包括兴建深港西部通道及后海湾干线、中环湾仔绕道,以及包括昂船洲大桥在内的9号干线[②]。昂

---

① ①地铁将军澳支线:于2002年8月18日通车的将军澳支线全长12.5km,由蓝田伸延至将军澳,将这个发展迅速的新市镇连接到市区的运输系统。②西铁:九广铁路公司正兴建一条全长30.5km的新铁路,由西九龙伸延至新界西北部。这项工程将促进铁路沿线一带日后的发展。工程在2003年年底完成。③马鞍山至大围铁路线/九铁尖沙咀延线:马鞍山至大围铁路线将连接大围与发展迅速的马鞍山新市镇,全长11.4km。至于九铁尖沙咀延线,则从目前的红磡总站伸延至尖沙咀梳士巴利道的新车站,全长1km。工程在2004年完成。④竹篙湾铁路线:全长3.5km,连接东涌线阴澳站与大屿山东北部的竹篙湾,为计划中的香港迪士尼乐园提供铁路服务。工程预计在2005年完成。⑤上水至落马洲支线:全长7.4km,由东铁上水车站伸延至落马洲的新总站,将提供一个新的铁路旅客过境通道,以舒缓日益挤迫的罗湖过境通道。工程预计在2007年年中完成。

② ①中环湾仔绕道及东区走廊连接路:全长4km,连接中环至铜锣湾,其中包括一条长2.3km的隧道。②东涌道改善工程:介于井头至长沙一段6.2km长的东涌道,将会扩阔成为单程双线分隔行车道。③深港西部通道及后海湾干线:横跨后海湾的双程三线通道,全长5km,连接新界西北部鳌磡石和深圳蛇口,位于境内的一段长约3.2km。深港西部通道经后海湾干线通往本港公路网,后海湾干线是一条全长5.4km的双向三线分隔车道。④元朗公路蓝地至十八乡段扩阔工程:由现时双向双线扩阔至双程三线。⑤屯门公路重建及改善工程:重建及提升目前的屯门公路至快速公路规格,并提供硬路肩。

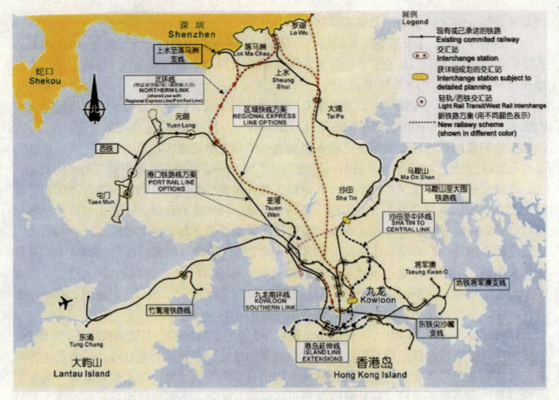

图8-14　香港铁路发展策略（规划署2000）
资料来源：铁路发展策略2000，规划代号：TSP 2050，香港规划署 2000.1

船洲大桥位于葵涌货柜码头入口对面，连接青衣与西九龙。昂船洲大桥在维多利亚港内的地位显著，大桥的跨度将超过1000m，建造工程在2004年展开，预计2008年竣工。所计划的主要新道路工程总长超过50km。

同时，香港特区政府计划投资20亿元港币连同其他机构资金，在新机场兴建与香港会议展览中心相媲美的第二会展中心。两个中心如同香港的双子星座，吸引、分担繁多的国际会议、展览，共同推进香港会展经济的蓬勃发展。

兴建占地3万多m^2的机场商贸港物流中心，并计划建造占地77万m^2的"东涌物流园"，可以使香港成为世界顶级的物流中心。

此外，香港特区政府未来5年将投资180亿元港币发展旅游新景点，保持香港作为世界最受欢迎旅游城市的地位，促进香港经济的发展……

上述工程只是香港未来基建计划中的一部分。随着这些重大基建项目的陆续建成，香港的投资环境将更加完善。"我们大力投资基建，要使香港在未来的激烈竞争中，具备赢取商机、创造财富的实力。"（董建华[①]）

---

① 摘自：董建华（香港特别行政区行政长官）宣布参选连任第二任香港特首演说全文——《施政与时并进，强化竞争优势》，人民网2001年12月13日

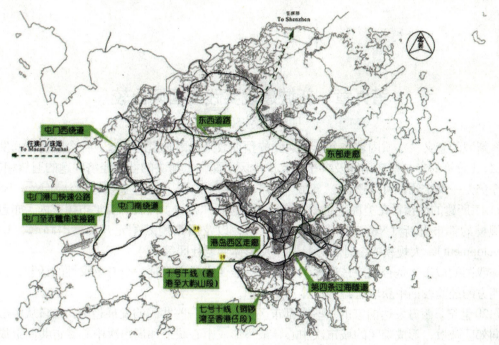

图 8-15 香港长远主要干道工程示意图

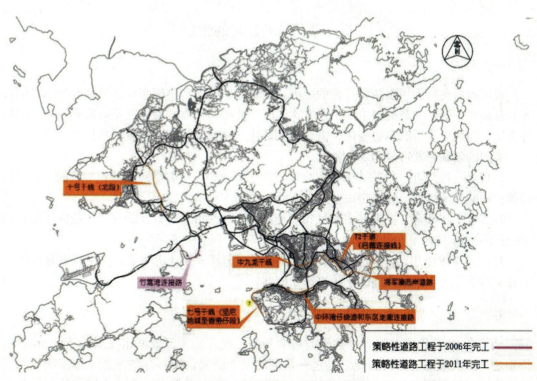

图 8-16 香港已规划的策略性干道工程项目
资料来源：香港规划署 2001.4

第九章 新城建设实践的国际比较

新城的意义、实质内容与其所欲达到的预期效果，因时空的变迁、社会制度、开发方式、公共政策的参与程度不同及各个国家或地区所面临欲解决的社会经济问题的迥然相异，迄今仍无一确定法则可以遵循。"新城"一词，在英国仅限于根据"新城建设法"（New Town Act）下所建的城镇；在美国则包罗甚广，不仅包括"卧城"性质的卫星市镇在内，亦包括大规模的都市更新（New Town in Town），以及所谓规划单元开发（Planned Unit Development），大规模的土地细分计划以及退休养老社区等。

我国的城市化是否或应该在多大程度上沿袭西方的道路是一个有争议性的话题，但可从西方的经验教训中获取有益的借鉴却是共识。

20世纪，西方发达国家的一些大都市区呈现出了一些共同的发展趋势：人口从中心城市向郊区疏散，形成郊区的城市次中心，最终形成中心城市和周边次中心城市共同组成的大都市区。大都市区域内的新城发展经历了单纯的卧城，提供一定就业机会的卫星城市，以及居住就业相对平衡、功能相对独立完善的新城等多个阶段。伦敦、巴黎、东京、香港等大都市区域的许多新城都是在政府的规划指导下发展起来的。

第一节 新城建设的缘起

一、英国

英国政府支持大规模新城开发的原因，一是战后伦敦和英国东南部地区急剧增加的城市人口需要疏解；二是英国中部工业发达地区产业结构需要调整；三是政府根据当时的趋势认识，为顺应战后的形势变化，需要创造居住、就业条件并预留发展用地。

英国的新城开发可分为3个阶段：

1. 1946~1955年，目的为了吸引大城市的过剩人口，主要特点是城镇规模较小、密度较低、功能分区清晰、较多考虑社会效益而较少考虑经济效益。

2. 1955~1966年，主要特点是城市规模扩大，在城市功能分区的处理上趋向于综合功能分区的格局。

3. 1967~1976年，这一时期的新城大部分是在老镇基础上开发新的工业区和居住区而形成，对于不适合单独扩展的小镇进行了归并。

二、法国

巴黎自1910年成立第一个扩建委员会开始，就开始了巴黎城市发展的不间断研究。特别是二次大战后，巴黎的规划经过一系列的调查研究，10多年的酝酿，逐步明确和完善，从规划思想到具体的规划手法都有独到之处。法国规划界认为，大城市的发展是一种必然的趋势，以人为的强制手段压制大城市的发展是不可取的，也是不切实际的。1965

年,由保尔 德鲁弗里(Paul Delouvrier)主持制定的SDRAUP规划(巴黎地区国土开发与城市规划指导纲要)提出了"保护旧市区、重建副中心、发展新城镇、爱护自然村"的构想,通过建设副中心来缓解城市中心区的矛盾;沿巴黎城市切线方向建构两条由东南向西北平行的发展轴,布置新城以解决城市的发展问题,使巴黎的发展纳入规划控制的轨道。

三、美国

从19世纪后半期开始,随着资本主义发展,城市的不断扩张,少数富裕阶级开始向郊外迁居。到20世纪20年代,由于广泛使用小汽车,中产阶级郊区化逐渐增多,大城市的弊端逐步显现。另一方面,在二战前美国就已经受到了英国的田园城市思想的影响,一些城市研究者对美国当时的社区实际情况作了调查,提出了美国城市规划的理论,诸如,芒福德(Lewis Mumford)的地区城市理论、佩利(Clarence Perry)的"邻里单位"理论等,引起了规划和建筑界的重视,并先后在美国新泽西州、俄亥俄州和威斯康星州出现了雷德朋(Radburn)、绿带城(Greenbelt)以及绿谷城(Greenhill)的实验。当时出现的某些规划思想一直沿用到现在,对许多国家的新城建设有较大的影响。

二次世界大战后,美国的城市急速扩展,以低密度平房和小汽车交通为主体的近郊发展给城市带来了诸多问题,诸如交通拥塞、空气污染、土地浪费、内城破坏和邻里观念淡薄等。美国的新城建设是为了控制城市盲目向郊区扩展。由于美国政府没有从财政、行政和法律等各方面采取强有力的措施来支持新城的开发,因此虽然要求在郊区有计划地建设新城,但新城建设却是无计划的,进展缓慢,效果不大,而且公共设施不齐全,一度使用的装配式住宅建筑也显得景观单调。

1968年的《新城开发法》和1970年的《住房和城市发展法》授权联邦政府援助新城建设,使12个新城获得了联邦政府的贷款和信贷保证,从而推动了美国新城的建设。

四、日本

日本的新镇建设是应对日益严重的大城市"过密"问题而采取的对策之一。二战后,特别是1950年代中期以后,工业化、城市化浪潮席卷全日本。1960年代中后期,产业和人口向大都市的集中更加严重,地方经济疲软,一些地方出现人口、经济"过疏"问题,村落等社区的生产、生活难以为继。

随着1955年日本住宅公团(国有企业)成立和住宅团地(居住区)开发迅速发展,公共设施完备和环境优良的居住区在日本逐渐出现。但是,由于很难获得高地价的土地,大规模的团地开发往往远离城市中心,由此,新镇的开发建设方式就出现了。日本的新镇主要是"卧城",但也有若干其他功能的新城。

东京在二战后仍具典型的单核中心的结构特征,对于1000多万人口的大城市,中心放射型的单核城市结构显得力不从心,必须寻求一种更为开放、更适合成长和变化的地区结构。1960年提出了"以城市轴为骨干"的城市结构改革方案——《东京规划—1960》,将东京的城市中心功能展开在城市轴上,建设副中心、新城区和新镇,形成具有发展潜力的开放结构。1950年代末到1960年代,在距东京25~60km的东京郊区,靠近铁路或高速公路干线,建起了7座新镇,多为卧城。

五、中国香港

二战以后，由于大量人口涌入，沿维多利亚港内侧的海岸地带人口密度过高，从 1954 年起，城市开始向边缘地区增长。早在 1957 年，为安置迅速增长的人口和适应经济发展，香港政府就有过类似于英国新城建设的想法。香港城市发展的最大问题，在于过于集中在港九地区。1970 年代初，香港的城市发展主要集中在港岛和九龙半岛，具体来说是高度集中在维多利亚港两岸，此外，房屋、社区设施的严重不足还带来一系列的社会问题和城市危机，引起了香港各界的关注。香港不仅地少人多，而且 80% 的土地属于丘陵与山地，从地形上来讲，"新界"不仅地域广阔，而且有着大量乡郊用地，开拓"新界"比在港九发展有利。

港英当局在 1970 年代初决定推出 10 年建屋计划，其目标是到 1980 年代为 180 万人提供住房，该计划激活了新市镇项目的实施。

自 1973 年开始新市镇建设，在 30 年间香港的庞大新增人口，几乎都被不断兴建的新市镇所吸纳。新市镇的崛起带动了香港交通网络的发展。新市镇的发展，可以说是完全改变了香港的城市面貌。1973 年前，香港城市是一个向周边延续的单核心结构，随着新市镇的开发，香港开始向多核心城市演变，形成了港九核心区与新市镇相结合的城市格局。

综上所述，可以认为各个国家或地区的新城都是在大城市发展到一定阶段、达到一定规模时的产物。新城建设通常处在区域经济稳定发展、中心城市规模持续扩张、城市化快速增长的时期。促使新城建设的直接原因一般有：

1. 大城市地区中心城市人口快速增长造成城市膨胀的压力，因此建设新城自然成为疏解人口的一种有效途径。

2. 对自然健康的环境和良好住宅条件的追求，因为人口和产业的迅速增长对中心城市的环境造成巨大压力，降低了城市的居住质量，恶化了城市的生活环境，而郊区的开发成本较低，因此，开发新城就成了解决大城市住宅问题的重要手段。几乎所有国家的新城建设都有解决住宅需求的原因，诸如日本的新镇和新加坡的新城都是比较单一地为了解决住宅需求及缓解中心城市的人口压力，而美国的郊外新城开发则是中产阶级对居住环境的追求所驱动的。

3. 工业发展需要新的空间，当中心城市拥挤扩张，环境恶化时，而且地价级差，工业郊迁是必然的趋势，其他的还有以发展高科技产业、科技研究和高等教育为目的的新城，诸如日本的筑波科研高教新镇、贺高茂高教新镇等。

4. 统筹安排区域性的重大设施，这些设施包括商业、交通、市政等设施，是服务于大城市区域的，由于这类设施需要占用较大面积的土地和大量的劳动力，趋于选择地价较低的郊区。而建设新城有助于为这些设施提供需要的就业人口和基本服务。例如，香港最近的北大屿山新市镇在一定程度上就是与香港新机场的建设和运行相配套的。

第二节 新城的规模

新城在早期阶段以解决住房和缓解中心城市的居住压力的问题为主。二战后初期建设的新城，其住宅户型小，各项指标低，人均用地也相应较低。新城的功能也较为单一，其公共设施主要满足基本生活需要为主，居民在文化、娱乐、教育以及就业等方面要很大程度上依赖中心城区。所以，早期的新城规模较小，一般不超过5万人。但随后的新城在服务设施配套和提供就业上，不断提高。由于存在规模经济的问题，新城的规模逐渐增大，功能也日趋综合完善。国外后期新城的规模都普遍达到20万的人口规模，以使功能健全、相对独立，真正起到疏解中心城市人口和产业的作用，若干新城已达到40~50万人口规模，已相当于中等城市的规模。但规模大小还要视国家和地区的国土资源、环境容量、人口数量和密度分布，以及当地居民的生活习惯和经济发展水平等条件而定。

比较分析各国的新城实例，可以发现各国新城的规模各不相同。其中，香港地区的新市镇的人口规模最大，建设密度最高，这与香港人多地少，不得不高密度开发有关，也与政府重视中低收入家庭的需求，以建设公共住宅为主相关；法国巴黎地区的新城规模次之；英国和日本的新城规模大都比较小，这是因为当地居民喜好独立式住宅，独立式住宅用地自然高于公寓式住宅用地，因此新城的人口密度相对较低。在英国，划分城市规模标准较低，25万人口以上即可为大城市，因此新城规模都设在20万人口以下，但实际上部分新城的建设规模趋于扩大。

各国典型新城建设情况比较一览表[①] 表9-1

国家／地区	新城	中心城市	距离中心城市(km)	人口规模 万人（年份）	用地规模(hm²)	人口密度 (人/km²)
英国	伦康	利物浦	22	10（2000）	2935	3407
美国	圣查尔斯	华盛顿	32	7.5（规划）	3197	2346
法国	玛尔-拉-瓦雷	巴黎	10	24.65（1999）	15200	1621
日本	千叶	东京	40	34（规划）	2913	11672
中国香港	沙田	港九	6	63.4（1999）	6940	9135

数据来源：
1. 陈秉钊 编译，英国新城伦康（Runcorn）规划特点，城市规划汇刊，1982
2. 刘健，玛尔-拉-瓦雷（Marne-La-Vallee）：从新城到欧洲中心——巴黎地区新城建设回顾，国外城市规划，2002.1
3. 张敏，美国新城的规划建设及其类型与特点，国外城市规划，1998.4
4. 刘德明 译，日本大中城市周围20座新城简介，国外城市规划，1987-1990
5. 香港规划署网站

从上表可以看出，亚洲地区的新城的人口密度远远高于欧美的新城，这正是反映了各个国家或地区的总体人口密度和生活方式的不同。美国土地资源丰富，人口稀少，新城规模大多偏小，而且依赖于发达的高速公路和小汽车交通，城市布局分散，密度很低。法国的新城规模虽然大，但是占地面积广，所以密度就很低。相反，在地少人多的亚洲地区，诸如日本、香港地区的土地资源尤其稀缺，大城市人口规模大，中心城市的人口膨胀压力非常大，所以新城的建设密度必须较大，才能真正为疏解中心城市的人口压力起到作用。

[①] 陈恺龙，新城建设研究——以上海为例，同济大学硕士学位论文，2003.2

第三节 新城的住宅建设

各国新城的住宅建设中，在住宅类型、建设密度、户型标准、开发模式等方面多有所不同，这是反映了不同国家或地区的经济发展状况、新城建设的目的和手段以及当地居民的生活方式和偏好。

一、英国

英国的新城住宅环境质量标准高、密度低、注重绿化和自然环境景观，但建筑单体建造较为经济。三代新城的住宅是在不断变化中发展的。第一阶段的英国新城规模比较小，密度也比较低，这种低密度的开发方式一方面是因为英国人喜好带有花园的独立式住宅，另一方面与二战后英国住宅建设中反高层的趋势有关。随后，战后经济全面恢复，大城市人口爆炸性增长，住宅建设以数量、速度取胜，多建、快建、低造价、高密度建设，也出现了一批高层住宅，一度认为这是现代化城市的标志。因此，第二代、第三代的新城的住宅密度有较大提高。但英国居民向来习惯于独立式的花园住宅，新城一直以低层独立式住宅开发为主。在1990年代甚至将早先建造的一些多层台廊式公寓拆除，取代而之的是传统的独立式住宅。英国新城是以政府为主导开发的，以公共住房为主的，但在1970年代后逐渐加入私人参与开发的比例。

二、法国

法国新城，尤其是巴黎地区新城的人口密度低，因而新城的特有生活环境吸引了大量现代化企业和尖端高新科技工业入驻新城。新城的居民的职业构成也因此以高中层的管理干部、高级雇员或是自由职业者为主，年龄结构较为年轻，需求的是比在中心城市更宽敞的住宅环境和更良好的居住条件。因此，新城提供的大部分是独户住宅，并有完善的商业服务中心和其他各种公共设施。

三、美国

美的新城开发伴随着大城市郊区化的过程，主要是为中产阶级以及富有阶层提供郊外住宅，因此也是以低层、低密度的独立式住宅为主，对环境质量的要求比较高。美国新城的住宅以私人投资建设为主，但也有极少量新城住宅由政府出资建设，采用多层和小高层，为低收入家庭、贫困阶层或特殊人群等弱势群体提供住所，建设标准也随之降低。

四、日本

日本虽然是个人多地少、土地资源极其匮乏的国家，但其新镇的建设密度却明显低于同处亚洲的香港地区。这是因为在日本国民喜好独立式住宅，加上日本的经济实力，导致了新镇建造了大量的独立式住宅，从而降低了新镇的整体建设密度。日本经济发达，科技先进，住宅建设水平属于世界领先地位，建设标准也高于亚洲其他地区。日本新镇住宅多为私人投资建设的独立式住宅，也有部分公寓式住宅由政府出资建设。根据统计，日本新镇中公寓式住宅用地面积平均占住宅总用地面积的40%，而独立式住宅用地面积占了60%[1]。

五、中国香港

香港由于人口规模巨大，而用地极为有限，所以集中式高层高密度开发住宅是香港一贯的精神，既符合香港的土地资源状况，也提高了各项设施资源的利用效率。三四十层的高层住宅在香港是随处可见，新市镇的人口密度达到了2000~2700人/hm^2，远远超过欧美国家的新城。香港也有少量低层的私人住宅，一般分布在新市镇外围或山地上，高层的公寓式住宅布置在新市镇中心街区，形成空间上极为壮观的两极分化现象。香港政府在住宅建设中非常重视新城的均衡独立发展，顾及弱势群体的需求，开发体现社会的公正和公平。新市镇住宅的公私比例基本上为4:6，相对比较下，早期新市镇的公屋比例较大，后期新市镇的私屋比例相对提高。

第四节 新城的投融资

一、英国

在英国，政府为新城开发公司提供的资金来源主要分为三个部分：政府直接投资；为开发公司提供贷款；为新城寻找私人投资者。一般来说，政府直接投资和为开发公司提供贷款的数目是根据政府的财力和城市建设规模的大小来确定的。在早期的新城建设中政府几乎承担了所有投资。根据1946年的《新城法》，中央政府每年要拨款用于新城建设。从多年的实践来看，英国新城开发基本上是盈利的[2]。新城开发的盈利主要来源于住宅、工业建筑和商业建筑的出租。后期的英国新城建设较为注重引入社会资金，例如，密尔顿·凯恩斯（Milton Keynes）新城总建设费用为7亿英镑（按当年物价），分为25年投入，其中新城开发公司出资3.33亿，地方当局与公共机关团体承担1.69亿，私人企业投入1.98亿。

二、法国

法国政府对新城建设给予了特殊的财政支持，即国家负担新城建设的大部分开支；在地方税收及财政方面国家也给予了照顾。国家财政投资主要用于新城的设计研究、征用土地、公共设施和基础设施配套建设等方面。自1971年起，法国将新城全部拨款列入经济预算的专项预算中；1983年起又将拨款直接列入国家预算。除了中央政府，地方当局也投入一定资金用以建设公共设施和基础设施。正是由于国家财政的大力投入，法国新城的建设才得以顺利进行。

三、美国

美国的新城建设主要是走市场化道路，通过立法允许有私人开发公司统一承担土地开发和新城建设的任务，在土地使用规划的框架内，政府也可给予一定帮助。有时，地方政府和私人开发商共同开发，收益分成，所遵循的是商业性规则。美国的经验中最主要的是

---

[1] 刘德明译，日本大中城市周围20座新城简介，国外城市规划，1987-1990
[2] 胡柳强，上海郊区新城发展研究——以松江新城为例，上海同济大学硕士学位论文，2002.2

联邦政府不直接参与新城建设，只是确立法律来推动新城建设。1968年通过了联邦政府援助新城的《新城开发法》。该法规定美国住房和城市建设部可向新城的私人开发者给予信贷保证，从而有助于开发商获得长期限的私人资本。1970年的《住房和城市发展法》法案将贷款保证的总额提高至5亿美元，并鼓励各州成立开发公司。法案公布后不久，即有12个新城获得了联邦政府的信贷保证，这样就推动了新城的建设。

四、日本

日本新镇建设以私人开发为主，主要依托于私营铁路。日本政府赋予了轨道交通公司开发轨道附近土地的专营权。以东京（私营）铁路公司为例，其经营收入中铁路运输收入占35%，房地产开发占25%，而该公司的纯利润收入中，房地产收入则占了2/3。日本铁路公司可与沿线土地拥有者共同协商，一次性收购沿线土地，铁路公司则将一小部分成熟土地，反馈给土地拥有者，双方合作组成开发公司。一切道路、排水、污水沟渠、公园及其他基础设施建造费用，可通过出售多余土地及以合作双方的投入来解决。

东京多摩新镇是由日本私营铁路公司开发最大最成功的新镇。多摩新镇由新镇中心和住宅区所组成，依托东京私铁花园线的19个车站而开发。东京铁路公司将一部分土地售给住宅公团和私人住宅开发商，私铁也有房地产开发公司。

多摩新镇的开发于1966~1984年陆续完成，至1984年已开发50km^2，居民近50万人，距东京15~35km。铁路造价1.6亿美元，其中一半由商业银行贷款，另一半由日本建设银行融资。土地由53个原土地所有者通过共同协商和土地重整重新获得49km^{2}土地，所有合作者均将开发权通过规划方案全权授予铁路公司。大东京规划在多摩新镇的经验基础上，又制定了新一代近郊社区规划，称为"新城铁路建设计划"，由国营住宅公团、地方政府（市、县政府）和铁路公司合作编制，国家和地方政府各辅助18%铁路建设费，其余由铁路公司及铁路受益者分担[①]。

五、中国香港

香港的新市镇建设一般由政府承担公共开发部分，私人住宅、工业和商业开发由私人和企业承担。自1970年代中期开始，香港政府有一半以上的基本建设开支用于新镇开发计划。这期间政府通过填海和开山工程为新镇提供了3600hm^{2}的各种用途的土地，可容纳100多万的居民。土地开拓费用全部来自政府，但是城市的基本设施和商业设施则除了政府的投入外，各项私营资金也以不同的形式参与。

香港目前的9个新市镇的发展总面积超过110km^2，已经投入数百亿港元。资料显示，早在1990年，不包括兴建公屋和征地的费用，港府用于开发新市镇的费用就已经超过了340亿港元，当时预计还要陆续投入470亿港元。其实，截至现在的实际耗资，远远超过了这一数字。不管是房屋，还是新市镇的配套设施，香港政府都积极鼓励和引导私人投资；而由于港府做足了配套工作，加上工程有利可图，私人开发商也乐意参与。比如，香港新镇建设中，轨道交通公司有沿轨道附近土地的开发专营权，其经营得到政府提供的特别优惠的条件和保证，其资金来源主要是政府财政拨款，政府拥有全部或部分股权，因此，经营公

---

① 国外、香港地区的新城建设，上海建设网，上海城市发展信息研究中心。

司的利润使用方式、储备金的设立和利息分配额等完全受政府调控。

六、小结

英国、法国和香港等政府都直接参与了新城建设，在投入大量资金的同时，也引入部分私人资本。然而，美国和日本政府则较少直接参与新城建设，而是通过法律和财政杠杆鼓励和引导私人企业投资新城建设。相比较而言，以政府主导的新城建设能形成较大的规模，更多地考虑社会因素，尤其是弱势群体的需求，但这种开发投资方式会给政府造成沉重的财政负担，新城建设的数量需要统筹考虑；而市场化操作的新城建设往往对新城的整体需求考虑不全面，追求经济利益而忽略弱势群体的需求，而且新城的开发规模一般也较小，但由于主要依靠社会力量，所以政府的财政压力较小。

第五节 新城的开发管理机制

一、伦敦模式——政府主导，开发公司独立运作

英国政府强力介入新城建设。1909 年的《住宅、城市规划法》(the Housing Town Planning, etc Act, 1909) 宣布英国的城市规划体系正式创立。根据大伦敦规划，在大伦敦周围要设置 8 个具有独立性的新城。1946 年制定的《新城法》(New Towns Act, 1946) 则以法律形式确立新城建设的方针和策略。根据1952年的《城乡开发法》(Town Development Act, 1952)，又确定了在大伦敦周围20座旧城的改扩建。20世纪60年代，伦敦制定了大伦敦发展规划，新的大伦敦发展规划由1964年的《东南部研究》、1967年的《东南部战略》和1970年的《东南部战略规划》组成。

关于新城的规划选址和建设规模，因为关系到新城建设的成败以及建设成本、吸引工业和人口的能力等关键问题，因此必须由政府根据全局性的利益及平衡各方要求来确定。

在英国，从事新城规划和建设的开发公司的主要官员是由政府经过严格的程序之后确定的，但政府并不能因此对开发公司进行过多管制。新城选址和开发公司的组建完成之后，政府的主要作用就是审批开发计划、把握新城建设的方向、协调开发过程中出现的大的矛盾。而新城开发公司则依法独立行使开发主体的职能，在实现新城开发的政策目标的过程中，以市场化的方式来运作，做到财务平衡，并略有盈余。

二、东京模式——以民间开发为主，政府给予政策支持

日本新镇的发展，主要依托于私营铁路的延伸，随后房地产业及其他商业性开发相继跟进拓展。

东京及东京地区的轨道交通网主要是私人投资，铁路公司的兼业经营是铁路产业生存和发展的重要保障。铁路公司开发沿铁路线的房地产，可使铁路运输的外部效益内部化。日本政府则赋予私营铁路公司开发铁道线附近土地的专营权。

一般做法是私营铁路公司与沿线土地拥有者共同协商，一次性收购沿线土地，铁路公司则将一小部分开发成熟的土地，反馈给土地拥有者，双方组成合作公司。一切道路、排水、污水沟渠、公园及其他基础设施建造费用，则通过出售多余土地和合作双方的投入来解决。

当铁路建设和新镇开发属于两个系统时，日本政府通过制定规则来促进双方合作。例

如：房地产开发商承担相关的铁路建设的一半费用；在新镇范围内，开发商将铁路线所占用的土地，以铁路未开发前的原价售给铁路公司；新镇以外的土地升值后，开发商应将扣除铁路未建时的原价后的升值部分付给铁路公司。

三、香港模式——政府主导，公私合作投资建设

香港的新市镇均在政府项目经理统一协调下，编制框架型总体规划和相应的开发计划。政府制定相应的开发标准，在大规模开发住房同时，按照规划设计标准，配备学校、医疗机构及管理机构。在规划设计上，鼓励创造各个新市镇的特色，各自的主要购物中心、文化中心和地区公园都应该各具特色，并强调新市镇的视觉景观，为新市镇增添风采。

香港新市镇的开发，在政府应当发挥作用的地方，由香港特别行政区政府主导；而在市场力量应当生效之处，香港特别行政区政府就推动私人机构来参与。香港新镇建设中的客运铁路采取政府控股、市场经营的模式，即政府拥有全部或部分股权，由经营公司以商业形式经营，经营公司董事会成员均由香港政府委任，政府的运输司和金融司等相关单位的官员是其理所当然的董事。经营公司的资金来源主要是政府财政拨款，因此其经营得到政府提供的特别优惠的条件和保证，可以享受一般公司无法享有的经营特权，比如轨道交通公司有沿轨道附近土地的开发专营权。这样一方面可以避免无序竞争，另一方面轨道交通公司可以用土地开发的盈利弥补。当然，与其开发的专营权利对等的是其利润使用方式、储备金的设立和利息分配额等完全受政府调控，政府对经营公司的要求是在尽可能降低经营成本的前提下，提供高质量的服务。

第六节 新城建设的经验归纳

通过对各国的新城建设状况加以回顾、分析，并作国际间的比较，可以对新城建设的一般经验作出归纳。

一、在区域规划的指导下建设新城，优化大城市区域的空间结构

区域规划的核心思想是寻找区域发展的最佳途径和制定区域层面的统一战略，藉以使不同的政府组织机构达成共识，并形成一定的约束机制。其目的是通过区域间的协调管理，实现区域经济、社会及环境的高效、和谐发展。

各国建设新城都是为了要实现一定的政策目标，特别是作为解决大城市人口和产业的空间配置问题的重要途径；而新城本身也往往成为大城市区域内中心城市以下的次一级核心城市。因此，新城建设需要有区域规划来指导。指导伦敦周围新城建设的《大伦敦规划》、指导大巴黎地区城市发展的一系列规划（诸如PROST规划、PADOG规划、SDRAUP规划、SDRIF规划等），以及日本的历次《全国综合开发规划》和香港的全港发展策略等，无不是从大的区域整体发展角度研究问题，谋求重大的、棘手的区域问题的解决，并为新城的规划和建设指明方向。

大都市区域规划在指导新城发展的同时，也优化了大城市的区域空间结构，这两者是相辅相成的。比如，伦敦在大伦敦规划中提出的4个圈层式发展，通过绿带政策来控制中心城市的蔓延发展，8个新城则位于最外层的乡村圈；巴黎则在一系列指导巴黎地区平衡区

域发展的政策文件中不断地调整区域结构，并在1965年的SDRAUP规划中打破了严重阻碍巴黎中心城市发展，导致中心城市过度密集的放射状同心圆结构，建立了2条平行于塞纳河的东南－西北方向的轴线，这种轴线状的空间结构有利于交通疏导，促进中心城市的人口和产业向周边扩散，舒缓中心城市的过度膨胀压力，巴黎地区的5座主要的新城则都沿着交通干线位于这两条结构轴线上；东京都市圈以发展新镇来控制大都市中心城区人口的高度膨胀，从空间结构看，实际上是一个由都心部和周边的新镇组成的，沿着交通线呈环状放射的都市圈，并且都市圈的这种结构在不断地调整和延展，使得人力、物力资源可以得到有效的配置。

二、确定新城合理的开发规模

新城开发规模的"度"的问题有两层含义。一层是指新城自身的人口规模和用地规模；另一层是指在一个区域范围内的新城群数量规模。新城规模的确定要综合考虑经济效益、生态环境效益和社会效益。新城的人口规模和用地规模主要受城镇开发的生态环境和经济效益的两大门槛的制约，以及受到新城所在国家或地区的实际情况和当地居民的生活习惯和偏好的影响；新城群数量规模要考虑新城开发是否会引发对内城（中心城）的经济冲击的问题。

新城生态环境的"门槛"限定包括量的限定和质的限定两层意思。量的限定是指生态环境容量是构成城市发展终极规模容量的"门槛"。确定新城规模首先要分析制定城市的生态环境容量限定指标，在这个容量限定范围内，根据城市及城市周边地区的经济基础情况，确定人口规模、用地规模等。霍华德在"田园城市"理论中最先制定这种理想模式。霍华德指出，"田园城市"周边必须要设置农业区，"田园城市"的人口规模超过生态环境容量的限定值后，则在伦敦周边另辟新的"田园城市"。质的限定是指新城的开发建设要建立起社会、经济与自然三者之间的良性循环与协调发展的人类聚集地，体现高品质的人类与自然的和谐共生，而不仅仅限于绿化指数的高低，以及绿地率的控制。

新城开发中配套的市政公用设施、公建政务设施、交通设施、生态绿化等则依据人口规模而定，每项配套设施都有自身经济效益发挥最佳的"门槛"，各项配套构成新城整体配套体系的经济效益也有最佳值。当新城规模低于该门槛限定值时，开发新城的投入将大于产出，反之亦然。纵观西方发达国家的大都市与其新城的不断实践与发展，新城趋于大规模化，因为规模较大的新城能发挥聚集经济的效应，能安排大型的公共服务设施和规模化的基础设施，并提高新城的综合质量，有助于吸引中心城市的人口和产业来入驻，有效发挥新城的真正作用。

一个大城市地区最终会形成一定数量的新城。新城群体有可能会对中心城的经济造成一定的冲击。有人将英国内城的严重衰退问题部分地归咎于新城建设，即由于新城开发及人口和产业外迁而引发了内城荒废问题。开发新城的最基本目的是帮助解决内城问题，而不是去引发更多的、更深层次的、更难治愈的内城荒废问题。

三、新城建设有法律保障和政策指引

建设新城往往是一个国家或地区在一定阶段解决一定目的采取的具有时效性的政策性措施。为此，各国或地区的政府也往往推出各项政策来有效地推进新城开发，包括对新城建设加以立法，以使新城建设及运作获得法定地位，提高新城的运作效率和综合竞争能力。针对新城的立法和政策一般包括机构设置、土地政策、环境保护、资金筹措、住宅标准等多方面，以及一些给予参与新城建设的团体或私人一定的优惠政策。例如，英国有《新城法》，美国有《新城开发法》和《住房和城市发展法》，日本有《新住宅街市地开发法》和《土地区画整理法》，香港特别行政区则有具有法律效力的《分区计划大纲图》。在英国和法国，都由中央政府直接领导的机构来组织新城的各项建设开发活动；根据立法规定，在新城开发和运转成熟后再转交给地方当局管理。在美国则由住房和城市发展部主管新城开发事务，政府给予新城建设以多方协助，包括成立新城研究机构，聚集各方面的专家对新城建设的各种问题进行研究。在中国香港地区则是由规划署负责规划设计，拓展署统筹开发实施。在新城建设的资金方面，无论是由中央政府直接大量拨款，或是提供信贷担保，还是吸引社会或私人资本参与，各国都有法律依据可循。

健全的法律保障是新城开发的基石，多方面的政策指引则是提高新城开发质量的强劲动力。相对独立完善的新城往往是大城市区域的中心城镇，培养整个新城的竞争力，以吸引更多的人口和企业前来安家落户，是新城建设的最根本宗旨，对新城的生存和发展至关重要。提高新城综合竞争力的政策主要有以下几种类型：一是除了政府直接统筹负责区域性大型基础设施的建设外，给予新城的基础设施建设以财政补贴等政策优惠，以确保新城能有良好的基础设施条件；二是努力在新城创造良好的投资环境，并以优惠的政策吸引大企业入驻；三是尽力在新城兴办各种产业及增加就业机会，使迁居新城的人们较易获得就业岗位，从而既鼓励人们入住新城，也促进新城的就业市场；四是鼓励在新城兴办研发机构、鼓励科技型新城的发展，如美国的硅谷、日本的筑波等等；五是在新城大力推广新技术，新城往往是新技术的实验场所。

四、公共建设先行，提升新城品质

内城或中心城市往往困于城市设施陈旧、环境难以整治等城市问题，而新城在公共设施和基础设施建设上具有明显的优势条件。高品质的公共服务设施和完善的基础设施反映了新城的时代性及综合质量，这是新城吸引人口和产业入驻的重要前提条件。因此，各国的新城开发都对此做了统筹的计划和安排。西方发达国家在新城开发中，将商业服务、文化娱乐等公共设施与住房同步规划开发。各类管理、教育、医疗卫生、福利等公共设施及水电等基础设施一般都是由地方政府统筹管理建设。尤其是基础设施建设，西方城市政府有自己的地方税收权，拥有为城市基础设施建设征收税款的直接权利。新城开发在选址和规划设计之后，由政府指定的开发机构则负责将生地转为熟地，即道路水电等基础设施都建设完成之后，才进入住宅、社区设施等地面物业的开发阶段，这些开发由公共机构承担，也可有民间企业参与。即使部分公共建设项目，譬如学校、医院等公共设施由私人开发，地方政府也给予一定的补贴并加以监管，以保证这些公共建设项目的质量。

五、以大容量轨道为支撑架构区域交通网络，提倡公共交通优先

新城接受中心城市的辐射，人际交流、产业活动等方面与中心城市有着密不可分的关系。直接承载两者之间的交流的则是连接中心城市和各新城之间的各种交通线，主要包括高速公路、一般公路和快速轨道交通线。因此，在开发新城时，不仅要考虑新城和中心城

市的交通联系，而且在确定新城选址时，也应考虑新城距离中心城市不宜过近，亦不宜过远。过近，则会因为中心城市的扩张与中心城市连成一片，重蹈和加剧大城市蔓延式扩张的弊端；过远，则加大交通成本，难以吸引中心城市的疏散人口和产业，无法实现新城最初的建设目的。根据国际经验，新城与中心城市之间的距离一般为20~40km，亦有较长的，但不宜超过60km。

一般情况下，新城与中心城市之间的交通联系会有若干条，其中往往有一条快速轨道交通线承担主要的客运交通。为了避免将周边的新城人口都集中导向到中心城市，因此各新城之间、新城与其他城镇之间也应建立起完整的交通联系，使之与新城、中心城市之间的交通线共同架构起完善的区域交通网络，从而全面有效地优化大都市区域的人口和产业布局。

世界大城市的客运交通都经历了以非机动化交通阶段（以步行为主）、传统公共交通阶段（以公交汽车为主）、现代个体交通阶段（以私人小汽车为主）、现代公共交通阶段（以地铁、轻轨、高架铁路等快速轨道交通为主）等发展阶段。目前，伦敦和纽约的地铁线路都达到了400km以上，东京和巴黎的地铁线路长约200~300km，这些大城市的地铁均已形成完整的网络，客运量大大超过了私人交通及常规公共交通方式。

根据国际经验，建设快速轨道交通设施是提高公共运输供给能力和效率，完善大城市立体交通系统的必由之路。快速轨道交通在客运方面共同的优点是容量大，准点快捷、安全舒适，人均占用道路少，能根据不同路段的地面交通和土地供应状况，从地面、高架、地下三种通行方式中选择一种，可较少与其他建筑物和运输方式争夺用地，因而特别适合人口密度高、高峰期交通需求量大的城市。

六、创新理念，注重设计的人性化

自霍华德提出"田园城市"一个多世纪以来，西方国家的新城发展经历了各个阶段的变化，已经发展到成熟阶段。在不断的实践中，规划者们根据现实的需要和对理想的追求，提出了适合各个阶段和各个地方特色的规划理念，更重要的是不少规划思想深远地影响了世界各地以及后来的城市规划实践。

美国的新城于二战前提出的田园城市运动，先后在新泽西州、俄亥俄州和威斯康星州建立了雷德朋（Radburn）、绿带城（Greenbelt）以及绿谷城（Greenhill）。这些新城实践的某些规划思想一直沿用到现在，对许多国家的新城建设有较大的影响。雷德朋体系中的行人和机动车分离的设计手法被运用于住宅区规划中，其后不仅深刻地影响了美国，甚至对全世界各地都产生了很大影响。

由于一般新城建设的出发点是为了给人们提供更好的居住环境和生活条件，以吸引从中心城市疏散的人口和产业。因此，大多数新城在内部城市道路组织上都强调人性化的处理，比如商业步行区、人车分流、独立公共交通系统等有着广泛国际影响的规划设计手法，都是在新城建设的实践中产生并获得推广的，特别是战后的英国在新城建设中尝试的人车分流系统和商业步行区的做法。大多数新城都突出步行道和自行车道优先的特色，极大地方便了居民来往于居住区和新城中心区、工业区以及大部分娱乐休憩用地之间的步行和自行车交通，这种人性化交通处理方法一直影响至今。

下 篇
我国的新城规划和建设

新城建设既有国际上可借鉴的理论、模式与经验，同时也需要面对各个国家及其城市自身发展的条件及所面临的问题。

发达国家的新城实践对我国的城市发展有着很多可资借鉴的经验，可归纳为发展宗旨、建设方式、投资类型、政策扶持、环境设计、交通处理等多个方面。自20世纪50年代起，我国的一些城市就已开始建设新城，并取得了一定的成效。进入21世纪以来，在经济、社会及城市化快速发展的大趋势下，新城规划和建设再次受到了重视。在借鉴国际经验的同时，有必要对我国的新城规划和建设加以回顾总结，这将有助于阐明我国新城发展的规律，形成正确的规划理念和建设方针。

第十章 从卫星城建设到新城建设

我国的城市规划，今天已处在一个观念更新、体制转变的关键时期。1950年代，我国从苏联引进了整套的规划理论和方法。这种规划模式是与"产品经济"和集中统一的计划体制，与平均主义、福利型的生活设施标准，以及与大型工业项目为主体的建设方式相适应的，它的主要特征是以有利于生产为准则、重视功能分区。这种传统计划经济体制下城市的发展是由政府控制的，其积极的一面是能主动地进行计划和规划，并按规划设计实施。

我国在1950年代曾经建设过一批卫星城，当时是基于产业空间发展的需要，将一些大型企业分散布置在大城市中心城区的周边。这些工业卫星城主要是根据工业项目发展的需要，统一投资，配套建设工厂区、居住区，以及各项公共服务设施。居民多为大型企业的职工及其家属，绝大多数是在国家统一安排下迁居到卫星城的。一般而言，这一时期的卫星城，规模较小，工业门类单一，设施配套亦无法齐全。因此，我国在特殊历史背景下建立的这些卫星城，虽有明确的政策目标，但对居民的吸引力较低，在很大程度上要依附于中心城区，在疏解中心城市人口和产业方面所起的作用极为有限。

至20世纪末期，在经济全球化及我国改革开放不断深入的背景下，我国的经济、社会和城市化已呈现出了发展持续、快速的势态。而大城市的人口和经济社会活动过度密集给城市的运行造成了巨大的压力，原有的城市结构若再不改变，就会成为城市发展的束缚。因而，拓展新的城市发展空间，优化城市结构，缓解老城的人口增长压力，提升城市的综合竞争能力，已成为目前大城市规划中的关键课题。一些大城市采取了建设"新城"的方式来拓展城市空间，使得产业和人口能够合理布局。有别于20世纪50年代的工业卫星城，现阶段的这些新城具有更大的规模及综合的功能，因而更具自我"平衡发展"的可行性。

我国已经进入快速城市化阶段，在这个发展阶段，建设新城一方面是为了转移中心城市的人口，疏解中心城市的人口和产业集聚压力，起到分流的作用；另一方面是引导郊区城市化的集中发展，并期望对可能涌入中心城市的人口起到"截流"作用。

第一节 国内城市发展的社会经济背景

一、社会经济转型

我国正在经历着经济社会各个领域的深刻变革。改革和发展对城市的建设有着方方面面的影响。

1. 经济高速增长加速了人口的城市化进程。尤其在沿海地带，随着开放政策的先期实施，发展更为迅猛。沿海城市出现了很多新的增长因素和需求；城乡之间及城市内部出现了一系列的不平衡性。

2. 改革开放政策影响到了城市的各个领域，引起了城市社会的运行、人们的意识观念等的变化。这些变化潜移默化地导致了人们的价值观念、行为特点、生活方式和兴趣爱好等的变化，使城市呈现出新的和多元的精神和文化面貌。

3. 从集中统一的计划经济向社会主义的市场经济转化，使得所有制领域的多种经济成分竞相发展，经济活力空前增强；市场为主体的经济发展和城市开发，使得在城市经济活动和土地利用中形成了多元的利益格局；城市的基础结构正在发生着深刻的变化。

在这样的背景下，我国城市的职能、空间结构、发展动力及城市规划的机制，已经出现和将会出现多方面的深刻变化。

二、城市发展

1. 城市功能的综合化发展

商品经济的发达，城市中心作用的强化，使得很多原来以产品生产为主的所谓"生产性"城市转变成了综合性城市。工业虽然仍是多数城市的主要职能，但是城市的商业、贸易、金融、管理、信息、运输、旅游等功能正在迅速成长。城市功能的多重发展，不但需要土地，而且推动着城市布局结构的变化。这种现象通常发生在中心城市，特别是沿海较发达地区的城市；但即便是一些工矿城市，也在考虑根据自己的条件和特点，调整过分单一的产业结构和经济结构，向城市功能综合化方向发展。

2. 人口结构的变化和流动化趋势

城市人口的职业结构是城市经济结构的反映。过去，城市人口职业结构的特点是，劳动人口比重高；劳动人口中的工业职工比重大（平均达50%～60%）；受户籍制度的束缚，人口的流动性很低。改革开放以来的变化是，劳动人口中从事第三产业和集体、个体经济活动的有大幅度上升，工业人口占劳动人口的比重在一部分城市有下降的趋势。突出的特点是人口流动性增强，尤其是滞留在大城市的流动人口逐年增长，一般达常住人口的20%～25%，而流动人口中的50%～60%是在城市从事某种经济活动的"暂住人口"。这种现象既是制度改革的结果，也是我国特定条件下城市化进程的产物。它对城市规划和建设有着不可忽视的影响。

3. 城市规划和建设标准的多层次化

平均主义的、福利型的规划建设标准显然已不能适合现今的条件了。在市场机制的自发作用下，居民收入和消费的分层化趋势明显，使得城市开发和物质空间及设施的供应必须要区分高、中、低档的差别化标准。在现实中，城市中的各种公共设施和私人空间建设可以区分为基本性的、引导性的和市场调节性的等多种类型。

4. 城市空间结构的扩展化与复合化

由于城市经济活动和交通联系的开放性，城乡之间愈益密切地结合，必然使城市的空间结构趋向开放与扩展。传统观念下的"团状"大城市向区域性的城镇网络体系演进，是不可阻挡的客观趋势。海港、空港、高速公路等重大基础设施的建设，会进一步加剧区域一体化发展趋势。由于环境保护政策及市区土地费用过高等原因，重工业会趋向于远离市区选址。而其他一部分传统工业，随着技术进步会逐渐改变各自的技术层次和外在形象。城市内的工业区会趋向小型化、分散化、科技化，一部分无污染型工业甚至可以紧邻居住区布置。

土地的进一步精细化使用，会带来空间结构的复合化。在一些大的中心城市，由于商品经济的发展和市场需要，出现办公、商业、娱乐、居住等多功能综合发展的地区，形成不同于"CBD"（中央商务区）的 CA（中心区）[①]。

5. 城市建设投资来源的多元化

过去主要依靠国家投资，按集中统一的计划来建设城市。今后除了某些为国家重点建设项目配套的新城市外，主要依赖国家投资搞城市开发已不再可行。城市的发展将依靠多种多样的"动力"，包括国家的（中央和地方）、集体的、个体的、合资的、外资的以及其他可能得到的一切资源，并且采取多种融资和建设方式。城市基础设施的建设资金将主要依靠税收、土地使用费及公共设施的各种有偿使用的收入。一些城市利用发行债券、企业上市、经营权转让、外资和企业直接投资等方式多渠道筹集资金，加大了城市基础设施建设的投资力度，取得了较好的效果。多渠道、多元化的资金筹集带有一定程度的不可预见性，这就必须改变过去那种适用于集中统一的计划经济的城市规划和建设管理体制。

第二节　北京的实践——从卫星城建设到新城规划

一、规划沿革

1953年，北京市委提出了《改建与扩建北京市规划草案的要点》。1957年，在前苏联专家的指导下，北京市又制定了《北京市城市建设总体规划初步方案（草案）》，其中提出了在城市布局上采取"子母城"的形式；在发展市区的同时，规划了昌平、（昌平）南口、顺义、门头沟、通县等40多个卫星镇。1958年8月，北京市委决定对已上报的上述方案（草案）进行若干重大修改，在修改稿中正式提出了"分散集团式"的城市布局原则。为与"分散集团式"的布局原则相适应，"对当时的冶金、机械、化工、纺织等的60个工业项目的选址，有了与发展卫星城相结合的考虑"。但由于项目分布在郊区31个点上，过于分散，结果不甚理想。这一思路和建设雏形与后来的卫星城规划和建设有一定的联系[②]。

1982年的《北京城市总体规划》提出重点建设燕化、通县、黄村、昌平4个卫星城。1984年，《北京市加快卫星城建设的几项暂行规定》出台。后来，随着市区膨胀的压力迅速增大，以及郊区、郊县经济发展的推动，对建设郊区卫星城的认识又有了发展。1993年经国务院批复的《北京城市总体规划（1991—2010）》中，明确了要建设14个卫星城。这14个卫星城中的10个为区县政府所在地城镇，它们分别是通州、大兴黄村、顺义、房山良乡、门头沟门城、昌平、怀柔、平谷、密云、延庆，以及房山区的老城区所在地房山，北京经济技术开发区所在地亦庄，另外2个为昌平沙河和丰台长辛店。昌平卫星城含南口、埝头、昌西，怀柔卫星城含桥梓、庙城，顺义卫星城含牛栏山、马坡，房山卫星城含燕山石化地区（图10-1）。

[①] 近年来在北美存在着CBD被CA(Central Area 即中心区)概念所取代的趋向。规划师们力图在保留原有CBD功能价值的同时，克服传统CBD的弊端。两者相比，CA提倡用地紧凑，以公共交通为主要客运方式，并且使功能多样化以容纳市民的活动，同时也强调环境质量，增加绿化、水面等城市设计要素。

摘自：黄富厢、赵民、钟声等，现代化国际化大都市及CBD建设的若干探讨，城市规划，1997.4

[②] 本节资料和数据来源：周文斌，北京卫星城与郊区城市化关系研究，《中国农村经济》，2002年第11期

 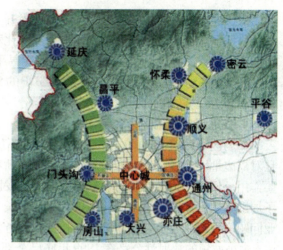

图10-1 《北京城市总体规划（1991~2010年）》卫星城规划，《北京城市总体规划（2004~2020年）》新城规划

二、建设概况

1. 规划和建设工作已经启动

在1990年代初，14个卫星城的建设用地总规模为157km²，常住人口108万人。至1998年，建设用地总规模达到了202km²，常住人口130多万人，其中非农业人口占80%以上。到2000年底，除了房山(含燕山石化地区)外，其他13个卫星城都在区县域总体规划的指导下，完成了规划的编制和修订工作，其中的延庆、怀柔、通州、良乡、长辛店、沙河、密云7个卫星城的规划已经由北京市人民政府批准。14个卫星城的用水、治污等基础设施正在建设或已建成。

2. 分担主城区功能的作用日益显现

通州、黄村地处京东、京南平原地带，在14个卫星城中位置相对优越。目前，京通快速路已经开通，穿越黄村的京开（北京至开封）高速路也已正式运营，随着地铁八通线（八王坟至通州）的建成和黄村北区5.75km²新开发区的建设，这两个卫星城的吸引力将进一步增强。

顺义也基本上处在平原地区，又依托首都国际机场，既有传统的工业基础，又有天竺空港开发区。

昌平是科教新基地，既有不少大学新校区，又有属于中关村科技园区的昌平园区。

良乡既是传统名镇，也是房山区新的区政府所在地，又有京石(北京至石家庄)高速公路穿城而过，近几年城镇的吸引力大大增加。

门头沟区政府所在地——门城镇，因其较好的自然生态环境，也已经成为区内人口的聚居中心，对区外的吸引力也在逐渐增大。

怀柔地域面积大，人口密度小，生态环境良好，现正逐渐成为北京市的又一会议中心和一处良好的旅游休闲地。撤县设区为其带来了一次历史性的发展机遇。

平谷、密云、延庆作为区域政治、经济、文化中心，也都在形成各具特色的城镇功能。

3. 产业支撑逐步增强

房山（含燕山石化地区）、长辛店、沙河、亦庄等卫星城，因为产业集聚，已经或正在形成以工业为主的产业基地。北京经济技术开发区所在地的亦庄卫星城的前景很好,与中关村科技园区一起已经形成高新技术企业孵化和成果转化基地。大部分卫星城在1998年时都已呈现了"二、三、一"的产业格局;而昌平、通州、黄村、密云等已形成了"三、二、一"的产业格局,第三产业增加值占到GDP的50%左右。市、县级开发区和工业区的建设,正在成为卫星城的强有力的产业支撑。

4. 在区域中的辐射力和带动力不断加大

作为区县政府驻地的一些京郊卫星城,不仅是各自区域内的政治、经济、文教中心,而且对周边地区的经济辐射和带动作用也在不断增强。其他一些卫星城在区域中也发挥了重要作用。例如,位于亦庄的北京经济技术开发区,这几年高新技术产业的飞速发展,带动了周围亦庄、鹿圈、马驹桥等乡镇的经济增长,同时还解决了一部分农业剩余劳动力的就业问题,促进了整个地区基础设施和社会服务水平的提高和环境的改善。怀柔卫星城与周边6个小城镇的放射性公路在1999年底已全部建成,从而大大加强了卫星城和周边地区的联系。怀柔、平谷在撤县设区后,区域城镇化的步伐将会加快,辐射力和带动力也将进一步增强。

5. 教育、卫生水平不断提高

居住用地建设在文化、教育、体育、卫生等设施水平的差别,是卫星城与中心城区的主要差别之所在,因此,提高这些方面的水平是增强卫星城居住吸引力的主要途径。为此,卫星城纷纷与名学校、名医院等联手,迅速有效地、经济地提升了卫星城的设施水平和文化品位。例如,黄村兴涛社区与北京四中联合办学,迅速增强了本地社区的入住吸引力。

三、发展原因

1990年后,北京郊区的卫星城建设加快了步伐,主要有以下4个方面原因:

1. "两个转移"的指导思想使郊区城市化和卫星城发展遇到了历史性的机遇

为提高城市素质和增强首都功能,1993年国务院在对《北京城市总体规划(1991—2010)》的批复中提出了"城市建设重点要逐步从市区向远郊区转移,市区建设要从外延扩张向调整改造转移"的总体思路,郊区卫星城正是在这一思路指导下才加快发展的。

2. 产业结构的重新布局和调整,使卫星城和小城镇增强了产业支撑

北京市委、市政府先后出台了市区工业"退二(退出第二产业)进三(进入第三产业)"、"退三(退出三环路)进四(进入四环路沿线)",以及加快区县工业开发区建设、小城镇试点建设等一系列政策;1998年,进一步提出了推进农村的城市化和工业化,加快实现北京郊区农业及农村现代化的目标。这些政策和目标为郊区的产业发展营造了一个较好的环境。

3. 土地资源市场化配置和投资主体的多元化,使土地和资金要素获得了简化配置

国家实行土地有偿出让和有偿使用制度,改变了过去城市发展单纯依赖国家投资、国家征地的单一模式。对外开放和招商引资的力度加大,城市建设投资主体多元化,为城市建设特别是卫星城的基础设施建设提供了大量资金。

4. 农村经济的进一步发展,为郊区城市化提供了必要的物质条件

1990年至2000年的10年间,北京郊区的国内生产总值从117.25亿元增加到了547.83亿元;财政收入从22.8亿元增加到110.50亿元;乡镇企业总收入从202.47亿元增加到了959.10亿元,至2001年已突破1000亿元。郊区第一、第二、第三产业的产值比例在1990

年为35.2∶46.7∶18.1，到了2000年，这一比例已调整为16.4∶40.9∶42.7，形成了"三、二、一"的产业结构；农村劳动力就业结构也发生了本质性的变化，1990年时的第一产业就业人口占44.8%，第二、第三产业合计占55.2%；而2000年时第一产业就业人口占42%，第二、第三产业合计占到了58%。

四、存在的问题及原因

北京的卫星城虽然在20世纪90年代以后有了较快的发展，但总体上来说，还处在起步阶段，而且出现了一些必须引起重视的问题。未来10年将是卫星城加速发展的时期。为了更好地发展，必须总结经验教训，正视并力图解决这些问题。

1. 存在的主要问题

(1) 缺乏政策指导和协调

卫星城的规划、建设只有大框架，没有具体的政策和有力的协调。有些卫星城的边界和范围至今尚未划定，也没有卫星城单独的统计口径和完整的统计资料，给管理、研究等都带来诸多不便。

(2) 各卫星城功能分工不明显

一些卫星城在经济发展和城市形象上缺乏特色，存在经济上低水平重复建设和城市建设中忽视保护城镇自然环境和历史文化特色的倾向。

(3) 交通联系薄弱

与主城区之间的安全、快速、廉价、大容量的公共交通网络尚未形成。一些到远郊居住的居民，仍然要到市区就业、就学等，每天往返于市区和卫星城之间，这不仅增加了交通负荷，还加大了居民的疲劳程度，降低了工作和生活的效率；同时，中心地区的压力也未得到应有的缓解。目前，虽有郊区公交车在运行，但运行时间长，车况差，路况也有待改善，不能满足市区与郊区之间的通勤需要。

(4) 建设质量有待提高

卫星城的可持续发展问题没有引起足够的注意。人均建设用地过大，市政配套跟不上，环境质量低等都是郊区城镇普遍存在的问题。教育、卫生设施的水平亟待进一步提高，居住环境和社区环境需要进一步改善。由于卫星城的文、教、体、卫等社会服务的水平和方便程度与市区存在相当大的差距，出现了一些已迁往卫星城的居民又回迁市区的现象。

(5) 政策门槛过高

土地政策和户籍政策过严过死。例如，在户籍制度方面，规定本市农民进入小城镇"必须购买二居室以上的商品房"，而外地人不论进京的愿望多么强烈，只能高成本进入小城镇，即现在所谓的中心镇，而进入卫星城更是难以实现。

(6) 管理体制有待理顺

目前卫星城建设的管理体制还未理顺，管理水平不高。有的卫星城同时跨几个管辖区域，区域内有中央和市属大企业，需要较高层次的协调，而这种协调机制目前尚未建立。比如，规划中的长辛店卫星城由长辛店、云岗2个办事处和长辛店、王佐2个乡镇共4个平级的单位分别管辖；房山卫星城由房山镇和燕山办事处管辖。

由于上述种种问题的存在，使得卫星城的发展受到了制约，不能充分发挥分担中心城市功能的作用。例如，各卫星城共规划建设了20多个开发区和工业小区，其目标之一就是要吸纳从市区搬来的企业，但事实上迁来的企业并不多。目前市中心地区仍存在不少占地面积大、污染扰民、能耗高、附加值低、经营粗放的企业，三、四环路以内的工业产值仍占全市工业总产值的很大比重。

2. 原因分析

加速卫星城的建设是北京郊区推进城市化的突破口。然而，卫星城建设并没有在郊区城市化中赢得应有的战略地位，这主要有以下几个方面的原因：

(1) 指导思想

由于二元经济的思维定势根深蒂固，小城镇和卫星城被人为地分割为二元的农村和城市，且将两种不同的经济社会形态用两种不同的管理体制和管理手段来管理。其实，一般小城镇与卫星城，尽管它们的功能不同，但都是京郊城市化的主体，都是区域经济社会发展的增长点。所以，指导思想首先要有突破。

(2) 管理体制

正是在二元思想的阻滞下，农委将卫星城看成"城"，而农委管农村建设只能管小城镇，管不了卫星城；建委说卫星城在"郊"，城市建设只管中心城市的1040km²。市政府对卫星城的管理实际上处于不落实的悬空状态。另一方面，也有人认为14个卫星城各有其主，所在区、县政府可以自行管理。目前，各区、县自行建设、管理有其必然性和好处，但弊端也是明显的。既然是北京的卫星城，就意味着它们必须纳入北京的整体城镇体系，需要接受更高层次的协调和管理，体现全局性的发展目标。

(3) 发展政策

有些人认为，如果卫星城实施小城镇政策，集聚的产业和人口不仅是来自中心城市的，还有来自农村和外地的，可能会影响卫星城发挥分担中心城市压力的功能。实际上，这种担心是不必要的。其原因：一是卫星城有很大的容纳量和发展空间；二是在中心城市和卫星城之间还有规划建设的10个边缘组团；三是分担中心城市的功能和成为区域经济中心，两者之间不仅不矛盾，而且是相得益彰、相互促进的。

五、发展趋势

1. 大力发展卫星城有政策依据

北京的卫星城建设在全国的城市建设中有一定的特殊性，但与全国的小城镇建设政策仍有关联性。国家有关部门在提出加快小城镇发展的时候，虽没有单列卫星城，但很明确地把县城、县级市所在镇作为小城镇看待的。北京的14个卫星城中有10个是县政府和区政府所在地，理所当然是建设的重点，应与其他地区的小城镇有同样的政策。比如，关于户籍政策，2000年中央11号文件明确要求："凡在县级市区，县人民政府驻地镇及县以下小城镇有合法固定住所，有稳定职业或生活来源的农民，均可根据本人意愿转为城镇户口"。《中共中央关于国民经济和社会发展第十个五年计划的建议》中也明确指出，农村城市化"要把发展重点放在县城和部分基础条件好、发展潜力大的建制镇，使之尽快完善功能，集聚人口，发挥农村地域性经济、文化中心的作用"。

2. 卫星城的建设将带来所在区域的发展

京郊大多卫星城已经形成了区域性的引力点，实际上已经成为经济增长、社会发展的极点。如前所述，14个卫星城中有10个是区县城。区县城在区域经济社会中的重要性由来已久。北京市区、县的情况也大致如此，区县城基本上是本区、县的经济首位镇，它们对农民进入的吸引力远远大于其他小城镇。不以卫星城为发展的重点，在实践中可能会分散用力，都难以产生规模效应。早期乡镇企业和工业小区的分散发展就是明显的例证。而城镇建设如果遍地开花，有更强的不可逆性，影响的时间更长，副作用更甚。

3. 有重点地建设卫星城及新城是优化北京城市空间结构的要求

北京腹地不大，16800km² 的市域面积，山区就占62%；2000年底常住人口1382万人，远郊10区、县440万人，其中，城镇人口为140万人。也就是说，仅从本市地域现有人口看，不考虑未来的人口增长，即使全部进入城镇，也只有300万人。按照一般的规律，每个卫星城的人口规模为20~25万人，14个卫星城吸纳总量可以达到280~350万人，这是一个相当大的容量。因此，与其均衡发展总体规划中确定的14个卫星城，不如选择一部分有条件的卫星城，加以重点建设，并适时调整规划规模，培养综合性的城市功能，最终应是建设成为具独立性的郊区"新城"。

六、新城规划

国务院常务会议近日原则通过《北京城市总体规划》（2004年—2020年）[①]。

1. 新城北京 新城释义

新城是北京"两轴—两带—多中心"城市空间结构中两个发展带上的重要节点，是在原有卫星城基础上，承担疏解中心城人口的功能，集聚新的产业，带动区域发展的规模化城市地区。

发展目标：按照《北京城市总体规划》的要求，规划建设的11个新城将充分依托现有卫星城和重大基础设施，建设成为相对独立、功能完善、环境优美、交通便捷、公共服务设施发达的健康新城。

发展策略之一　重点建设东部3城

根据城市经济发展的趋势和区域联系的主导方向，重点发展东部发展带上的通州、顺义和亦庄3个新城。3个新城应成为中心城人口和职能疏解及新的产业集聚的主要地区。

发展策略之二　发展注重轨道交通

积极发挥基础设施的引导作用，采取以公共交通特别是轨道交通为导向的城市发展模式，建立以公共交通为纽带的城市布局及土地利用模式，促进新城的理性增长。

发展策略之三　高品质增强吸引力

高品质、高标准建设新城的教育、文化、卫生、体育、社会福利等公共服务设施，提高新城吸引力，促进新城发展。

发展策略之四　各城之间分工协作

发挥市场机制和公共投资的作用，合理确定各新城的发展模式和开发强度，积极引导各新城地区的分工与协作，形成城镇协作单元，合理高效配置资源，统筹区域发展。

2. 八区

（1）东城——行政中心兼顾商务：东城区作为首都北京的中心城区之一，是重要的政治活动区、繁华的商贸服务区、资源丰富的文化旅游区和方便舒适的办公居住区。在未来的

---

① 《京华时报》2005年1月22日

发展中，要突出文化特色、环境特色、现代化特色和国际化特色。

（2）西城——金融心脏脉动天下：国家政治中心的主要载体，国家金融管理中心，传统风貌重要旅游地区和国内知名的商业中心。

（3）崇文——文化体育孕育商机：北京体育产业聚集区，都市商业区和传统文化旅游、娱乐地区。

（4）宣武——传媒大道筑巢引凤：国家新闻媒体聚集地之一，宣南文化发祥地和传统商业区。

（5）朝阳——中外经济驱动CBD：国际交往的重要窗口，中国与世界经济联系的重要节点，对外服务产业的发达地区，现代体育文化中心和高新技术产业基地。

（6）海淀——高科古蕴比翼齐飞：国家高新技术产业基地之一，国际知名的高等教育和科研机构聚集区，国内知名的旅游、文化、体育活动区。

（7）丰台——总部基地吸引巨贾：国际国内知名企业代表处聚集地，北京南部物流基地和知名的重要旅游地区。

（8）石景山——娱乐休闲渐成新宠：城市西部发展带的重要节点，是城市综合服务中心之一，同时也是文化娱乐中心和重要旅游地区。

3．十一新城

（1）通州——古运河区再建新景：重点发展的新城之一，也是北京未来发展的新城区和城市综合服务中心。引导发展行政办公、商务金融、文化、会展等功能，是中心城行政办公、金融贸易等职能的补充配套区。

（2）密云——生态旅游先保水源：北京东部发展带上的重要节点，是北京重要的水源保护地，也是国际交往中心的重要组成部分。引导发展科技含量高、无污染的都市型工业，以及旅游度假、会议培训等功能。

（3）大兴——生态公园亮相南郊：北京未来面向区域发展的重要节点，在北京发展中具有重要的战略地位。引导发展生物医药等现代制造业，以及商业物流、文化教育等功能。

（4）房山——磨盘柿子争上奥运：北京面向区域发展的重要节点，引导发展现代制造业、新材料产业（石油化工、新型建材），以及物流、旅游服务、教育等功能。

（5）昌平——定陵庆陵完成抢修：重要的高新技术研发产业基地，引导发展高新技术研发与生产、旅游服务、教育等功能。

（6）怀柔——服装企业拉动发展：北京东部发展带上的重要节点，国际交往中心的重要组成部分。引导发展会议、旅游、休闲度假、影视文化等功能，平原地区可发展科技含量高、无污染的都市型工业、现代制造业。

（7）延庆——康西草原大幅扩建：国际交往中心的重要组成部分，联系西北地区的交通枢纽，国际化旅游休闲区。引导发展都市型工业，以及旅游、休闲度假、物流等功能。

（8）门头沟——滨河广场增加绿地：西部发展带的重要组成部分。引导发展文化娱乐、商业服务、旅游服务等功能。空间上以现有建成区为基础调整优化，提升品质。

（9）顺义——借力空港发展物流：东部发展带的重要节点，北京重点发展的新城之一。引导发展现代制造业，以及空港物流、会展、国际交往、体育休闲等功能。

（10）亦庄——由区变城产业转型：东部发展带上的重要节点，北京重点发展的新城之一。引导发展电子、汽车、医药、装备等高新技术产业与现代制造业，以及商务、物流等功能，积极推动开发区向综合产业新城转变。亦庄新城在空间布局上由亦庄和永乐地区两部分组成。

（11）平谷—京平高速招商引资：北京东郊发展带上的重要节点，是京津发展走廊的重要通道之一。重点引导发展都市型工业和现代制造业，以及物流、休闲度假等功能。

第三节 上海的实践——从卫星城到新城建设

一、发展过程

1950年代初，上海在市区边缘先后开发了8个工业区和一批工人新村，之后上海就不断向近郊区扩展。为贯彻国家"充分利用、合理发展"上海的工业基础的方针，适应工业布局和结构调整的需要，1956年，上海市当时的规划建筑管理局提出了建设卫星城镇的设想。1957年12月，上海市党代会决定在上海周围建立卫星城镇，以分散一部分工业企业，减轻市区人口过分集中的压力。1958年，国务院先后两次批准，将江苏省所辖的宝山、嘉定、川沙等10个县划归上海市，从而为卫星城的规划和建设提供了条件。同年，由当时的上海市城市规划勘测设计院对上海、宝山、嘉定、金山、青浦、松江等县的10多个城镇进行建厂条件调查研究，根据尽可能靠近河道、铁路及原有集镇，有供电、给水条件，并与市中心有适当距离（25~30km）的选点原则，规划新型工业卫星城[①]。

至1959年底，上海先后规划和启动建设闵行、吴泾、安亭、松江、嘉定等5座以某一工业为主体的卫星城。同时，对市区内的几百个工厂进行了调整，将其中一部分迁至郊区。依靠新建和迁建企业带动卫星城的大规模建设，并吸引市区人口的郊迁，使得上海市的城市布局发生了重大的变化。1970年代，上海又相继规划建设了金山卫、吴淞-宝山两个卫星城。这先后7座卫星城的建设，为1980年代之后的上海城市建设及郊区发展打下了良好的基础，并积累了丰富的经验。

除了卫星城外，上海市在规划中还确定了一批重点发展镇。1982年起，莘庄、青浦、朱泾、南桥、惠南、城桥等6个城镇、30个建制镇及部分集镇开展了总体规划的编制工作，以使城镇建设在规划的指导下有序进行。

改革开放也推动了农场经济及农场的城镇化。1981年开始，上海市农场局对各农场场部按城镇建设的要求进行全面规划，使其有计划地向城镇转型，成为有别于一般城镇的特殊类型的城镇（图10-2）。

1986年，国务院批准了《上海市城市总体规划方案（1985~2000）》。在这一规划中，明确了上海市由中心城、卫星城、郊县小城镇、农村集镇4个层次构成层次分明、协调发展的城镇体系。根据这个规划：上海郊区设7个卫星城，环状分布于上海远郊；有30个建制镇和154个乡集镇，遍布郊区10县；另有15个农场集镇，分布于城市边缘的沿江和滨海地带以及崇明岛北部。一般卫星城与中心城（市区）相距20~40km，个别为70km；县城之间相距20~40km；县属镇之间相距10~15km；农村集镇之间相距5~10km，彼此以公路网有机联结。

1990年代，为适应改革开放的新形势，以及改造建设中心城的需要，上海市又作了重大区划调整，即：撤销嘉定县，成立嘉定区；宝山县和吴淞区合并，成立宝山区；闵行区

[①] 本节资料来源：《上海城市规划志》1999年

图 10-2 上海卫星城镇和郊区重点城镇分布示意图，1985年
图片来源：《上海城市规划志》1999年

上海卫星城发展概况   表 10-1

镇 名	主要产业	距人民广场距离(km)	1985年		1990年		2000年
			人口(万人)	用地(km²)	人口(万人)	用地(km²)	五普人口(万人)
闵行	机电	32	9.2	11	10.65	20.7	14.01
吴泾	化工	25	1.8	4	2.52		2.71
嘉定	科研	33	6.4	7	7.00	7.6	9.01
安亭	汽车	40	1.1	3	2.70	5.0	4.12
松江	机床轻工	40	7.3	7	8.20	7.3	16.39
金山卫	石油化工	70	7.3	12	10.00	10.0	12.89
吴淞宝山	钢铁港口	20	17.7	42	24.00	44.8	43.11
合计	—	—	50.8	86	65.07	95.4	102.24

数据来源：上海市公安局、上海市规划局、《上海城市规划志》1999年
2000年五普人口数据按照新行政区划划分，统计范围与原卫星城实际边界不完全相符，其中：
• 闵行人口包括华坪街道和碧江街道人口；
• 吴泾人口为原吴泾街道人口；
• 松江人口包括松江镇、松江新城区和松江工业区三部分人口；
• 吴淞人口包括吴淞镇街道、海滨新村街道、友谊路街道、泗塘新村街道和通河新村街道人口；
• 金山卫人口包括石化街道和金山卫镇人口。

和上海县合并成立闵行区。同期在上海市城市规划设计院编制的新一轮上海城市总体规划方案中，提出了市域城镇体系由主城、辅城、县城和集镇4个层次构成。吴淞—宝山、闵行—吴泾这两座卫星城分别调整为宝山、闵行辅城的分区，嘉定、安亭卫星城成为了嘉定辅城的两个分区；青浦城、松江城、金山卫、南桥城、惠南城、城桥城为上海郊区6个县城。至1995年底，各县城依据新一轮总体规划的要求编制或调整了各自的总体规划。

2001年5月国务院正式批复《上海市城市总体规划（1999～2020）》。这一规划按照城乡一体、协调发展的方针，确定了以中心城为主体，形成"多轴、多层、多核"的市域空间布局结构。其中"多核"即为中心城和11个新城组成的城镇空间体系。

上海的郊区城市发展将在早期卫星城的基础上，有计划、有重点、有时序地建设规模大、功能综合、发展相对平衡的新城。新一轮城市总体规划确定宝山、嘉定、松江、金山、闵行、青浦、南桥、惠南、城桥、空港和海港新城等共11座新城，规划新城的人口规模为20～30万人左右，近期重点建设有良好基础的松江新城[①]。

二、历史经验的总结

上海已经开始了大规模的新城建设，目前的新城与原先的卫星城有着很多联系。总结过去的经验，尤其是20世纪50年代末的卫星城建设经验，对与推进新一轮的新城建设是很有意义的。原先的卫星城经过40多年的运作，确实为上海的工业发展作了很大的贡献。但因限于当时的经济条件、政策背景和建设目的，卫星城建设中也存在着种种不足，主要表现在以下几方面：

1. 社会问题

上海卫星城经过几十年的建设并没有起到疏解中心城人口的实质性作用，相反，上海整体经济的增长带动了卫星城的发展。因为，卫星城的建设目标只是发展大型重点企业，不够注重社会结构的平衡和完善，使得卫星城在社会发展方面一直处于滞后状态。

由于各个卫星城的支柱产业各有特色，虽然避免了重复建设，但也导致各卫星城的工业门类过于单一，各类产业不能配套平衡发展；再者，由于单一的生产性质导致了人口结构的不平衡，男女比例失调。例如，在1990年，金山地区总人口中男性比女性多12万人；吴淞地区市属企业单位的男女比例为$2.3:1$[②]。这种不平衡的性别结构妨碍了卫星城的健全发展，尤其是产生青年男女的婚姻问题，不少人由于婚姻困难要求调离卫星城。

而且，由于将大部分投资用于生产建设，对住宅和生活服务设施等建设不够。迁入卫星城的居民期望享受较高的分配住房标准，及获得良好的居住环境，但实际上卫星城的住房条件并没有达到理想的状态。

此外，卫星城和中心城的交通联系较差，居民的出行极为不便。由于迁入卫星城的居民一般是企业职工和他们的直系亲属，他们一旦迁入了卫星城，其与中心城的原有社会联系就会被大大削弱，这是一个很大的社会问题。这种被削弱的社会联系带来的社会问题是多方面的（表10-2）。在卫星城上班，因家庭在中心城而需要通勤或因照顾家人去中心

---

① 最近上海市对部分新城的规划人口作了大幅度的提高，近期重点建设的新城数量也有了增加。
② 1985年同济大学对闵行、松江、金山卫星城的职工抽样调查。

卫星城职工去中心城情况抽样调查，1985年　　　　　　　　　　表10-2

卫星城	与中心城的距离(km)	家庭成员户口所在地	去中心城的目的								
			回家	会晤亲友	购物	学习	文娱	工作	照顾家人	散心	其他
闵行	32	闵行	10.51	24.87	21.03	4.87	3.85	10.77	16.67	4.10	3.33
		中心城	45.09	7.29	4.19	5.39	1.93	2.02	32.21	1.15	0.73
松江	40	松江	12.89	17.01	16.24	10.02	1.29	12.89	17.27	0.79	11.60
		中心城	38.63	9.80	10.23	3.85	3.71	0.53	21.41	5.61	6.23
金山	70	金山	19.71	26.44	21.15	2.88	0.00	11.06	11.54	5.29	1.93
		中心城	32.49	8.12	11.45	2.80	6.26	8.79	22.37	7.19	0.53
平均值			26.55	15.99	14.05	4.97	2.84	7.68	20.25	4.02	4.06

数据来源：1985年同济大学对闵行、松江、金山卫星城的职工抽样调查

卫星城职工回中心城使用交通工具情况，1985年　　　　　　　　　　表10-3

卫星城	与中心城的距离(km)	交通工具使用比例%			
		厂车	公共汽车	火车	其他
松江	32	66.58	31.42	1.29	0.71
闵行	40	70.66	22.37	3.46	3.51
金山	70	46.14	18.81	34.24	0.81
平均值		61.13	24.20	13.00	1.68

数据来源：1985年同济大学对闵行、松江、金山卫星城的职工抽样调查

的占到绝大多数，而住在卫星城的职工以会晤亲友和购物为目的去中心城占到较大多数（图10-3、图10-4、图10-5）。

2. 服务设施问题

至1990年，上海的卫星城的规模还相当小，小规模的城镇建设使得在设施配套上很难发挥规模效益。卫星城不能完全自给自足和独立发展，在很大程度上是要依赖中心城。正是由于商业、文化、生活、服务、市政、交通等各类设施的不齐全，使得企业不得不千方百计地靠自己去解决职工的多方面的生活问题，导致一个企业往往是一个"小而全"的社会。这样的发展方式，既使得企业包袱沉重，严重影响企业的生产效率，又使得卫星城的公共事业不易发展起来。

据同济大学于1985年对三个卫星城所做的抽样调查，卫星城的居民普遍对商业服务和交通设施表示不满意。其中，对菜场和出租汽车最为不满意，对菜场的不满包括供应的数量、品种以及服务的质量和价格；比较不满意的为火车站和饮食店；此外对医疗及体育设施的质量和数量也颇为不满。由于卫星城的居民要在交通出行上承担额外的支出，所以总体而言，居民认为落户卫星城与住在中心城相比较是不经济的。

3. 交通问题

卫星城由于规模较小，产生了一些与一般小城镇类似的问题。比如，内部公共交通难成气候，运营状况较差。由于卫星城居民的主要社会联系还是在中心城，联系中心城的外部交通主要是依靠企业各自的车队，定时往返于企业和中心城。

从表10-3和图10-6可以看出，除了金山卫星城由于距离中心城比较远，所以相当一部分居民选择使用火车之外，其他卫星城的居民均是主要使用厂车回中心城；其次是使用

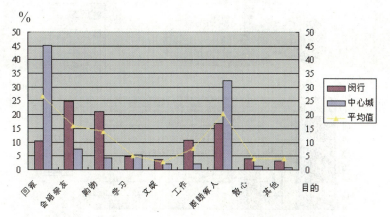

图10-3 卫星城职工去中心城情况抽样调查(闵行),1985年

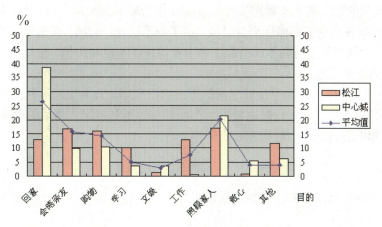

图10-4 卫星城职工去中心城情况抽样调查(松江),1985年

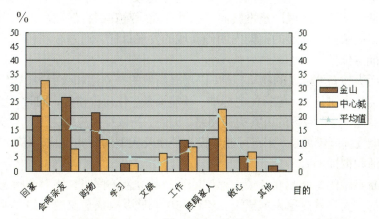

图10-5 卫星城职工去中心城情况抽样调查(金山),1985年

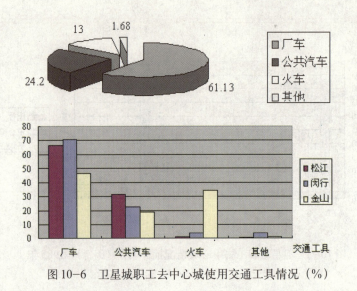

图10-6 卫星城职工去中心城使用交通工具情况（%）

公共汽车。大量的职工及其家属需要经常往返于中心城和卫星城之间，甚至是天天如此，可谓奔波劳累。即使是全家都搬迁至卫星城，由于探亲访友、购物、娱乐等需要，也得经常来回往返。这种频繁的往返通勤不仅给职工和企业造成了不便和负担，也大大增加了中心城和卫星城之间的交通压力。

在1990年前，中心城和卫星城之间的道路状况较差，公共交通运营很薄弱，因此难免出现班次少，候车时间长，行驶速度慢，车厢拥挤等不利状况。落后的交通条件人为地扩大了卫星城和中心城之间的时间和心理距离。

三、小结

除了基本物质需求方面所存在的问题以外，卫星城建设中还有更深层次的精神方面的需求和满足问题。

上海卫星城建设的历史成败褒贬没有一定的结论，但对卫星城建设中出现的各类问题进行分析，可以得出不少有助于未来建设的宝贵经验。

1. 根据国内外的经验，以"卫星城"的概念来建设上海这样的大都市郊区新兴城镇，其目标定位太低。从"卫星城"建设转向"新城"建设势在必行。应从大都市发展的需求出发，在大都市区域协调发展的框架内明确新城的发展目标，通过合理科学的整体规划来确定新城的功能定位。

2. 应全面提高新城建设的物质标准，以增强新城的独立性和吸引力，提供明显优于中心城的生活环境和居住条件，包括住宅标准、环境质量、住房价格等；同时，还应该提供健全的各项服务设施，组织完善的公共交通网络。因此，新城规模应较之卫星城大，只有达到一定的规模才能发挥规模效益，才有可能建设高档次及大型的公共设施，为新城居民提供高质量的物质生活和精神生活环境。

3. 在注重新城的综合配套及最大程度的自我独立性的同时，绝对不可忽视新城与中心城之间的便捷、大容量交通设施建设。不仅与中心城要有快速交通干线联系，新城与新城之间也应该有便捷的交通联系，以避免把过多的交通量引入中心城。

4. 在吸引中心城人口和产业迁入新城的同时，还应该吸纳从广大农村地区进入城镇的城市化人口，并保持合理的人口和产业结构，从而有利于新城的长期稳定发展。市域的工业化、城市化是一个统一的过程，不应人为地将新城与郊区城镇的发展割裂开来。

5. 新城建设的方式应该与我国现行的行政体制和经济体制相适应。新城的规划和公共开发要先行，并由政府主导。同时，要运用市场机制，使投融资市场化、多元化，在公共开发的框架下，积极引导民间和企业社会资本参与新城建设。

四、新一轮的新城建设

跨入新世纪，上海城乡经济和社会发展明显加快，郊区发展进入到了一个全新的阶段。根据市政府《关于推进上海郊区城镇规划编制工作的指导意见》，到2020年，上海市域范围内要形成城乡一体、协调发展的城镇布局，形成与现代化国际大都市相匹配的郊区城镇功能和基础设施框架，形成以人为本的郊区社会发展体系和特色城镇风貌，形成可持续发展的、人与自然和谐的郊区生态环境。

1. 市域城镇体系规划

21世纪的上海将实施以新城和中心镇为重点的城镇化战略，通过重点突破、有序推进，努力构筑特大型国际中心城市的城镇体系。上海新一轮总体规划确定了中心城、11个新城，

上海市市域城镇体系（1999~2020）　　　　　　　　　　　表10-4

	范　围	数目	人　口
中心城	外环线以内	1	800万
新　城	宝山、嘉定、松江、金山、闵行、惠南、南桥、城桥、空港新城、临港新城	11	每个新城人口规模一般为20~30万
中心镇	朱家角、泗泾、周浦（康桥）、奉城、枫泾、堡镇、南翔、罗店等集镇发展而成的小城市	22	每个中心镇人口规模为5~10万人
集　镇	从现有建制镇（170个）适当归并而成的集镇	80	每个集镇人口规模为1~3万人
中心村	是在合理归并自然村居形成的现代化农村新型社区		每个中心村人口规模在2000人左右

资料来源：《上海市城市总体规划（1999~2020）》

以及安亭等22个中心镇的多层次城镇体系格局（表10-4，图10-7）。

"十五"时期，上海重点发展"一城九镇"，即松江新城和朱家角、罗店、安亭、高桥、浦江、奉城、枫泾、周浦、堡镇等9个中心镇（图10-8）。

（1）一城

松江新城：位于上海西南，松江新城示范区占地22.4km²，东边为景观河道，南边建设行政中心，北边建设大学城以及交通枢纽站。其中松江新城西南1km²将被建成具"英国"[①]特色的高档住宅区，老城则保留历史文化名镇的风貌，形成"一城两貌"。

（2）九镇

安亭：位于上海西部与江苏交界的嘉定区的安亭新城被设计成具"德国"风格的小镇。

[①] 对于上海"一城九镇"引入外国风情的问题，学术界有强烈的不同意见。笔者认为，避免目前国内城镇建设的"千城一面"现象，使城镇有自己的风貌特色，这是正确的，但应提倡原创性及结合地域文化和自然条件。

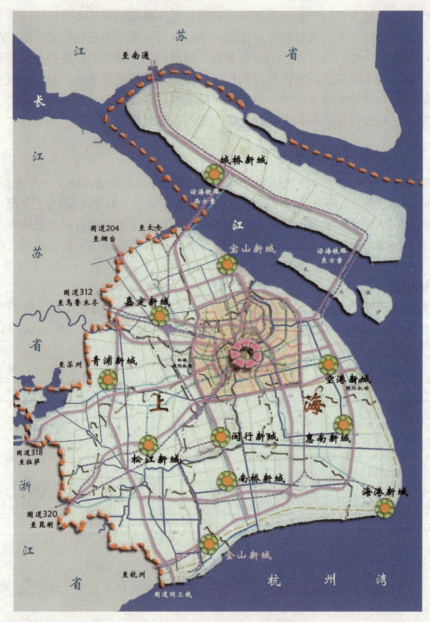

图10-7 上海中心城和11新城分布图

这里已经是一个初具规模的汽车城,规划用地4.69km²,居住人口6万~8万。

罗店镇:位于宝山区,沪北的一个老镇。正在开辟一个具有北欧"瑞典"特色风貌的新镇区。整个新镇区规划面积2~3km²。目前正在培育以高新技术和生物医药为基础的产业基地。

朱家角镇:整个镇区规划常住人口5.5万人。其中0.68km²为古镇区,保持明清风格,而另外的3.5km²将体现具有中国特色的现代化风格。整个朱家角将以旅游为发展的定位。

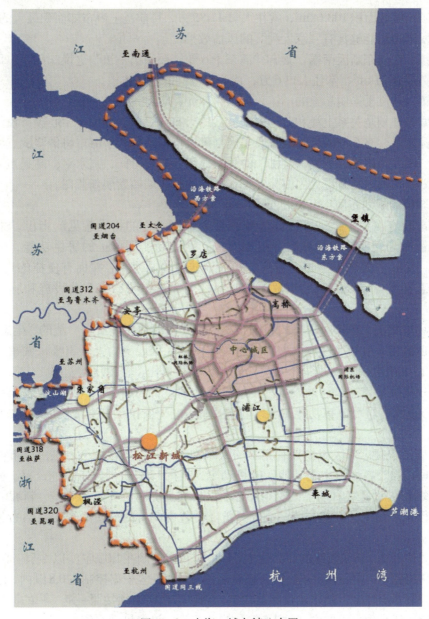

图10-8 上海一城九镇分布图

奉城镇：位于上海南部的奉贤区东部，这座已有600多年历史的江南古镇将引入"西班牙"的风貌特色；到2005年，城镇规模将达到8km²，总人口7万，并成为上海奉贤东部地区的经济文化中心。

高桥镇：有着800年历史的高桥，将被建成有"荷兰"特色的港口重镇，镇中心区正在建设大型居住区"荷兰新城"。

枫泾镇：是一座有800年历史的古镇，位于上海西南浙江与上海的交界处，在被定位为"北美"风格的小镇。枫泾的方向是发展为一个商贸集镇。

浦江镇：镇域面积100.6km²，常住人口11.85万，目前是上海市郊面积最大的一个镇，新镇的开发则力图能够具有"意大利"的风情效果。

周浦镇：在浦东新区南端，素有"浦东十八镇，周浦第一镇"之说。如今，周浦镇区规划面积拓展到21km²，常住人口6万，成为南汇县的经济重镇。

堡镇镇：是位于崇明岛上的小镇，将有4.7km²的新建城镇生活区。

郊区城镇规划是关系上海和郊区未来发展的大事。目前，以安亭中心镇、松江新城启动建设为标志，共有6个试点城镇开展了规划建设。据了解，上海市将借鉴试点城镇的经验，确立"城乡一体化、规划一盘棋"的思想，用一年半时间，高水平、高起点的编制完成城镇规划，勾画出具有现代化国际大都市特点的郊区城镇发展新蓝图。

2. 新城镇的规划布局

上海市政府《关于推进上海郊区城镇规划编制工作的指导意见》指出，未来的城镇要从分散布局转变为集聚建设、组团布局；城镇功能从单一的居住功能，转向培育综合功能；发展方式从无序走向有序、低水平转变为高水平；并拥有便捷的交通网络，一流的生态环境，以及完善的市政、信息、社会和灾害防御等公共设施和服务。具体要点为：

（1）环境优美。在郊区未来的版图上，这些城镇都是环境质量一流的"生态岛"。在新城、中心镇和一般镇的区域内，森林覆盖率、镇区绿地率均大于30%，城镇人均绿地大于10m²。生活垃圾分类收集、分类处理，实现减量化、资源化、无害化。每个新城拥有独立的分类收集设施、运输设备和生活垃圾处理厂，为所在区（县）的整个行政区域服务。中心镇建有垃圾分拣功能的生活垃圾中转站，一般镇建有生活垃圾收集、中转、运输设施。

（2）交通快捷。郊区城镇拥有完整的公路网络，与市域轨道交通站点、市域高速公路网络合理衔接，各城镇主要功能区的机动车，能在15分钟内驶上高速公路。同时，提倡"绿色交通"：设置各种明显的交通指示标志，建立完善的无障碍系统。新城的城区内路网，实行人车分流、机非分流、快慢分流，并建有完善的公交系统，完整的非机动车交通网。

（3）居住舒适。新城新建的商品住宅，建设容积率控制在1.0以内，以多层、低层为主，严格控制高层住宅；中心镇、一般镇新建商品住宅，建设容积率控制在0.8以内，以低层为主，适当控制多层住宅，禁止建设高层住宅。新建居住区必须按照一辆一户的标准，设置机动车停放场所，独立式住宅区按1.5辆一户的标准，设置机动车停车位。

（4）生活方便。郊区城镇的公共服务设施一流，其完整性和先进性，与中心城市等同，甚至优于中心城市的标准。宽带接入网和移动通信网覆盖率，都达到100%。新城拥有专业电影院、文化馆等文化设施；包含标准体育场、综合健身馆等综合体育健身中心；还有现代化寄宿制高中等教育设施。中心镇和一般镇，建有综合性文化中心、游泳馆、训练房、健身广场等文化、体育设施。每个新城和中心镇，都有1~2座大型综合超市。城镇卫生院逐步改制为社区卫生服务中心，并有养老、疗养、康复等福利机构。

3. 新城镇的规划特色

目前已经启动的安亭、松江等6座试点城镇，既从现状基础出发，又都有长远的目标和方向；既不脱离实际，又不拘泥和迁就现状；在充分体现江南水乡特色、上海郊区特点的同时,瞄准国际先进水平,展现未来城镇新亮点。6个试点城镇在如何编制出一个好的规划、借鉴国际先进理念进行建设等方面,为郊区新一轮城镇规划建设提供了宝贵经验。其中:

(1) 松江,被誉为"上海之根",在这座历史文化名城的基础上规划建设新城,采取分区处理,形成"一城两貌"的格调,既重继承,又重创新。改造中的老城区,正在恢复"人家枕河,店铺林立,商贾云集,朱柱粉墙,飞檐翘角"的历史风貌。新城区辟有600万m²绿地,绿化覆盖率50%,人均绿地46m²,绿树掩映,水网交织,大气指数、环境噪音均达国际一流标准。其间崛起的100多万m²的大学、住宅、商店等建筑物,兼容并蓄了英国、法国、意大利城镇建设的精华。"东西方文化的自然交融,令松江正在拂尽岁月的尘埃,更加亮丽,更加年轻"。

(2) 已有1700多年历史的古镇朱家角,现有人口6.6万,镇内河巷纵横,明清建筑依水而立。已列为上海市的试点建设城镇,规划建设要始终以"水"、"古"为基调,使之水色更秀,古味更浓,活力充盈。目前,已相继修复了朱家角邮局旧址(清代)、北大街、放生桥、课植园等12处历史景观,添置了具有地方特色的远古文化展示馆、稻米乡情馆等充满历史风情的新景点;老镇区的改造遵循"修旧如故"的原则,新镇区建设亦用明清仿古建筑;同时在镇区建起了大型停车场等一批现代化设施。

(3) 由闵行区浦东3镇撤并而成的浦江镇,在城镇建设上几乎是一张"白纸",9.6km²的镇区,确定要创造意大利风格与我国传统文化相结合的水城风貌。目前,已开始铺设天然气、通信、排水管道和修筑道路。最令市民感兴趣的是,浦江镇周围不久会崛起一座60km²的城市森林,成为一个离中心城市最近的特大"氧吧"。以林养林,以林养房,以房养林;上千幢高档别墅散落其间,亦是人们与水相依、与绿对话的理想居住之地。

安亭、枫泾、奉城等另外3个试点中心镇,也在天天"长"出精彩。

上海郊区的城镇建设,近年来虽然取得了重大的进展,但离现代化大都市郊区城镇的建设水平还有很大差距。新城建设与大容量轨道交通建设基本上仍是脱开的;不少地区的城镇仍是处在自然发展状态,表现为城镇规模小、形象差、功能弱,而且自然村落多,零乱而分散。这一低层次的空间发展势态,如不及时加以扭转,将会成为城乡经济和社会发展的"瓶颈"。

第四节 广州郊区"居住城"的开发

广州地区的房地产开发领域近年来呈现出一种新的趋势,即一些有实力的开发商,越来越倾向于在广州市郊区进行大楼盘开发。这种"居住城",类似于新城发展过程中曾出现过的"卧城"的形式,一些人很推崇的"新都市主义"理念亦十分类似于美国的"新城市主义"理念。

一、居住郊区化与新都市主义

1990年代中期,广州、深圳等一些开发商纷纷提出"居住郊区化"的理念,打出"新都市主义"的创新旗帜。

居住郊区化的内容主要有:①是以市场份额为核心的新的营销理念。居住郊区化是对居住文化、消费模式的细分，是房地产供求发展的一种必然趋势。②是居住郊区化需要一个渐进的过程，即居住郊区化的实施需要有一些前提条件，比如便利的交通设施，规模大、上档次的居住小区，消费者有一定的经济实力，居住小区有突出的特点及有较大的价格吸引力等。

基于对居住郊区化的极其低密度和分散化的反思，新都市主义倡导的居住模式的最根本优越之处，在于形成城市资源交汇的中心地带，将现代人的时间、交通成本缩至最短，形成最具个性、时代性、广泛性和效率性的居住形态；新都市主义主张，任何居住区的发展都应采取紧凑方便、适于步行的邻里街区形式，这样的地区应有清晰界定的中心和边界；新都市主义的居住区有三个要素：生态性、经济性和产品的高品质性。

在居住郊区化和新都市主义的理念指导下实践，已创出了不少成功的项目典范。1990年代中期的广州番禺"丽江花园"、"碧桂园"等就是其中的例子。"碧桂园"的目标客户是"白领成功人士"，为广州居民认同居住郊区化理念奠定了基础。广州的"奥林匹克花园"、"华南新城"、"星河湾"等大型楼盘的相继推出，使广州居住郊区化渐成势头。

据统计，广州市周边地区用地规模在500亩以上的已建成或正在建设的大型楼盘有20多个，其中以番禺区的"华南板块"最具代表性。华南板块的楼盘小者近千亩，大者数千亩的超级大盘有8个之多。华南板块八大地产商开发楼盘面积分别为：星河湾，800,000m²；锦绣香江花园，2,670,000m²；广州雅居乐，2,330,000m²；祈福新村，4,330,000m²；南国奥林匹克花园，750,000m²；华南新城，3,000,000m²；华南碧桂园，1,730,000m²；广地花园，1,066,000m²。这些大盘的开发商都曾有过优秀的业绩，品牌形象好，且实力雄厚。华南板块的规模、起点、开发理念、价值定位、营销方式等给中国地产带来了巨大的冲击。

继2001年的"中国楼市看广东，广东楼市看华南"之后，2002年广州一些实力房地产商又开始在广园东进行"造城运动"，除了碧桂园凤凰城1万亩的楼盘之外，还有香江集团在新塘镇征地530万m²的"广园东锦绣香江花园"，珠江实业在从化市太和镇、神岗镇圈地800万m²建设的"珠江凤凰城"；合生创展也在天津购地18,000亩（相当于12km²）⋯⋯相比之下，华南板块楼盘又是"小巫见大巫"了。

由于竞争机制，使这块土地上出现了一个个高质量、高水平的现代化"居住城"。10年开发建设的实践，大大提升了广东省房地产开发的综合水平。有人评价为这是华南板块上的开发商们对广东住宅市场做出的历史性贡献。

二、开发模式

广州房地产的郊区大盘开发模式，主要有以下几种类型①。

1. 积累—完善—成熟型

这是典型的大盘开发模式，从占地6500亩的"祁福新村"开始，到"雅居乐"、"丽江

---

① 邓海东、王幼松，再析广州华南板块大盘项目的经验、问题和对策，南京房地产，2003.12

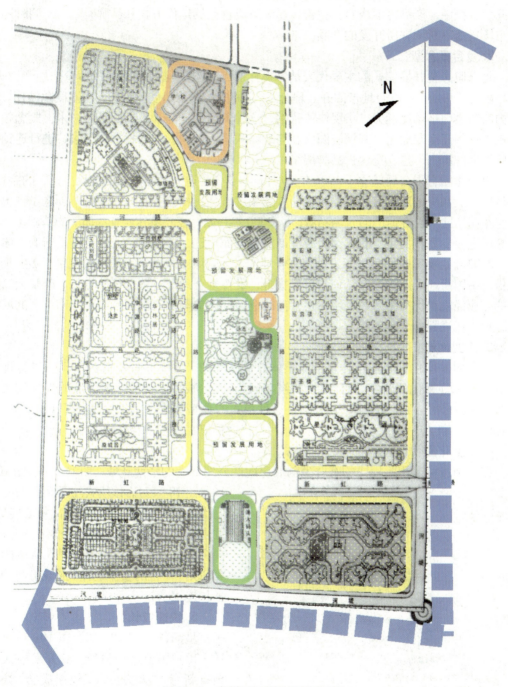

图10-9 广州丽江花园规划平面图

丽江花园于1991年起开始开发,至今已有近13年的历史,总规划用地是1220亩(约合82hm²),其最大的特点是居所与自然环境浑然天成,园林、游泳池、人工湖、桃园组成10万m²的绿地,还有1.8km长河堤。整个丽江花园将容纳大约12500户住宅。

花园"(图10-9)等都是这种模式。这种模式较符合一般项目公司的开发经验和能力,在项目开发过程中,产品逐渐成熟、完善,逐渐形成自己的运作方式和品牌凝聚力。同时还根据市场反馈不断调整所开发的产品。

2. 复合概念型

复合概念型开发模式的主要代表是"奥林匹克花园"(图10-11)的体育房地产模式。其精髓是"房地产+复合地产的开发理念"。这种模式注重速度和创新,注重概念炒作,短期内高速集中市场注意力,实现快速营销。这种奥园模式与众不同的是在技术、概念领先基础上达到高度专业化,强调资源整合与战略联盟,面向大众的根本性需求,进行连锁化全国性品牌扩张,建立全国性品牌网络。

奥园集团有限公司成立于1996年10月,本着"营造人类高品质的健康生活"的宗旨,将体育产业和房地产业有机嫁接,成功打造了"广州奥林匹克花园"项目,创造了"奥林匹克花园"这一复合地产的知名品牌。从2000年开始,在"奥林匹克花园"的基础上,奥园集团进一步复合文化、教育、旅游等产业,全面迈进"奥园"阶段,打造全新的奥园品牌。2002年,奥园集团确立了"领跑复合地产,运营城市未来"的新发展战略。奥园集团凭借对中国房地产业的深刻认识与广阔视野,发挥复合地产运营的核心专长,凝聚大盘开发的专业经验和优秀团队,以城市运营商的全新姿态参与珠江三角洲乃至华南地区的城市化、现代化进程。

3. 工业化规模扩张型

以纵向一体化的企业运作,形成整体建设开发的产业链,在品牌的带动下进行规模化的生产和规模化的营销,可有效地控制项目开发的成本,实现了跨区域的大规模快速扩张。"碧桂园"品牌(图10-10)正是这种模式的典型代表,"华南碧桂园"(图10-12、图10-13)和"广园东凤凰城"(图10-14)将这种模式进行了较好的演绎。

4. 专业化品牌连锁型

在华南板块运用此模式的有合生创展房地产公司开发的华南新城(图10-15、图10-16、图10-17)。该模式注重企业的专业化优势,专业化优势是企业的核心能力,重视企业运作的规范化、标准化。同时重视企业文化建设和职业经理人队伍的培养,以专业化的企业运作,形成稳健的扩张和连锁营销。

图10-10 广东省碧桂园楼盘分布图

5. 快速成长型

星河湾(图10-18、图10-19、图10-20)属于这一类型。其开发模式也颇有新意,"大力投入,快速成熟,快速启动"。该模式注重资源整合,喜欢借助一流的策划公司和专业机构等外脑,注重市场细分,注重环境的营造,对产品精益求精,把产品当成精品来雕塑,深得市场青睐。

图10-11 广州南国奥林匹克花园规划平面图

1.高尔夫叠水泳湖；2.高尔夫球场；3.高尔夫练习场；4.高尔夫酒店；5.奥林匹克大厦；6.奥林匹克文化广场；7.大型综合超市；8.北师大南奥实验学校；9.南奥幼儿园；10.撒野公园；11.24小时VIP候车厅；12.129公车总站

南国奥林匹克花园将房地产业与教育产业结合，积极与重点教育机构联合，建立了包括基础、素质和延续教育在内的南奥学村体系，为业主及其子女提供了全面、优质的教育服务。作为奥林匹克花园复合地产这一大型房地产经营模式的又一次成功实践，南奥将房地产业与体育产业、教育产业、旅游产业完美复合，首创大众化社区高尔夫运动，把"运动就在家门口"、"生活就像高尔夫"的生活理念推向新的高潮。

南国奥林匹克花园位于广州华南板块，南奥花园占地1000亩（约合70hm²左右），总建筑面积75万m²，规划总户数6000户，规划人口2万人。美国泛亚·易道有限公司负责园林设计，由洛杉矶奥运村、卡萨布兰卡奥运村、雅典奥运村、悉尼奥运村、北京奥运村5个组团构成，于2000年12月27日动工。南奥花园距离地铁3号线的汉溪站出口仅350m，且有准点巴士穿梭往返。南奥花园除了拥有北师大实验学校、小云雀幼儿园、成人教育机制荟萃、南奥学村等综合教育设施，以及大型综合超市、Golf酒店等公共配套设施之外，最主要的是有一套模式新颖、概念创新的集休闲娱乐和自然生态于一体的绿化休闲环境，包括齐聚攀岩、游泳、篮球、羽毛球、乒乓球、健身等多功能的运动型会所，植物丰茂、鸟语花香、游乐设施五花八门、与自然和谐亲近的撒野公园，以及11000m²悠闲高尔夫练习场和70000m²永久性高尔夫球场。奥运村与各国的风情园林相互匹配，异彩纷呈。

图 10-12　广州华南碧桂园规划平面图

华南碧桂园位于广州市番禺区华南快速干线之侧，占地近2000亩，于2000年5月1日成功开盘。凭借卓越的建筑品质和五星级的社区服务管理及碧桂园累积多年的品牌形象，华南碧桂园在珠三角及港澳地区掀起了抢购的狂潮，开盘以来创下了恒温热销的辉煌业绩。在短短2年的时间内，华南碧桂园已经成功开发了包括：紫翠苑、碧翠苑、芳翠苑、漾翠苑、叠翠苑、锦翠苑B区、翡翠苑B区翠宏台空中花园等8个洋房小区，以及怡翠苑、景翠苑、雅翠苑、盈峰翠庭、翡翠苑A区、锦翠苑A区、映翠桃园等多个别墅组团。至今，社区入住户数逾3000户，入住人口达万人。

近年来，华南碧桂园一直致力于"大型成熟社区"各项配套设施的建设和品质提升，拥有一套比较完善的人性化社区康体配套体系，包括：5300m²的森林泳湖（附设室内恒温泳池、桑拿）、3423m²的室内体育馆、18个可举办国际级赛事的标准网球场、成人户外健身区、儿童户外娱乐场、室内及室外羽毛球场、篮球场、8道的保龄球馆、健身健美室、桌球活动中心、乒乓球活动中心等。

图 10-13　广州华南碧桂园景观

图 10-14　广园东碧桂园凤凰城规划平面图

广园东路碧桂园凤凰城距离天河中信广场仅需 20 分钟车程，规划占地面积 1 万亩（约合 6666700m²）。创新、创新、再创新是凤凰城成功的密码。凤凰城的创新体现在产品结构与配套模式。

广园东碧桂园凤凰城社区建设以"公共空间"代替了"配套"，除设置中、小学和幼儿园之外，凤凰城用 400 亩的土地建设了一个市政中心，其文化设施方面有图书馆、歌剧院、影剧院、30000m² 的市政文化广场；商业设施方面有 20000m² 的购物中心，由 1000 家商铺构成的商业街；运动设施方面有 3300m² 的康体中心，6000m² 的水上欢乐世界和阳光泳湖；饮食设施方面有 12000m² 的美食街。此外还有社区医院、泛会所和第一家社区内的五星级酒店，这家酒店占地 300 亩，总建筑面积 78000m²，耗资 4.5 亿元，内设总统套房、豪华套房、商务套房、公寓式套房、豪华房、标准房、残疾人房和出租别墅等 600 多间空房，能容纳 1000 人的多功能会议中心。

图 10-15　广园东碧桂园凤凰城规划平面图

华南新城规划占地面积：2190000m²，总建筑面积：3000000m²。华南新城内有3.8km的环水岛岸，岸临宽阔的珠江三支香水道，自然条件得天独厚。华南新城交通便利，其向西500m是华南快速干线和即将建成的地铁3号线；向东2km是通往大学城的地铁4号线和通往南沙的高速公路。在规划上引入立体错层的道路布局，人车分流。华南新城为业主提供包括教育、购物在内的各种生活设施，且其毗邻广州"硅谷"——广州大学城，是大学城的魅力后花园。

图 10-16　广园东碧桂园凤凰城区位图

图 10-17　广园东碧桂园凤凰城局部景观图

三、促成原因

郊区大盘的出现是开发商追求投资利润最大化的结果，是房地产市场中供求因素的变化所致。具体表现在：

1. 政府实行住房的市场化和停止实物分房的改革后，社会对住宅的需求量大幅度增加，而且中国加入WTO、北京申奥成功等因素也刺激了房地产的需求。

2. 广州经济保持着持续高速的发展，提高了房地产的有效需求。目前广州人均GDP已达到5000美元，正处于住宅消费的发展期，房地产业与经济的互动性强。城乡居民收入不断提高。近年来，汽车价格逐年下降，拥有私家车的阶层不断壮大，市民择居的空间范围日益趋大，档次也不断提高。

3. 居民的居家理念已由过去有家可居发展到追求健康、环保、舒适、安全的现代居住理念。郊区以其优美的自然条件越来越受到置业者的青睐，大型综合小区由于具有较为齐全的生活设施、完善的物业管理服务、较为优雅的室内外活动环境，越来越受到广大置业

图10-18　星河湾2期规划平面图　　　　图10-19　星河湾3期规划平面图

　　星河湾位于华南快速干线的出口处，属于南坡自然生态保护区，北邻珠江，西邻迎宾大道，以3条江和3万亩生态果林与中心城市隔开。星河湾仔规划布局、建筑设计、园林环境设计等方面博采众长，中西合璧，在地中海风情的基础上融合夏威夷、墨西哥、西班牙和新加坡等国的风格，意识超前，做工精湛。其拥有国内首条骑江实木休闲观光大道，全长1.83km，堪称一绝。

图10-20　星河湾局部景观图

231

者的认可。

4. 政府对公共基础设施建设力度加大，特别是广州地铁3号线和内环路、环城高速路的建设，使城区与郊区的时空动态距离大大缩短，使人们在城中工作、郊外居住成为可能。广州周边地区大型楼盘物业的购买者中的相当一大部分人是在广州中心城区工作的。可以肯定地说"华南板块"的出现在很大程度上得益于近年来省委、省政府和广州市委、市政府已经进行或即将进行的"小变"、"中变"、"大变"与"碧水蓝天"工程及地铁、快速路网等基础设施的建设。

5. 中心城中难有大面积空地可用，开发商在郊外较易取得面积大、地价低的房地产项目用地，从而能开发出成本低、具有价格竞争优势的大型楼盘。据粗略测算，一些开发商在郊外取得的房地产项目的土地成本大大低于中心城的土地成本，开发郊外大型楼盘对开发商而言存在较丰厚的投资收益空间。

可以预见，郊区大型楼盘开发的驱动条件在今后一段时期内仍将存在并有所发展，因而郊区大型楼盘的开发热潮在今后的一段时期内仍将会持续。但从长远看，随着政府加大对供地总量的控制及推行熟地招标拍卖制度，楼盘大型化的趋势将会有所减弱。

四、存在问题

郊区大盘是近年来广州房地产业出现的亮点和热点，对刺激房地产市场，改善人民的居住条件和促进区域经济发展起了积极的作用。而且规划、设计易于体现特色，比较容易展现规划师和建筑师们的创新思维和投资者的发展设想；建筑布局较为灵活，环境建设易于上规模、上水平；集聚效应强，具体表现在人才、土地、建材、设备等方面；有利于管理和降低成本，相对容易引发消费者的置业欲望。

以数十公顷面积为单位的地盘，一般在大城市的中心地区是找不到的，这些地块只能分布在城市的远郊，而城市的远郊往往是城市建设管理尚未延伸到的地方。在这些还未进行全面规划和开发的远郊地区，基础设施（如道路、上下水、供电、电信管网等）和公共设施（如学校、医院、大型购物场所、大型体育和文化中心等）的建设条件往往不成熟，更谈不上完善。所以，开发商在这些没有进行过规划和大市政配套的土地上进行大规模开发，必然会出现这样或那样的问题。现实中比较突出的矛盾有以下几点：

1. 超能力圈地

由于郊外用地价格较低，加上当地政府引进项目和发展房地产业的心情迫切，一些开发商出于效益考虑不顾自身的投资能力而大面积圈地，加之各种可预见或不可预见的原因，其结果是出现土地大量闲置的现象。

土地储备是未来开发之需，但是会有资金占用周期，这样不仅会加大资金占用量，还会影响公司即时的净资产回报率，所以，总的资产负债率不宜超过60%，而目前国内房地产公司的平均资产负债率大于80%，广州房地产前30强的平均资产负债率达到了70%，进行土地储备的能力是极其有限的。

2. 违背政策取得用地及销售，造成不公平竞争

郊区大型楼盘多为经营性房地产项目，根据国家和省的有关政策规定，经营性房地产项目的用地必须从有形土地市场中以公开竞投的交易方式有偿取得。但有关调查发现，部分郊外大型楼盘的用地取得仍然采取协议出让方式，没有经过竞投程序；或是采用改变工

业用地的用途而获得房地产开发用地,而须补交的地价款采取协商方式,以"暗箱"操作,既没有采取公开竞投的形式,交易价格也不公开;有些项目的土地出让金未按出让合同如期缴付即开发建设及销售物业;或以解困房、福利房、安居房名义低价取得用地后,违反政府有关规定,以市场价非定向公开销售。

3. 造成政府规划管理部门的被动

在没有进行过规划的地区,大面积地推平土地搞房地产开发,或者说是搞"居住城"建设,必然会造成政府规划管理上的被动和困难。诸多开发商分割了土地,各自为政地进行开发、建设,其结果,只有各个小区内部的"布局合理",而没有整体的基础设施和公用设施的"合理布局",更形不成功能和布局合理的"城镇区"。不少热门大盘,看起来其实是一个个"大观园",大墙内园林规划精心雕琢,欧洲风情弥漫,保安严密监视,服务周全;而大墙外由于城镇化速度跟不上,脏乱差,荒凉冷僻,城不像城,乡不像乡,各式各样的乡镇企业夹杂其中,与超级楼盘极不相称。如果每个开发小区都在建成之后再补总体规划,势必造成政府规划管理部门和开发商双方的被动局面。作为具体承担规划任务的设计单位来讲,完成此项补救任务也是有相当难度的,就是勉强完成了,在实施中也会出现不可估量的资源浪费或不合理现象。如华南板块的建成区之间的生态隔离带、生态农业隔离区等规划构想难以实现就是例证。

4. 功能的单一化,造成城市营运管理的不合理

大规模、大面积、各自为政的"居住城"建设,势必造成该地区城市功能的先天性不足。每个地盘都背靠背地构思、规划、设计和建设,这是规划管理失调的根本原因之所在。对于每个地盘来讲,其内部的布局相对比较合理,但从城市整体的角度看,功能布局仍可能是不合理的。在若干平方公里的土地上,只建住宅,不考虑政务、社会团体的办公用房,不考虑经商铺面房和适合于设置在住区内的工厂、企业用房,不建设大型和高档次公共服务设施。这就意味着,居住在该"居住城"的居民,只能获得楼盘管理服务,而得不到政府和社会服务;能有一个好的居住环境,但享受不到城市生活的活力和多样性;在其附近觅寻不到求职的工作岗位,只能到远离住地的城市中心去就业,因而增加城市交通的压力。这样的城区,其营运系统是不合理的,这也就意味着城市规划和城市管理的失效。

5. 开发商处于被迫配套"公建"设施的状态,造成许多后遗症

大规模、大面积的"居住城"建设,没有配套设施是不行的;由于没有总体规划的统筹及城镇的依托,开发商被迫在"公建"配套上增加投资,但其投资效益却难以保证。基础设施和公用设施的建设一般是政府主导的行为,其建设必须在总体规划的指导下进行。在没有总体规划的土地上,政府不可能首先将各项基础设施和公用设施建起来。在学校(含幼稚园、小学、中学、职业教育等设施)、医院(含门诊部、专科医院、综合医院)、服务(文化、体育、购物)、公用(含供水、污水处理、邮电)等设施不配套的地区建成的住宅,居民入住后会发现种种不便,矛盾和争议会不断出现。开发商为了促进商品房的销售,及平息居民的意见,就要对"公建"的配套进行"自我完善"。完善这些设施的投资,会进入开发成本,进而分摊到消费者的头上,这是不合理的。在商品房销售期间,开发商对这些学校、医院、服务等公用配套设施的管理一般来讲是会比较认真负责的,但待楼房售罄之后,还能不能持之以恒地保持投资及支付运转费用,则是很难预料的。在各个居住区内,有的公用设施不是面对全社会,只是面对本住区内部服务,如果人气不旺,也难以保证开发

商的投资效益。学校、医院如果经营不当,或是由于生源、病员不足等问题造成亏本,开发商也不可能将此包袱背到底。最后,很可能还是要把这个"包袱"甩给政府。

例如,广园东碧桂园凤凰城社区建设以"公共空间"代替了"配套",在城市郊区一大片土地,建设住宅小区、公园、商业、会所、诊所、学校一应俱全;一条"私家路"连接市政公路,发展商提供穿梭巴士把居民送往市中心。但咫尺范围之内政府的配套设施重复建设(医院、学校、体育馆等),不但造成资源浪费,而且增加业主负担。

6. 各自为政的交通系统,将降低城市的运营效率

城市的道路系统可分"生活性道路系统"和"交通性道路系统"。生活性道路系统是各分区内部安全、便利的交通渠道,一般属次干道;交通性道路系统是城市货运及各分区之间客流、货流的流通渠道,一般属主干道。两者的性质不能混淆,其功能一般不重叠。没有进行总体规划的地区,很难会有合理的城市公共交通系统,也就是说,不可能满足未来城市综合功能的需要。为解决购房者出行的需求,开发商势必要自营公共性通勤交通,当然也会有不少住户自己买车。无论是何种方式,这些交通工具的利用率都不会太高,它对社会资源(道路、汽车、油料等)的消耗量都会远远超过合理布局的城市公交系统。这些过量的消耗又会产生过量的污染;同时,人们出行时间的增长也是对个人时间资源的浪费。这些都是不符合可持续发展原则的。

五、处理好政府、开发商和市民之间的关系

随着城市化的加快,房地产将有更为广阔的舞台。从较小的楼盘开发到大盘化开发,必定要面临城市化的经营问题。而一些超大型项目的开发,实际等同于建设一座新的小城镇,需要"五脏俱全",势必要在政府的主导下,让有实力、有品牌、有信誉的大开发商进行成片开发,通过市场方式来实施综合开发,完成区域内的商业、文化、生活配套,从而有力地推动区域的城市化进程。

大型、超大型的房地产楼盘开发,与城市开发和经营密不可分。我国市场经济体制转型之后,城市经营并不再仅仅是政府的事,政府最大的作用还是在管理城市,决定城市经营成败的是政府的管理能力与市场力量的适当发挥,而经营城市与经营土地是密不可分的,城市运营商就是这样应运而生的。在政府与开发商之间,若干有实力和有理念的开发商可发挥城市运营商的作用。政府把一个大的项目交付给城市运营商,其过程是通过市场方式出让土地,以行政方式委托公共开发的事宜。城市运营商在拿到土地后,完全按照城市规划进行建设,不仅开发地产和房产,还负责公共开发和提供必要的服务。

在城市运营中,政府、开发商和市民三者有各自的角色地位。

1. 政府代表公众的利益,在城市规划中,不仅考虑目前的得益,还要有明确的长远目标,并理顺各方关系

土地管理要集中规范,不要暗箱操作。我国实行土地国有,政府管理,有偿使用。政府应使土地在集中统一基础上进入市场有序流通,这是房地产业健康发展的起点。

政府还可以考虑如何增加土地供应的透明度,以避免开发商的过度投机行为,如果通过营销策略刻意营造虚假的供求关系,就容易产生泡沫。

住房保障要公平,不要平均。与开发商不同,政府承担着既要发展经济建设、又要维护社会稳定的重任,住宅市场既是经济建设的重要支柱,同时也关系民生大计。首先,政府应

对所有的楼盘开发有预先统筹的安排，预先制定整体的发展规划，而且公共开发要先行，不能坐等开发商"先斩后奏"，否则，城市的整体开发将被开发商的唯利是图搞乱。其次，政府要保障市民的购房和入住的基本权利，就必须承担所有公共设施和基础设施的开发，开发费用可以在开发商的土地使用费及公建配套费中解决，这样可以使市民安心购房，并确保其入住后的生活保障。

2. 开发商考虑的是如何创造效益，而只有把消费者的利益放在第一位的开发商才能获得持久的丰厚回报

开发商要确立自身的良好形象，应该尊重城市的整体开发建设大局和关心市民的切身利益。首先，开发商应该服从城市规划的管理和指导，只有这样，开发商才能因此获得长久的发展潜力和保护。再者，开发商应该为市民消费者提供良好的服务，这包括高质量的房屋、设施、环境和完整的保障体系。这是开发商获得市民信赖的基础，也是开发商长久生存和获利的直接途径。占了最大比例的普通市民才是保证开发商获得长久利润的基础。

3. 市民作为消费者，是市场需求的主体，是政府工作和开发效果的最终检验者

市民既是消费者，也始终是政府、开发商的监督者。虽然，目前市场正在逐步走向公开、公正、透明化，但市民或者单个的业主相对于开发商、物业管理公司来说还是弱势群体。

市民选举能真正代表业主利益的业主委员会委员、参与业委会平时的工作都是保护自身利益的积极手段。此外，还要明晰业主与开发商、物业管理公司之间的市场契约关系，权利和义务相对称性，如业主是购买物业管理公司的服务，物业管理公司通过提供服务来获得利益。而街道办事处、居委会代表的是政府，应站在中立的位置上不偏袒业主、开发商和物业管理公司任何一方，要维护法律的尊严、在法律的框架范围内依法办事，让居住区的各方利益主体"和谐共存"。

第十一章 现阶段新城建设的总结与评价

近几年来，很多大城市热衷于搞"新城"建设，借此做大城市规模，以城市的扩展来带动城乡的发展。但是，如雨后春笋般出现的形形色色的"新城"，就其内容和形式而言大相径庭，需要加以具体辨析。

与发达国家和地区的卫星城或新城不同，我国大都市周边的新城在功能定位上，不仅有分担中心都市区的功能，还承担着新城周边农村地区城市化的重任。近几年来，我国大城市中的"新城"规划和建设正在不断升温，虽然已积累了一些经验，但还很少有人去深入研究那些似乎不太引人注意却是本质性的问题，甚至对什么是"新城"都没有一个明确的概念。本章对现阶段我国新城建设的若干问题加以评价和讨论。

第一节 新城建设的动因和类型

根据新城形成的机制不同，结合案例说明，着重说明若干在国内目前比较典型的新城类型。

一、内城改造和城市发展战略升级相互联动形成的"新城"

1. 基本分析

市场经济下，原来的城市用地方式若不能充分发挥土地经济效益，内城更新改造就势必引起用地的功能置换。其中较为普遍的有两种情况，一种是城市中心区更新改造，另一种是老城厢地区保护和更新。比如，城市老中心区在市场经济条件下区位优势凸现，众多商家投资竞争，地价提高，所以在城市新一轮的规划和发展中，原来的企业、居住区、非盈利性的公共设施等，甚至是政府机构，纷纷外迁至位置相对较偏及地价较低的新区。由此而来，这些外迁设施势必带动一大批相关的产业在其新选址周边兴起，逐渐形成生活、就业兼备的"新城"。

老城厢地区一方面人口密度非常高，城市设施滞后，环境状况每况愈下，另一方面老城厢是历史的见证，往往具有历史保护价值，需要加以保护和调整功能，于是政府往往选择位于城市外围的地区来安置从老城厢疏解出来的人口和产业，由此而形成"新城"。

这一类"新城"由于有相应政策的支持，其公共设施和市政基础设施都可配套完善，环境状况相对较好，居民能安居乐业；新城的中心区位往往能得到开发商的青睐，人气较为旺盛。

2. 案例——宁波东部新城

宁波城市的形成、发展经历了从三江口到出海口，继而到滨海的空间演变。随着经济社会的发展，小汽车进入家庭，交通方式的改变和交通条件的改善，宁波城市的发展已经处在一个从向心集聚转向离心分散的转折时期，特别是杭州湾大通道和城市快速交通干道的建设，宁波城市呈现出强烈的外向扩展趋势（图11-1）。

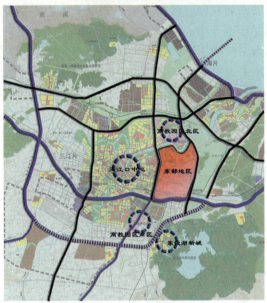

图 11-1 宁波东部新城区位图
图片来源：宁波市规划局

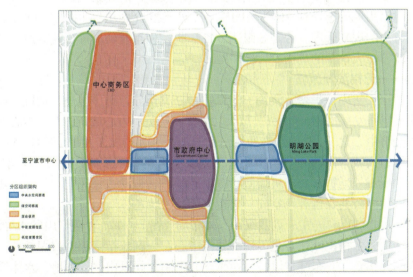

图 11-2 宁波市东部新城规划结构图
图片来源：宁波市规划局

宁波市城市总体规划确定三江片以三产和生活居住用地为主，适当发展高科技或无污染的工业。三江片以余姚江、奉化江、甬江为发展轴，沿江形成市级行政中心、商业中心、商务中心、文化中心和教育基地。城市内环以内以古城保护和旧城改造为主；中环以内发展第三产业及生活居住；中环与外环之间发展无污染的城市工业及生活居住。

为开拓城市空间，缓解旧城压力，完善城市功能，需要及时选择战略性的发展空间，而东部地区具有较理想的条件。三江片近期重点向东发展，通过行政中心的东迁，调整东部包括科技园区的用地结构，完善东部地区的功能，可形成20～30万人口的新城区。

因此，未来的宁波城市将从以三江口为核心的单一中心的空间结构逐步发展为多中心的网络式结构，三江口保留商业中心功能，余姚江两岸发展文化带，北仑发展成为港口物流中心，而东部地区作为宁波的一个"新城"，将成为金融流通、技术信息、交通网络、公共活动的枢纽与桥梁，并成为宁波经济发展的中枢，即：行政中心功能、科技中心功能、技术中介基地、商务中心功能、信息、博览功能、生态休闲与生活居住功能（图11-2）。

二、城市结构调整中形成的组团级"新城"

1. 基本分析

城市化进程中，城市的发展呈现出从数量到质量的变化与提高，从功能单一到多样化、综合化，再到职能化分工；城市的空间结构与用地结构也由封闭式向开放式演变，呈现出从单中心变为多中心及复合组团式结构。大城市，尤其是那些在中心区有大面积老街区的大城市，为了避免或减弱单中心聚焦带来的负面效果，在总体规划中都不再局限于单一中心的城市形态，而是向"开敞、多核"或"组合城市"的空间结构发展，同时积极引入城市外围的自然开放空间。这时，除了城市原有的中心城建成区外，其余的建成区依自然地形，或由道路、绿化等分割，或依原有的发展基础，逐渐成长为具有多功能的组团级"新城"，并具有自己的中心。

这一类"新城"作为多中心或组团模式发展的大城市的新组团，可以极大地增强所在城市的规划建设用地的选择性，作为新的核心还可能担当城市"副中心"的职能。不过，其发展需要强有力的规划管理，否则各组团各自膨胀，相互蔓延成片，就会造成功能的混乱及出现新一轮"摊大饼"的局面。

2. 案例——无锡滨湖新城

无锡市根据"集中、集聚、集约"的原则，分类指导，有序推进，构筑"多中心、开敞式"的城市空间发展格局，"做强、做大、做优、做美"中心城市。无锡中心城是长江三角洲北翼的经济中心之一，是区域交通枢纽和国内外著名的旅游胜地（图11-3）。无锡市实施将自然山水引入城市内部的"生态城市、山水城市"的发展战略；第二产业向外转移，推动旧城更新和城市外延扩展及有机疏散；以中心城扩展带动边缘区空间整合，实现城乡协调发展；开辟滨湖公共绿色开场空间，塑造滨湖城市特色。

无锡市的中心城以"一主一副四组团"来布局（图11-4），体现"山环水绕湖滨城市"总体格局。其中一主指主城区，是传统的城市中心；一副是指南部的滨湖新城；四组团即指相对独立的无锡新区、东亭、堰桥、西漳。各组团之间以山地、林地、水体等自然空间要素相互分隔。组团之间、组团与中心主城区之间以快速交通廊道相互联系。以此构成的无锡中心城总体框架有利于强化城市与山水、人与自然的亲近，可以依托丰富的自然资源和深厚的历史文化底蕴来进行城市建设。其中,集"山、水、城、绿"等环境要素于一体的滨湖新城可充分展现无锡城市的独特景观魅力,创造出现代滨湖城市的鲜明特色。

无锡市城市总体规划确定了建设特大城市和湖滨城市的目标要求,明确提出城市发展的重点是向南推进,建设滨湖新城。滨湖新城依山傍水,自然条件优越,地质条件好,具有广阔的发展空间。滨湖新城的建设目标是拓展新的城市发展空间,缓解老城的人口增长

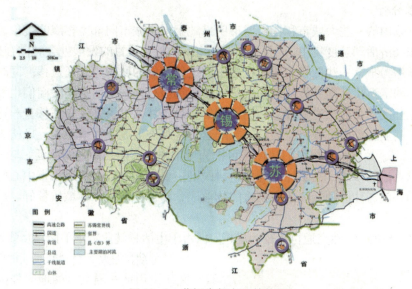

图11-3 苏锡常都市圈结构图

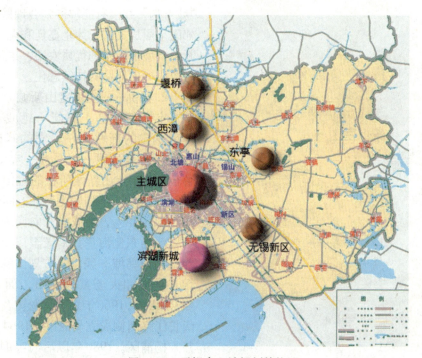

图11-4 无锡中心城规划结构图

压力。滨湖新城将是集居住、商业娱乐、教育科研、旅游和工业于一体的新城区，而且要承担未来无锡中心城的副中心功能，体现城市南拓及提升城市功能的目的。因而滨湖新城的规划功能具有综合性。伴随着环太湖大道、大学城等重大项目在南部地区的选址建设，无锡城市的南拓序幕已经拉开。

三、城市向郊区拓展形成的郊区"新城"

1. 基本分析

目前，我国的一些大城市和特大城市明显地出现了城市向郊区拓展的现象。由于城市内部人口和经济活动过度集中，而且地价日益抬升，工业项目的发展就会转向在郊区选址；在经济的作用力下，一些低收入居民也趋于向地价较低的城市边缘区迁移。同时，拥有私人交通工具的富裕阶层则看好郊区的良好环境，选择在郊区生活。开发商们也看好这块市场，纷纷在郊区的交通干道沿线，利用便利的交通条件，投资开发各类楼盘。这种开发同时也吸引了商业、办公、服务业等与其相配套，客观上形成了规模不一、风格各异且阶层分明的"新城"。其中城市边缘的居住区可视为城市中心区建设用地的蔓延，与城区没有绿化分隔，以普通的多层、高层住宅为多，居民则主要是通过公共交通到市中心区就业；边缘区之外的郊区居住区则较多为高档次的物业区，建设标准高、环境质量好，居民依赖小汽车出行。

这一类"新城"虽然交通位置较为优越，但由于生活和就业较难平衡，大量人口在城郊之间通勤，加大了交通负荷。同时，城市郊区建设用地一圈又一圈地向外摊，城市在"永远是个大工地"的环境中无休止地长大，"城市病"并没有能够得到合理解决。城市郊区呈圈层式的无休止蔓延和无序发展，不断吞食城市周围的优质农田、菜田、果园，将造成城市环境的持续恶化。

2. 案例——上海宝山新城

宝山新城是上海新一轮城市总体规划所确定的新城之一，它的基础是上海市的原有卫星城——吴淞—宝山卫星城。解放初期，宝山新城所在的宝山县属江苏省管辖，1958年划归上海市，同年横沙岛和北郊区并入，县域向东向南延伸，东缘至横沙岛东侧海岸，南缘至广中路、大连西路和走马塘一线，以前划出的江湾、殷行、吴淞和大场重归宝山，面积扩大为443.64 km²。1960年划出吴淞镇及蕰藻浜以南长江路两侧成立吴淞区，1964年吴淞区并入杨浦区。1980年以后因宝钢建设的需要，在上海市人民政府宝钢地区办事处基

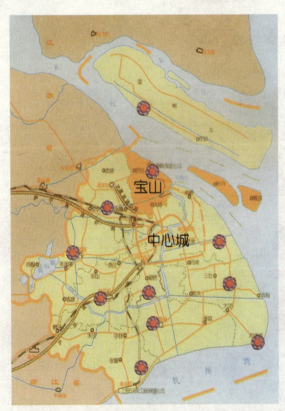

图11-5 宝山新城区位图

础上，重新成立吴淞区，城厢镇和吴淞、淞南、庙行、月浦、盛桥等乡的一部分划归吴淞区。1988年1月，经国务院批准，撤销宝山县和吴淞区建制，建立宝山区。

宝山作为上海市新一轮总体规划确定的11个新城之一，是上海市要着力建设的近郊城区。从宝山区多次变动行政管辖的历史沿革来看，宝山区与上海的中心城发展有着时空上的紧密联系。而且从整个市域的新城分布来看，宝山新城与中心城在空间上最为紧贴。尤其是地铁1号线向北延伸的实施，更将促使宝山新城和中心城呈一体式发展（图11-5）。随着上海北翼地区的不断开发，在用地及交通体系上，宝山新城的空间范畴将越来越难以界定。

新一轮总体规划确定的宝山新城规划范围为：东起黄浦江、长江，西至高压走廊，南抵环北大道含吴淞街道，北至富锦路、月罗公路，共约52.8km²。建设目标是：到2020年，要全面建成与上海国际大都市相适应的郊区新城和"水上门户"；形成与中等规模城市相适应的经济规模和综合实力；形成功能齐全、布局合理、市容面貌优美、基础设施和社会服务设施配套齐全的城区发展格局；形成经济、社会、生态环境的可持续发展框架；积极配合宝山钢铁基地建设，服务全市并带动全区域的发展。

四、以一大型项目为中心的特定"新城"

1. 基本分析

城市发展过程中，不可避免地会产生一些大型项目，比如总体规划决定的海港、空港等重大基础设施项目、政策扶持的"高新区"、"大学城"等。这些大型项目一般都是城市的重点工程，规划设计、投资建设等各个环节都有较好的保障。由于这些项目占地广、投资大、建设周期长、配套内容多，一般选址在城郊，而且这些项目建成后，能提供大量的就业岗位，并形成与之配套的居住区，因而以大型项目为中心的特定"新城"随之崛起。常见的有工业新城、科教（大学）新城、临港新城等。

这一类"新城"由于有城市的重点建设项目为背景，政府比较重视。但也有一些重大工程是主观意志的产物，缺乏科学论证，盲目开发导致浪费。

2. 案例——上海临港新城

2002年3月13日国务院正式批准在位于杭州湾的洋山岛建洋山深水港，作为上海国际航运中心的核心枢纽港，这个深水港共60个泊位，一期工程5个泊位于2004年动工。

这项深水港建设分为洋山港区、跨海大桥、临港新城三部分。按照上海市

图11-6 临港新城区位图

城市总体规划，其中的临港新城与洋山深水港区配套，通过芦洋跨海大桥的连接，成为集装箱枢纽港的陆域集疏运基地，承接洋山港区面向大陆的各项经济流量并向广大腹地扩散，同时为港区的发展和建设提供充分而完备的后方基地服务。上海市领导要求把临港新城建成"21世纪一流的现代化的港口城市"。

根据上海市城市总体规划和城镇体系规划，临港新城的开发建设以洋山港区为前沿，以上海市域为依托，充分利用其优良的地理位置和广阔、低廉的土地资源进行综合开发（图11-6）。临港新城建设的主要目标是建成集疏运、仓储、临港加工业、金融贸易、商业服务、居住、旅游娱乐等为一体的，具有世界一流水平的港口经济贸易区和国际物流中心；成为一个具备综合功能的、具有东北亚枢纽港地位的海港城市。

临港新城的性质决定了它的建设和功能定位必须要满足上海国际航运中心建设的需要，并随着上海国际航运中心建设的步伐和发展需要来不断调整和完善。

五、以传统小城镇为基础发展而成的"新城"

1. 基本分析

当特大城市、大城市的发展压力在不断增大，城市在不断扩张的同时，一些自然条件优越、经济基础较好、交通便利，且位于大城市近距离辐射范围内的传统小城镇，凭借自身优势，吸收来自大城市的人口疏散和产业扩散，同时，也吸纳由农村流向大城市的部分劳动力。这既减缓了大城市的人口和就业压力，又扩大了自己的规模。一旦这些小城镇的发展跨过某个门槛，对其城镇的规模、性质、职能等应有新的定位。国内外不乏将原小城镇扩建为新城的事例。

这一类"新城"的发展基础较扎实，而且能有效地解决大城市问题。但有些小城镇的建设是自发的、往往缺少规划引导和管理控制。在同一经济区域内，小城镇由于受到大城市的辐射影响，盲目发展极易造成产业结构单一和重复建设。

值得一提的是，面对发展机遇，小城镇居民既欢迎经济增长带来的就业机会，但又不认同增长给小镇带来的变化。无论是当地居民，还是从城市搬来的居民都希望小镇保持原有特色。因此，如何在城市化发展过程中使这类"新城"保持传统小镇的文化特色已是一个紧迫的课题。

2. 案例——上海松江新城[①]

松江是具有悠久历史的文化名城，古称华亭，别称有云间、茸城、谷水等，有着深厚的文化底蕴和丰富的旅游资源。松江秦时设镇，唐天宝十年（公元751年）置华亭县，后改称松江县，元朝升为松江府。早在明代，松江已成为全国棉纺织业的中心，其时松江的黄道婆、丁娘子名声鹊起，棉纺织品行销全国乃至日本等海外地区，历史上曾有"衣被天下"和"苏（苏州府）松（松江府）财赋半天下"之美誉。松江是上海历史、文化的发祥地，上海开埠前，松江是上海地区政治、经济、文化中心，有"上海之根"之誉。在上海市的新一轮城市总体规划中，松江被确定为重点发展的新城。松江位于上海西南部，距上海市中心30km。

---

① 资料来源：松江新城政府网站

(1) 产业基础

松江新城拥有良好的产业支撑。新城的东北侧是以制造业为主的经济密集区，尤其是松江工业区和出口加工区集中了数百家外资企业，外资投入达30多亿美元。新城的西侧是总投资达100亿美元的上海松江科技园区。坚实的产业基础、充足的就业机会，为这座新城的人口快速导入创造了可能性。

东北片是松江工业经济最具活力的经济密集区，目标是建成上海重要的制造业及出口创汇基地，包括市级的松江工业区、国家级的出口加工区等。日本日立、英国ICI、法国依视路、德国PM等30多家世界500强企业竞相投资落户。2002年5月，总投资将超过100亿美元的台湾"台积电"落户松江。

西北片以国家风景旅游区为主，目标是建成上海郊外旅游休闲基地。佘山国家旅游度假区作为上海地区惟一的国家级旅游度假区，自然条件优越，旅游资源丰富，佘山国家森林公园被国家旅游局评定为首批4A级景区。佘山脚下的月湖碧波荡漾，山水共映，风光秀美。西北部的12座山峰是上海惟一的山林。

南片以黄浦江两侧为现代农业产业经济区，目标是建成都市型绿色农副产品生产基地。这几年，松江充分发挥水净、土净、气净的"三净优势"，宜果植果，宜菜种菜，宜花栽花，宜林育林，生态农业、观光农业已蔚为大观。

2002年，全区国内生产总值178.01亿元，工农业总产值604.6亿元，财政收入40.38亿元。

(2) 文化底蕴

松江的史前文化可追溯到6000年前，是上海地面文物最为丰富的地区，有唐代经幢、宋代方塔、元代清真寺、明代照壁和清代醉白池等众多文物，故有"唐宋元明清，从古看到今"之誉。松江的著名景点有远东第一大教堂的天主教堂和佘山天文台（我国最早的天文台）；有2处全国重点文物保护单位——唐陀罗尼经幢（上海最古老的地面建筑）、北宋兴圣教士塔（方塔）；还有西林塔、修道者塔、元清真寺、明照壁、夏允彝夏完淳父子墓、陈子龙墓等一批文物保护单位。

根据松江新城总体规划，以沪杭高速公路为轴，在北部建设具欧陆风貌的松江新城，在南部老城区着力保护和恢复古城风貌，体现明清建筑风格，使"一城两貌"相得益彰。目前已修缮重建庙前街、长桥街等老街。通过保护老市河两岸古宅民居和十里长街上的塔桥楼亭，修缮岳庙、西林寺、清真寺等文化遗产，体现古城的历史神韵。

(3) 新城建设

松江新城有着良好的地域条件，上海的黄浦江流经这里，沪杭高速公路、沪杭铁路、同三高速公路把松江新城与市中心、浦东以及江浙两省紧紧地连在了一起，尤其是上海轻轨R9线的建设，将进一步提升这座新城的可达性（图11-7）。

上海"十五规划"提出了构筑特大型

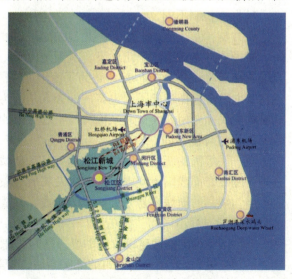

图11-7 松江新城区位图

国际经济中心城市的城镇体系，及重点建设"一城九镇"战略构想。而松江新城便是其中的"一城"。

根据总体规划，松江新城分两期开发。近期开发土地面积36km²，人口规模30万，其中位于高速公路北侧的22.4km²是全部新建的核心区，计划2005年底初步建成。远期开发地域扩至60km²，人口规模达到50万。周边界限东起洞泾港，西至油墩港，南起沪杭铁路，北至规划的花辰路。

第二节 国内外新城建设的比较

一、我国新城建设的阶段特征

在经济发展、收入水平提高，以及交通、工业外迁和其他相关政策的潜在作用下，我国大城市既有为了改造老城区而联动开发新城的做法，也有为了拓展城市空间在郊区设立新城的做法；既有别墅加汽车式的富裕阶层向远郊区迁移，出现日常住所与假日住所分离的现象，也有大量工薪阶层向近郊区迁移的现象；还有许多外来人口在城乡接合部集聚并向中心区渗透。由于我国大城市中心区的内聚压力仍然很大，魅力并没有丧失，郊区化的发展不可能完全类同于西方国家的城市郊区化过程。但受种种因素的影响，我国大城市的郊区发展已是不可逆转的事实。积极研究和理解大城市区域空间发展的规律，是非常必要的。

我国城市建设的事实证明，在城市高速发展阶段，跳出既有的城市空间结构去谋求发展，往往比围绕一个单中心、呈圈层式向外蔓延要有利，在经济、社会、环境方面可获得更好的效果。因而新城建设不失为一个解决大城市问题的有效途径，新城开发应是大都市区域整体发展战略的组成部分。应该看到国内外的新城发展既有共性问题，也有一些不同之处，归纳起来有以下几点。

二、中外新城建设的差异

1. 形成机制不同

西方英、法等国家是为了解决"城市病"，由政府主导新城的开发。在市场经济的条件下，居民是自主郊迁。相比之下，我国是由于一部分城市在土地市场化后，因中心区土地功能置换而联动开发"新城"；是为了使土地资源得到优化配置，由于郊区的地价较低，动迁房基地较多选择在郊区，也有一部分人是因为需要较宽余的住房而定居城郊新城。多数新城的居民需要用公共交通来保持与中心城市的联系，解决就业、购物等经济活动的出行。

2. 区位环境不同

英、法等国的新城一般建立在远郊区，新城有着良好的生态环境，与大城市之间有绿色地带隔离。而我国大城市的郊区自发拓展现象相当明显，且主要呈近域扩散。若管理控制不当，规划的新城容易与大城市的建成区联成一片，形成新的蔓延。

3. 建设过程不同

一些西方国家新城建设首先需要严格的选址论证，曾走过了由单一的居住功能向综合性功能的转变过程。我国一些城市的郊区新城，其居住配套经常是被动地跟随某项投资项目的建设而形成，在启动阶段并非有明确的新城建设理念，设施配套和社区建设往往跟不上。

4. 产生效应不同

西方国家由于居民（特别是中产阶级）向往人口密度低的郊区生活，因此资本和技术性项目也会较易被引往郊区，从而加强了郊区新城的开发力度，许多新城由此而成为具有复合城市功能的"新城市"，而内城活力却被逐步削弱。我国城市中心区的吸引力一直远比郊区大，在不断出现的郊区城市化过程中，内城没有出现空心化现象。在新城开发的同时，由于中心城市产业和用地结构的"退二进三"调整，商业、金融和办公等第三产业的不断崛起使得中心区更加繁荣。

5. 内城发展的问题不同

有些西方国家在新城建设以后，很快面临内城衰败的严峻局面，其主要原因并不是内城物质空间结构的不完善或不适应，而是经济发展的结构性变化所带来的人口、工作岗位、投资的重新分布，有着全球经济格局变化的深层次原因。一些老的中心城市面临的不再是增长和发展带来的压力问题，而是如何阻止人口和资本的外流及吸引人口和就业岗位返回城市的问题。而我国在新城建设的同时，还面临着城市高速发展过程中城市内部的物质老化和功能性调整等严重问题。许多老的城市面临着人口拥挤、布局混乱、土地配置效率低、交通拥挤、环境恶化、公共设施短缺及历史文化遭受破坏等诸多问题，因此在积极引导大城市人口和产业向新城疏解的同时，亦不可忽视城市内部的物质性改造和功能性提升。

第三节 未来最有可能影响我国大城市空间及新城建设的若干因素

随着我国的经济不断快速稳定发展，城市建设蒸蒸日上，大城市的空间发展及新城建设等都将面临一些新的影响因素；而一些曾经于半个世纪前出现在西方发达国家的"城市问题"也将会不断在我国一些经济发达的大城市出现，有些矛盾甚至变得更加尖锐，如贫富差距更加悬殊、城市进一步向外无序蔓延等，可以说机遇和挑战并存。

一、社会性的影响因素

1. 高峰期出生人口对社会的影响

解放后20年内全国的高出生率将对城市的发展产生重要影响。这一批人以及他们的下一代目前正处于青壮年时期，一部分高收入的人群需要高档次的住房条件和居住环境；另外一部分工薪阶层也需要改善居住环境，但只能承受较低的住房价格。这两种需求量最大的住房需求，往往不能在大城市中心区得到满足，而需在郊区城镇中大力开发。同时，开发商也瞄准了郊区供地充分、地价相对低廉的优势，楼盘开发大力向郊区推进。大城市的郊区化发展已经成为必然，而合理有效地控制好大城市的市域空间发展，引导人口有序流向郊区城镇已是关系城市长远健康发展的关键问题。

2. 家庭规模的小型化和对生活质量的追求

解放后的50多年来，我国的城市家庭规模已经从传统的三世同堂的大家族转变为典型的三口之家，而"两人世界"及单身户的数量也在持续上升。家庭规模的持续缩小意味着为一般传统家庭建造的房屋类型将过时，未来的变化可能是开发商在郊区为非传统家庭提供非传统的住宅，如出租型公寓；同时，小规模的家庭为了追求更灵活丰富及多样化生活需要，注重生活品味和乐趣，将不再简单地满足于在忙忙碌碌的城市中上班及返家的直线式生活。大城市的郊区新城无疑为这种生活需求提供了选择性。

3. 互联网的进一步普及

几乎所有人都已愈来愈意识到互联网的影响，但充分预测其对城市发展的影响就像80年前预测汽车对城市发展的影响一样困难。在未来50年，如果信息交换能够逐步替代当前物质交换（资金流和物流）的部分功能，互联网对生活方式的改变将是难以估量的。正如铁路为大城市服务，高速公路为郊区服务一样，互联网既可服务于偏远地区，也可服务于人口稠密区，对城市空间发展的影响将可能是根本性地改变"区位"的概念，对社区发展的影响有可能是计算机虚拟空间形成的交流方式将部分取代过去社区中传统的面对面交流方式。

二、交通条件的变化

1. 交通出行方式的变化和小汽车的增长

由于我国经济发展的历史原因，我国的城市一般都是紧凑型城市，即居民的居住地点离工作地点很近，在居民出行中占主体的工作出行距离较短，一般在2~4km，而这个出行距离恰恰最适合自行车出行。因此，自行车出行在我国的城市有存在的必然性。目前，我国城市居民的出行中，自行车出行平均占总出行量的50%~60%，如果不计步行交通方式，自行车出行占60%以上。但是，随着我国城市规模的扩大、居民生活水平的提高，以及自主购房择居的普及，这种状况正在改变。

改革开放以来，特别是进入20世纪90年代以后，我国高速度的经济增长刺激了城市交通的发展。从1985年到1995年，我国机动车的年增长率高达12%~14%，个别城市甚至达到30%。据估计，北京市机动车的年增长率为15%，其中小汽车的年增长率达到42%。大连市民用机动车近15年增长了9倍。上海市中心区交通量的年平均增长率为8%左右。

1990年代中期，随着国家汽车产业政策的颁布，与小汽车生产、流通相关的重大举措亦相继出台，"小汽车进入家庭"被确定为国家扶持汽车工业发展的战略安排，国产汽车的生产重点开始转向小汽车，小汽车的销售价格连年大幅度下降；小汽车拥有量逐年增加，且增长速度越来越快，年均增长率达到16.8%。城市私人汽车大量出现，如北京市的私人汽车年平均增长率为24.5%。

小汽车在现有的各种交通方式中最能体现个性的发展需要。随着人的潜能的开发，自身价值的提高，时间对人越来越重要，自由、自主显得日益重要，远距离的观光旅游和度假对人越来越有诱惑力。小汽车的快捷、舒适、私密、门到门的出行等都远胜过其他交通工具。

据专家预计，按目前小汽车发展的势头，到2010年，全国城市小汽车保有量将达到1400万辆，其中在大城市达到1000万辆。到那时，如果在道路、交通管理方面没有突破性的解决措施，所有大城市的交通都会面临瘫痪的困境，并且这种城市交通日益紧张的局面还会不断加剧。按交通预测，2010年以后，城市居民出行如果不以公共交通为主，尤其是如果没有大容量轨道交通的支撑性作用，大城市的交通问题将是无法解决的。从国际经验看，即使小汽车十分普及的发达国家，大城市的客运交通还是依赖以城市快速轨道交通的为骨干的公共交通体系，小汽车只是辅助性的出行工具（图11-8）。

我国需要适度发展自己的汽车工业，需要适度发展小汽车交通。首先，汽车工业可以

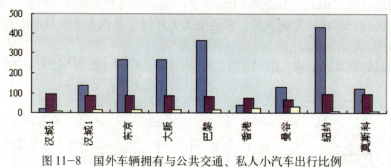

图 11-8 国外车辆拥有与公共交通、私人小汽车出行比例

带动一大批相关产业、基础设施和高科技的发展和进步。其次,我国正全面进入小康社会,东部发达地区正逐步向富裕化过渡。人的富裕化、收入水平和生活质量的提高,必然要求交通服务质量的提高,并有欲望和能力购买私人小汽车。从尊重个人权利的角度讲,政府不能强制性地剥夺人的这种自由选择的权利。还应看到,目前我国私人小汽车的拥有水平还很低,我国的小汽车保有量,尤其是私人小汽车的保有量还不及美、英国家上个世纪20年代的水平。国内市场在保证大城市小汽车不过度发展和膨胀的前提下,仍然有巨大的发展空间,足以支撑汽车工业的市场需求。

但是,从空间资源的条件看,未来我国私人小汽车发展的主要地域是发达地区大城市的外围城区、远郊和新城,以及中小城市及农村地区。在大城市老城区及中心城区则不得不对小汽车的使用施以必要的限制和控制。

2. 高速公路建设

今后20年国民经济和社会发展的总体目标是全面建设小康社会,经济总量和发展内涵都将提升到一个更高的水平。交通运输在这个发展阶段中,要实现基本适应经济发展需要的目标,也必须在总量和内涵发展方面有更大的突破。目前,我国以国土面积计算的公路密度为18.3km/100km^2,是美国的28%,仅为日本的6%。我国高速公路虽然总里程位居世界前列,但相对于我国的国土面积和人口数量而言,综合密度只有0.22,仅为美国的13%。国外的研究表明,高速公路只有形成网络,连续运输距离达到800km左右才能显现它的独特优势,发挥其运输效益。我国即使在经济最发达、人口最稠密的东部沿海地区,高速公路依然没有实现真正的网络化。我国经济总量已经跻身世界前6位,公路交通发展全面落后于世界发达国家的现状不能不引起高度的重视,必须加快发展,尽快解决这一制约经济和社会发展的瓶颈。

借鉴发达国家的发展经验,要适应未来20年全面建设小康社会和本世纪中叶实现现代化的需要,我国高速公路网的总规模大体在8~10万km。所以,在新时期,包括高速公路在内的公路交通将在国家规划的统一指导下,以支撑国民经济发展为基点,保持相当的建设步伐,以支撑国民经济顺利实现新的跨越式发展。

3. 城市轨道交通改变城市的空间结构和运转方式

正如前文已经说过,世界上许多大城市的交通都相继经历了以步行和非机动化交通工具为主,以常规电、汽车为主,以个人机动化交通工具(特别是小汽车)为主的发展阶段,现在则进入了以地铁、轻轨、高架铁路等快速轨道交通为主的现代公共交通阶段[①]。目前，伦敦和纽约的地铁线路最长，都在 400km 以上，东京和巴黎的地铁线路长 200～300km，这些城市的地铁均已形成完整的网络，客运量大大超过公共汽车（图 11-9、图 11-10、图 11-11、图 11-12）。

目前在我国的北京、上海（图 11-13、图 11-14）、广州（图 11-15）、长春和大连 5 个

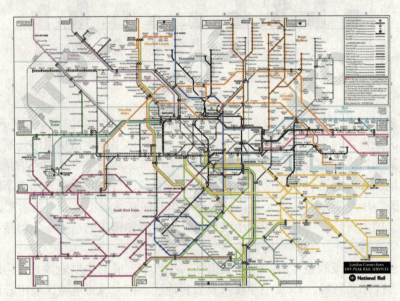

图 11-9　伦敦地铁

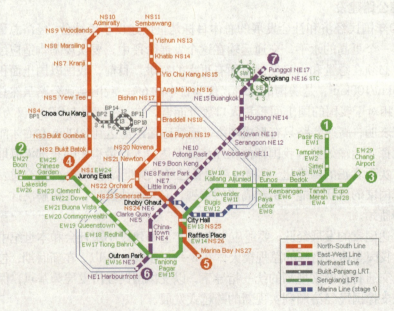

图 11-10　新加坡地铁

---

① 国家计委综合运输研究所，汽车与交通、安全

图 11-11　香港地铁，2002 年

图 11-12　香港地铁规划，2016 年

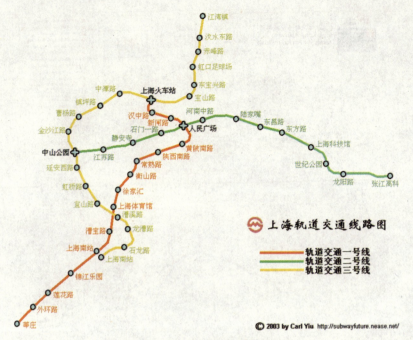

图 11-13　上海地铁现状

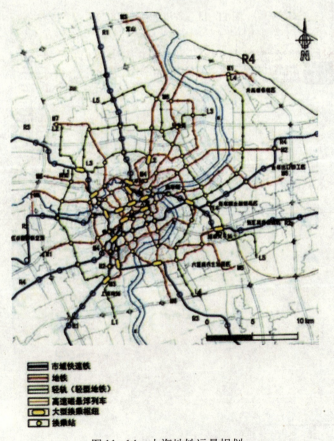

图 11-14　上海地铁远景规划

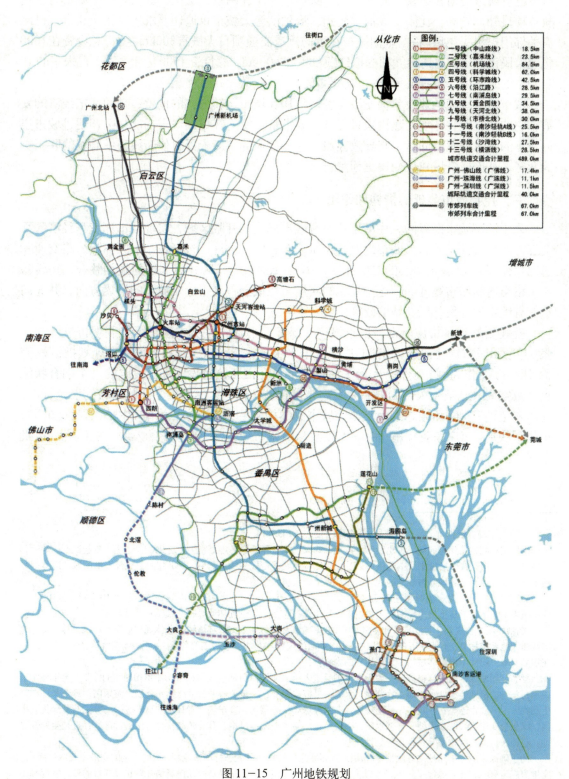

图11-15 广州地铁规划

图11-9~图11-15来自：Subway's Future 地铁与未来 http://subwayfuture.nease.net/

城市已有轨道交通在运营。此外，除了深圳、天津、南京、重庆、武汉等一些城市有在建轨道项目外，青岛、沈阳、成都、杭州、哈尔滨等大城市也迫切要求建设城市轨道，已向有关部门提出了申请。目前全国城市在建的轨道交通项目大概有300km左右，总投资在1000亿元人民币以上。申请待立项的拟建项目里程400km，总投资1500亿元左右。在未来的10年左右的时间内，总投资可能达2000多亿。

城市轨道交通的建设将促使城市空间结构和城市运转方式的调整，带动城市经济的发展，它的效益往往体现在建设项目之外。城市轨道交通在促进城市功能分区，促进城市空间资源的优化配置的同时，将导致区域人口和产业的重新配置，使新城与中心城的联系更为紧密，从而使新城建设变得更为可行。

三、控制城市蔓延的措施和作用

为了控制城市向外的无序蔓延，保留城市周边的开敞区域，实现城市环境、经济和社会三方面的良性互动，大城市政府已纷纷采取具体的措施，包括：①加强环状公路交通和进出口管理；②城市中心的二次开发；③强化对现有郊外建设区域的规划整合，扭转基于公路交通的城市蔓延等。这些措施的实施将在很大程度上影响城市的发展方向，并导向选择有组织地开发郊区新城的政策。

就规划的具体措施而言，城市绿楔、绿环等已被一些城市运用于控制城市进一步扩张，并增强城市绿化渗透。我国的广东省于2002年制定了《广东省环城绿带规划指引》（简称《指引》），作为规划政策，明确了环城绿带是在市城镇建设区外围设定的一个闭合状绿色开敞空间，它是永久性的限制开发地带。在该《指引》中明确了环状绿带的设定标准、规模和土地管制。环城绿带规划作为城市总体规划的组成部分，依据《中华人民共和国城市规划法》和《广东省实施〈中华人民共和国城市规划法〉办法》纳入城市总体规划审批程序中[①]。

---

① 资料来源：城镇规划绿化当先，《广东建设报》，2003.7.14

由广东省副省长任总顾问、省建设厅主持编制的《广东省环城绿带规划指引》自2003年8月1日起试行。《指引》明确规定，各市、县今后编制城镇总体规划时，必须将环城绿带规划纳入其中，一并报批。已经批准的城镇总体规划须于今年年底前补充环城绿带规划的内容，报规划原审批机关备案。

《指引》中明确，城区人口超过50万（含50万，指"五普"人口）的城镇，连片建成区域超过100km²（含100km²）的城镇密集地区，以及上层次规划或上级城市规划主管部门指定须设置环城绿带的城镇和城镇密集地区，应依照《指引》，编制环城绿带规划。其他城镇可参照本《指引》编制环城绿带规划。环城绿带总体规划应符合城镇总体规划，并与城镇绿地系统规划、土地利用总体规划相衔接，同时处理好与其他专项规划的关系。今后，编制城镇总体规划时，应在规划文本、附件中增加环城绿带总体规划的内容。

据悉，环城绿带内应严格控制一般开发项目进入。只允许保留和进入与绿带功能不相冲突的以下6类用地类型或项目：一是耕地、园地、林地、牧草地、水域、果园、湿地；二是公共开放性绿地：公园、游乐园、野营基地、野生动物园、名胜古迹等；三是体育运动设施：高尔夫球场、滑草场、赛车场、赛马场、马术表演场等；四是绿化比率高、绿色景观佳或旷地型用地：自来水厂、小型污水厂等大型公共设施、具有传统文化价值的村落等；五是生产性绿地：花圃、苗圃、植物园等；六是纪念性林地、防护林等其他林地等。

为了确保环城绿带用地的开敞性，《指引》对环城绿带的用地强度进行严格控制，保证一定的空地率及绿化面积：空地率应为90%以上；绿地率应达75%以上；除允许保留建筑外，环城绿带内任何新增开发建设项目的建筑密度都不得超过15%。

第十二章 我国新城建设的对策

世界上许多国家或地区有过新城建设的实践,新城建设的理论和实践经验极其丰富。但新城发展有着很强的地域特点,很难一言而蔽之,没有人能给"新城"建设下一个绝对的定论。同时,西方国家已步入了稳定发展的阶段,新城建设几乎已经成为历史,目前的关注点在于内城振兴问题及解决城市非物质性建设发展的种种矛盾。

我国正处于高速城市化发展的阶段,新城建设成为当前一个较热门议题有其必然性。我国的新城建设除了要借鉴西方国家的经验,更应该清楚地了解自己的条件,遵循有自己特色的发展原则和路径。本章讨论基于我国条件的新城和类新城概念,以区分我国的目前建设浪潮中出现的形形色色的"新城"概念和名词[①]。在此基础上进一步讨论对国际上新城建设经验的借鉴问题,并提出我国新城建设的若干原则。

第一节 新城的定义和分类

一、新城的定义

1. 新城

综合我国新城发展的实际情况,借鉴国外新城发展的实践经验,新城的定义似可为:位于大城市郊区,有永久性绿地与大城市相隔离,交通便利、设施齐全、环境优美,能分担大城市中心城市的居住功能和产业功能,是具有相对独立性的城市社区。

2. 类新城

相比较新城的定义,不难发现,前面提到的我国现阶段出现的形形色色的"新城",并不是严格意义上的新城。但是,并不能一概否认其存在和发展的意义,因而需要从概念上加以澄清。广泛而言,可称之为"类新城"的发展模式。

这里,所谓的"类新城"是指规划选址在大城市郊区,有就业、居住、购物等综合性的城市功能,以安置大城市向外疏散的人口和产业为主的一种人居形态。

二、新城的分类

1. 新城

新城建设,就其起源而言,并非单纯的物质性建设或房地产开发活动。结合国内外的新城建设经验,主要可从新城形成的不同机制,将新城大致归纳为两种主要类型。

(1) 由传统小城镇发展而来的"突变发展型"新城。例如上海的松江和青浦。这些具有悠久历史的小城镇往往处于良好的自然环境之中,与大城市有一定的空间距离,不易与大城市的蔓延发展连成一片。其凭借原先较好的基础,在市场竞争中获得良好的机遇,在

---

① 张捷,当前我国新城规划建设的若干讨论——形势分析和概念新解,城市规划,2003.5

上级规划的引导下,一方面安置不断从大城市疏散的人口和就业,另一方面吸纳外来投资及城市化进程中不断涌向大城市的农村劳动力。这种发展方式有利于解决大城市的人口和就业压力,而自身也获得了前所未有的机遇。在这种发展中,原先的小城镇突破了传统的发展模式,产业结构得以转变,功能定位得以提升,各项设施高标准地配套,城镇的内涵有了本质性的变化,因此可称之为"突变发展型"新城。

（2）围绕城市的某重点建设项目逐步建立的"建设项目配套型"新城。例如工业新城、海港新城、空港新城、大学新城等。一些城市的重大投资建设项目,由于占地面积大、环境影响大、投资大、建设周期长等因素选择与大城市有相当空间距离的郊区。而且其本身的建设与发展就包括了大量的就业岗位需求。因此,围绕着这些大型项目,逐步完善居住、购物、娱乐、办公、就业等城市功能。这类新城往往是重大建设项目的产物,因此可称之为"建设项目配套型"新城。

2. 类新城

自从大城市出现紧张的人口和就业压力以来,"类新城"就以各种形式伴随着大城市的外延拓展进程,较常见的有城市新区、城市组团、城郊居住区等形式,是较宽泛意义上的新城。同样,根据其形成机制可将其归纳为两种主要类型。

（1）"融入发展型"类新城。在一个城市发展进程中,大城市周边若干具有重要战略地位的小城镇得益于历史的发展机遇,以一种类似于新城的模式得到发展。例如,上海的宝山、闵行、嘉定等原先上海周边的小城镇,在先前的城市总体规划中曾被定位为上海市的工业卫星镇,从经济发展战略的角度得到了极大重视和发展。随着大城市市区的不断外延扩展,这些小城镇逐渐被融入到成片的城市建设用地中,成为大城市的一个次区域实体。虽然原先的小城镇已经与大城市融为一体,共同发展,但由于历史的原因及大城市的多元化发展战略,这些小城镇始终保持着内部的结构性及相对独立的行政权,而且往往被赋予重要地位,成为承担大城市某些职能的新区,所以称之为"类新城"。

（2）城市发展进程中,城市结构变化而形成的"结构演变型"类新城。随着大城市发展,城市形态的成长和城市规模的扩展,不断冲击原来的城市结构,当城市发展到原先的结构不再适应甚至束缚发展时,势必产生城市结构的突变,以适应城市的成长。例如,厦门城市发展逐渐突破了原来只局限于主要发展本岛的局面,新一轮城市总体规划的原则是厦门城市应由"海岛型"城市向"海湾型"城市转变,即以厦门本岛（含鼓浪屿）为厦门市的主城区（即中心城市）,同时整合岛外的城市化发展区域,形成沿海湾的城镇群。这些海湾城镇也可归入"类新城"。通过厦门海湾新城镇的整合规划和开发,将使厦门城市最终呈现出由本岛主城和岛外新市镇[①]有机组合的特大城市的空间格局。

三、不同新城类型的比较

从以上对"新城"与"类新城"的定义与分类分析,可以看出这两者新城在内涵与形态方面存在着很多不同,但可以简要地归纳为两者在"独立性"上存在本质性的区别。

1. 结构独立性

由于所处的区位和形成机制不同,两者与所在大城市的结构关系迥然不同。首先,新

---

① 厦门的城市空间发展演变类似于我国香港地区,故称本岛外海湾城镇为"新市镇"。

城由于形成于郊区,并有永久性的绿地与主城区相隔离,因此,是作为一个完整的结构与主城区共同生长于一定的区域范围内,并不因此改变主城区的空间结构。再者,类新城尽管历史上可能曾经存在于大城市的郊区,但最终与大城市连为一体发展,其空间布局、道路交通、功能组织等各个方面都成为主城区整体结构中的一部分,它的形成是与所在城市的结构变化互为因果、相辅相成的。

2. 经济独立性

新城自形成初始就是作为一个相对独立的实体而存在。首先,源于传统小城镇的新城虽然受大城市中心区的经济辐射,但由于历史所形成的经济基础,并不影响它作为一个独立于大城市的经济实体的地位,这样的城镇可以有自己的经济战略,通过自身的经济运作去实现发展目标。再者,重大建设项目形成的新城,本身就体现一个宏大的经济增长点,能吸引和集聚大量的人口和服务产业的集聚,成长为具一定独立性的经济实体;而类新城作为大城市的一部分,与大城市的经济成整体运作。新城的产业结构趋于相对均衡、完善,就业人口基本上来自于新城居民;而类新城的产业结构很难界定,往往只侧重于某一种产业,当地的居住人口和就业岗位也没有直接关系。

3. 社会独立性

同样,由于新城的空间结构具独立性,虽然是解决一部分大城市居民的住房和就业问题,但是随着新城结构的相对成熟,一些新城与主城区之间的社会流动性逐渐减少,社会构成也逐步趋向稳定,新城发展趋于成为一个自我平衡、相对独立的社会实体。然而,类新城与主城区在结构上呈现主、副关系,空间上更是融为一体。因此,相互间的社会流动性极为频繁,甚至相互共生,难以区分,在这个意义上,类新城很难有独立性可言。

新城与类新城的特征对比表 表12-1

	共同点	不同点	
		新城	类新城
目的	解决大城市人口和就业疏解为主要目的	有利于解决大城市的城市化人口和就业压力	以安置中心城市向外疏散的人口和就业为主
区位	位于大城市郊区	独立于主城区,与主城区有永久性的绿地分隔	或是城郊蔓延区,或逐渐与主城区连绵成片
功能	具有居住、就业、购物等综合性城市功能	人口和就业岗位基本平衡	居住人口和就业岗位不直接相关
产业	具备一定的就业场所,是大城市的经济增长点之一	有主导产业,经济发展趋于综合	产业结构较为单一
社会构成	相对稳定的社会实体	相当于中小城市规模,有相对独立的社会实体,社会构成较综合	城市整体的一部分,社会结构相对简单
环境	环境状况相对于老城区要好	有永久性绿地与主城区分隔,生态环境能得到较好的维护	受到大城市整体环境的影响,环境质量不易控制
交通	交通区位较优越,道路系统较完整	自成体系,并通过快速干道或轨道交通与主城区联系	道路系统是主城区的组成部分
设施	具备较完善的公共设施和市政公用设施	在新城范围内独立安排	在主城区范围内统筹安排

4. 规划独立性

正是由于新城和类新城在社会、经济、空间结构三大方面的不同，导致两者在规划处理的手段上有很大的不同。新城作为相对独立的社会实体，在城市规划和管理中需要单独处理，在市域城镇体系规划之下，对其应该独立编制总体规划。然而，类新城作为大城市区整体的一部分，在规划布局及管理方面与主城区密不可分，一般在城市总体规划完成后，对其编制分区规划。

第二节　国际大都市新城建设经验的借鉴

西方国家二战后的新城建设首先是出于一定的社会和政治原因，也就是说，新城建设是为了实现特定政策目标的手段，所以必定以公共开发为导向。我国大城市的新城建设，可以从国际经验中获得很有益的借鉴，最重要的有以下几点。

一、新城开发是大城市整体结构调整的有机组成部分

城市空间发展要呼应城市经济社会发展的需要，新城建设是大城市地区空间结构调整的组成部分，而城市空间结构调整要与城市产业结构等的调整相结合。在这方面，英国的伦敦、法国的巴黎以及新加坡都取得了很大的成效。

以新加坡为例，在过去的40年中经历了大都市区的形成过程，它的城市发展的总体特征是人口、服务和娱乐业的逐步分散，中心城市成为了城市的主要商业和就业中心，从而给交通运输系统带来巨大的压力。1958年，新加坡公布了第一轮总体规划，划定新加坡河两岸为中央更新区，当时该地区有居民25万，最大居住密度超过64万人/mi^2（大约24.7万人/km^2），是世界上最大的贫民窟之一。规划要求建设绿色地带以限制中心城区的过度生长，鼓励通过建设新城镇、新城区和扩大已有的村镇来容纳更多的城市产业和人口。

1967年，新加坡开始编制长期土地利用开发和交通运输发展规划，规划预计，未来新加坡的人口规模将达到400万；城市建设主要集中在汇水区周围呈环状布局，并在南部沿海地区呈轴向发展；境内将形成三个主要就业中心，三个中心之间的主要条形地带用作高密度的住宅发展区，通过遍布全岛的高速公路系统和大运量快速交通系统来保持相互之间的联系；在公共交通干线的沿线建设次城市中心，为居民提供就近的必要服务；利用穿过中心城区的公交干线形成发展走廊，沿发展走廊疏解人口。

在政府的规划政策指引下，中心城区的居民不断地被疏解到新建的边缘城镇中去。到1970年，已经有36%的新加坡人住到了政府新开发地区的公共住房中；到1990年这个数字上升到88%。分散出去的居民可以通过高效率的公共交通方便地进入中心城区[①]。

借鉴国际经验，我国在新世纪的新城建设也应是城市整体发展战略中的一环，新城要起到三大实质性的作用，即：① 吸收来自中心城疏散的人口和产业，以及吸纳来自广大农村地区的农业剩余人口；② 完善区域城镇体系结构，发挥区域次中心的作用，平衡大城市的经济结构和城市空间结构；③ 提供良好的生活服务设施和健康的生活环境，形成优良的创业投资环境。

---

① 上海建设网，上海城市发展信息研究中心，国外、香港地区的新城建设

二、新城开发要有合适的规模

国外对新城规模的确定一般有3种方法，一种是基于对理想城市环境的追求，以"田园城市"为范型来确定，一般在10万人口以下；一种是根据开发的经济性及投资的"门槛"理论，以20~25万人口为优；还有一种则是根据三产就业人口及需要接纳的疏解人口数量来推测总人口。国外新城建设的经验证明，新城的规模要适度。

综合西方国家多年的发展经验，新城的适宜人口规模平均为20~30万人[①]。但我国人口基数大，土地资源稀缺；尤其是新城建设基本上集中在东部沿海的经济发达地区，人多地少的矛盾更为突出。而且我国是处在城市化快速发展时期，新城可更多地吸纳来自农村的剩余劳动力。因此，新城的规划人口规模应适当扩大，不妨借鉴香港的经验，将可接受的人口规模扩大到50万人左右。当然，城市的规模受许多因素影响，包括技术条件、市场化程度、自然禀赋、生态环境、管理成本、规模效益、发展阶段等，具体的新城人口规模应该视城市功能和其他限制因素来综合确定。

三、保持新城建设区外围的生态缓冲地带

新城开发要体现一种全新的规划理念。要把城市的生态问题列到城市规划和建设的首位，并且应围绕这一规划理念制定完善的实施计划。新城的生态环境建设既要求有量的规定，也要求质的规定。

通过绿带对建设区进行严格的控制最先是在大伦敦地区使用的重要手段。1938年，英国颁布了大伦敦环城绿带保护法（Green Belt Act），确定在伦敦市区周围保留2000余km^2的环城绿带用地，绿带宽度为13~14km，其中除部分农业用途外，不准建造工厂和住宅。1944年的大伦敦地区规划确定的建成区外圈的绿带宽度为16km，占地面积5780km^2。至1950年代，大伦敦的环城绿带政策被推广到英国的其他地区。但是到了1980年代，英国政府迫于国家及地区经济发展形势的压力，为了全面鼓励经济开发，调整了空间发展政策，一些高精尖类型的企业项目被容许布置在环城绿带中。但总体而言，在新的开发的冲击下，既定的城市隔离绿带基本都得到了保全。

国际上新城建设所遵循的一个基本开发原则是新城与中心城之间应留有永久性的绿地，以避免两者的各自发展在空间上有连为一体，以免重蹈先前大城市发展的弊端，即便在新加坡这样狭小的城市国家，在各个新城之间也都留出了隔离绿地。永久性的绿地以公园和农田等为主，为不可侵占的自然带，从而阻止了城市无休止地向外蔓延。

四、营造优美而富有特色的人居环境和新城形象

新城的一个最突出优势在于可以通过规划营造优美的人居环境和城市形象。国际上大都市的郊区城镇建设都特别重视人居环境的营造。

新城的开发机构注重新城的公共形象问题。英国的新城通过控制公共住房的建筑形式和用地性质的兼容性来塑造新城形象。当然，其具体手法并不是四海皆准的，应从具体城

---

① 即使是在总人口较少的英国、法国等也是如此，而上海市城市总体规划中确定新城的规模也为20~30万人，达到中等城市规模。

市的具体条件出发来体现各新城的个性化形象,新城城市形象即使在英国也是在不断改变的。在加拿大和澳大利亚,还有一些新城具有相当特殊的功能,包括为矿山、石油化工、林业等大型工业服务的生活基地。在瑞典,新城则是斯特哥尔摩大都会城市圈的一部分,瑞典新城以其典雅的建筑形式和先进的快速轻轨交通闻名于世。

第三世界国家在新城发展方面也有许多实践,其目的性十分多样化。一方面,许多第三世界国家的新城建设改善了当地人民的生活质量;另一方面,由于没有尊重当地人民的生活方式,这些新城的建设是以损害乃至消灭本土文化为巨大代价的。

五、新城是规划创新的试验田

新城一直以来是各国运用新技术的创新地。在英国,从田园城开始的几代新城建设都注重了环境特色和规划理念的创新。

例如,英国伦康(Runcorn)的为了解决公共交通不足的问题,设立了一个"8"字形的快速道路交通系统,城市中心位于"8"字形的交叉点上,形成居住开发的骨架。其后的实践证明了这种规划处理是非常有效的,也证明了城市交通的处理方式是规划成败的一项重要因素。密尔顿·凯恩斯(Milton Keynes)新城,在布局上还改变了传统的邻里单位概念,将商业服务设施、学校等设置在街区边缘和交通干道附近,为各街区居民提供多个选择的机会,同时还将无污染的小工业设于街区内,形成"环境区",从而方便了居民。

又如美国于二战前提出的雷德朋(Radburn)体系中人车分流的设计手法不仅广泛地运用到美国的住宅区规划中,甚至深刻地影响了全世界。20世纪80年代兴起的"新城市主义"倡导具有地方特色和文化气息的紧凑型邻里社区,极大地影响了郊区的新社区开发形态。

第三节 我国新城建设的若干原则

新城建设是大城市发展到一定阶段后为完善城市——区域结构和强化中心城市功能,以及延续田园城市理念的新创举。我国的新城有着自己的国情和历史发展阶段。我国的新城规划和建设在规模和级别上等同于中等城市。因此,新城的规划和建设既要遵守城市规划和建设的基本原则,又必须遵循以下若干原则。

一、强化中心城市,完善城镇体系

我国的新城建设是在城市化快速发展阶段,大城市完善空间发展格局的一大举措。新城建设是与区域整体的健康稳定发展相辅相成的,在积极强化和完善大城市中心功能的同时,要积极发展新城及其他中小城镇,完善城镇体系。

我国未来的新城建设,相当一部分应是建立在原有的中小城镇的基础上,通过新的城市定位,培育新的城市功能而获得新的发展内蕴,还有一部分则以正在投资建设的重大建设项目为依托,一般沿铁路、水路、高速公路选址,规划和建设新城。结合已有的中小城镇,将有助于逐步形成以大城市为中心,若干等级有序发展的城镇为基础的城市群,并充分发挥不同等级的城市在区域经济和社会发展中的不同作用,实现城乡协调发展。通过人口和经济活动的空间布局优化调整,有助于形成生态环境良好的人居形态,完善区域城镇体系，全面提高大城市区域的整体素质。

要努力提高资源的共享度，对新城的交通、供水、通讯、电力等基础设施建设，要按照区域经济发展的要求，通过城镇体系规划，实现统一规划、共建共享。要按照中心城市、新城（或区域性中心城镇）、中心镇、一般镇协调发展的要求，合理规划城市的人口规模。

二、促进城市化，统筹和协调区域发展

我国的新城建设一方面是优化大都市区域的城镇空间布局，服务于疏解中心城市的人口和产业；另一方面是促进区域城市化的进程，吸纳来自农村地区的剩余劳动力。新城发展绝不是简单地吸收中心城市人口和吸纳农村人口的过程，在人口增长的同时应创造大量二、三产业的就业机会。城市首先是一个经济范畴，其次才是一个空间形态，新城也不例外。提高一个城市竞争力的关键，在于它的产业聚集效应和现代化功能的发挥。

大城市在强化中心城区的功能之时，一方面要疏散中心城区的产业，另一方面又需要提高大城市的整体经济实力。因此，新城建设应从区域整体协调出发，结合大城市区域内整体产业结构布局的调整，统筹考虑大型经济项目的建设，避免名目繁多的各类园区"四处开花"。要积极培育和发展主导产业，建设好工业园区和产业基地，着力改变工业自发性、就地化的分散布点方式，引导众多企业集聚发展，形成区域性整体规模优势。

在主动接纳大城市中心城转移出来的制造业的同时，以行政手段、政策诱导和经济杠杆相结合的办法，促进原有的乡镇工业适度集中布局，通过发展工业园区，以完善的园区基础设施和服务设施吸引乡镇企业进入。要坚决杜绝新的重复建设和资源浪费。

我国的大城市的发展要以"内聚"与"外延"发展并举，在不同的阶段有不同的侧重点。由于各地区有自己的环境和资源特点，经济发展的速度也有快有慢，经济总量有高有低，要从新城当地的实际出发，搞出自己的特色，不搞单一模式。特别是处于同一大城市区域的各个新城，在城市功能上、产业结构上、建设风格上应力求各具特色，避免千篇一律。

三、创造良好的政策环境

我国处在市场经济建立的初期，法制建设还很不完善，新城建设具有明确的时效特征和政策意志，与一般城市的自然生长不同，需要强有力的行政推动和政策保障，而不能过于依赖甚至迁就市场力量。根据国际经验，新城建设需要有某种形式的立法授权，以法律明确新城建设的基本原则、目标和方向；需要制定完善的规划，有切实的监督体系。宏观上，在大城市和新城之间、在各新城之间，要有区域性的战略规划来协调；微观上，要以新城发展规划的制定和公共开发为先导，从而为市场化的多元开发提供依据和框架。否则，新城建设会偏离原先的轨道，失去新城的建设效果和预期作用。同时，还有必要以法律法令的形式确定新城建设过程中的各级政府、机构、开发实体、私人等的权利和义务，以及责任和分工、付出和收益等。由国家和政府主导，以完善的法律法规来统筹及约束新城开发活动，才能有效地解决新城建设中各方面的利益冲突。

四、政府主导，市场化运作

新城建设是我国当前大城市社会经济发展和空间结构调整的重要举措，有着浓厚的社会意义和明确的政策目标。所以，新城建设必须依靠国家机器的力量。要明确坚持政府的

主导地位，建立高层次的领导与协调机构，对新城建设加以统一规划、严密组织，并加强实施过程中的协调和指导工作。要组织有关部门研究和提出新城发展的对策建议，制定新城建设有关的人口、产业、土地使用、资金、税收等的具体政策。同时，政府主导并不意味着政府包办一切。根据成功的国际经验，在实现政策目标的过程中，不但可以，而且应当运用市场机制。在我国今后的新城建设事业中，要积极探索新城发展的有效途径，积极构筑多元化的城市建设新机制。一方面，既要完善政府投入和市场运作相结合的投融资机制，也要积极创造社会资金投资城市建设的良好环境，采取股份制、股份合作制、公用民营、民办公助等多种方式，打破行业壁垒和部门、地区与所有制的界限，鼓励社会资金投入新城建设。另一方面要建立健全信息化服务体系，及时收集、发布市场行情信息和用地开发政策，增加政府办公的透明度，引导私人开发商参与具体的开发活动。

要加快城市基础设施产业化进程，把城市基础设施建设作为生产力的有机组成部分。在加大政府向市政公用设施等非经营性城市基础设施投入的同时，调动社会各方积极性，鼓励和引导社会资金参与城市基础设施建设。要引入竞争机制，创造条件将可经营的基础设施推向市场，不断提高城市基础设施的产业化水平。充分利用国际资本市场，筹措城市基础设施建设资金，多方式吸引外商外资投资城市基础设施。此外还可试行BOT（建设～经营～转让）、TOT（转让～经营～转让）、ABS（资产收益抵押）投资及政府特许专营等建设方式。总之，要在政府的主导下，充分发挥市场的活力，充分考虑建设开发的经济效果。

五、择优选址，交通工程先行

我国新城发展有特殊的阶段性和浓重的政策性。在新城选址方面，由于大城市现状城镇密度已很高，所以，一方面，可以以现有的一些中小城市或城镇为基础，选择一些近年来经济发展较快，基础设施较好，空间发展的余地大，已进入成长发展阶段的城市或城镇为"新城"，通过政策的推动和空间重构，形成区域的次一级发展中心。另一方面，可以对以资源开发为基础的中小城镇进行改造，对比较优势突出的资源性城市，有重点、有选择地投入资金和技术，在现有的基础上进行调整和改造，延伸产业链条，优化产业结构，增强经济活力，扩大城市规模，从而形成有独特功能的"新城"。在强化完善中心城，积极开发新城的同时，还应该选择一些交通发达、经济基础较好，或是发展潜力较大、发展前景较好的小城镇，将其建设成为小城市或中心镇，使之成为直接带动广大农村地区增长的经济核心区。

此外，在确定新城选址时，时空距离也是一个重要因素，新城距离中心城市不宜近，亦不宜远。这样，既避免日后的中心城市和新城的发展蔓延成片，又确保新城处在中心城市便捷的通勤圈内，以便于产业和人口转移及实现新城建设的最初宗旨。一般的新城与中心城市之间的距离宜为20～40km，不宜超过60km。因此，在大城市区域规划中必须明确中心城市和新城之间建立起永久性的隔离绿地，来达到两者之间的控制距离。绿地应该保证一定的宽度，亦应以20～40km为宜。

国际上的经验表明，大城市区域内必须由大容量轨道交通系统来联系和支撑中心城市和新城之间的经济社会活动，即便是相对自我平衡发展的新城也仍需要与中心有便捷的联系。我国当前的新城建设较多基于传统城镇，交通设施和基础设施的建设已经较滞后于当前的经济建设的发展和空间规模的扩张。因此，开发新城不仅要考虑新城和中心城市的交通联系，尽量依托高速公路和大容量轨道交通建设之利。其中，基于传统城镇的新城应该尽可能和尽快地建立与中心城市的高速公路和大容量轨道交通联系，这将有助于传统城镇更好地发挥已有的优势，吸引人口和产业入驻，促进原有城镇向功能综合完善的新城转化；而依托重点项目建立的新城，在建设初始就应该根据新城的规划规模和性质功能，规划好高速公路和大容量轨道交通系统，并适当超前实施。还需要说明的是，不仅仅是中心城市和新城之间，即使在部分新城和新城之间也必须建立起高速公路和大容量轨道交通系统，从而减少引入中心城市的交通。

六、合理控制建设指标，推行可持续发展战略

由于我国正处于城市化快速发展阶段，新城建设的力度将逐渐加大，一方面为了充分解决中心城的人口、产业压力和城市化快速发展的双重矛盾，新城规划规模应当相对较大；另一方面，新城应该是相对独立于中心城市，自身功能综合完善的城市，因此也必须达到一定的规模。城镇规模过小，既难以形成产业的规模经济或专业化集群发展，形不成对区域的辐射功能，也不利于提高基础设施和各种各类公建设施的配套水平及建设经济性。但是，我国人多地少、山地多、平原少及土地后备资源极为有限，尤其是建设新城较为集中的沿海经济发达地区，人均土地资源更是匮乏。这一基本国情，决定了新城建设的人均用地面积不能太宽绰，要合理控制各项建设的用地指标。

首先，新城建设必须坚持节约用地的方针。要把城市建设与土地整治、土地复垦结合起来，实行土地利用、开发、整治、保护相协调的政策，合理利用土地资源，做好新城总体规划与土地利用规划的衔接，严格按照规划安排建设用地和控制规划保留用地。再者，加强区域开发的综合调控。尤其是要把各类名目繁多的园区建设用地，如经济开发区、科学城、大学城、工业区、科技园、度假区等都要纳入整体的城市规划。不能将几十平方公里甚至几百平方公里的建设用地，排除在城市用地的范围之外，而不纳入建设总用地指标加以控制。把适当与新城相结合的项目放在新城，使之相互促进。

新城建设一定要处理好经济发展与环境保护的关系，把生态环境保护及农田保护等要求都纳入到新城规划建设的目标体系中，推进社会、经济、环境的可持续发展战略。

七、均衡社会结构，保持社会健全

新城将同时接受来自城乡不同职业和收入水平的人口，一方面是大城市的社会高层次居民追求郊外的舒适、自然、健康的高档次生活；另一方面是工薪阶层的平民百姓及农村的剩余劳动力希望在新城获得更多的实惠，因此新城的阶层落差更为明显。其次，新城形成的原因各不相同，其中，基于传统城镇的新城，在年龄结构和性别比上相对来说比较成熟稳定，但原有居民和外来移民之间多少存在社会分歧；而那些依托大型项目的"建设项目配套型"新城，由于缺乏原有的社会基础，现阶段会出现年龄结构失衡的现象和未来的同步老龄化的趋势，以及在职业构成上比较单一化。因此，新城在社会结构、阶层组织上具有相当的特殊性。新城在建设初始就应该考虑社会结构的平衡问题，注重保护弱势群体的利益和促进社会稳定发展。不仅要确保高质量的物质建设，提供各方面的完善的物质设施条件，吸引各层次、各方面的人口和产业，丰富新城的社会构成。

在政策环境上，要加快户籍制度改革，放开对农民进城落户的限制，促进农村人口有

序向城镇集聚，包括新城和其他中小城镇，避免过于集中涌入中心城市，要研究和制定适时的外来人口政策，大力引进并留住外来的优秀管理人才、技术人才和熟练技术工人，特别是符合新城产业发展方面的项目投资移民，这将有助于平衡社会结构，提高新城居民的素质。

八、 尊重历史，弘扬和充实文化内涵

我国作为一个文明古国，有着悠久而灿烂的建筑文化，如北京的四合院、江南的民居、岭南的骑楼，都具有浓郁的民族、地域特色，为世界所瞩目。优秀的历史、文化和自然景观是城市发展中最难得的财富，要特别注意珍视和保护；同时注重新建筑的质量和特色。新城建设的效果与质量同文化内涵密不可分，世界各国的经验已证明了这一点。当前我国正在加快工业化、城市化、信息化的进程，城市的数量、规模在不断增大，新城开发、旧城改造等各项开发活动不断交替，在这个过程中尤其要注意城市建设中的文化性。

我国的新城大多数基于有一定发展基础的传统中小城镇，历史的内蕴是不应该被现代的开发活动抹杀的。新城建设要尊重当地居民的喜好习惯，尊重当地的文化风俗。在这个过程中，我们应很好借鉴西欧各国的成功做法，尊重和珍惜民族文化遗产，特别做好古建筑和地方民居的保护，并有所创新，有所发展，保持和形成民族的、地域的特色。不要一味追求欧陆风情，那种脱离国情和传统文化，盲目跟风的做法，必定是缺乏生命力的。

当然新城建设也需要有新的理念和新的创意，与时代结合创造新的城市文化。我们在吸收世界上较为先进的城市设计理念的同时，应该与传统的的东方城镇古韵结合。在尊重历史形成的地域文化基础上，借鉴国际上的城市设计理念及风格，大胆创新，从历史的高度，展现新世纪新城的开放性、包融性，体现民族文化、外来文化、现代文化的共存与发展。

案例1：厦门城市发展战略——新市镇空间拓展模式的研究[①]

一、城市发展概况

1980年代以前的厦门城市主要集中在岛内老城区和鼓浪屿，岛外则主要集中在杏林和集美。进入1980年代后，厦门城市的空间拓展进入了史无前例的快速扩张阶段。在本岛，城市建设由铁路以西迅速向铁路以东拓展，使本岛东部面临着严峻的大规模开发压力。2000年底，厦门本岛人口规模已经达到了107.7万人，厦门规划区城市人口规模达到了132万人，大大超过城市总体规划关于近期102.5万人口的目标。

然而，岛外的开发建设明显落后于本岛，普遍未能实现城市总体规划的发展要求，尽管杏林和集美一直处于不断拓展和完善的过程中，新阳和海沧也于1980年代以后启动了开发建设。2000年底，厦门市城市规划区内的岛外近郊城镇人口规模仅达22.4万，远远小于总体规划确定的43.5万的人口规模。

厦门岛内和岛外在城市拓展建设中的日益不平衡发展已经对厦门本岛的环境资源保护造成了严峻的局面，并严重制约了厦门从"海岛型城市"向"海湾型城市"转变的战略目标的实现。

二、新市镇发展社会经济背景

厦门市要实现从"海岛型城市"向"海湾型城市"的历史性转变，最重要的策略性措施之一就是跳出本岛，沿厦门湾有计划地规划和建设若干新市镇。厦门新市镇的发展有适时的社会经济背景。

1. 福建省、厦门市城市化进程加快

以大城市为中心的区域发展模式，将继续把发展大城市尤其是中心城市作为推进城市化的战略重点。随着户籍、土地、就业、市政建设、社会保障、城镇管理等方面制度改革的进一步深化，以及鼓励人口向城镇集聚，越来越多的产业和人口将向大城市集聚。厦门作为沿海地区与福建省的其他沿海城市一样，还要承接一部分内地人口迁入。产业和人口大规模地向大城市集聚，现有的中心城市必然要向郊区扩展。为实现"截留"和"疏解"，建设"新城"无疑是一种明智的选择。

2. 城市居民生活水平的提高将促进城市郊区化的发展

据研究，当一个区域人均GDP达到4000美元时，郊区住宅将成为工薪家庭的消费对象，郊区城市化的速度随之大大加快。随着我国加入WTO，私人交通工具的价格将不断下降。同时，政府对基础设施投入力度加大，交通条件也将日益改善，轿车进入一般家庭指日可待。另外，市中心可供房产开发的土地越来越少，房价越来越高，对岛外高质量的需求必将随之而升。

3. 产业的合理布局也要求加快岛外城镇的建设

随着城市服务功能的增强，第三产业的发展，厦门本岛的用地功能必须进一步优化，新

[①] 资料来源：同济大学联合课题组，《厦门市城市发展概念规划研究》，厦门市城市概念规划研究咨询，2002.7，委托方：厦门市城市规划局。

案例1-1　厦门市域示意图

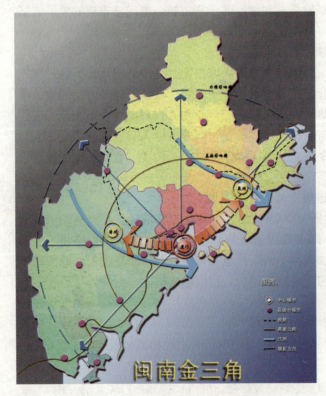

案例1-2　厦门在闽南金三角的区位图

的产业将主要布置在岛外，岛内一些工厂企业也要通过土地置换而向岛外转移。岛外的建设必须相对集中，配套完善。采用合理的规划手法和有效的开发模式是至关重要的。

在综合分析厦门城市发展的宏观背景、基础条件、客观要求和未来发展趋势的基础上，并考虑公众的认知，研究建议确定厦门市"四个中心，两大基地"的城市综合发展目标，以便合理有效地指导要素配置，并促进城市的全面发展。

力争在今后10～20年间把厦门建设成为区域性国际物流中心、商务服务中心、文化教学中心、闽东南及近洋旅游集散中心，以及高科技产业集聚基地和对台经贸合作的首选基地。

既充分利用城市发展的战略性资源，又积极呼应未来城市的综合发展目标，可将各方面所认知的不同层面的中心城市目标浓缩为"区域中心城市"的定位，并将厦门的城市性质的内涵简洁地归结为：海港和风景城市，区域中心城市。

三、影响城市空间拓展的动因分析

1. 资源因素——多重因素的相互综合作用

资源因素主要指直接影响到城市空间布局的先天客观的自然资源（主要包括城市发展的地形、地貌、气候等因素）和历史形成的人为资源（主要包括城市文化、社会风俗等因素）。根据对城市空间拓展的利弊影响可分为限制性资源与战略性资源。

厦门市域周边连续的丘陵和河

流、海湾形成厦门相对封闭的地理环境，本岛以外有利于大规模城市建设的平原用地主要是集中在环海湾一线，这在很大程度上对厦门远景城市空间结构和城市空间拓展方向的选择造成了限制。

（1）限制性资源

限制性资源将构成城市空间拓展的工程经济门槛。这些门槛又包括显性门槛和隐性门槛两类。显性门槛主要包括：本岛城市空间向东部拓展必须解决的跨越铁路线问题；本岛向岛外拓展和岛外各城镇发展必须解决的跨越海湾问题；岛内外既各自成体系又相辅相成的基础设施建设问题；岛外城镇跨越市政走廊向西北发展必须解决的市政交通问题；以及由于海湾水域环境原因必须解决杏林和马銮新阳远距离输送污水等多方面问题。隐性门槛主要体现为当前城镇空间拓展可能造成的潜在问题，以及由此引发的未来恢复成本。隐性门槛主要包括：本岛规模过度扩张形成的生态环境质量下降；岛外组团过于接近甚至连片发展可能引发的生态问题；在规划市政通道设置建设区等多方面的问题。

（2）战略性资源

战略性资源往往是城市在相当长发展时期内可以依赖的重要的特有资源，战略性资源的合理利用意味着为城市的发展提供地方特有的长期推动力。厦门的战略性资源，首先是与"海港城市"对应的适宜建造深水港口的岸线资源，包括本岛岸线、岛外的海沧深水岸线和刘五店深水岸线等，这是厦门海港进一步拓展并带动相关产业发展的重要先天性资源，对厦门今后的经济发展具有重要的战略性作用。其次是与"风景城市"对应的独具特色的城市风貌，如鼓浪屿、集美学村、老城区中山路等城市文化的精华区，这些都是支撑厦门旅游业、吸引外来投资和定居者的重要资源。

正是以上的限制性资源和战略性资源等多重原因的相互综合作用，促成了厦门总体规划中的远景城市空间布局和城市空间拓展的基本框架格局。

2. 政策因素——非均衡性的厦门对外开放政策

历史上由中央制定的一系列有关厦门的对外开放政策主要包括：1980年在湖里设立经济特区；1984年决定将经济特区范围扩大到本岛和鼓浪屿并逐步执行自由港的某些政策；1985年确定同安为沿海开放区；1987年在厦门市郊区执行技术经济开发区政策；1989年在经济特区、杏林和海沧设立享受特区政策的台商投资区，以及厦门市实行计划单列。

1985年前的开放政策使得厦门成为全国对外开放度最高的极少数窗口之一，巨大的政策优势配合地缘和血缘优势使得厦门吸引了大量的外来投资，并因此推动了城市的建设发展，由此形成了城市空间布局和拓展的重要诱因。湖里经济特区不仅极大地促进了厦门的经济发展，还直接、深刻地影响了最初岛内外的城市空间布局和拓展方向。一方面，经济特区选址于湖里带来的大规模城市建设为本岛城市空间布局的形成奠定了基本骨架；另一方面，经济特区引发的本岛经济的蓬勃发展和城市建设水平的急剧提升，拉大了岛内外的经济社会发展差距，造成了城市建设资源在本岛的进一步集聚，而其后的经济特区将扩大到本岛和鼓浪屿范围的政策更是进一步加大了本岛内外的反差。

1985年之后的一系列开放政策对厦门的产业布局和城市空间拓展也呈现明显的引导意图，但是开放政策对城市空间的岛外拓展却明显减弱。

这种非均衡性的开放政策在厦门城市空间拓展的初期曾经发挥了极为重要的诱导作用，

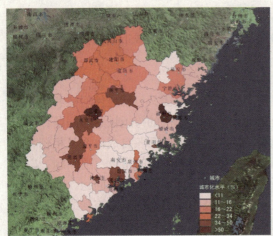
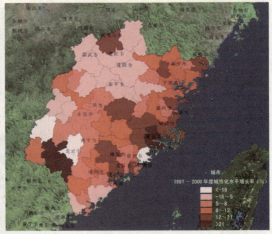

城市化水平及其增长率

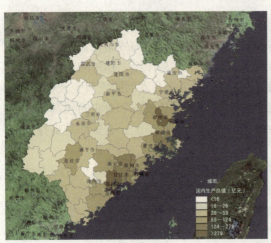

GDP总量及其增长率

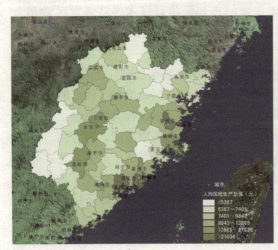

人均GDP及其增长率

案例1-3 厦门市与福建省其他城市的经济指标对比图之一

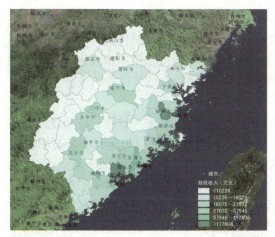

财政收入及其增长率

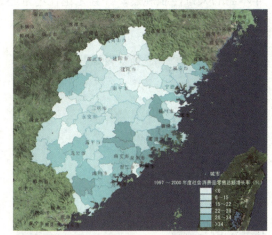

社会消费品零售总额及其增长率

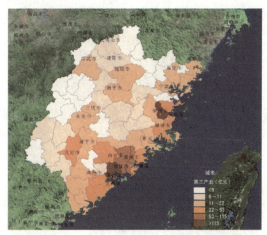

产业构成和三产比例

案例1-4　厦门市与福建省其他城市的经济指标对比图之二

但是随着时间的推移,开放政策对城市空间拓展的诱导作用效果显著下降。这固然与厦门本岛日益强大的聚集能力,及由此对在岛外建设新城区形成强大抑制作用有关,但更与开放政策逐步在全国更为宽广的地域范围内实行,而导致政策极化作用逐步淡化有着密切的关系。而我国加入WTO组织更加意味着原有的经济特区等特殊政策优势的进一步消失。

3. 人口因素——急速的人口规模扩张

根据自1980年设立经济特区以来的厦门市历次人口普查,外来人口增长成为厦门城市人口迅速增长的主要原因,并且外来人口增长趋势在1990年代较1980年代有显著增快。

根据人口普查,首先,1990年到2000年的全市人口年均增长率达到7.5%,远远高于从1982年到1990年间的年均2.6%的增长率;其次,全市人口总量也从1982年的96.6万增长到了2000年的205.3万,城镇人口规模也扩大到145.4万,其中规划建成区的城镇人口达到132.0万,明显超出2000年版总体规划对2005年人口规模的预测(129.5万);再者,1982~2000年间,本岛的人口增长了4.6倍,达到了107.7万的规模,远远超过历次总体规划对2000年本岛的人口控制规模,并且无论在增量还是在增长速度上均远高于岛外各城镇的人口增长情况。

1981年本岛城市建设现状

1985年城市建设现状

1991年城市建设现状

2000年城市建设现状

案例1-5 厦门市城市发展演变图

急剧的城镇人口规模扩张对城市用地拓展提出了紧迫的要求,并因此直接导致了城市空间拓展的显著差异。由于缺乏有效的向岛外拓展措施和规划引导决策,岛内城市建设用地规模迅速超出规划控制要求,并导致向本岛东部拓展成为被动的必然趋势。此外,尽管厦门城镇人口总量显著超出2000年版总体规划的预期,但由于人口过分在本岛聚集,使岛外各片区的城镇人口规模均未能达到总体规划的预期。

4. 市场因素——卖方市场条件下的外来投资

外资在促进地方经济规模增长的同时,不仅推动城市规模的扩张,还对城市空间拓展产生了巨大的影响。外资对城市规模扩张的推动作用主要体现在两个方面,一方面是外资对各类城市功能用地产生的直接需求,从早期的集中在工业企业到近期的多行业分散化,直接促进了相应城市功能的空间拓展;另一方面是外资推动经济发展并创造大量就业岗位,在促进当地农业人口迅速向城市人口转变的同时,还吸引了大量外来务工人员的聚集,从而对相应功能的城市用地产生间接需求。根据对厦门经济发展的研究,外资在厦门的经济发展中担当了极为重要的角色,仅来自台港澳资本的经济占厦门工业总产值的比重,在1995年以后就已经稳定在50%以上。

其次,外资的投资意愿必然对城市空间布局和拓展方向产生重要的影响。同样有两方面的表现,一方面是一般规模的外来投资通过自身的企业选址行动对城市空间拓展方向产生的持续性影响,尽管政府的引导对不同区位的外来投资区具有一定的影响作用,但在卖方市场条件下,先本岛后岛外,而岛外也是根据不同片区的成熟状况呈先后拓展趋势。另一方面是足以直接影响地方经济和地方产业发展的大规模外商投资对城市空间拓展的直接性影响。最具代表性的是1990年代因"901"工程而实施的海沧开发建设计划,尽管最终未能实现吸引外资的愿望,但仍然导致了相当规模的公共投资并吸引了一定规模的其他外资企业,直接促进了海沧的开发建设。

5. 规划因素——宏观层面的规划决策变迁

在宏观层面上制定城市空间拓展策略是政府用以指导相关空间政策制定和确定公共投资重点,进而引导城市空间拓展的重要措施之一。由于城市空间拓展在投资和发展方向上具有显著的稳定性和延续性,长期稳定的城市空间拓展策略对城市空间的拓展因此而具有重要意义。

厦门市从1983年版总体规划直到2000年版总体规划,尽管"先本岛后岛外逐步拓展"

1980年代以来的厦门市人口增长(五普人口资料)　　　　　　　　案例1-1

	1990年		2000年						
	总人口		总人口				城镇人口		
	数量万人	比重(%)	数量万人	增量万人	比重(%)	增长率(%)	数量万人	占分区人口总比重(%)	占全市城镇人口比重(%)
全市	117.6	100.0	205.3	87.7	100.0	74.7	145.4	70.8	100.0
本岛	42.0	35.7	107.7	65.7	52.5	156.4	107.7	100.0	74.1
鼓浪屿区	2.3	2.0	2.0	−0.3	1.0	−13.0	2.0	100.0	1.4
岛外近郊*	22.0	18.7	37.6	15.6	18.3	70.9	22.4	59.6	15.4
同安	51.3	43.6	58.1	6.8	28.3	13.3	13.4	23.1	9.2

* 岛外近郊包括杏林区和集美区

数据来源:根据《厦门市第五次人口普查手工快速汇总资料汇编》整理

的宏观城市空间拓展策略曾经是较长时间内的官方表述,但2000年版总体规划通过大规模扩展本岛人口规模和用地规模的方式,在事实上改变了"严格控制本岛规模"的一贯策略,并且采取了本岛和岛外环西海湾多方位同时拓展的城市空间拓展策略,由此导致"继续严格控制本岛向东部拓展"的发展策略的落空。在宏观策略调整、原有拓展控制界线取消和缺乏有效控制手段的情况下,城市空间迅速向东部拓展,并由此导致本岛城市规模的持续高速扩张。在岛外发展方面,由于多方位的岛外空间拓展策略的调整,使得本岛的急剧拓展吸引了大量资源,而岛外公共投资难以最大程度地集中,必然导致相应公共设施建设滞后,并由此软化了岛外城镇空间拓展的推动力。

6. 政府的动力因素——空间政策与公共投资等的不整合

对建设活动进行规划指导和管理外,政府还可以通过各种公共政策措施来引导城市空间的拓展:主要包括制定空间拓展相关的政策(以下简称:空间政策)和公共投资两种方式。

(1) 空间政策方面

一方面政府通过实施一系列空间政策积极推动着城市空间的拓展,如台商投资区对本岛、杏林和海沧等的城市空间拓展的推动作用、"一区多园"的火炬高技术产业开发区政策对不同片区开发建设的推动作用。但在另一方面,未能充分利用空间政策来促进城市空间拓展策略的合理实现,以致往往造成空间政策实施效果与城市空间拓展策略相背离。例如,大量分散布局的小规模工业开发区、"一区多园"的火炬高技术产业开发区的布局方式和纳入"十五"计划的钟宅高科技园计划等,虽然一定程度上有利于高新技术产业在岛内外不同空间层面上的迅速发展,但也难免削弱本岛迅速积聚高新技术产业,并形成规模效益以推动本岛产业结构升级,进而影响城市空间拓展的努力。又如,在本岛城市规模急剧扩张的情况下,东部规划为城市副中心,难免导致进一步强化本岛集聚作用。

(2) 公共投资方面

公共投资同样存在分散化与城市空间拓展宏观策略相悖的情况。一方面政府通过对海沧大桥和市政基础设施的大规模投资,推动岛外海沧嵩屿的开发建设;另一方面是易于引发大规模建设的公共投资仍然高度集中在本岛,首先是本岛基础设施的大规模建设,不断扩大着城市基础设施承载力,并为城市规模的不断扩大提供了保障;其次是大量公共投资促进城市功能在本岛的不断集聚,如近年新近发展起来的物流业和会展业均集中在本岛,在促进城市经济发展和发挥集聚效益的同时,也抑制了由本岛向岛外的城市空间拓展;再次是带有政府福利性质的大规模联建住宅集中在岛内开发,不仅直接抑制了人口向岛外的扩散,还占用了本岛宝贵的战略性土地资源,并抑制了本岛房地产业的高端化发展。

此外,尽管适应总体规划要求,但在政府财力有限和未能相对集中的前提下,"分散多方位"的总体城市空间拓展策略造成公共投资在岛外的过度分散,弱化了对非公共投资的引导,造成城市空间拓展资源的分散和低效利用,进而影响了岛外城镇的发展。

四、未来城市空间拓展的趋势分析

对未来若干年内厦门城市空间拓展的基本趋势进行判断,是确定空间布局和空间拓展策略的重要依据。为此从生态容量、客观趋势和主观意愿三个方面对厦门的城市空间拓展趋势进行分析。

首先,依据有关研究报告,水资源容量曾是厦门城市规模发展的重要限制性资源因素,并因此确定厦门城市人口规模不宜超过300万人（2000年版总体规划专题报告）的最大人口规模限制。但随着近年来引水工程的陆续建设，困扰厦门城市规模扩张的水资源容量问题已经大大缓解，厦门适当突破原有人口规模限制已成为可能。但这并不意味着厦门城市人口规模可以无限扩大。根据多生态因子测算，以及保护厦门战略性资源和适当规模的农业生产用地的需要，建议厦门应当以300万人为生态容量极限允许的总人口规模，并以250万人为城市人口规模极限。其次，尽管外部条件出现显著变化，但支撑厦门城市空间继续扩张的基本影响因素依然存在。我国加入WTO、西部大开发和海峡局势等一系列问题都对厦门的发展构成了严峻的考验，但同时也为厦门城市的进一步发展带来机遇。再者，岛内外的显著差异，为岛外继续实施以工业化推动城市化和岛内各种城市化资源的外迁提供了可能，而近年来岛外的快速工业化和城市建设进程进一步证明了这一可能性。再者，厦门为实现中心城市目标而大力推动的港口物流、高层次服务业和高新技术等产业已经得到了初步的发展。这些新兴产业将逐步成为厦门城市发展的重要推动力，并将因此促进新一轮的资源聚集，成为城市经济的继续发展和城市规模的继续扩张的动力源泉。

但是，另一方面，伴随着厦门的进一步发展，最初对城市发展和城市规模扩张发挥过极为重要作用的一系列外来动力已经逐步消失或弱化，未来的城市发展更多地将依靠城市的内在动力，继续保持1980年代以来的城市规模扩张速度的可能性因此已经很小。

然而，实现厦门的东南沿海中心城市的目标，依然需要适当的城市规模扩张。任何中心城市都需要一定的城市规模，以满足中心服务功能发挥所必须的经济和人口规模支撑。但对城市的发展应当更多地追求质量提升，而不是单纯的规模扩张，这已经逐渐成为人们的共识，因此必须对厦门的城市规模扩张进行适当的控制。

在经历了最初的急剧膨胀式规模扩张阶段后，随着外部环境条件的逐步变迁及提升城市发展质量的需要，厦门的城市空间拓展速度较前阶段相比，逐步趋向平稳的可能性很大，但依然存在城市规模扩张冲动趋势和因素，以及建设东南沿海中心城市的发展目标，支撑并需要城市继续适当速度的规模扩张。因此，在达到生态环境极限容量之前，速度逐步平稳的持续性规模扩张，是厦门城市空间拓展的基本趋势。

五、未来城市空间拓展的对策建议

1. 对策建议一：城市发展理念转变——从企业投资牵引的外生模式转变为制度推动的内生模式

（1）从1980年代以来至今，厦门城市发展的模式可以概括为以吸引外部投资为主导，由企业家投资牵引的"外生"模式。

"外生"模式体现为多方面的特征：在城市发展的推动力方面，以中央政府的非均衡空间开放政策为引导，以吸引和迎合外商投资为主，由此引发人口机械增长率剧增等；在城市发展的空间层面，以本岛为核心的中心城市极化发展，迅速促进和确定了本岛的发展优势，同时也进一步拉大了与岛外周边区域的差距，形成严重的多重二元结构；在城市发展目标方面，主要体现为过分集中于通过吸引外部投资和外来务工人员迅速发展城市经济，而相对忽视社会、环境和文化等本地社会资本的价值提升。以围绕吸引资本促进经济发展为主的"外生"模式在厦门城市发展的初期发挥了极为重要的作用，使厦门市在激烈的城市竞争中能够积极迎合市场需要，迅速发展成为具备一定城市规模和综合实力的现代城市。

但是，随着城市进一步的发展，"外生"模式的局限性逐步体现。表现在多个方面：首先，随着外部环境的改变，原来城市发展的外部推动力逐步消失或减弱，城市必须为进一步发展寻找新的推动力；其次，过分依赖外部资金推动的城市发展模式不仅弱化了城市掌握自身发展进程的能力，还有可能由于对外部动力需求的过分迁就，造成对城市发展战略性资源的低度利用或浪费；还增加了城市空间拓展进程中的不确定影响因素，并因此提高了城市在空间拓展中的风险和成本；另外，过分的外部动力需求导向，还可能造成城市与周边区域共同陷入低层次的激烈竞争中，降低了主动进行区域协调的可能性，不利于建设区域中心城市的长远发展目标。

(2) 与"外生"模式成对比的是以内生资本（战略性资源）推动的"内生模式"。

根据佛莱德曼（John. Friedmann）的内生模式理论，厦门的城市发展，应当逐步将城市发展的动力从过分依赖外来动力（特别是外资）转向对内生动力的培育。这些动力因素应当由一系列的城市战略性资源构成，包括历史人文、城市文化、环境生态等多个方面。这就要求在城市发展过程中应当充分关注这些资源的保护和增值，而不能因为吸引外来投资忽视甚至牺牲内生资本的长远作用，从而逐步增强城市发展对外部环境变化影响的抵抗力。

在城市发展目标方面，应当强调经济、社会、文化和环境等多元目标的优化，而不是过分强调经济发展目标和为追求单一的经济发展目标而破坏或浪费城市发展的战略性资源；从区域整合的原则和构筑区域中心城市的长远目标出发，积极引导区域内部的产业合理分工，加强区域内部协调，形成错位竞争，力求避免区域内部在低层次上的恶性竞争。

在确立"内生"模式主导的城市发展理念的基础上，应根据城市内在发展规律，合理制定城市空间拓展策略和相应的城市空间拓展原则，以指导城市空间拓展方面的公共政策和措施。

2. 对策建议二：严格控制本岛规模扩张，积极实施拓展岛外新市镇的宏观空间战略

由于自1980年代以来的城市建设重点始终放在本岛，岛内城市规模迅速扩张，已经对厦门市引以为豪的本岛战略性资源——优良的居住生态环境形成威胁。客观上，本岛131km²的范围内已经居住有107.7万人，就人口密度而言，本岛已呈全面都市化。如果考虑本岛大面积风景区用地的影响，实际人均城市用地面积已剩无几。显著上升的居住人口密度显然不利于原有的高质量生态环境的维护。

从主观方面看，根据社会研究专题的调查，尽管新近迁入居民普遍认为本岛生态环境质量较高，但在本岛居住时间较长的居民却普遍反映生态环境质量有明显下降。可见，厦门本岛尽管目前仍保有生态环境方面的明显优势，但这一优势已经受到威胁。为此，必须对本岛的居住人口规模和各类可能对生态环境造成负面影响的人类活动进行严格控制。最有效的办法之一就是严格控制本岛城市用地的规模扩张。因此，建议尽快在市域范围内实施统一的"严格控制本岛规模扩张和本岛东部拓展进程，积极发展岛外新市镇"的宏观城市空间发展战略。

在城市空间拓展方面，首先必须研究确定本岛的最大城市用地规模，并在此基础上制定严格的年度新增用地指标制度，通过严格的新增用地控制方式抑制当前的大规模城市空间拓展趋势；其次，新增用地积极向高层次居住功能倾斜，并适当增加高层次第三产业和高新技术产业用地；再次，对不符合本岛功能定位的已建设用地进行合理的功能置换和功

能重组，在存量用地中为高层次的第三产业和高新技术产业的发展提供充足的城市空间。

其次，在岛外采取新市镇的方式积极推动城市化进程。其中包含双重意义，一是城市建设重点从岛内向岛外转移，二是在岛外采取发展新市镇的集中城市化方式，而不是一般的以工业化推动城市化的分散发展方式。我国近20年的城市化历程已经证明，分散低水平的建设用地拓展与城市化方式不利于我国城市化进程的长远利益，而适当集中的城市化方式不仅有利于城市用地效率的提高和保护农地，也有利于通过空间的集中促进城市聚集功能的发挥，并推动城市向更高等级水平发展。而厦门特定的地理环境因素和狭小的市域范围也不允许走分散的工业化和城市化道路。因此，建新市镇应当成为厦门城市空间拓展的基本方式，这是惟一可能最大程度地保护生态环境和农业用地的工业化、城市化方式。为此，结合现状发展基础，拟确定岛外四大片区：海沧嵩屿、杏林集美、同安、刘五新店，各片区分别形成具备一定综合功能的新市镇。

3. 对策建议三：重点有序和具适应性、协调性的城市空间拓展原则

以往分散多方位的城市空间拓展策略已经造成公共资源和社会资源的分散，导致岛内城市的拥挤和岛外城市建设缓慢。为此，建议迅速调整原有城市空间拓展策略，采取"重点有序"和具适应性、协调性的新空间拓展策略。

"重点有序"就是以"内生"模式为发展理念，在遵从城市空间拓展宏观战略的前提下，结合现状城市空间布局，从优势战略资源、城市发展潜力和现实发展基础等多方面综合考虑确定岛外新市镇的一般拓展顺序和原则。

在本岛，城市空间拓展的重点应当确定为现状建成空间的功能结构的优化和重组，即根据厦门建成东南沿海中心城市的目标，大力促进城市发展战略性资源的保护和合理利用，确保本岛城市用地功能向符合城市发展目标的空间用地结构和需求方向调整。当前应立即扭转向本岛东部的快速大规模拓展趋势，通过执行严格的年度新增用地计划，为本岛的长远可持续发展留有余地，并藉此推动建成区内的用地功能重组。

在岛外，重点选择海沧嵩屿和刘五新店作为政府重点推动建设的新市镇，并遵循先海沧嵩屿、后刘五新店的空间拓展次序导向。其原因在于建设中心城市的目标要求厦门首先加强与漳州和泉州方向的连接，通过区域协调发展，巩固厦门在闽东南三角的中心城市地位，并进而逐步扩大影响范围。

未来的海沧嵩屿和刘五新店两个新市镇，一方面具有重要的战略性资源——深水岸线资源，一方面又因为是主要承载区域中心服务功能的本岛与漳州和泉州交通联系通廊上的两个必经节点和门户场所。积极发展海沧嵩屿和刘五新店不仅有可能，而且是厦门岛外城市空间拓展重点的必然选择。一方面通过空间距离的接近和安排相适应的功能，以积极加强与漳州和泉州的连接，另一方面也有利于阻止外来人口和加工业在本岛的过度集中，避免造成本岛的拥挤。

鉴于目前已经在海沧嵩屿初步形成了大规模开发的势态，从集中资源迅速推动新市镇发展的角度出发，建议近期集中开发建设海沧嵩屿。若无新的重大机遇，建议在海沧嵩屿基本开发成熟的基础上，再将发展重点转向刘五新店。

岛外的杏林集美是厦门岛外近郊最早形成的建成片区，已经具规模，并逐步积聚了继续进行城市空间拓展的一定动力。大同镇作为同安片区早已形成的中心城市，已经初步形成了聚集能力。应当在重点突出的前提下，通过对杏林、集美的片区重划和赋予同安新的

城市综合功能，以积极推动现有城区服务功能的完善和新市镇的开发建设。

4. 对策建议四：建立公共资源的整合机制，使公共政策的效益最大化

宏观指导思想的变化和缺乏有效整合的公共空间措施，这两方面是1980年代以来厦门市在城市空间拓展策略方面存在的主要问题。在缺乏有效整合机制的条件下，与城市空间拓展相关的公共政策或公共投资虽然对各个单项目标的实现起到了积极的作用，但却未必有好的整体效果。因此，建立有效的整合机制，合理制定和实施公共政策，是推动城市空间按既定战略拓展的必要保障。有效整合机制的建立主要包括两方面的内容：首先是根据宏观战略，对不同层面的空间拓展策略和拓展时机进行从上至下的解析过程；其次是对具体公共政策所产生的空间影响效果进行从下至上的目标检验过程；而在公共政策角度则是要求对空间政策和公共投资这两个重要的公共手段加以合理的综合运用，引导各项资源向有利于宏观空间拓展战略实现的方向聚集，以发挥公共政策的最大效益。

六、未来城市空间拓展的总体格局

厦门的城市总体规划已确定了城市空间要向岛外拓展，从"海岛型城市"向"海湾型城市"的战略转变势在必行。虽然本岛东部尚有有限的可建设用地，但这是关系到本岛长远发展和功能提升的不可替代的土地资源，具有战略价值。另一方面，本岛人口规模已经大大超过规划的控制上限。据抽样调查，厦门居民也已意识到本岛不应继续拓展建设用地。因此，从保护和合理利用本岛东部的土地资源的原则出发，应避免本岛建设用地规模的继续大规模扩展。

岛外建设用地的拓展由于首先要考虑加强与漳州和泉州的区域合作。其中西部的海沧、嵩屿和马銮等原有城镇组团已经有了初步发展；东部主要有马巷及新店、内厝和大嶝等城镇，其中大嶝镇近年来对台的小额贸易非常活跃；杏林和集美是岛外最早开发建设的功能组团，已经具备一定规模，功能仍需完善，但相对缺乏有规模的可建设用地；大同镇位于市域市政走廊的西北侧，在经历长期发展后已经具备了一定的发展规模和基础，主要为周边村镇服务和引导周边地区的聚集发展。

基于厦门市城市人口、产业有机疏解和确保市域生态环境质量的原则，建议采纳"一主四辅、两翼突出；众星拱月、海湾城市"的城市总体空间格局。

1. "一主四辅"：即厦门本岛（含鼓浪屿）为厦门市的主城区（即中心城市），同时整合岛外的新旧市镇，设置四大辅城区，即海沧马銮辅城区、刘五新店辅城区、集美杏林辅城区、同安辅城区。在岛外四大辅城区综合安排城市功能、统筹各项开发建设，使厦门市最终形成由"一主四辅"五大功能区共同构成的组合型特大城市的空间布局。

2. "两翼突出"：即在岛外四大辅城区的开发建设过程中，应特别强调东西两翼的海沧马銮和刘五新店为重点建设的两翼，通过这两个新市镇的重点建设来带动厦门城市功能的提升和完善。

3. "众星拱月"：即新市镇环绕中心城市布局的空间形态，规划根据经济地缘理论和区域一体化原则，并考虑现实和潜在的因素，将金门纳入厦门的城市空间布局中。

4. "海湾城市"：指随着厦门城市空间布局的逐步完善，厦门将形成在九龙江口、西海域和同安湾（未来包括厦门东侧水道）沿线——城海交融的"海在城中、城在海上"的海湾城市空间布局形态。

七、海湾新市镇开发的策略

在科学确定城市的总体发展战略和空间格局的基础上,还要制定合理的新市镇开发策略。

1. 合理控制各岛外新市镇的开发规模,防止蔓延成片

厦门今后要积极推动岛外新市镇的规模化扩展,撤并一般小集镇,引导农村二、三产业及非农人口向新市镇集中,并避免人口向本岛的过度集中,相应促进各新市镇的城市综合功能发展。同时,应合理把握发展规模,岛外新市镇的人口规模控制在30万左右较合理,具体应根据每一新市镇的实际情况和条件作适当调整。其中海沧马銮的人口规模约为40万,集美杏林的人口规模约为25万,严格控制岛外其他一般城镇的发展规模。同时,各新市镇之间的海湾和绿地应严格保护,目的在于防止相互蔓延成片。

厦门市新市镇空间拓展的对策建议　　　　　　　　　　　案例1-2

宏观目标	严格控制本岛规模扩张,积极开发岛外新市镇;完善提高杏林集美同安,重点推动两翼新拓展				
	本岛城区	海沧马銮	杏林集美	同安县城	刘五新店
功能定位	发展区域中心功能产业,积极提供高层次居住生活环境,以高新技术研发、中试和高层次第三产业为主导	积极连接漳州,提供中高档次居住空间,促进港区和流通转运业的发展,引导重型工业发展,积极促进城市综合功能	由传统的集美文教、杏林温泉风景区和传统第二产业等功能为支撑,并逐步完善和提升城市综合功能	积极发展传统第三产业和劳动密集型产业,建设综合功能强大的兼有生产和服务的片区中心城市	积极促进和落实自由贸易区和对台港口建设,大量提供高层次的生活居住环境,积极加强与泉州和金门的联系
拓展原则	严格控制规模扩张,有序引导东部持续发展,大力推动内部空间结构重组	结合新阳工业区积极开发马銮新城区,结合新市镇旅游、流通和服务类产业的聚集积极推动海沧新城区的建设	以原杏林和集美老城区的基础上结合新市镇合理空间结构逐步进行城市空间拓展	在原规划同同安新城区的基础上结合产业发展需要逐步推动城市空间的向外拓展	以港口或自由贸易区的建设为契机,以东道建设为基础,生活片区、自由贸易区和港区同步的突进式规模扩张开发建设方式
拓展时机	近期严格控制和引导	近期政府积极推动新市镇的空间拓展	逐步渐进式完善	逐步渐进式完善	常规时机一:海沧马銮开发建设基本成熟条件下进行重点集中开发建设;机遇时机二:自由贸易区政策落实或对台关系重大改善导致连接金门发展"客运中转"等功能成为可能
政府公共措施	制定积极的目标产业引导政策和财政扶持计划;积极的空间重组政策和严格的新增建设用地审批政策	制定积极的产业引导政策;大规模集中基础设施和服务设施建设的公共财政政策;大型联建居住区建设计划	适当的城区工业开发园区政策;积极的文教产业发展政策和财政支持	制定宽松的城区工业园区开发政策和严格限制城区以外工业园区建设措施;积极吸引本岛产业转移政策;积极空间拓展政策	以重大政策为前提,适量政府财政投入为导向(通道建设等重大基础设施),大力吸引规模非政府资金投入的开发政策(允许并鼓励非政府资金的整体开发措施)

275

2. 尽快建立大容量快速公共交通系统，促进岛内疏散和岛外发展

厦门之所以形成岛内岛外的不均衡发展，很重要的原因是岛内外交通联系的非常不便。其中依托厦门大桥的杏林、集美的发展相对较快，海沧大桥建成后，海沧和新阳也抓住机遇获得了较大的发展。因此，要加快岛外建设，迫切需要建立起大容量公共交通系统，着重加强环海湾各新市镇之间的交通联系以及岛内外的联系。要一方面促进岛外新市镇发展，另一方面疏导岛内交通，应避免过分地将岛外交通引入本岛内，加重本岛的交通压力。

3. 科学引导人口、产业和设施的平衡，保障社会稳定

随着城市扩展，就业岗位逐渐集中在几个焦点即"增长极"上。但居住的分散和就业岗位的集中明显不一致。新市镇的建设应将岗位和就业的平衡作为一项基本原则，另一方面，新市镇的住房建设也有助于吸引人口，进而提供就业岗位所需的人力资源。

随着新市镇的不断开发，人口和就业之间的互相平衡将会越来越难，因而从长远看，新市镇更应该兼顾既引进新技术，又建立吸纳过剩劳动力的就业市场。在寻求更大的就业机会的同时减少通勤需求，但应同时满足一定区域内的专业化分工要求。

4. 积极保护自然环境，创建生态型新市镇

厦门独特的"海、山、湾、岛、湖"的自然构成，为厦门由岛内向岛外有机疏散的城市发展模式提供了具有生态学意义及依据的框架。未来厦门的空间结构，可呈"本岛中心城市＋岛外新市镇"的格局，而且新市镇的发展可体现一种理想的模式，即各新市镇之间通过湿地、山体、林地、水系、田园等自然生态体系永久性地相互分隔，与城市绿地系统融为一体。要对规划中确定的农业保护地、水源保护地、组团隔离用地、旅游休闲用地和自然生态保护用地等严加保护。全面积极的保护旨在创建环境优美的生态型新市镇，最终将厦门建成一个清新美好的现代化生态型城市。

案例1-6 厦门城市结构规划示意图

案例2：广州新城概念规划[①]

基于城市行政区划及空间结构的调整，广州市政府于2000年10月组织编制了《广州城市建设总体战略概念规划纲要》，确立了"南拓、北优、东进、西联"的长远空间布局取向，其中"南拓"是广州城市发展的重点。广州新城的规划和建设是"南拓"战略中的一环。

随着区域条件的改变，广州要巩固和提升其华南中心城市地位，必须在城市发展战略上作相应的调整。应主动承接国际资本和产业的辐射与扩散，特别是要积极配合香港产业结构的升级和城市职能的转变，充分利用自身土地和人力资源优势，促使国际资本与本地劳动力、土地等生产要素的结合，大力发展新型制造业和立足区域的市场服务业，尤其是流通业和知识服务业；同时，进一步加强与区域内部城市的分工协作，在新的起点上重塑区域中心城市的地位。

广州新城的建设就其本质而言，是在新的时代背景下，完善广州城市功能的应对，因而新城的功能定位和发展战略也是立足于广州城市整体发展所面临的机遇和挑战。同时兼顾内城疏解和外围梳理的双重职责，在内城疏解和外围扩张的双重压力下，不是单纯的增量性拓展，而是应在不破坏原有生态格局的前提下，建设环境优越、适于居住的现代化新城。因此，广州新城的开发建设，既是广州城市空间拓展的需要，同时更要抓住广州新城的功能设计和产业选择，使其成为广州重塑区域中心城市地位的一个重要契机。

一、新城的功能定位

广州新城的城市性质应当从珠江三角洲城市群整体发展以及广州城市功能结构的完善和提升这两个层次加以考察，当然也应注重新城自身发展的规律。任何城市或地区的发展定位都是区域发展要求和地方发展条件的矛盾统一体，就广州新城而言，外部的推动是发展的主导力量，区域的要求应该是其功能定位的主要考虑因素。

本规划将广州新城的功能定位为广州大都市的"副都心"。需要指出的是，这里称之为"副都心"是为了有别于一般意义的城市"次中心"，前者强调分担城市主中心的部分职能，而后者则强调服务城市某一地域，是城市第二等级的中心。广州新城的副都心职能主要表现在以下三个层面。

1. 珠江三角洲的创新中心

在全球经济一体化的条件下，区域整体的竞争力已成为决定该地区在世界经济格局中的战略地位的关键，而其中创新能力则是地区竞争的焦点。只有创新能力聚集和具领先地位的城市才能成为地区经济和社会的核心。

近年来，珠江三角洲地区加工工业的迅猛发展是国际产业转移的结果，而劳动力成本的优势是这次产业大转移的主导性因素，如果本地区的发展不能适时地转型，即从加工工业中心向地区的研发、创新中心转变，就极有可能成为下一次产业大转移的牺牲者。就目前珠江三角洲的状况来看，无论是香港、澳门还是广州、深圳、珠海，都需要培育和提升这种辐射整个区域的创新功能。广州应借助新城的开发推进城市创新机能的培育。

[①] 资料来源：同济大学课题组，广州新城概念规划咨询研究，2001.1

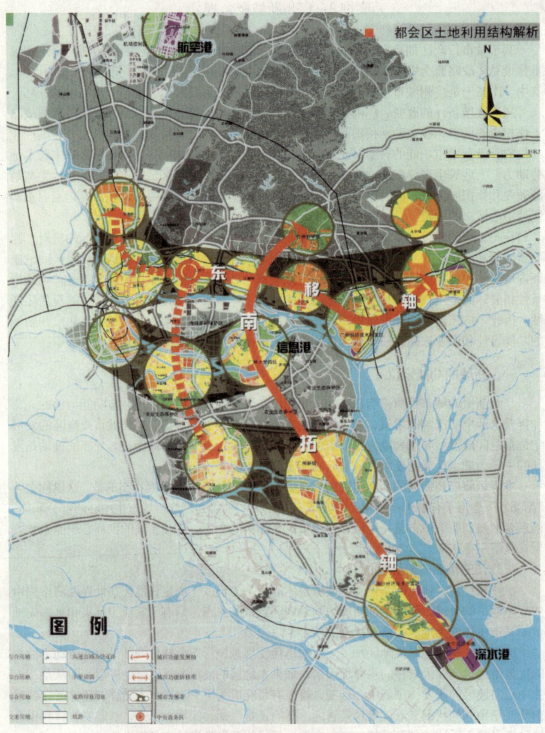

案例2-1 广州"南拓、北优、东进、西联"战略示意图
(图片来源:广州市规划局)

因此，广州新城的定位应当把握整个珠江三角洲区域发展转型的机遇，充分利用广州市丰富的智力资源，在原有高等院校、科研机构和高科技企业的基础上，结合北部的大学城发展[①]，建成为区域的创新中心。

2. 省、市政府行政管理的副中心

广州城市的发展长期以来受地理环境和行政区划的限制，拥挤的中心城容纳了过多的机构和功能。随着番禺、花都的撤市设区，目前已有充分条件将部分城市功能向外围疏解，进而实现广州城市的总体结构由单中心向多中心的转变。这也是国内外许多特大城市所采取的发展模式。而广州新城则可以成为省、市政府部分机构及行业管理等准政府机构外迁或新选址的理想位置。借鉴国际上的成功经验，并就广州市的现实和发展来看，省、市级的部分机构有可能设在中心城以外的适当地点。一方面，这些政府机构以及很多行业管理机构是服务于整个广州市乃至广东省的，其位置不一定要在广州都市区的中心城，而新城的优越地理位置、现代化的便捷交通联系，特别是宽带网等现代信息技术的发展和应用，使其完全有条件承担作为区域行政管理副中心的职能。另一方面，一部分政府机构的进入对于广州新城的建设不仅具象征意义，而且会产生巨大的带动作用。

3. 南部都会区的整合中心

根据《广州城市建设总体发展战略规划纲要》，南部地区将成为广州城市拓展的主要方向。随着大学城、广州新城、南沙港口新城相继被确立为城市未来发展的促进地区，加之原有的市桥、大石等市镇区的惯性增长，南部地区急需有效的整合。从地理位置、交通联系和发展趋势来看，广州新城应当成为南部都会区的整合调控和综合服务中心，发挥承上启下的作用，推动南部都会区的整体协调发展。

此外，新城还可以承担其他的城市功能，如：物流、航运交易、期货交易、产权和技术交易，以及种种市场服务业等。广州城市南部副都心的建成，必将使广州中心城市的功能得以进一步健全和提升，从而成功应对新时代的挑战。

二、新城的城市性质

综合上述分析，广州新城的城市性质可以描述为：以区域创新中心为目标，以政府管理功能为依托，集物流、交易、生产服务，以及中、高档居住、旅游休闲和都市工业功能为一体的综合性世纪新城。

首先应当明确广州新城的功能必将是综合性的，这是区域发展面临的挑战和地区发展的基本趋势所决定的。在体现城市性质的功能构成当中，某些功能具有主导性，按照其主导作用及区域能级的高低依次为：

(1) 研发创新

主要包括应用研究、产品开发与设计、产品中试和小批量生产于一身的研发设计簇群。新城应云集大量的研发机构、孵化器、工业设计工作室、风险基金管理公司和其他服务机构等。此外，文化传媒业也是新城创新功能一部分，媒体制作与传播中心是创作、制作、包装、推广活动的集中地和传播工作的发源地，在此将集中相当数量的各种形式的文

[①] 课题组认为：当初如将广州大学城的选址定在广州新城，则广州新城的创新功能的培育将更有基础。

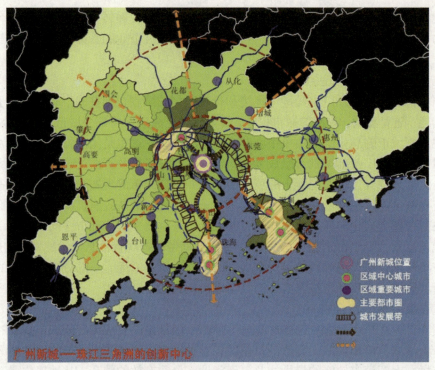

案例2-2 广州新城——珠江三角洲区位分析

化创作工作室,影视、音像、作品等制作机构,还有广告设计公司,以及媒体推广和传播机构。

(2) 行政管理和信息处理

主要是配合广州中心城市空间的疏解,承接省、市级政府的部分职能部门的外迁,形成广东省或广州市的行政副中心。同时结合新城交通、通讯基础设施的建设,建立区域范围内的信息处理中心和管理调控中心。

(3) 物流和贸易

利用地理位置的优越条件和区域交通的良好基础,在新城建设国际一流的交通、信息等现代化基础设施,使新城成为广州南部地区乃至珠江三角洲未来的商流、物流、信息流、资金流的聚集点,在这个聚集点上,信息搜寻成本、物流成本、交易成本、融资成本以及与贸易相关的服务成本叠加的交易成本将达到最低。

(4) 生产服务

在以知识经济为基本特征的后工业社会里,生产服务业将成为经济中心城市的一个重要产业部门。广州作为整个珠江三角洲乃至华南地区的经济中心,应当承担起为区域生产服务的职能,广州新城作为广州在新世纪里城市发展的聚焦区域,应该成为区域生产服务业的聚集地。

(5) 中、高档居住

居住功能的外迁是广州老城疏解的一项主要任务,广州新城将是外迁居住功能的主要承载空间之一,加上本地城市化自身的需要,新城的居住生活功能将会显化。而从新城的环境条件出发，结合整个广州居住空间的布局，新城的居住功能中应以中档和高档为主体，兼顾原有居民点的改造。

(6) 旅游休闲

利用莲花山风景区的独特资源发展旅游娱乐功能，海鸥岛则在发展高档居住区的同时，结合滨水特点突出其休闲度假的功能。

(7) 都市工业

结合地区原有的工业基础发展都市型工业，如：软件业、印刷出版业、首饰及工艺品加工业等。

三、新城开发模式及策略

1. 开发模式

广州新城的开发与发展是一项长期的任务。为了保证这项任务的顺利完成，有必要根据城市新区开发与发展的规律，现代经济的发展取向以及广州市的市情创立一个新的发展模式。这个模式的要点是新城辐射两片，两片支撑新城。即以新城的开发与发展辐射大学城和南沙经济技术开发区及南沙新港两个功能片区，同时以这两个功能片区的建设和实际运营来支撑新城的持续发展。这个发展模式的内涵主要包括：聚集新兴产业，建立产业高地；构筑新城市功能，强化吸聚和扩散作用；确立市场主导机制，提供动力和活力；形成新一轮土地开发，创造商机刺激投资；扩大双向开放，扩充要素流通规模；从而尽快完成现状城区空间从离散状到集聚状的演化，以及区域低经济势能到高经济势能的转换和低度化产业层次向高度化的过渡，保证广州新城的开发建设和可持续发展。

2. 若干策略

(1) 产业发展策略

广州新城产业发展的全部策略都应该围绕产业新高地的构建这一战略任务。这个战略任务的基本内容就是构建由主导产业、战略产业和城市型产业三个层次组成的产业体系。其中，主导产业应包括物流采购业、航运业、仓储业和媒体制作与传播业；战略产业——研发与工业设计、房地产业和环保产业；城市型产业——印刷出版业、金银首饰和工艺品加工业和各类服务业。至于构建产业高地的具体策略则有：

① 科学制定产业的准入门槛，实现对外开放和对内发展的均衡。准入门槛的内容包括：一是必须符合广州新城的发展战略和产业指导政策；二是必须具有较大的投资规模或较强的成长潜力；三是产业技术层次至少国内领先，鼓励国际先进技术的应用；四是有利于生态环境保护和不危害新城的公共利益。

② 在新城建立或引进若干家国内的大型企业集团，形成强大的产业上层结构，带动整个产业的发展；同时由新城周边的中小型企业组成产业下层结构，采用零部件供货权，服务专营权等的竞争支撑产业发展。这样做一方面可以培育和引导大型企业集团向跨国公司方向发展，另一方面，能够增强产业新高地的竞争力。

③ 在产业新高地的构建初期，政府可以动员和集中一部分产业成长资源，以最小的成本建立波及效应和收益最大的现代产业部门，同时引导投资结构的改变和内外资的组成与流向。

(2) 空间发展策略

广州新城空间发展策略的基本思路应该是：北向依托大学城，构建研发和工业设计中心；南连南沙经济技术开发区和南沙新港，发展物流采购中心；西靠市桥及从广州南下的轨道交通和高速干线，建设21世纪的新型住区；进一步完善莲花山风景旅游区；在面东的海鸥岛上布置媒体创作与传播中心、国际航运公司办事处、未来跨国公司或现代企业总部及高档住宅区。

(3) 开发时序

从新区开发规律和广州新城开发的特定条件来看，其开发建设时序应该是：先南后北再中间，最后才是海鸥岛。

其一，待大学城建成及功能初现后启动研发和工业设计中心功能区的开发。大学城形成规模和气候以后，研发和工业设计中心的建设已基本完成并可投入使用。这样可为大学城的专家学者以及学生提供理想的创业与发展空间。

其二，结合南沙新港建设先启动南面的物流采购中心的开发，使其尽早投入使用，并为南沙新港建设、化工区建设和南沙高新技术的发展提供物流交易和物资采购场所。

其三，根据轨道交通和快速交通规划，先在轨道交通站点和快速交通交汇点或节点周边将土地控制起来，待轨道交通和快速交通建设一启动，即可按房地产市场供求情况逐步向市场推出土地。一方面保证轨道交通和快速交通按规划建设，另一方面还可以为新区的基础设施建设筹集相当一部分资金。

其四，海鸥岛应作为新城的储备用地，待新城开发全面铺开，若干个点已建成并形成规模以后，海鸥岛的土地必然增值，这样就可以吸引重量级的投资者参与海鸥岛的开发，并实现预期的开发目标。

(4) 建设模式

广州新城建设的模式应该是：政府策划指导，内外资本参与及市场主导，投资主体多元化，开发方式多样化，调控管理形式规范化。其中具体的建设模式是根据公共经济的原理，政府投资、社会投资各行其职。在调控管理方面，政府则要做好以下几件事：①制定好规划和法规及一系列操作细则，保证广州新城依法开发建设；②制定好土地供给计划，把握好土地供给的龙头，提高土地出让的收益，为新城基础设施建设提供必要的资金；③搞好对投资者的规范服务，提高工作效率，并且维护好市场秩序和营造宽松的经济环境。

在开发建设投融资方面则应进行工具创新，并采用多样化的投融资方式。其主要包括：①对非经营性项目可采用包干制，代建制或政府工程项目采购制；②对准经营性项目则可采用通过项目公司安排投融资，以"设施使用协议"为载体融资，以"有偿供给"为基础进行融资，BOT、TOT、发行收入债券和实行项目资产项目资产证券化（ABS）等方式；③对经营性项目主要以民间投资和形成民营化机制为主。

四、新城人口规模

广州新城人口增长可以分为两个阶段，一是开发建设初期，为人口快速增长阶段，这一阶段大概为10~20年左右；二是新城达到一定规模后，人口呈稳定增长的阶段。在快速增长阶段，新城人口主要由产业人口、服务人口和通勤人口三部分构成，产业人口与新城主要功能相对应，其中专业技术人员27万[1]，政府机构人员1万[2]，二产从业人员10万[3]，服务人口与产业人口取1∶1[4]，通勤人口5万[5]，则此时新城人口的总规模为80万。新城达到这一规模后，其增长进入稳定时期，与整个广州城市人口的平均增长速度基本持平。

五、新城中心区规划

1. 规划容量

根据人均用地指标和新城中心区各项功能用地在整个新城中所占比重，并设以相应的开发强度，可计算出广州新城中心区需要的用地规模和开发容量。由于新城的功能服务范围不仅仅是广州新城及广州城市，而是涉及珠江三角洲，甚至是广东及华南地区，合理的规划预测和留有余地，能保证未来城市发展的各项设施配套的满足与平衡。为了发挥新城作为大广州副都心的职能，规划新城中心区公共设施用地占新城总用地的比例略高于一般城市的比例。

预测广州新城中心区的建设用地需求约12.5km^2，建筑容量约为1230万m^2，新城中心区的毛容积率约为1，净容积率（不包括绿化、道路广场用地）约为1.7。

2. 设计理念

城市中心区设计理念和规划目标必须借助中心区的功能布局与空间结构形态设计来体现。

（1）综合的城市功能

适度的城市分区对于城市的持续发展是有利和有效的。但过分强调城市的功能分区，各个功能区单一化将造成城市缺乏活力，以及居民生活、工作的不方便。本规划摒弃这种机械的功能分区的做法，以用地功能的适当混合来营造城市中心区的生机与活力。具体表现在适当分散办公机构、兼容商住区等。

（2）设立标志性轴线

轴线是城市公共建筑群的组织手段，轴线关联的地区形成带状的公共空间，并有助于形成城市中的标志性地区。一个有魅力的城市中心应拥有闻名遐迩的名街、名广场、名园；拥有宜人而便捷的步行网络；拥有适宜举行多种艺术展示活动的空间；拥有多功能、混合性的商住建筑群；拥有令人赏心悦目的都市风光与公共水域。

轴线是城市空间形态的一种结构要素，国内外不少具有影响力的城市设计实践都是建立在对轴线的充分运用上的，例如巴黎、华盛顿、堪培拉、巴西利亚、北京、深圳等。

---

[1] 根据相关研究，1990年广州市专业技术人员（包括科学研究人员、技术及技术管理人员、教学人员、医疗卫生技术人员、一般专业人员）为236000人，1982~1990年年平均增长为4.6%左右。根据国际经验，随着知识经济的来临，这一速度还会有所加快，则至2020年广州专业技术人员将达到135万，在相关政策的调控和引导下新城可以吸纳增量的25%，这部分人口估计在27万左右。

[2] 1990年广州市政事务机构人员为77000人，1982~1990年年平均增长为4.44%，但考虑政府机构精简因素，其2020年将达到10万，根据新城承担外迁职能的多寡，其人员在1万左右。

[3] 二产从业人员主要包括原有加工业从业人员和新增都市产业从业人员其规模规划控制在10万人左右。

[4] 服务人口主要指从事消费性服务行业，包括餐饮、旅馆业、娱乐和消闲服务业等，其中旅游业从业人员也包括在内，这部分人口与产业人口的比率为1∶1，则人口规模为38万左右。

[5] 考虑新城作为区域内中高档住宅的供给地，其通勤人口规模应该在5万人左右。

轴线体现了一种人文景观，建构在不同地域文化基础上的城市轴线，可反映城市的历史文化内涵与对现代文化意象的表述。

广州新城中心区规划以轴线作为组织城市空间的重要手段，以此来组织城市中心的功能与空间序列，以形成整体、有序的城市结构。通过轴向物质空间的建构，与自然景观系统形成强烈的视觉对比，创造出可容纳市民多种户外活动的公共空间序列。轴线的设计以广州城市的历史发展态势为设计基础，充分反映珠江流域的历史、文化、社会、经济发展进程，通过应用当代的语汇来诠释城市设计的主旨和理念，在轴线上体现多层次的空间序列和造型概念，重点刻画珠江沿岸展示面，以及重点标志性建筑。

（3）建构多重城市网络

相应于城市中心区的行政办公、商业、文化、娱乐、展示、休闲、服务、居住、交通等多项功能，新城中心区的城市设计要推进建构多重城市网络。

公共设施网络为各种活动提供必要的物质设施环境，以保证各种活动的有效进行。设施的配套还必须考虑到服务的规模与等级。

生态网络以地域的环境要素为基础，追求一种自然化的景观，与公共设施网络的叠合是凸现城市风貌特色的有效手段。

交通网络是城市有效运营的基础，必须建设便捷、安全、舒适的交通网络。

空间网络是展示、认知城市的重要手段，通过序列化、网络化的城市空间将城市各功能单元有机地组织起来。

社区邻里网络的完善具有积极的社会稳定意义，从社区层面和邻里内环境两个层面出发，建设完善的社区服务设施，以及生态化的、序列化的交往空间。

3. 功能布局

（1）功能设置

广州新城中心区是以行政办公、商贸、金融、信息、流通、文化艺术、休闲娱乐等功能为主体，兼容适量高档居住地的综合功能区，具有巨大的开发潜能。功能的综合性要体现社会、经济、环境效益的和谐与统一。新城中心区是新世纪规划建设的城市中心区，应提供满足高品质、高效率的城市公共活动和市民社会交往以及经济活动所必要的功能与设施。

根据中心区的综合功能以及全市公共设施配置规划，在中心区相对划分行政办公区、文化艺术区、商贸金融区、商务会展区、滨江公园、信息科技园区、中央公园、商住混合型社区等八大功能区，以及滨江绿化岸线景观区，以此布置来发挥新城中心区的综合功能。

（2）轴线设计

广州新城的主轴线分为串联行政办公区、文化艺术区、商贸金融区、商务会展区等主要功能区，兼功能、景观、结构于一体的南北向绿轴和连贯珠江及其支流两条水系，穿插于中央公园和信息科技园、行政办公区和文化艺术区的东西向绿楔轴，它们共同构成中心区的功能景观框架。

南北轴是中心区的功能、结构、景观主轴。以北部的行政办公区为起点，从北往南依次为市政府办公楼群、市民广场、文化艺术区、文化广场（兼地铁疏散广场）、商贸金融区、商务会展区及滨江公园为结点。南北轴串联的地域最能体现中心区的标志性，强调构图的对称感与秩序性。北部的行政办公楼群，以向南环抱的形态实现与市民广场开放性的空间联系。轴线长达6km多，主体为各主题广场、大面积绿化，与连续的水体相辅相成，并与途经的公共建筑相互辉映，局部有大型的标志性建筑隔断，但保证人行交通连续，以求创造一种亲和的氛围，体现人文景观与自然景观的融汇。轴线在南端进入会展中心，通过具有节奏感的建筑围合和滨江公园绿化放大节点，形成视觉焦点。

东西绿楔作为轴线将联系和加强滨江两侧岸线的绿化景观，有机整合中央公园和信息科技园、行政办公区和文化艺术区等功能区的绿化和广场空间。轴线长约2.5km多，通过绿色景区与蓝色水域的结合凸现中心区的生态园林特色与地域景观特色。绿楔在不同的功能地块有不同的公共活动和绿化环境特征，与沿线的主要公共建筑有密切的人行交通联系，具有对社会开放的流动特征，形成极具特色的标志性空间。

4. 道路系统

中心区的道路交通系统包括道路系统、步行系统与停车场。

（1）道路系统

道路系统的规划要求能满足新城中心区与其他功能区以及广州新城与其他区域的联系，并具有向南发展的态势；充分考虑道路交通的通达性，保持交通的畅通；考虑与江河、绿地和海鸥岛的协调关系。在此基础上，形成顺应地形的方格网状路网系统，大体呈三纵二横的基本格局。

中心区道路主要有高速公路、快速路、主干一级、次干级和支路5级。其中，高速公路、快速路、主干一级基本承接广州市总体规划的道路系统规划，次干道连接各功能区块，支路为功能区块内部道路。

（2）步行系统

为塑造高品位、富有特色、人文氛围浓郁的城市形象及适应旅游、游憩活动的需求，结合公共设施聚集带、景观展示空间及绿化系统，规划设立步行系统。步行系统基本线路主要有沿南北向绿轴、东西向绿楔、沿江绿带和以文化艺术区为中心联系周边功能区的主题广场的圆形步行街。由于中心区的道路等级较多，因此在道路交叉口处理上，尤其是在步行交通与其他快速路的相交点，应注重人性化的设计，如建立多层次的步行系统，以构成安全、舒适的步行环境，体现对步行交通行为的关怀与鼓励。

（3）广场

中心区的广场布置主要结合南北向绿轴、东西向绿楔和圆形步行系统，以及地铁沿线。其中，南北轴沿线的广场分别与各功能区相配套，以强化中心区的整体景观，突出标志性，形成中心区的系列景观；东西向绿楔所含广场主要结合各公共建筑的功能和活动需求，考虑人流聚集和分散的交通状况，形成功能性广场，满足相应的公共设施的日常功能和公共活动的需求；圆形步行系统则设在南北轴和东西向绿楔的公共区域，围绕文化艺术区，串缀其他各功能区的节点，形成主题性广场。可以结合各节点服务对象和功能的不同，设计不同主题和各具特色的广场。

（4）停车

应充分考虑静态交通的需求，规划建议以集中成片的地下车库为主，同时在公共设施密集处安排少量地面停车。居住区的停车位结合住宅布局。

5. 绿地系统

强调绿地与生态是本规划的特色之一。充分凭借中心区两边邻江的地理优势，通过对现状内部水系的整理，连贯珠江的莲花山水道和沙湾水道，以中央公园为中心，以南北向

案例2-3 广州新城土地利用概念规划图

案例2-4 广州新城中心区城市设计概念分析图

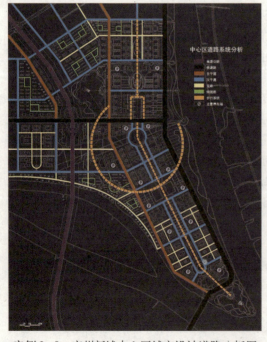

案例2-5 广州新城中心区城市设计道路分析图

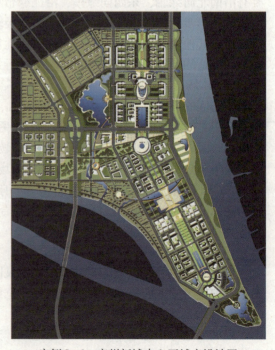

案例2-6 广州新城中心区城市设计图

绿轴和东西向绿楔为主支，构成绿带水系网络，以此为基础形成绿地系统。

中心区的绿地系统由公园绿地、滨江绿带、防护绿带、广场绿地以及单位绿地组成。其中，中央公园、滨江绿带及滨江公园为大面积绿化，轴线绿化和绿楔为带状绿化，以此扩大绿化的纵、横向空间，并把珠江水景和城市绿轴融会在中心区；防护绿带指沿道路两侧规划的绿带具有防止交通噪声干扰、绿化道路的功能，以乔木为主；广场绿地指广场上的各种绿化，具有多种层次与形态，乔木、灌木、草地、花卉相结合；单位绿化指公共建筑组群内或社区内部的绿地，具有改善和美化小环境的功能。

6. 空间景观

空间景观系统规划强调自然景观与人文景观的叠合，是中心区形象的物质承载体。

自然景观体现为对公园与河流的处理，形成兼具生态与景观功能的沿河开放空间，在建筑空间中伸展出绿色景观节点，配置相应的休闲康乐设施，塑造各具特色的室外空间。

人文景观沿两轴发展，形成轴向开放空间。南北轴向开放空间展现轴线上的系列广场，通过大型公共建筑——政府办公楼群、剧院、音乐厅、广电中心、科技博览、金融机构、会展中心等大型公共设施，以及与广场空间的融合展现鲜明的中心区城市形象。东西轴向开放空间突出广州新城作为新世纪中心区的现代化、信息化的时代特征，并标示未来延伸的发展态势。

7. 特色塑造

广州新城中心区的发展应该强调城市的综合效益，对自然资源加以有效的管理、使用和保护；要保留地方特色，发扬历史文化。城市设计要考虑的特色包含两个层次：

（1）自然景观层次

尊重自然环境要素，包括珠江水道、莲花山水道和沙湾水道，以及海鸥岛、中心区东南半岛；维护和强化城市的山水格局；确保城市主要视线走廊的通达和新城风貌的完整，尤其是珠江沿岸景观界面的整体性、丰富感和标志性；通盘考虑珠江、中心区半岛和海鸥岛等自然地形、景观资源和视觉效果；为人们提供赏心悦目和极富特色的绿化景观和亲切宜人的公共水域。

（2）人文空间层次

继承与弘扬历史文脉。源远流长的珠江是广州的母亲河，将赋予新城以生机与活力。新城中心区的规划要充分考虑南域文化艺术的历史渊源和现代城市的相互融合。提炼华南地区和珠江流域的特色空间与建筑的精华，结合现代功能需要，整合处理具体的空间格局、街坊院落和建筑风格，形成与广州城市的整体风貌协调且具有现代气息的基调。

其南北轴沿线的各功能地块，尤其是文化和商业功能的街坊，借助轴线上的绿化和水体等景观，开辟为别具特色的"名店名坊"。东西向绿楔由于与周边的公共建筑有着功能上和空间上的紧密连续性，可以与各公共建筑共同开发，各公共地块建成对外开放的"名家名园"；拥有多时段的文化娱乐活动，保持中心区持续的生机和活力；安排适量的高档次住宅，分布在沙湾水道沿岸和中央公园的北面和西面，与行政、文化、商业等性质的公共设施用地紧密咬合，增加中心区的人气和亲和力。以此增加城市的凝聚力，丰富市民生活，提高市民自豪感。

案例3：上海临港新城概念规划
——配套上海国际航运中心建设的临港新城[①]

自中央作出"以上海浦东开发开放为龙头，进一步开放长江沿岸城市，尽快把上海建成国际经济、金融、贸易中心之一，带动长江三角洲和整个长江流域地区经济新飞跃"的重大战略决策以来，建设上海国际航运中心已成为全国和全世界关注的热点。为了参与世界国际集装箱运输市场和港口的竞争，上海决定加快建设上海国际航运中心，其核心是要建成东北亚国际集装箱枢纽港。

据上海有关部门介绍，2002年3月13日国务院正式批准在位于杭州湾的洋山岛建洋山深水港，这个深水港共设60个泊位，一期工程5个泊位于当年动工。与此同时，在上海南汇区的芦潮港地区进行城市开发，建设现代化的临港新城[②]。洋山深水港的建设和对芦潮港地区的开发，必将对上海建成经济、金融、贸易和航运中心起到重要的作用。

上海整个深水港建设工程分为洋山港区、跨海大桥、临港新城三部分。按照上海市城市总体规划，其中的临港新城与洋山深水港区配套，通过芦洋跨海大桥的连接，成为集装箱枢纽港的陆域集疏运基地，承接洋山港区面向大陆的各项经济流量并向广大腹地扩散，同时为港区的发展和建设提供充分而完备的后方基地服务。

上海市委领导要求把临港新城建成"21世纪一流的现代化的港口城市"。在新世纪中，以深水港为依托，依港建城，城以港兴，临港新城将建设成为一座繁荣富饶的现代化港口城市，成为南汇的经济、行政、文化、教育中心，成为上海这个国际大都市的一个重要组成部分。同时，以追求新的城市模式为目标，以现代化的城市设计理念为起点，在南汇芦潮港崛起的临港新城，不仅要体现20世纪城市建设的经典经验，还将体现21世纪城市发展的全新方向；因此而成为世人瞩目的东方大港、耀眼璀璨的城市之星，成为一扇通向世界的"上海之门"[③]。

一、规划背景

1. 区位分析

上海临港新城位于上海市的东南部，距市中心约55km，距惠南新城20km，距浦东国际空港30km，距郊区环线10km。

上海城市总体规划确定的城市发展主轴有：沪宁发展轴、沪杭发展轴、滨江滨海发展

[①] 资料来源，上海临港新城投资开发有限公司，《打造全新的上海之门》。
[②] 临港新城的名称经历有：芦潮港新城、海港新城、临港新城等多个阶段，本文使用最新的名称，即"临港新城"。
[③] 上海临港新城（一期工程）开工仪式于2003年11月30日在芦潮港两港大道举行。中共中央政治局委员、上海市委书记陈良宇出席并为上海临港新城管委会和临港经济发展（集团）有限公司揭牌；市委副书记、市长韩正出席并讲话。副市长杨雄主持开工仪式，市领导周禹鹏、范德官、唐登杰等出席。临港新城的开发建设已引起海内外企业的关注，上汽集团、上海电气集团、中船集团和上海信息投资公司与临港经济发展集团分别签署《战略合作意向书》；工商银行上海分行、中国银行上海分行、建设银行上海分行、上海银行、浦东发展银行等将支持临港新城产业区发展、基础设施建设等；上海海运学院也将整体搬迁到临港新城，建设一所崭新的一流国际海事大学。临港新城一期建设将于2007年前基本完成。

轴。沿江沿海发展空间是上海城市布局拓展的主要空间。规划沿这条发展轴布置了宝山新城、外高桥港区、浦东空港、海港、上海化学工业区和金山新城，构成沿江、沿海的滨水城镇和产业经济发展带，并与相应的城市生态绿地有机组合。

临港新城位于沿江、沿海发展轴的中点，区位优越。

2. 市域城镇体系

上海市域城镇体系的规划结构为：中心城——新城——中心镇——一般镇。上海城镇体系的完善将以郊区新城的兴起为标志，以具有"反磁力吸引"的中等城市规模及功能为主要特征；城镇等级规模趋于合理分布，职能趋于明确分工组合。新城建设将起到完善城市功能、调整城市空间结构、优化产业布局、疏解中心城人口的重要作用。

案例3-1　临港新城——区位分析图

临港新城是上海城镇体系规划确定的新城之一，规划至2020年的人口为30万人，港、桥、城有机结合，将发展为具有综合功能的临港新城和滨海城市；最终要建成为现代化东方大港，东南亚国际航运中心的核心城市。

3. 洋山集装箱枢纽港建设

上海港已进入国际集装箱大港的前10位。大量的集装箱箱源可充分发挥其马太效应，吸引其他港口的集装箱源前来进行集散和交汇。

华东地区经济发达，集装箱集疏量不断上升。上海港是华东地区集装箱集散中心。国内沿海和长江港口到上海港的内支线达300多个航班，上海已初步形成喂给航线和国际远洋干线交汇的集装箱集散中心。

上海港可以成为许多国际集装箱航线的交汇港址。目前上海港的国际集装箱航线已覆盖全球12个航区。上海港可成为东亚—北美与亚洲—欧洲、地中海航线的交汇港点；可成为环球航线、美—亚—欧钟摆航线与亚洲—澳洲航线的交汇港点。随着上海深水港的建设，保证第五、六代集装箱船全天候进出上海港，凭借上海港的经济腹地和箱源优势，完全可如同高雄、釜山港一样，成为亚洲—北美的跨洋港点，成为亚洲最重要的集装箱航线交汇港。

上海港集装箱运输的发展潜力巨大。许多国际船公司十分看好上海港，愿意在今后将他们本公司的国际集装箱中转箱量放到上海港进行中转。

洋山集装箱枢纽港距芦潮港32km，根据专家论证，洋山集装箱枢纽港最终可布置70多个集装箱泊位，其中深水泊位约45个。集装箱年集疏运能力至2005年、2020年、及更远期分别为220万标箱、1500万标箱和2100万标箱以上。

临港新城是洋山集装箱枢纽港陆域腹地和主要的集疏运基地。

二、地理位置和现状

临港新城位于上海东南顶端的"南汇嘴",这是一块由长江泥沙汇聚沉积、东海海潮顶托造就的新绿洲,东南季风带来的充沛雨水和清新空气滋润着这块土地。千百年来,在千顷芦苇地、无垠东海潮的沧海桑田中,自然形成了一个有着传统渔业和对外交通的港口小镇,即今天的芦潮港镇。面临东海,南濒杭州湾,北扼长江口航道,沿长江溯流而上,可连接长江沿线数十个港口,直接腹地达七省两市约150万 km^2。芦潮港是上海距大小洋山港区最近的地区,距洋山镇小乌龟岛27km,具有良好的地理条件。芦潮港濒海滩涂以每10年淤积1km的速度向外延展,为临港新城的远期发展提供了丰富、低廉的土地资源。

案例3-2 上海城镇体系规划图,1999~2020年

临港新城作为洋山集装箱枢纽港的后方基地具有独特的区位优势,它距上海市中心约65km,距浦东国际机场约30km,沿海快速道路将海港和机场紧密相联。临港新城的公路运输系统发达,距郊区环线约10km,通过该环线能使来自港区的大宗货运集卡方便、迅速地疏解到与该环线相联系的"三环、十射"高速公路网络上。在内河运输方面,五尺沟将拓宽到60m,为5级航道,可运输500t的驳船,通过上海"一环、九射"所组成内河运输网沟通长江三角洲内河水系,并通过大治河和浦东运河连接黄浦江直抵长江,为长江流域的集装箱运输服务。浦东铁路将通过临港新城,并将金山工业区、航空港、外高桥集装箱码头以及浦西的张华浜军工路码头连接为一线,保证上海港集装箱能够通过南北向铁路运输干线集聚并向我国的中西部地区进军。

三、规划分析

根据上海市城市总体规划的规定,临港新城是洋山集装箱枢纽港的陆域腹地和主要集疏运基地。因此,临港新城建设的基本目标是支持和服务洋山港的建设和营运,新城与洋山港区组合发展成为现代"东方大港和东北亚国际集装箱枢纽港"。所以规划中首先要满足"港"的发展要求,配置与"港"相适应的各项服务功能和产业。

另一方面,临港新城是上海市城市总体规划中确定的11个新城之一,规划要求发展成为"具有综合功能的中等规模滨海城市"。给定的至2020年人口规模为30万人,城市建设总用地约80km²。显然,这一规划目标与单纯的现代化集装箱枢纽港的发展要求并不对称。

自18世纪至20世纪中叶,世界上大部分重要城市都是依托港口的运输条件而崛起的。围绕着便利和廉价的水运、仓储、运输和加工制造业,以及贸易、金融和保险业,生活服务等各业应运而生,城市功能日益综合,规模迅速扩大。在这个过程中,港口与城市唇齿相依，相互推进发展。

然而集装箱化的水运方式，根本性地改变了传统的港—城关系。以"门到门"捷运为特征的集装箱运输方式，可以用低廉的价格直接服务于广阔区域的客户，使得港口关联产业的规模及其就业人数大为减少。从而，现代化集装箱港与临港城市大规模发展的内在联系性并不强。

四、规划定位和功能

根据上海市城市总体规划和城镇体系规划，临港新城的开发建设以洋山港区为前沿，以上海城市为依托，充分利用其优良的地理位置和广阔、低廉的土地资源进行综合开发。临港新城建设主要目标是建成集各种方式集疏运、仓储、临港加工业、金融贸易、商业服务、居住、旅游娱乐等为一体的，具有世界一流水平的港口经济贸易区和国际物流中心；是一个具备综合功能的、具有东北亚枢纽港地位的海港城市。

临港新城的性质决定了它的建设和功能定位必须要满足上海国际航运中心建设的需要，并随着上海国际航运中心建设的步伐和发展需要调整和完善。因此，临港新城的具体功能主要有以下几个方面。

1. 洋山港区的陆域基地

鉴于洋山的地理位置和自然条件，洋山港区主要是集装箱装卸的码头作业区，而临港新城则是洋山港区的陆域基地。临港新城的陆域基地有两个含义：一是洋山港区的水、电、油、气、通讯等以及港口和船舶食用物资供应，机电维修、配件等都要由临港新城的配套和相关产业提供；二是进出洋山集装箱码头作业区的货物和车辆等要通过临港新城集散，货物要在临港新城进行仓储加工，并通过公路、铁路和内河集疏运，有的集装箱要在此进行拆装箱，大量的集装箱空箱也将在这里调派。

2. 临海临港加工中心

在临海和港口附近设立加工贸易区，对进口的物资进行加工后再行出口，或是对中转货物进行增值服务，如再包装、分类分票、组装等已成为世界主要港口发展的趋势，对于促进港口所在地区和城市的经济发展具有重要作用。因此对于洋山集装箱枢纽港来说，必须充分考虑临港新城的临港工业功能，设立具有相当规模的临港工业加工区是一个重要举措。

3. 国际货物的配流中心

随着国际经济一体化的发展，零库存、即时运输（JIT Transportation）等已日益成为国际贸易市场的一种需求，即一些工厂、商场等不再设置或仅设置面积很小的仓库，要求配流中心准时将用户所要求的货物送到指定的地点，这种配流成为世界性物流的重要组成部分。而这种配流中心的功能也可由港口来承担，成为港口的重要功能。配流中心主要是依靠计算机管理系统，与全球港口、航运和金融商贸业建立起密切的信息网络，并根据客户的需求进行物资的调集分配，并对各种运输工具作调度安排。

4. 上海国际航运中心的信息中心

洋山港区要成为国际集装箱运输的枢纽港，成为国际物流中心，就一定要成为国际航运的信息中心。在硬件上要具有与全国全球的港口和运输企业乃至商贸、金融系统直接联络的信息系统，包括与全球连通的 EDI 系统，全球航运、港口、商贸、金融的资料查询系统等。在软件建设方面，要有高水平的研究咨询机构，能为航运、港口等有关方面提供咨询和研究，定期发表运价指数和发展趋势的研究和预测报告。

5. 离岸金融中心

国际性的港口必然带来巨大的金融贸易业务，应该合理安排银行、保险、财务、货运代理、贸易、会展等多项功能。同时，在临港新城有必要设立离岸金融中心，主要经营非居民（指在境外的自然人、法人、政府机构和其他经济组织）的存放款、投资业务、国际结算、外汇担保及咨询、鉴证业务等；利率可以浮动，税收相对优惠，资金进出便利，以吸引投资，促进物资、资金在临港新城的沉积和流动。

五、规划特征

根据对临港新城定位和功能的分析，临港新城的规划构想和建设应有以下主要标志。

1. 生态型

根据现代城市发展所应有的基本理念和城市的功能要求、发展目标，临港新城首先是一个可持续发展和以人为本的生态型城市。在传统城市的建设中，工业的发展、城市的膨胀造成资源破坏、环境污染，使人类赖以生存的自然基础处于高负荷状态。而作为一座新兴城市，临港新城不仅将避免传统城市的拥堵、喧嚣和污染；而且要通过构建高效益的转换系统（自然资源投入少、经济物质产出多、废弃物排泄少）、高效率的流转系统（包括交通运输、信息传输、物资和能源供应、排污和废物处理）、多功能立体化的绿化系统（城市绿化覆盖率达到50%以上，人均绿地面积在30m^2以上）、高度文明的人文系统、高质量的环境保护系统和高效率低成本的管理系统，营造人与自然安详互存、和谐共生的人居环境。

2. 信息化

现代化、高标准的城市必须充分考虑信息的巨大作用，港口信息化更是综合运输系统的"神经中枢"，是国际枢纽港的发展趋势之一。临港新城的信息化建设将以国际航运和物流信息技术为制高点，建设先进完备的信息技术平台，并具有能够为港航企业、跨国公司、船公司等提供完善周到的信息技术服务的能力，发挥国际航运枢纽的集聚作用，使其成为全球航运信息中心之一。而在城市日常运转中，则将现代信息技术渗透到政治、经济和生活的各领域，通过诸如超大容量高速的信息计算处理中心、强大的电子商务平台、智能化小区及智能楼宇管理系统等，实现社会信息资源数字化，城市运转高效化，公共管理精确化。

3. 发达的港口产业

港口产业将成为临港新城区别于其他非港口城市的标志。作为东北亚枢纽港的核心城市，可以理解为是一个与物流基地或物流中心相依托的特定区域，有着鲜明的港口产业特征。在这里将形成颇具规模的港口产业群，其中集装箱运输、仓储配送、加工制造是核心产业，而商业贸易、金融保险、会展交流、旅游休闲等则与之配套。如同陆家嘴为上海金融中心的象征，这里应该成为航运中心的象征。

4. 与国际通行制度接轨

一个面向世界的城市首先要在各项制度上与国际通行的规则接轨。国际集装箱港口发展的经验表明，国际航运中心集装箱枢纽港具有国际竞争力，必须采取有效的自由港政策。作为一个港口城市，临港新城也应该具有与世界著名港口相一致的"自由港"制度，实行

"境内关外"政策。可以在临港新城划出10km²左右的、四周具有隔离设施的区域,作为自由港区域,货物可以免于常规的海关监管,自由出入并免征关税和进口环节税,从而加快通关速度,为航运、贸易、加工等经济活动提供各种便利,增强货物、资金和信息的集聚和扩散能力,带动口岸产业的开发和发展,由此提升港口的开放度和自由度,充分展现集装箱枢纽港的功能,尽早确立上海国际航运中心的地位。

5. 凸现海洋文化

特殊的地理位置将使临港新城具有特殊的城市标志。临港新城直接面对着大海和外部世界,是上海的"海上之门",因此应该成为向世界开放的、展示海洋文明的、充满生机和活力的地方。在这里,海洋经济、海洋产业、海滨城市、沿海人文景观及历史、海洋环境等共同构筑起丰富的海洋概念,各项经济、社会活动的海洋文化特征与海洋事业发展的历史(诸如海事与贸易、海洋与航运、航海技术历史等)得到有机结合,从而形成一种鲜明的海洋文化。

6. 具有独特风貌的滨海园林

临港新城作为海滨城市,具有显著的临海风貌,如绵长的海岸、宽阔的海滩、丰富的植被和大小不一的河湖系统,这些都将成为滨海园林城市独特而必需的资源。另外,可改造现有的地形地貌,营造有一定的地势起伏,如山丘、湖泊等,并赋予地域性的文化内涵和设计创意,以丰富城市的地貌层次,构造自然风貌和人文精神充分结合的园林景观,使临港新城具有临海、亲水及绿色葱笼、文化气息浓郁的独特园林风情。

六、规划和管理

1. 流通性能和机动性能

临港新城将是一个大量人流、物流汇聚的高效运转城市,因此必须考虑其流通性和机动性,必须拥有高效、便捷、多样化的交通方式,形成合理、经济的公共交通组织。从港口的流通要求来说,注重航空、铁路、海上客运、高速公路、内河航道、城市轨道交通等的内外连接,保证港口集疏运功能的有效发挥。而从城市的内部流通来说,要塑造一个全新的生态城市,除了快速高效的交通形态之外,还要充分考虑步行、自行车等多种出行模式。

2. 开放型的布局

城市的建设和发展具有一定的时代特征,也不可避免地受到时代局限。在临港新城的规划中尽可能有超前意识,从而能够为经济发展和社会生活留有可持续发展的空间。这种规划是能够根据城市变化进行调整的、开放型的、非终极蓝图式的结构型和策略型规划;城市各功能分区既相互呼应、有机互存,又能根据自身发展需要独立拓展。

3. 旅游和休闲

旅游将作为临港新城的一个重要产业。因此,在临港新城的规划中,我们将特别注意旅游资源的合理安排和有效利用。南汇有着丰富的现成旅游资源,如滔滔东海、千顷桃园以及散落于各处的河湖系统、用于传统海洋捕捞的渔人码头等,同时,滨海旅游经济带上的森林公园、高尔夫球场、浦东射击场等,都具有相当高的标准和规模。临港新城对这些旅游资源要加以充分利用,同时在新城建设中还要发挥"造景"功能,再造旅游资源,如标志性建筑、有鲜明特征的地形地貌等。加之港区景观及跨海大桥等,将使临港新城成为一个风格独特的旅游基地。

4. 物质消耗和处理

临港新城将是一个具有"3R"系统〔即减少废弃物排放(RUDUCE)、重新使用废弃物(REUSE)、回收再利用废弃物(RECYCLE)〕的循环型都市，不对环境进行恶意透支。采用分质供水方式，注重湿地对污水的净化作用，推广清洁能源，如天然气、风力、潮汐等。

5. 城市公共管理

在临港新城内部要寻求一种全新的城市管理架构及管理方式，构建结构合理、人员精干、职能清楚、手段先进的城市管理系统，形成高效、灵活、人性化和规范化统一的管理体制。通过制度创新，平衡各种社会关系，使公共资源得到合理配置，城市经济持续均衡增长，城市科技高度发展，城市竞争力充分体现，为城市提供持续生机和活力，从而形成自然和谐发展、经济高效运转、社会开放和安定的城市良性发展局面。

七、交通规划

以为洋山港提供全方位的集疏运服务为宗旨，布置快捷便利的对外交通网络，有效联系洋山港、临港新城、上海中心城及长江三角洲地区，提高洋山港作为国际集装箱枢纽港的运转效率和对外辐射能力。

1. 城市道路系统

新城外部为市域公路，分高速公路、主要公路、次要公路、乡镇公路4个层次；东部以芦潮湖为中心，城市道路呈环形放射状展开，多条放射性城市干道直接与市域干线公路网连接，使得新城与市域内多数重要节点具备较强的可达性；西部物流产业区布置规则的方格状道路网；生活区范围内基本为城市道路，分城市快速路、城市主干路、城市次干路、城市支路4个层次。

2. 公共交通

新城设有2条有轨电车线路；自行车交通是为城市生活区内的休闲、旅游、短距换乘等目的使用的；整个新城生活区内构筑完整的步行系统，连接各种客运交通，在核心办公、商业、居住及休闲娱乐区，设立环湖步行区系统。

3. 客运枢纽

在市域快速线终点站设一综合换乘枢纽，实现市域快速铁、有轨电车、公共汽车、长途汽车、小汽车、自行车等的多方式换乘。

4. 智能交通系统

依托信息平台，建立新城范围内的智能交通系统（ITS）。先进的公交系统（APTS），先进的交通管理系统（ATMS），形成现代化的公共客运系统和货物集疏运系统。

5. 铁路集疏运

规划洋山港及临港新城的铁路集疏运将依托浦东铁路，西接金山线至新桥编组站，向南联沪杭线，向北通过外环铁路接通南翔编组站及沪宁线，以此进入全国铁路运输网络。远期利用我国沿海铁路大通道，将浦东铁路向西接沪乍铁路至乍浦，通过杭州湾跨海大桥至慈溪，连通宁波至广州的沿海铁路，向北将浦东铁路延伸至崇明和苏北，接通新长铁路和胶东铁路，并通过跨渤海湾的海铁联运与东北铁路网相接，为洋山港和临港新城增加新的铁路运输通道。

6. 内河集疏运

拓宽内河五尺沟为Ⅳ级航道，通航能力为500t，远期保留实施Ⅲ级航道，通行货船的可能性，接大治河联系黄浦江。在物流产业区内设500t以上的内河码头。

7. 航空

在新城建设用地边缘设置直升机机场，为航运领航、海上急救服务。

八、信息化发展

1. 信息化发展的目标

临港新城的发展目标是成为洋山深水港的陆域服务基地和以国际集装箱运输为主的综合性现代物流基地。以集装箱运输为标志的港口物流产业将成为港城未来的主导产业，并依托深水港建设的不断深入和上海现代物流产业的飞速发展，得到极大飞跃。作为21世纪新兴城市，临港新城带来的物流、资金流、信息流又将带动周边地区的发展。但要实现这些发展，必须首先完善临港新城的信息化建设。

港城的信息化主要围绕两个目标展开：一是新城的企业；二是新城的居民。

随着港口集装箱码头的建设和发展，港城企业的特点是围绕进出口贸易中的集装箱装卸和物流配送运输而展开其业务，主要以物流业为主，辅以临海加工业。为新城企业提供的信息服务和信息技术服务就是围绕着物流各环节，为参与其中的企业信息化提供良好的社会服务和外界环境，这将是港城信息化发展的特色和有别于其他地区发展的特殊性。

互联网将是港城居民生活中的一部分，从为居民提供信息化服务而言，具有一般城市信息化的共性。

2. EDI系统层次的分析

从临港新城的企业业务特点来看，主要是围绕国际贸易物流而展开。即使是临海加工企业，由于其产品并不面对本地市场，其原材料运输和成品运输大多也是通过集装箱海运得以解决，其业务也是国际贸易中的一个环节，因此临港新城的EDI系统是国际贸易EDI系统中的一个组成部分。

参与这个EDI系统的企业有4个层次：①新城内的配送、运输、仓储等物流企业，这些企业坐落在临港新城内，与港区集装箱装卸业务关系密切，与港区装卸形成直接的上下游关系和服务关系；②开展进出口贸易业务的企业和加工企业，这些企业接受物流配送运输的服务；③为进出口企业和临海加工企业提供服务的金融、海关、商检、税务等单位；④为上述企业提供信息技术服务和保障的信息技术服务企业。

从整个EDI系统参与的单位层次，可以分为港内系统和港外系统，第一层次中的港区、仓储、运输之间的EDI是在临港新城内完成的，可以称为港内系统；进出口贸易企业、加工企业与金融、税务、商检、海关之间的EDI不需要通过临港新城的信息系统，而由原来的系统加以解决，因此可以称为港外系统，信息技术服务企业则是为完成EDI系统提供社会化服务的配套企业。

总之，临港新城将是一个发展前景广阔的新城区，它将依托上海国际航运中心的发展，通过新颖的规划布局，以极具前瞻性的设计理念，为城市功能的不断拓展提供可持续发展的空间。作为一个历史过程，临港新城的建设工程期以2005年、2010年、2020年为时间节点；逐步开发建设和完善功能。

附：上海国际航运中心临港新城规划方案

参加上海国际航运中心临港新城国际方案征集的设计单位有：德国 Von Gerkam, Marg and Parner, Architects (GMP) & Hamburg Port Consulting GmbH (HPC)、澳大利亚 Urbis Keys Young (UKY)、意大利 A&P 事务所、德国 Albert Speer & Partner GmbH (AS&P)、荷兰 Grontmij 集团、美国 RNL Design、日本都市环境研究所、英国 Atkins 国际有限公司、英国高峰宏道有限公司[1]。最终选用由德国 Von Gerkam, Marg and Parner, Architects (GMP) & Hamburg Port Consulting GmbH (HPC) 的规划方案。

此外，上海地方规划设计单位也提交了两个方案，但根据委托方的安排未参与国际方案征集的遴选。不同的方案凸现各自的规划理念、表现手法和研究视角，通过分析和比较，可获得有益的借鉴。

一、德国 GMP & HPC 方案[2]

1. 规划概念

以综合紧凑的城市及流畅的自然景观为主导规划思想，参考了 2000 年 7 月 "21 世纪城市" 会议上通过的《柏林宣言》，对临港新城的规划概念进行研究。结合临港新城的自然地貌和未来的产业特征，城市设计以"水"为主题，各功能分区在此基础上延伸展开，城市形态则犹如一滴水跃入平静水面泛起的涟漪[3]。因此，将临港新城规划为两大块：城区和产

案例 3-3 临港新城——总体规划图（德国 GMP & HPC 方案）

---

[1] 资料来源：《未来都市方圆（1999～2002）》，上海城市规划管理局，2003.7

[2] 资料来源：德国 GMP 设计师事务所，上海芦潮港新城概念规划，2001.9

[3] 对 GMP 的设计方案，国内外学术界人均有不同看法，主要是认为该方案过于形式主义，其手法已过时；人工水面过大，环湖布置建筑朝向会有问题等。

业区。

城区的规划面积约65km², 以人工湖为圆心, 分为一个中心、三个环带、八个居住区。人工湖是临港新城的象征, 约5km², 以其为圆心, 城市向四周扩散发展, 河道流转其间, 水陆交融。作为临港新城的中心, 其间有两座与湖岸相连的岛屿, 岛上设有各类文化性设施, 它们共同丰富和改善着城市质量和市民生活。由湖中心向外扩展, 依次是城市的行政和商务环带、公园环带和"城市岛"环带。在行政和商务环带, 有行政大楼、港务大楼、航运交易所以及星罗棋布的商场和规模宏大的中心广场。公园环带上点缀着独立式单体公共建筑, 与自然风景相融相透。"城市岛"环带以居住为主题, 设有商店、餐饮、诊所、小学及托儿所等辅助配套设施, 各"城市岛"围绕城市中心布置在东西南北的主方向上, 被优美、葱茏的自然风光环抱, 不仅是整个区域就近休闲的好去处, 而且在生态上也是城市的"绿肺"。三环之外, 则是围绕城市的快速公路系统, 它与四通八达的上海高速公路网络相连接, 并将不断扩展的城市产业用地连成一片。

产业区规划在新城城区的西侧, 中间由沪芦高速公路相隔, 不仅可使两个区域按需要各自独立发展, 也有利于城区人居环境的优化。产业区规划面积13km², 通过跨海大桥的连接, 承接来自洋山港区的集装箱流量, 完成相应的产业加工和增值服务。产业区在依托国际深水港航运枢纽的条件下, 借助于周边发达的集疏运网络, 大力发展现代物流业, 构筑

案例3-4 临港新城——私人交通图

案例3-5 临港新城——公共交通图

案例3-6 临港新城——重点地区局部详图

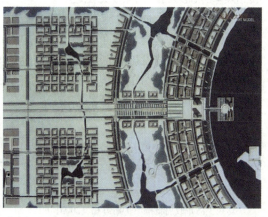

案例3-7 临港新城——重点地区局部模型放大图

东北亚地区最重要、最具规模的物流基地及功能，重点发展包括多式联运、存储配送、流通加工、金融保险、信息处理等一体化、社会化、内外辐射的现代物流综合体系。

位于城区和产业区之间的，是能够鲜明体现海洋文化、促进海洋产业发展的海事大学等教育研究机构，是临港新城发展文化教育事业的重要基地。

2. 设计创意

(1) 环境规划

在临港新城这座充分享受人与海洋、人与绿色、人与自然和谐共存的生态园区，城市生活的方方面面无不体现设计者倡导"绿色生态"的时尚理念。

德国GMP设计师事务所坚持以人为本，走可持续发展道路的匠心设计使人工湖水系和绿色园林覆盖了港城70%的地域面积。交替出现的建筑带和绿化带，以及城市公园，甚至低噪音无污染的有轨电车等诸多细节，都恰如其分地贯彻了设计规划中的绿色生态构想。现代化设施和田园风光的和谐统一，使整个城市都沉浸在鸟语花香的温馨和惬意中。

- 住宅环带

自然风光环保中的"城市岛"内收集了风格各异的住宅形式，但它们的共同之处就是亲水、亲绿，有天人合一的清新格局，充分体现了现代设施与田园风光的和谐统一。

区内交通采用上海人久违了的有轨电车，既避免了尾气污染，又有效降低了噪音影响，还成功营造出绿色环保的生态格局，可见设计者的良苦用心。城市西南部与海岸线之间的点式住宅楼，更是占据了得天独厚的地理位置，尽享放眼远眺海上生明月的风雅。

- 城市公园

城市公园带将闹市与住宅区间隔，好比一个园中之园。树木葱茂，鸟语花香，湖水蜿蜒其间，野趣自然天成。

学校、医院、图书馆、敬老院等文体设施分布在城市公园带，漫步其中，尽可畅怀呼吸，吐故纳新。

- 人工湖

水是生命之源，也是临港新城规划的灵感之源。绿树和沙滩环绕中的5km² 人工湖[①]，宛约如一颗晶莹的水珠落入水面。

湖中的两座绿色岛屿深情相望，风情万种。岛上水族馆、图书馆、剧场、博物馆，将传统与现代融会在东西方文化之中。

(2) 社会公共服务设施发展规划

以人为本的理念，将面向21世纪的国际先进的科学技术设施、教育文化设施、医疗卫生设施、体育竞技设施和谐地融入到临港新城的规划设计中来。"城市，让生活更美好"在临港新城将得到充分的体现。高品位的社会公共服务设施把具有海洋文化特色、以人为本的临港新城提升到国际一流的高度。

(3) 住宅规划

住宅发展以欧洲现代式风貌为主的现代田园城市格局。为营造优美的城市天际线，将控制开发强度和建筑高度。依靠新城环境景观优势和亲水的城市特点，塑造高品位的以集

---

① 经上海市政府批准（沪府办秘 [2003] 005095），临港新城中心的人工湖正式命名为"滴水湖"。"滴水湖"喻意临港新城从一滴水中诞生，表达了港城规划设计的独特理念。

聚式为主的居住区。居住小区单元模块化，提供设施完善、环境优良的社区服务和社区环境，塑造舒适宜人的居住环境。绿地中适当布置独立式住宅区，沿海点状布置能观赏到海景的高档住宅，营造出具有滨海风貌特色的住宅区。

至2020年，临港新城规划居住用地面积约920hm^2，人均居住面积31m^2。新城规划居住建筑总面积约1200万m^2，人均居住建筑面积约40m^2。

• 一环区（城市中心）

该区域内的土地使用具有相当的兼容性，商业、办公、住宅用地混合，区域内结合新城的规划布局结构和道路走向、布置条状与块状结合的高档公寓住宅，住宅单体强调形式，适当降低朝向等功能因素的要求，居住人群以外来商务人员和国际海员为主。

• 二环区（城市公园及公共设施区）

该区域的东南侧沿海布置观赏海景的点式住宅，该类住宅环境要求较高，对外景观展示作用较强。

• 三环区（居住社区）

该区域的居住小区主要呈模块化布置，社区设施配套齐全，建筑单体以低、多层住宅为主，结合社区服务设施布置识别性强、高度适中的建筑，适量布置独立式或联合式住宅。

(4) 城市风貌

临港新城的城市风貌主要由以下几方面来凸现。

• 工作之岛

工作之岛位于东西主轴线景观大道的终端。岛上具有现代化气息的两座建筑——港务管理大楼和星级酒店是城市建筑物天际线的最高端，将成为海洋贸易的密切交流的中心。

• 居住区

在第三环带上围绕临港新城中心将布置14个标准住宅小区。小区以城市岛的形式分布，建筑风貌为现代欧洲式。每个城市岛拥有统一的尺度，规定材料的使用范围，但在周边景观上各有千秋，形成统一中有变化的格局。

• 一环建筑群

围绕人工湖布置的环形建筑群分为三个层次，由内向外依次为湖岸环带、内城环带和园林绿化环带。每个层次均规划为密集型围合式建筑，中间有街区小广场和袖珍花园起到间疏效果，也为休闲娱乐活动提供了场所。园林绿化环带的外边缘为城市公园环带，作为城市商业中心和生活区的过渡地带，它起到了很好的缓冲作用。

环带的每个层次均有其特色。每组建筑的高度、材料选择和景观设计各不相同，姿色多样，与此同时，运用城市规划设计的原理，使各个单体建筑恰如其分的作为整体的一部分与群组融合。

• 桥梁

桥梁作为河道与陆地间的连接是城市功能不可缺少的一部分，也是港城一道独特的风景连接线。众多桥梁的造型和材料均与各个城市部分相协调，构成了城市风貌上的统一性。同时，形态各异、别具特色的桥梁也是城市个性和魅力的展现。

• 标志性建筑

标志性建筑以其特有的造型在临港新城中具有举足轻重的作用，它们是展现港城风貌的可见标志，也是城市的经济实力和文化内涵的集中体现。因此，对于标志性建筑的各个要素，如形式、位置等将给予充分的重视和恰如其分的规划，使其成为整个城市的亮点。

二、上海地方方案①

该方案综合分析了上海市域城镇体系及芦潮港的潜在发展条件，提出了"海港新城"+"滨海新城"的双重规划目标，即新城不仅要定位于洋山港的陆域服务中心、集疏运基地，而且要与上海市大区域的整体发展以及中心城市人口疏散的目标相联系，建设较低密度的居住区，以满足以私人交通工具出行的特定人群的择居要求。

方案以沪芦高速公路为起点，以

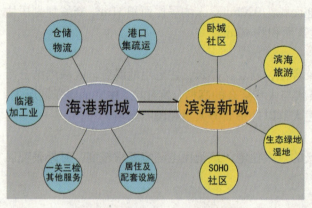

案例3-8　临港新城——规划立意（上海地方方案）

案例3-9　临港新城——规划结构图（上海地方方案）

---

① 上海同济城市规划设计研究院，《上海国际航运中心芦潮港新城概念性规划》，2001.9。合作方：上海城市规划设计研究院。委托方：上海市城市规划管理局。

南北方向和沿海方向为两个发展分支，以核心公共功能区为链接，形成"V"型城市走廊，构筑和海港新城、新海新城功能相对应的城市格局。新城由以下片区构成：低层低密度住宅区、多层中密度住宅区、公共功能核心区和产业区。

规划布局强调功能性和人文性，应用个性化的手法来对待不同功能的"海港新城"和"滨海新城"。在"海港新城"安排作为深水港后方陆域的集装箱储运、仓储、保税、加工

案例3-10　临港新城——总体规划图（上海地方方案）

案例3-11　临港新城——客运交通规划图

案例3-12　临港新城——货运交通规划图

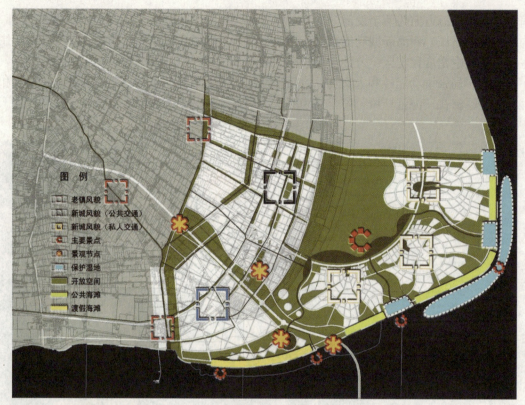

案例3-13 临港新城——景观结构图（上海地方方案）

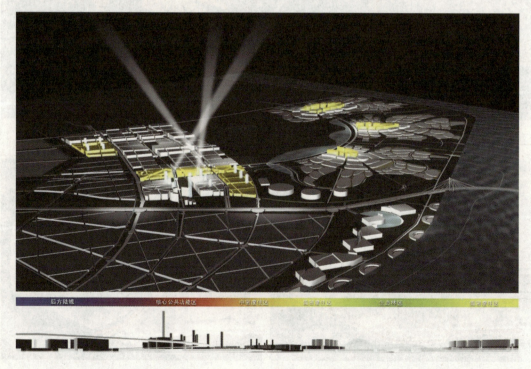

案例3-14 临港新城——规划意象图之一（上海地方方案）

等的大尺度空间作业区，以及中密度的生活配套区。在"滨海新城"要建成适宜"小汽车文化"的远郊低密度社区，设置大型公共绿地、生态林地和人工湖则作为滨海空间景观的联系和过渡，构筑宜人的居住环境和迷人的海滨新城风貌。规划中突出以私人交通为主的紧凑社区，辅以轨道交通，体现新城市主义的发展模式和田园都市的风光。

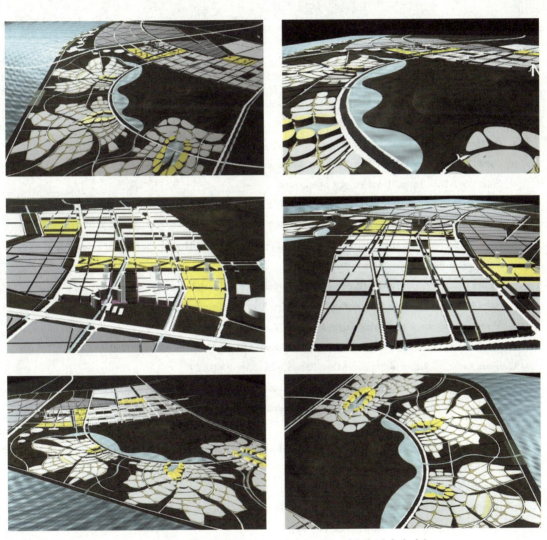

案例 3-15　临港新城——规划意象图之二（上海地方方案）

参 考 文 献

1. Andy Thornley, London, Sydney and Singapore, London School of Economics and Political Science, LSE LONDON Dicussion Paper No.2, May 1999
2. Bastable, Roger; Crawley, the Making of a New Town; Phillimore and Co., 1986.
3. Birkbeck College, Post War Planning: Establishing the Framework
4. C. Flores, History of Modern Architecture
5. Carol Corden, Planned Cities: New Towns in Britain and America, Sage Publications Ltd. London, 1977
6. Colin Ward, New Town, Home Town, Collins, 1984
7. David R. Phillips, Anthony G.O. Yeh, New Towns in East & South-East Asia: Planning & Development, HongKong, New York, Oxford University Press, 1987
8. Frederick Gibberd, Ben Hyde Harvey, Len Whte and other contributers, Harlow: the Story of a New Town, Publications for Companies, Great Britain, 1980
9. Garden Cities, Satellite Towns, (Report of the Department Committee), London, H.M.S.O., 1935.
10. Hazel Evans (edited), Peter Self (introductioned), New Town-the British Experience, the Town and Country Planning Association by Charles Knight & Co. Ltd. London, 1972
11. J.B. Cullingworth (edited), 50 Years of Transport planning, British Planning, Athlone, 1999
12. James Krohe Jr., Return to Broadacre City, Illinois Issues, April 2000. 29
13. Llewelyn-Davies, Marilyn Taylor Associates, Environment Trust Associates, A Strategic Planning Framework for Community Strategies and Community Based Regeneration, one of a number of research reports informing the London Plan (SDS), November 2001
14. Martins Simmons, New London Government and its Spatial Development Strategy, Informationen Raumentwicklung Heft 11/12.2000
15. Nicholas Schoon, the Chosen City, Spon Press, 2001
16. Peter Hall, Colin Ward, Sociable Cities the Legacy of Ebenezer Howard, John Wiley & Sons Ltd, 1998
17. Peter Hall, London 2001, Unwin Hyman Ltd, 1989.
18. Peter Hine, Integrating Transport and Development, www.rics.org
19. Stephen Brown and Christine Loh, Hong Kong the Political Economy of Land, Civic Exchange, June 2002
20. Stephen V.Ward, the Garden City, Past, Present and Future, E & FN Spon, 1992
21. Tassilo Herrschel, Peter Newman, New City-Regional Governance in London: Redefining the Relationship between City and Region, "Multi-Level Governance: Interdisciplinary Perspective" Conference Sheffield, 28~30 June 2002
22. Carl Steinitz, 景观规划思想发展史, 在北京大学景观规划设计中心的演讲, 中国园林, 2001
23. Jean-Peirre Dufay（法国巴黎地区城市发展与规划研究院院长），法国城市规划文件中的中心多极化，IFHP 天津大会，2002
24. L.本奈沃洛[意] 著，周德侬 等译，西方现代建筑史，天津科学技术出版社，1996，第1版

25. 埃比尼泽·霍华德[英], 金经元（译）, 明日的田园城市, 商务印书馆, 2000, 第1版
26. 彼德·盖兹（Peter Katz）[美]编著, 张振虹 译, 社区建筑, 天津科学技术出版社, 2003
27. 陈沧杰, 英国新城建设与住宅区的规划设计, 城市规划汇刊, 1987, 第4期
28. 陈恺龙, 新城建设研究——以上海为例, 同济大学硕士学位论文, 2003
29. 陈立, 新城建设、新城主义及新住宅运动, 中国宁波网, 宁波经济, 城市报告, 2003
30. 丹尼尔·布尔斯廷, 美国人, 民主历程（中译本）, 三联书店, 1993
31. 丹尼斯·吉尔伯特等, 美国阶级结构（彭华民等译）, 中国社会科学出版社, 1992
32. 方澜、于涛方、钱欣, 战后西方城市规划理论的流变, 城市问题, 2002, 第1期
33. 郝娟 编著, 西欧城市规划理论与实践, 天津大学出版社, 1997, 第1版
34. 胡柳强, 上海郊区新城发展研究——以松江新城为例, 上海同济大学硕士学位论文, 2002
35. 胡序威, 我国区域规划的发展态势与面临问题, 城市经济、区域经济
36. 黄福新, 房地产策划与开发理念综述, 南方房地产, 2002, 第9期
37. 吉尔伯特·C菲特、吉姆·E里斯, 司徒淳、方秉 译, 美国经济史, 辽宁人民出版社, 1981
38. 江懿、龙奋杰, 上下50年影响美国城市发展的十大因素, 清华大学房地产研究所
39. 康少邦、张宁等编译, 城市社会学, 浙江人民出版社, 1986
40. 李德华 主编, 城市规划原理, 第3版, 中国建筑工业出版社, 2001
41. 梁鹤年, 城市理想与理想城市, 城市规划, 1999, 第7期
42. 刘德明 译, 日本大中城市周围20座新城简介, 国外城市规划, 1987-1990
43. 刘金声 摘译, 法国新城政策15年来的执行情况, 城市规划研究, 1985
44. 刘郢, 英国新城运动对我国城镇建设的启示, 中国房地产报, 2003年3月19日
45. 刘勇, 如何促进区域中心城镇的发展, 中国地产, 第850期
46. 宁登, 21世纪中国城市化机制研究, 城市规划汇刊, 2000, 第127期
47. 彭震伟, 大都市区空间发展与区域协调研究, 同济大学博士学位论文, 2003
48. 秦戈, 技术创新, 中小城市发展与区域经济现代化, 人民日报海外版, 2002年9月17日
49. 孙群郎, 郊区化对美国社会的影响, 美国研究, 1999, 第3期
50. 王才强, 新加坡的居住模式：可动性管理, 世界建筑, 2000, 第1期
51. 王前福、李红坤、姜宝华, 世界城市化发展趋势, 经济要参, 2002年3月14日
52. 王战 主编, WTO元年于上海发展思路创新——2002/2003年上海发展报告, 上海财经大学出版社
53. 吴长生、陈少波、刘光金、王尧, 香港新市镇建设报告, 人民网, 2002
54. 吴良镛 等著, 京津冀地区城乡空间发展规划研究, 清华大学出版社, 2002, 第1版
55. 吴清林, 从日本案例看轨道交通和房地产开发的关系, 深圳商报, 2004年2月18日
56. 杨帆, 小城镇发展的政策促进及其机制研究, 上海同济大学硕士学位论文, 2000
57. 杨学功, 略论我国社会转型时期的价值观, 锦州师范学院学报, 2001, 第1期
58. 翟良山 编译, 法国新城市的特点与经验, 城市规划汇刊, 1982, 第22期
59. 张捷, 当前我国新城规划建设的若干讨论——形势分析和概念新解, 城市规划, 2003, 第5期
60. 张捷、栾峰, 厦门城市总体发展格局及海湾新市镇建设, 规划师, 2004, 第8期
61. 张捷、熊馗, 新城中心区规划设计探索, 规划师, 2003, 第7期
62. 张捷、赵民, 新城运动的演进及现实意义——重读《新城——英国的经验》, 国外城市规划, 2002, 第5期
63. 张良, 城市空心化, 我国特大城市对此应该开始警觉了!, 清华大学中国经济研究中心, 研究动态, 第116期
64. 张尚武、王雅娟, 大城市地区的新城发展战略及其空间形态, 城市规划汇刊, 2000, 第6期

65. 赵民、陶小马，城市发展和城市规划的经济学原理，中国建筑工业出版社，2001
66. 赵民、韦亚平等 主编，理想空间——城市空间发展战略研究，同济大学出版社，2004
67. 赵民 等著，土地使用制度改革与城乡发展，同济大学出版社，1998
68. 仲德昆，英国城市规划和设计，世界建筑，1987，第4期
69. 周文斌，北京卫星城与郊区城市化关系研究，中国农村经济，2002，第11期
70. "New Towns in Paris Region", Town Planning Review, 1971, No.1.
71. Center for Urban & Regional Ecology, School of Planning & Landscape Unoiversiy of Manchester, Sustainable Development in the Countryside around Towns, Main Report, May 2002
72. Corporation of London, London Metropolitan Archives, Audit Commission, 2002
73. Mayor of London, the Dreaft London Plan: A Summary, Greater London Authority, June 2002
74. Office of the Deputy Prime Minister, Planning and Compulsory Bill: Implications for Regional Planning Guidance & Development Plans, 5 December 2002
75. Office of the Deputy Prime Minister, the 2002-3 Report on the Work of the Government Offices for the Department for Transpor, Delivering Better Transport: Progress Report, Dec 2002
76. Planning for London's Growth, Statistical Basis for the Mayor's Spatial Development Strategy, Greater London Authority, March 2002
77. Royal Town Planning Institute, the New Towms: Their Problems and Future, RTPI/N6, DJR/ADB, 25 March 2002
78. The Dreaft London Plan: Draft Saptial Development Strategy for Greater London, Greater London Authority, October 2002
79. The Green Belt is taken to be that as Defined by the Green Belt (London and Home Counties) Act, 1938
80. Were the New Towns of the 1940s and 1950s a success or 'a series of missed opportunities'?, An Inquiry into Post-War New Towns in Britain, April 1997
81. 北京市城市规划管理局科技情报组，城市规划译文集2——外国新城镇规划，中国建筑工业出版社，1983
82. 东京 - "The Strategic Plan to Overcome Crises"（中译：克服危机的策略蓝图），1999
83. 东京都 知事本部 企画调整部，东京都的综合计画的体系——东京构想，2000
84. 国务院发展研究中心、中共中央政策研究室等，我国农村劳动力转移与走向市民化的战略思考，国研网，2003年2月26日
85. 伦敦 - "Advice on Strategic Planning Guidance for London"（中译：伦敦策略规划指引），伦敦可持续发展的目标，1994
86. 区域社会发展与城市化进程的融合，上海市建设职工大学学报（当代建设）
87. 全国注册城市规划师执业考试指定用书之一，城市规划原理，中国建筑工业出版社
88. 上海建设网，国际大都市新城镇发展特点比较研究，http://www.shucm.sh.cn
89. 上海建设网，上海城市发展信息研究中心，国外、香港地区的新城建设，http://www.shucm.sh.cn/zxnr
90. 《上海市城市规划志》编纂委员会编，上海城市规划志，上海社会科学院出版社，1999，第1版
91. 世界大城市规划与建设编写组，世界大城市规划与建设，同济大学出版社，1989，第1版
92. 同济大学联合课题组，广州新城概念规划咨询研究，2002
93. 同济大学联合课题组，厦门市城市发展概念规划研究，2002
94. 香港拓展署，拓展署2003年年报
95. 香港拓展署，新市镇及市区大型新发展计划，2004
96. 新加坡："Singapore 21 : Together We Make the Difference"（中译：新加坡21:全民参与共攀高峰），1999

网 站 资 源

- **英国**

1. http://www.englishpartnerships.co.uk/

2. http://www.oultwood.com/localgov/uk/

3. http://www.rcu.gov.uk/

4. http://www.london.gov.uk/

5. http://www.mk.dmu.ac.uk/depts/benv/cntds/

6. http://www.hop.co.uk/cambridgefutures/futures1/Option7.htm

7. http://www.antrim.gov.uk/

8. http://www.ballymena.gov.uk/

9. http://www.basildon.gov.uk/

10. http://www.bracknell-forest.gov.uk/

11. http://www.chorley.gov.uk/

12. http://www.corby.gov.uk/

13. http://www.craigavon.gov.uk/

14. http://www.crawley.gov.uk/

15. http://www.northlan.gov.uk/

16. http://www.torfaen.gov.uk/

17. http://www.southlanarkshire.gov.uk/

18. http://www.fife.gov.uk/

19. http://www.harlow.gov.uk/

20. http://www.dacorum.gov.uk/hemel-hempstead/index.htm/

21. http://www.north-ayrshire.gov.uk/

22. http://www.westlothian.gov.uk/

23. http://www.mkweb.co.uk/

24. http://www.sedgefield.gov.uk/

25. http://www.powys.gov.uk/

26. http://www.petersborough.gov.uk/

27. http://www.easington.gov.uk/

28. http://www.redditchbc.gov.uk/

29. http://www.halton.gov.uk/townandvillage/runcorn_new_town.asp/

30. http://www.westlancsdc.gov.uk/

31. http://www.stevenage.gov.uk/

32. http://www.telford.gov.uk/
33. http://www.warrington.gov.uk/
34. http://www.sunderland.gov.uk/
35. http://www.welhat.gov.uk/

- 法国

36. http://www.sanevry.fr/
37. http://www.ville-cergy.fr/
38. http://www.san-vnf.fr/
39. http://www.san-valmaubuee.fr/
40. http://www.san-sqy.fr/
41. http://www.san-senart.fr/
42. http://europa.eu.int/

- 日本

43. http://www.tama-nt.com/
44. http://www.mlit.go.jp/

- 新加坡

45. http://www.hdb.gov.sg/
46. http://www.ura.gov.sg/

- 香港

47. http://sc.info.gov.hk/gb/www.info.gov.hk/hk2030/hk2030content/
48. http://www.ozp.tpb.gov.hk/eng/
49. http://sc.info.gov.hk/gb/www.info.gov.hk/tdd/chi/public/

- 国内

50. http://www.cin.gov.cn/default.htm
51. http://www1.soufun.com/
52. http://www.chinayrd.com/
53. http://www.bjjs.gov.cn/
54. http://www.shucm.sh.cn/
55. http://www.scctpi.gov.cn/
56. http://www.shharborcity.com/
57. http://www.shghj.gov.cn:8080/gh/
58. http://metro.myrice.com/

后　记

　　随着我国经济和社会的快速发展，城市化的发展也在加快。城市化外延发展的形态既表现为城市的数量增加，也表现为城市空间规模的扩大。进入新世纪以来，新城规划和建设已成为我国大城市、特大城市区域空间优化发展的一种积极尝试和战略选择。在这一背景下，对新城建设的国际经验及国内实践加以整理、分析和研究，其意义是显而易见的。

　　本书的选题及相关的国际国内调研由同济大学建筑城规学院赵民教授提出并组织实施，有关资料的收集、整理及书稿的撰写，由同济大学建筑城规学院张捷结合自己的博士论文研究工作而完成；在初稿形成后，由赵民教授对各章的内容作了必要调整或改写。本书的出版工作得到了中国建筑工业出版社吴宇江副编审的热心帮助。

　　本书的调研及资料收集工作得到了许多同行和朋友的支持，在此要感谢：英国利物浦大学 David Shaw、Yin Ho，新加坡国立大学朱介鸣，香港浸会大学邓永成，香港大学叶嘉安，以及张剑涛、田殷殷、何丹、洪雯、杨晰峰、袁奇峰、刘玮、廖绮晶、杨斌。为本书作出贡献的还有栾峰、熊馗、张艳、郑科等学友。要感谢的还有其他很多知名和不知名的朋友。

　　由于新城问题的时间和地域跨度大，相关的资料收集和研究工作还有待深化，书中的错误和不当之处在所难免，衷心欢迎读者的批评指正。